應 用 化 學

蕭興仁 編著

國立交通大學出版社

序

　　本書之大部份資料編自國內外專書和刊物，可作爲大學、研究所之敎科書及參考書，專科學生先修完化學、物理化學者亦可以使用。

　　化學領域就其功能分成三項：第一項、以研究自然現象爲對象，探討人類未曾知曉的領域，它只追求『爲什麼』，也就是通常所稱之『純粹化學』、『基礎化學』、或『理論化學』；所有的原理、原則都是這領域的傑作，它是以自然或人造物質之化學爲對象，所以從不考慮實用與否。第二項、是利用化學之原理原則及化學技術，從事於對生產或人類生活有助益領域之研究。它和純粹化學所不同的是其研究工作是有經濟性之指標，也就是經濟導向的研究，工業化學、農業化學、藥化學等屬之，如果以狹義的觀點看，常僅指工業化學，其實工業化學僅應用化學中之一種而已。第三項、是將實驗室之研究成果，予以建設工業生產規模之工廠爲目的，其相關必要的工程技術包括在內之化學工程領域；它和土木工程、電機工程、機械工程等相對應工程之一領域。此學問從組合化學裝置爲主體的觀點上看，它相關於各種化學裝置內所發生物理變化及化學變化，其和裝置之構造、尺寸、操作條件以及和所處理物質之諸性質相關連之工程學問。

　　由上述區分範圍可以理解，應用化學所函蓋的領域應該是：

（1）、關於原料之成因和品質的問題。

（2）、關於反應過程的組合問題（方法製程的選擇）。

（3）、關於個別反應過程的操作條件問題（化學平衡論和反應速率論的問題）。

（4）、關於觸媒的問題。

（5）、對於原料、中間物製品的純度試驗、確認試驗適性試驗等工業試驗法相關的問題。

（6）、關於化學構造和實用性質之關係的物性論問題。

（7）、開發具必要性質的新物質之合成論問題。

（8）、關於新用途之開拓問題。

　　這些問題之處置方法，其最終目的都是要將製品工業化爲前提，當然和化學工程的處置方法之間，不可有斷層的情形發生。由此就可以明白應用化學是不同於基礎化學（純粹化學）和化學工程的。

在教學上，應用化學和純化學的課程諸多相同，因此使許多人誤解兩者一樣，尤其學生更為模糊而疑惑。身為教學者有義務為學子解惑，其最為簡便的方法是開授應用化學課程，用實際的例子說明最為切實；讓學生理解應用化學，是運用化學的原理原則為基本，則此後對以往認為枯燥乏味的物理化學等基礎課程，將會更有興趣且用心地學習，無形中提高學生對基礎課程之學習效率。

關於基礎化學和化學工程的書本在坊間可以看到許許多多，可是應用化學的書本則未曾看到。國內私立大學有應用化學科系的歷史已久；國立大學方面清華大學早期有工業化學系，但之後變更為化學工程系；交通大學於民國七十一年成立應用化學研究所，其後並增加學部及博士課程，發展迄今。著者多年來一直期待相關的書籍出現，以便作為教學用，等了十多年到現在，不得不自行編著。

著者自民國七十一年起在研究所開授應用化學特論，其講授內容係自編講義，該課程是以材料技術為利用手段，對於省資源、省能源及維護環境相關的新技術為內容。啟示開發指標，使研究生將來無論從事任何行業，都能著眼於此三大相關人類生存至鉅的項目，甚至可以作為本身研究及經商的標的，十多年來受課學生畢業後，對該課程受益匪淺之反應時有所聞。學部之應用化學則不易採用之，主要原因是學部學生尚不具材料技術之能力，因此作者乃就國內外之書籍、刊物、專利等資料，取其精華予以編譯成本書，以便作為教材。

學生對應用化學這一門學域之理解尚一知半解，甚至許多同學對於『為什麼要學應用化學』的問題，其回答是就職容易或賺錢等佔絕大多數。其實就職謀生和賺錢是隨伴而來的附帶結果，有高度應用化學能力並學識的人材，是社會企業爭取的對象，所以職業絕無問題。既能作出經濟導向之產品，則自己經營事業當然財源滾滾不怕賺不到錢，是故學應用化學基本之動機，該不是為就職或賺錢而是服務人類社會，即以化學技術來造福人類社會。

基於這樣的著想，用應用化學的智慧服務別人之前，則必先服務自己。換言之，每個人都是有機體單位，其身體有幾百兆細胞，個個乃營運著如一座非常複雜之化學工廠，樣樣程序及系統器官的連動也是藉著化學手段而運行，這是生命存續的關鍵；我們應先了解自身之機能，好好地運用應用化學智慧，必定可以使我們身體健康、精神愉快，有了健強體魄和愉快心情，才能談得上服務社會、造福人群。應用化學的內容乃本著這樣的精神編輯，故開宗明義之第一章消化系統與應用化學，乃是作為每日營生的規範，使學生每天能以最經濟的物質，獲得最高的維生養分，並確保身體之健康。本章之應用化學原理有反應動力學、反應速率、酵素反應、異相反應、界面化學、pH、膜化學、細菌的作用…等。其次，自第二章到第十六章是水溶性高分子之基本特性及應用技術，包括水溶性高分子的基礎知識、水溶性高分子的機能、水溶性高分子的分子間互相作用、水溶性高分子的特性、澱粉及其衍生物之應用加工、普路蘭(pullulan)的特性及應用、水溶性纖維之應用、甲基纖維素之應用、羥乙基纖維素之特性及應用加工技術、羥丙基纖維素之特性及應用加工技術、海藻酸阿拉伯膠古阿膠脫拉甘都膠他瑪林都種子的特性及應用加工技術、明膠之特性及應用加工技術、聚丙烯醯胺之特性及加工技術、聚乙烯醇之特性及加工技術等。其中以人體之 DNA 和 RNA 特性，說明自然界水溶性高分子的特性，闡明生物的生命和水溶性高分子之關係，說明科學家如何利用簡單的紫外光譜儀，研究眼睛看不到的 DNA 和 RNA 之結構等等，啟示學生善用儀器的原理及想像力；其次是以自然界既存之天然膠、明膠，澱粉及其衍生物等討論其特性及應用加工；最後乃是列舉泛用合成水溶性高分子之特性及應用加工，這些內容函蓋於工業用途、藥品、食品、保健等領域，皆含有諸多化學原理之應用。

第十七章油脂與食生活、第十八章食物中毒、第十九章食品和解毒化學和第廿章多醣類的種類和機能，乃是我們日常生活和疾病及防患、保健有重要之關連性，尤其相關新防癌食品之開發是值得我們留意的。第二十一章香臭的化學和第二十二章化學防菌防黴是關連生活的智慧。第二十三章工業洗淨技術和第二十四章 pH 和離子控制之應用是工業上之應用新技術。第二十五章家畜糞尿之處理及利用、第二十六章農藥藥害及環境之應用化學、第二十七章防蝕技術、第二十八章紙漿廢液之有效利用、第二十九章工業廢水之處理及利用、第三十章廢水之利用、第三十一章廢油之回收及利用、第三十二章廢油精製處理及公害和第三十三章廢酸廢鹼資源化之展望等，是關連使用新技術予以達成環境之維護並廢物之利用再生。第三十四章電池工業、第三十五章半導體工業、第三十六章、顯示器材料、第三十七章影印等，是近代精緻之電子相關工業，內容都是由化學智慧之巧妙配合，所產生新穎技術的開發成果。

學生藉著本書內容之修讀後，基於和生活相關密切諸例之學習結果，必能開啟其『學以致用』之智慧，而精進於應用化學研究及發展，最後身體更健康，精神愉快，服務社會的功效增大。

本書在倉促中成篇疏漏之處在所難免尚祈諸位專家以及先進們不吝指正。在撰稿時承蒙鍾崇燊教授對本書內容提示諸多的修正及方向非常感激，多謝李耀坤教授提出有關 DNA 定義的灼見、慨借電腦並遣溫增民同學協助排除電腦的障礙。由於交通大學出版組陳莉平組長所領導團隊的規劃和編輯，本書得以順利出版，在此一一併申謝。

蕭　興　仁　謹識

民國九十一年一月一日

目　錄

第一章 消化系統之化學

1-1、緒言

　　人之生活必須每日攝取能源以維生，也就是說每日必須進食各種食物。這些食物的絕大部份，除非經過消化過程，使食物變成可以吸收的小成分，否則會無法直接進入我們身體內的營養系統，會完封不動地自肛門排出。專門負責此功能的器官就是消化系統。這種消化過程，是百分之百藉著化學反應進行，如果能夠完全掌握其化學反應的過程及條件，自然可以達到完全的消化。

　　充分攝取食物的養分，其意義非但表示用最少的食物獲得最大的養分，除了有效地節約食物的表觀利得之外，完全消化的本身，就是減輕消化系統的負擔，它可以降低消化不完全的食物，在胃腸內部累積。消化不完全的食物，會造成雜菌滋生、腐敗、產生有毒物質等不良後果，最後導致自身中毒而危害健康，其重要性攸關生命問題，人人只果能夠切實地妥善管理自身的消化系統，那麼健康、幸福、快樂自然會來臨。

　　消化系統包括，上自口腔、食道、胃、十二指腸、小腸（空腸、迴腸）、下行結腸、S狀結腸、直腸、下達肛門等器官。本章內容從口腔開始，說明和消化關連的化學反應。

1-2、口腔的功能有

　　(1)、分泌唾液

　　(2)、嚼碎食物

　　(3)、濕潤食物

　　(4)、保持食物一定溫度

1-2-1、唾液的功能

　　唾液是消化液之一種，係由耳下腺、下顎腺、舌下腺、及其他小腺，分泌於口腔混合液的總稱，每天可分泌出 700～1500 ml 的液量。唾液的酸鹼度約為 pH6.8，比重為 1.005，固形成分有 0.5 %左右；唾液含有黏液(mucin)、澱粉酵素(ptyalin α-amylase)、麥芽酵素(maltase)等之外，也含有硫氰酸酯(thiocyan)和其他種種無機物質。黏液(mucin)主要由舌下腺所分泌，它的功能是提供黏稠性以濕潤食塊，使食塊潤滑容易吞食。澱粉酵素主要分泌於耳下腺，它是澱粉的分解酵素，這種酵素的作用可以將澱粉膠化、再經糊精(dextrin)、最後變成麥芽糖。白飯嚼久生甜的現像，是證明白飯的澱粉經嚼咀，被澱粉酵素轉變成麥芽糖的結果，這種化學反應，即使食塊進入胃後，也可以持續 15～30 分鐘。

　　唾液一旦和空氣接觸就會釋放出二氧化碳(CO_2)，而使唾液的 pH 值升高，這時產生不溶性的碳酸鈣($CaCO_3$)，黏液對此碳酸鈣具有保護膠質功能，能防止碳酸鈣的急速沈澱，如果唾液中黏液量減少時，則碳酸鈣容易析出，它是造成齒石的原因。

1-2-2、嚼咀和健康的關係

　　如上節所述，口腔運動使唾液的分泌旺盛，大量的澱粉酵素乃隨之產生，由於它是澱粉的分解酵素，因此對於以澱粉為主要營養源之人類而言，它是生活上非常重要的化學物質，為了充分消化澱粉，我們必須將食塊，儘量在口腔內長時間嚼咀。常言道，胃腸病最根本治療方法，並非每日服用抑制胃酸的胃藥，而是飲食時細嚼慢嚥。嚼咀本身，隱含著二種化學反應的真理：

　　第一點、長時間之嚼咀運動，使口腔分泌唾液的時間加長，分泌的總量當然變大，必然可以使食物中的澱粉，有充分的機會可以和澱粉酵素接觸，然後消化分解變成麥芽糖。

　　第二點、人體消化系統除了口腔中的牙齒之外，都是組織脆弱的黏膜，可是我們所吃的食物，絕大部份是堅硬的物質，這種固體食塊根本不允許直接進入食道，以免傷害器官，唯一能把關的就是靠牙齒的嚼咀，硬如石頭類異物予以分辨而吐出、大塊的東西則予細碎化、提供能吞食容易消化的食物。牙齒除了把關、保護消化器官的功能之外，從消化的化學立場看，更有其重要意義，茲詳述如下。

食物從口腔進入到由肛門排出，其外觀的直線距離不過七十公分左右，而時間也不過二十四小時而已，在這麼短的時間、距離內，要將食物消化完全，其條件的確非常苛刻，而且不容易達成，其原因何在，我們可以用化學反應的立場來思考。

既然消化活動是一連串的化學反應，那麼學化學的人，首先會想到的是，促進化學反應就可以促進消化。從實驗室做實驗的經驗，或從化學課本裡學到的知識，都告訴我們，要促進化學反應的方法有：攪拌、加熱提高溫度、加壓力、增加觸媒、電磁場的作用等等方法，這些條件之中，以加熱提高溫度和增加觸媒二項最為有效，尤其觸媒之功能也隨著溫度的提高而增強。從阿倫尼斯式 (Arrhenius equation) $k=Ae^{-E/RT}$ 得知，式中的反應速率 k，在勻相反應時，溫度 T 每增加攝氏十度，反應速率約可提高三倍。很不幸的是，我們的消化反應都維持在 36°C，因此調高溫度因素根本不存在；作為觸媒作用之各種酵素，也是由體內分泌，不是隨意可以增加；至於攪拌、壓力和電磁場等的條件，也是固定在定常狀態，故可忽略。

看來似乎所有的手段都不濟於事，其實不然，食物在消化系統裡，除了液體狀食物消化時，是一種勻相反應外，固體食物的消化都屬於異相反應。要消化固體食物，首先必須使食物和各種酵素接觸，才能期待引起化學反應，食物的接觸面積愈大，反應速率則愈快，因此使固體食物有很大的接觸面積，就可以提高消化的化學反應，我們可以改善的條件就在這裡。換言之，就是必須將固體食物細粒化，此道理是因為物質的比表面積和其粒度成反比，粒子愈細表面積愈大，當固體食物細碎到分子狀態時，可達最大的反應速率，但這是不可能的，何況平常吃東西嚼咀的時間都很短暫。

整個消化系統，唯一有能力使固體食物，細粒化的器官就是口腔，牙齒的嚼咀功能，使大粒的食物變細，因此嚼咀是件極其重要的消化動作。任何食物除非已經煮成糜爛，否則一旦進入胃部，要靠胃液予以完全溶化是不大可能的。

因為固體食物被消化液中的酵素作用時，作用的情形是從固體之表面開始，而漸漸往固體的中心進行，這種化學反應的速率，完全靠著酵素在食物固體中的擴散速率而定。大家都知道，液體在固體中擴散的速率非常慢，所以要作用完全之唯一方法，是善加利用牙齒的嚼咀功能，將任何固體食塊予以碎化至最小程度，才能保證消化完全，而營養的吸收效率達到最大。

我們吃了玉米之後，翌日的糞便中，常常發現有顆粒完整的玉米粒，這是證明未經嚼碎的玉米粒經吞食，雖然在胃袋中經約二小時的胃液作用，仍然完整無缺地能夠通過我們的消化系統，由此可以明白，任何未被嚼咀碎細化的食塊，都將被排泄。表觀上，許多人以爲消化不完全，只不過排泄、浪費食物而已，其實不僅浪費而已，自身中毒的不良後果常被忽略。

自然設計的人體非常合理且巧妙，食物進入消化系統後，如果食物完全消化，其營養分全部被吸收後的殘渣，由直腸暫時儲存，然後以糞便排出。假使有未經細碎而消化不完全的食物，一旦進入鹼性且雜菌叢生的腸中，則該食物就受雜菌的作用而分解，產生腐敗之有毒物質，腸吸收這種有害毒素後，將引起自身中毒的後果。毒素的衍生物，都須由身體的解毒器官予以解毒，無形中增加了身體之負擔，這樣的情形如果經年累月地持續，身體的健康必然嚴重受害。

本來飲食，是要攝取維持日常生活所必需的養分，但不理想的飲食習慣，卻會造成相反的後果，正如常言之『病從口入』的結果。胃酸的酸鹼度約爲 pH1，在這樣的條件下，絕大部分之病菌都會死亡，所以說胃是消除食物中病菌的關頭。但是要達到這個目的之先決條件，是胃液的酸鹼度必須維持在 pH1 左右，如果 pH 高了則殺菌能力下降，甚至不具殺菌功能。

既然胃液有一定的量，那麼我們進食物質的量，愈多則愈將胃液沖淡，當然了 pH 值就愈大於 pH1，如此一來，食物中如果有雜菌存在，便可以安然地進入腸中滋生繁殖，這就是爲什麼飲食時，必須細嚼慢嚥而不可暴飲暴食的原因。總之，要健康，則必須嚴守一個原則，那就是『吃進口的東西，必定要嚼爛使其可以完全消化，否則不要送入口中。』

利用應用化學的技術，改善消化不良的手段，就是服用澱粉酵素。市售之 Diastase 藥品，是針對澱粉質消化不良之患者所開發的，借助藥力的手段是治標方法，最基本且根本可以治療的方法，就是細嚼慢嚥，自然地產生大量唾液，勿須依賴外來的澱粉酵素幫助。

1-3、胃的位置

　　胃位於上腹部左橫隔膜的下方，橫隔膜的正上方就是心臟，也就是說胃和心臟
相鄰，僅以橫隔膜隔離而已，如果胃過份膨脹時，就有胸悶感覺、產生動悸，這可
以用胃和心臟的位置予以說明。換言之，胃裡如積有氣體，則將橫隔膜往上推，而
壓迫到心臟，這就是胸悶的原因。

　　胃壁有分泌胃液的細胞。分泌鹽酸的細胞稱爲壁細胞；分泌消化蛋白質的胃蛋
白酵素(pepsin)的細胞稱爲主細胞；其他有分泌粘液的細胞和分泌鹼液的細胞。

1-3-1、胃的功能

　　胃的功能可分爲下列四點：

　　(1)、分泌胃液。

　　(2)、將吃進去的食物暫時貯存，將固形物予以細碎。

　　(3)、吸收營養物。

　　(4)、分泌製造血液的賀爾蒙。

　　其中以第(1)和第(2)最爲重要。

　　胃每天分泌 1～2 公升的胃液，尤其看到好吃的食物，或者吃進該食物後，胃
液的分泌最爲旺盛，正如大家都有的經驗，當在想像好吃的食物時，口中就溢出唾
液，也像旺盛地分泌唾液一樣，在胃中照樣產生大量的胃液。要健康地消化食物，
胃液是不可或缺的物質，尤其是胃液含有胃蛋白質酵素的成分。另外在我們身體中，
除了胃之外沒有一個器官，可以分泌出大量的鹽酸。

　　鹽酸和胃蛋白質酵素之協同作用，可以使肉、魚、卵、乳酪、豆腐等的蛋白質，
分解成消化蛋白質(peptone)，也就是說，胃是擔負著分解蛋白質的第一關。這裡會
感覺奇怪的是，我們的胃壁也是由蛋白質所構成，爲什麼不會被自己的胃液消化掉，
卻可以消化豬的胃、牛的胃呢？其實人類的胃和牛、豬的胃並無太大的不同，爲什
麼不消化自己的胃，關於這一點自十九世紀以來，就有許多學者提出種種的說明，
但無一學說可以使人完全地接受。

　　胃液中的鹽酸減少時，生病的代表是產生胃癌，相反地鹽酸增多時，十二指腸

5

潰瘍是最爲普遍的症狀。

　　第二點的功能，是暫時貯存食物，同時將粗大的固形物予細碎(指較軟的固形物)，然後慢慢地一點一點送進腸中，外觀上這是一種保護腸的功能，其原因是小腸的粘膜，和胃的粘膜相比較要脆弱得多，稍微受到刺激就產生炎症。

　　不過別以爲有了胃就可以儘情大吃，而將食物全部送進腸中，其原因已如前述。不管是熱的或是冷的食物，在胃中保持一定的時間之後，都必須調節到近於體溫的溫度，同時也將硬的物質變成大概像粥一樣軟的狀態，以免使小腸受到刺激。

　　胃液具有殺死細菌的能力，附著於食物的病原菌、非病原菌等大部份都會死於胃中，這都是鹽酸的作用，因此無酸症的人其腸中容易繁殖細菌，也易引起腸炎性下痢。

1-4、腸的位置

　　空腸和迴腸之小腸可以自由活動；十二指腸之大部份固定於後壁；大腸之橫行結腸和Ｓ型結腸，比較可以自由活動，其他部份也就是上行結腸、下行結腸都固定於腹壁上；盲腸雖然沒有牢牢固定，不過所連結之上行結腸爲固定，故通常盲腸不可能有大的移動。但因人而異，有些人的盲腸固定性不良，東西移動，此稱爲移動性盲腸，右下腹部鈍痛原因乃基於此，這種人須進行盲腸固定手術。

1-4-1、腸的功能

　　小腸的全長有五~六公尺，大腸的全長約二公尺，有下列功能:

　　　(1)、幽門控制食物少量地進入十二指腸，在此和膽道、膵道分泌之膽汁及膵液混合後，再和由腸黏膜分泌的腸液混合，往肛門方向前進。通常的成人，其食物通過小腸所需的時間爲四~五小時，通過大腸則需十五~二十小時，食後二十四小時變成大便（一日排便一次的情形），一日排便一次和三日排便一次的人，其通過小腸時間不變。

　　　(2)、消化食物、吸收養分是小腸的主要功能

　　由十二指腸流進來的膽汁，含有消化脂肪不可缺少的成分，而胰液中則含有分

解蛋白質的胰蛋白酵素(trypsin)、分解脂肪的胰脂肪酵素(steapsin)、和分解糖質(含炭氫化合物)的胰糖酵素(amylopsin)等成份。在腸液中則含有蛋白分解酵素(erepsin)、脂肪分解酵素(lypase）和糖質分解酵素(diastase)等。如此，食物中的蛋白質、脂肪、糖質就接受各種酵素的攻擊，最後分解成氨基酸、脂肪酸、單糖類等最小的分子單位，這種分解工程稱為消化。

大腸對於消化沒貢獻，僅在盲腸和上行結腸之一部份，常存在一些細菌，會將小腸無法消化之纖維，一小部份予以分解而已。這些細菌會腐敗蛋白質，結果產生氨、硫化氫、酚、吲哚(indole)、糞臭素(scadole)等臭氣強的氣體；而糖類則醱酵而生水蒸氣、氧化碳、醋酸、酪酸等物質。

五~六公尺長的小腸，具有四百~五百萬個纖毛，其表面積高達十平方公尺以上；如果以每一平方公分的腸壁有 1.5 億根微纖毛計算，則其表面積可達 300 平方公尺，為人體全部面積的 200 倍以上，大的表面積有利養分的吸收。維生素的大部份由小腸，特別在十二指腸、空腸的上部吸收，而大腸所吸收的是水分及礦物質而已。氨基酸、脂肪酸、單糖類等經由小腸、大腸黏膜進入體內，再由門脈進入血管送至身體各處，變成筋肉、脂肪和運動之能源，不過一部分之脂肪並不進入血管，而由淋巴管吸收。

1-4-2、腸病和排便生理

大便積存於直腸，其量達到某一定量以上時，便會刺激直腸黏膜，將信息傳達到大腦，就產生便意，便意刺激的程度和水分及便量成正比。如果有便意時不如廁而『強忍便意』，這樣的結果會使便意消失，因為『直腸習慣該狀態之刺激』而不知覺，此後必須要有更大的便塊進入直腸，才能再引起便意。

1-4-3、大便送入直腸之腸運動

通常在朝食後，直腸之腸運動最為旺盛，所謂胃、大腸反射，乃是由於食物進入胃內而成為原動力，引起大腸的活潑運動，係一種神經反射，尤其在充分休息後之胃腸，最能發揮強的汎發性運動，結果反而緩和直腸和 S 形結腸壁之緊張，而將大便送入直腸。

1-4-4、大便壓出體外之機能

　　大便壓出體外之機能，係由腹筋收縮、肛門筋收縮和橫隔膜低下（強化緊張）等之作用，另一方面弛緩肛門括約筋，使大便容易排出。通常的人，可以排出下行結腸以下之全部內容物。正常的大便含 75～80%的水分；如果水分含量在 60%左右，則外觀上呈脆狀硬便；如果水分含量達 90%則呈水狀便。水分以外，約固形成分的一半，係由腸黏膜表面條落的細胞，以及腸內細菌的殘骸所形成，其他的一半係未消化食物殘渣物。從這個數據，可以知道每天的消化工程，須要消耗為量可觀的腸黏膜細胞，這些損失的組織都須要營養分來補修。

1-5、便秘

　　腸中的大便異常，長期停滯的現象稱為便秘，雖然一日一次，或一日三次排便而只有少量便，大部分仍留腸中者，亦視為一種便秘，不過便秘，通常都是減少排便的次數。

1-5-1、原因

　　便秘的原因由下列各項所引起。

　　　(1)、有便意時忍受而不排便。

　　　(2)、偏食過分易消化食物。

　　　(3)、不攝取水分。

　　　(4)、濫用下劑。

　　　(5)、將便排出體外之力量微弱。

　　　(6)、女性生理因素。

　　　(7)、因緊張、痛苦、憂慮而造成。

1-5-2、症狀

(1)、初期無大痛苦、便硬、外觀上無大異常。

(2)、病情進展時，首先腹部有緊張感、膨脹感、食慾不振、失眠、頭痛、頭暈等症狀。

(3)、病情加深時，變成痙攣型併發大腸炎而腹痛，大便成硬且深色小塊，其表面附有黏液。因硬便傷及肛門周邊之腸黏膜而常出血，一旦吃食東西就會腹痛，產生對飲食之恐怖，益使食慾不振，而加強神經衰弱症狀。

(4)、糞性下痢。

(5)、由便秘而大腸發炎，當炎症擴及腹膜就是導致腸癒著。

1-5-3、治療方法

治療方法有:排便訓練、對食物注意、瀉劑、通腸等。

1-5-3-1、排便訓練

每日定時如廁，養成定時排便習慣。

1-5-3-2、對食物注意

(1)、弛緩性便秘，可用下列食物改善。

(a)、朝食前喝90～180 cc冷牛乳、果汁、啤酒、冷鹽水、冷水等。

(b)、吃乳糖、蜂蜜、水果干等。

(c)、吃酸水果、醋料理、養樂多等。

(d)、吃辛味物。

(e)、吃奶油、牛油、美奶滋及其料理等。

(f)、吃糙米、生菜、海燕等。

(2)、痙攣性便秘，可用下列食物改善。

(a)、吃軟白米飯、烏龍麵、白麵（主食）等。

(b)、吃細磨蔬菜煮水果。

(c)、吃嫩雞肉、小牛肉等。

(d)、喝稀茶、牛乳（冷的不可）等。

(e)、吃天然奶油。

這樣的飲食最少須連續進行二~三個月的時間，如果稍強的腹痛患者，則須進一步加強食物管制，即僅限於吃稀飯、磨爛蔬菜及魚肉，進食的時間為二~三星期。

1-5-3-3、瀉劑

以往對於弛緩性便秘，使用鹽類瀉劑($MgSO_4$ MgO)，其作用是使大便多含水分，增加容量。海菜、植物性膳食纖維製劑、海藻酸鈉等多使用過，如果長期使用鹽類，則會產生小腸對養分的吸收性不良、體質虛弱、營養不佳等的後果，須要注意。刺激大腸之瀉藥，有酚系瀉劑、大黃、沙拉達樹皮(cascara sagrada)、番瀉葉(senna)等，這些藥都會引起腹痛，應注意使用量。其中大都具有副作用，而且有害腎臟，沙拉達樹皮的習慣性較少。

對於痙攣性便秘，以所謂鎮痙攣劑之曼陀羅鹼(atropine)、若種子萃取物(rhode extract)、罌粟素(papaberine)等有效。此時也可試腹部溫濕布、溫浴療法等。其他之瀉劑如 VB_1 劑、酵母製劑、膽汁製劑、新斯的格明(neostigmine)、尿膽素(urecholine)等。

1-5-3-4、通腸

通腸的方法，是使用 30~50 cc以水稀釋之甘油、200~300 cc之 2%肥皂水、200 cc之牛乳、100 cc之 2~5％鹽水等都很有效。也可以在就床前由肛門插入甘油座劑；將 30~40 cc橄欖油、菜仔油流入直腸，以促進明朝之排便。最後須注意的是，利用液體的通腸方法不可常用，其用量也不可過多。對於體衰慢性病患，尤其是老人，常見直腸內的硬便通不出來，則可用手挖出。再不出來，則用 100~200 cc溫水（約36°C）重複灌入直腸以溶化硬塊。

1-6、下痢

在胃及小腸未經充分消化之食物，抵達小腸下部、大腸上部時，則被在該處營生的細菌作用，使蛋白質腐敗、碳水化合物醱酵，產生對腸黏膜強刺激性之物質，促使大腸運動旺盛，有時引起發炎而下痢，即通常所稱之腐敗性消化性下痢和醱酵性消化性下痢。

1-6-1、原因

下痢原因有:

(1)、過食。

(2)、吃不消化的食物。

(3)、吃過量的脂肪。

(4)、過敏性食物。

以上是從食物立場所看到的原因，如由吃的本人立場看，則其原因有：

(1)、未充分嚼咀。

(2)、消化液減少。

(3)、原因不明(如排出含大量脂肪之下痢便)。

1-6-2、症狀

症狀有下痢、放屁、腹鳴、腹痛等，尤其在排便前的劇痛、體重減輕、脫力感、食慾不振等。胰島素不足所引起之下痢，常有上腹部及脊部之鈍痛；膽汁不足性之下痢，通常會併發黃疸；特發性脂肪之下痢，會有口內炎、舌炎、口內如焚燒等之感覺。

1-6-3、診斷

(1)、醱酵性下痢之大便呈淡黃色、酸性、酸甜臭味，含大量黏膜，嚴重時便呈綠色。

(2)、腐敗性下痢之大便呈褐色、鹼性、強之腐敗臭味，含大量黏膜，嚴重時呈綠色。

(3)、膽汁、胰島素不足之下痢，大便不具黃褐色，而呈灰白之黏土色，血液混雜之情形甚少。以顯微鏡檢查，可看到未消化之澱粉粒、蔬菜纖維、脂肪粒等。

1-6-4、治療方法

以注意食物為第一，如為醱酵性下痢則減少糖質（含碳水化合物）；如屬腐敗性下痢則減少蛋白質；如為胰島素不足性下痢，則特別少吃脂肪，其量僅少許之奶脂，同時也不可吃魚肉等之蛋白質；膽汁不足性下痢，則對脂肪的限制如上，但可以不限制蛋白質。基本上每日攝取蛋白質 50～70 g（健康食 80～100 g）、脂肪 10～30 g（30～60 g）及其他糖類，共 1600～1800 卡為基準。至於大便用藥劑，以各種糖化酵素(diastase)類、胰素(pancreatin)等為主，對於非常厲害之下痢，則給予服用獸碳粉、adlinubin 等止瀉劑，或曼陀羅鹼(atropine)劑、阿片劑等，另外可別忘了補給維生素。

1-7、由於腸炎所引起的慢性下痢

當患有慢性腸炎、急性腸炎、膽囊炎、膽石症等疾病時，或者在腸中有過多之細菌、健康者所沒有的細菌等時，會發生慢性下痢。

1-7-1、症狀

腹痛比前記消化性下痢多，發生部份大概和大腸的位置一致。當在橫行結腸以下之大腸有嚴重之炎症時，排便前常於左腹生痛；直腸炎症患者，排便時在肛門附近常生疼痛，嚴重時則有便意卻拉不出來；如果在盲腸、上行結腸，發生嚴重炎症時右腹會疼痛，有時被誤解以為盲腸炎。慢性腸炎必然會有黏液附著於大便。

1-7-2、診斷

腸炎之細菌須借重細菌學的處置，有時會有和腸癌相似之症狀，不過大便混有血跡時，則應疑為腸癌，須接受精密的檢查。

習題

1、說明消化系統對人體的影響。

2、從反應化學立場，詳述牙齒的功能。

3、唾液中之成分為何？ 其功能又為何？

4、胃的功能為何？

5、胃酸有何作用？ 其機制為何？

6、常患胃病的人日常皆服制酸劑或其他胃藥，為何難治癒？

7、腸的功能為何？

8、消化過程裡食物之營養以何種形態進入人體？

9、為什麼人體之排便對健康非常重要？

10、從一個人的排便情形可以判斷其健康情形，為什麼？

11、拉肚子時常感到疲乏無力，為什麼？

12、便秘時須如何處理？

13、消化系統裡含有幾項化學原理？詳述之

第二章 水溶性高分子的基礎知識

2-1、緒言

本章內容包含，高分子何以能溶於水之基本知識及原理；以澱粉系、纖維系、單寧、及木質素等之天然原料，和聚乙烯醇系、聚乙烯氧化物系、丙烯酸系、馬酐系、夫酸系、酮甲醛樹脂、丙烯醯胺、聚乙烯比咯酮、聚胺、聚電解質等物質之反應物；以及其他合成化合物為原料之高分子。概略說明製造水溶性高分子之新技術，同時闡明無觸媒聚合之原理和應用。

本章所應用的原理是親水性、合成、分子的立體結構等。

2-2、水溶性高分子的種類和性質

原則上所謂水溶性高分子，是指具有親水基之鏈狀，而無交聯之高分子。親水基有：$-OH$、$-CONH_2$、$-COOH$、$-NH_2$、$-COO^-$、$-SO_3^-$、$-NR_3^+$等。具有這樣性質的水溶性高分子，以它的原料來源區分，可以分為天然水溶性高分子，和合成的水溶性高分子二種。

2-2-1、天然水溶性高分子的種類

天然水溶性高分子，最為普遍的有澱粉系、纖維系、單寧和木質素系、及其他等。

2-2-1-1、澱粉系

美國農商部的研究所，在 1970 年代開發了所謂 H−SPAN 之超吸水性物質，如圖 2-1 所示。其製造方法，是將小麥澱粉在水中膠化後，用硝酸鈰銨將丙烯腈 [acrylonitrile (AN)]接枝聚合，繼以 KOH 加水分解後，再酸化而成。澱粉：AN＝1：

1 之重量比(形成的 AN 聚合物分子量約為七十五萬)，經過交聯後的生成物不溶於水，1 g 的聚合物可以吸收 650g 的水，也能吸收 54g 的人工尿液。

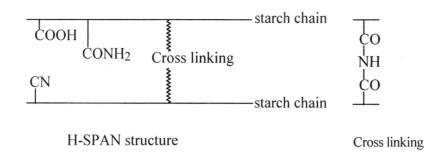

圖 2-1 可溶性澱粉的構造

2-2-1-2、纖維系

以前就有人研究將纖維素變為水溶性，也就是纖維素經黃酸化(xanthation)後作為接著劑。黃慶雲將 2-甲基丙烯酸(methacrylic acid)，接枝聚合後得到超吸水劑，這是利用不溶於水的性質。例如，將纖維素 0.4g 和 2-甲基丙烯酸(methacrylic acid)(MAA)1 ml，加入 20 ml 的飽和食鹽水中，在 85℃條件下振盪二十四小時後，則可以得到 MAA 接枝於纖維素的高分子 0.58 g（接枝率 45%），如式(2-1)所示。

$$\text{cellulose } + \text{ nMAA} \xrightarrow[\substack{\text{insaturated NaCl} \\ \text{solution}}]{85\,\text{C shaking 5 hr}} \begin{array}{c} \text{poly MAA} \quad \text{poly MAA} \\ \text{————cellulosechain} \\ \text{poly MAA} \end{array} \qquad (2\text{-}1)$$

2-2-1-3、單寧和木質素系

這是起源於利用萃取澳洲產金合歡(acasia)樹，所得的單寧作爲接著劑原料。其例子，是將含固形分 66.7 %的單寧 100 份、福馬林 9.2 份、甲醇 30 份、消泡劑 0.3 份等成分，一起加熱後而保存，要用時添加福馬林、鄰－胺基酚(m-amino phenol)和充填物等使成黏稠狀。作爲夾板的接著劑，其接著強度可達 900PSI，即使浸水二十四小時後，強度仍可達 614PSI。

$$\text{wattle tannin} + HCHO \xrightarrow{\text{formalin}} \left[\text{wattle tannin}\right]-CH_2OH$$

wattle tannin

$$m\left[\text{wattle tannin}\right]-CH_2OH + nHCHO + x \cdot \underset{OH}{\overset{NH_2}{\bigcirc}} \longrightarrow RESIN$$

-------------------------------- (2-2)

2-2-1-4、其他

多醣類系，有海藻酸和阿拉伯膠等於後章詳述。蛋白質則以明膠爲代表，而大豆蛋白及乳蛋白也是大家所周知的。

2-2-2、合成的水溶性高分子

合成的水溶性高分子，有聚乙烯醇（PVA 系）、聚乙烯氧化物系(Poly ethylene oxide)、丙烯酸系(acrylic acid)、馬酐系(maleic anhydride MA)、苯二酸系(phthalic acid)、酮甲醛(ketone formaldehyde)樹脂、水溶性聚酯(poly ester)、聚環氧、丙烯醯胺[acrylic amide(AAm)]等分別說明如下。

2-2-2-1、聚乙烯醇(PVA 系)

利用二異氰化物(diisocyanide)於 PVA 的懸液中產生交聯結構，在實用化之應用範圍非常廣如式(2-3)所示。其他的酚系、美耐皿系、尿素系等之初期水溶性樹脂，和 PVA 共用也是可以的，詳細後述。

$$
\begin{array}{l}
\text{CH}_2 \\
2\ \text{CHOH} + \text{OCN}\!-\!\!\bigcirc\!\!-\!\text{CH}_2\!-\!\!\bigcirc\!\!-\!\text{NCO} \longrightarrow \\
\text{CH}_2 \\
\text{CHOH} \qquad\qquad \text{diisocynate}
\end{array}
$$

PVA

$$
\begin{array}{l}
\text{CH}_2 \\
\text{CH}\!-\!\text{O}\!-\!\text{CON}\!\!-\!\!\bigcirc\!\!-\!\text{CH}_2\!-\!\!\bigcirc\!\!-\!\text{NCO}\!-\!\text{O}\!-\!\text{CH}\text{------}(2\text{-}3) \\
\text{CH}_2 \qquad\qquad\qquad\qquad\qquad\qquad\qquad \text{CH}_2 \\
\text{CHOH} \qquad\qquad\qquad\qquad\qquad\qquad\qquad \text{CHOH}
\end{array}
$$

2-2-2-2、聚乙烯氧化物系(Poly ethylene oxide)

Kurendgina 用氧化乙烯和氯甲代氧丙環(ECH)作用，得到如式(2-4)所示之共聚物及其衍生物。

$$
n\text{CH}_2\text{CH}_2\text{O} + n\text{OCH}_2\text{CHCH}_2\text{Cl} \longrightarrow
$$

$$
\left[\text{CH}_2\!-\!\text{CH}_2\!-\!\text{O}\right]\!\!\underset{\text{多}}{}\!\!\left[\text{CH}_2\!-\!\underset{|}{\text{CH}}\!-\!\text{O}\right]
$$
$$
\underset{\text{CH}_2\text{Cl} \ 少}{}
$$

將 $-CH_2-R$ 替代 CH_2Cl

而 R 是 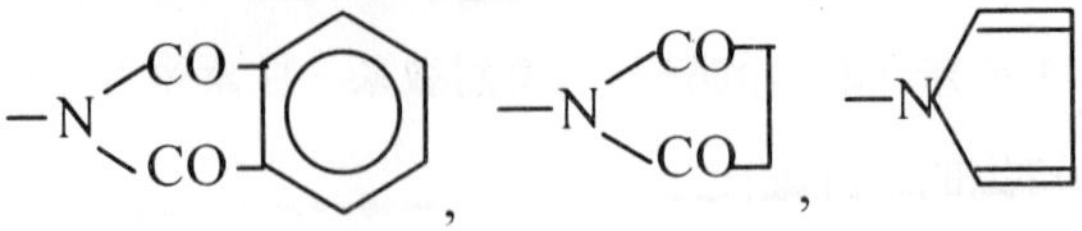 等

------------------ (2-4)

2-2-2-3、**丙烯酸系**(acrylic acid)

丙烯酸系(acrylic acid)如式(2-5)、(2-6)所示，將於第十四章詳細說明。

$$n\,CH_2{=}CH\text{-}COOH \longrightarrow -CH_2\text{-}\underset{\displaystyle COOH}{\underset{|}{CH}}\text{-}CH_2\text{-}\underset{\displaystyle COOH}{\underset{|}{CH}}\text{-} \qquad (2\text{-}5)$$

acrylic acid

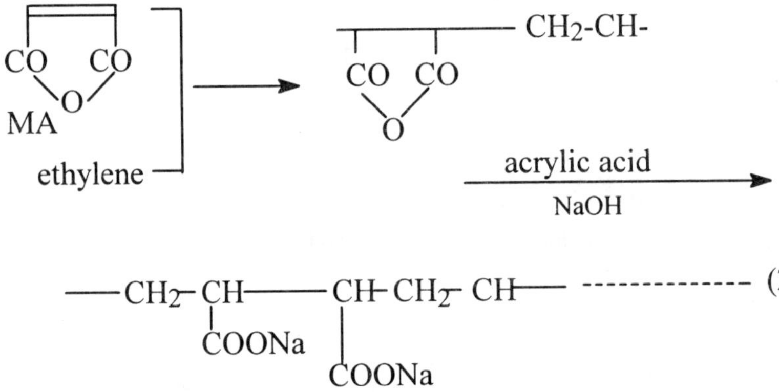

------------- (2-6)

2-2-2-4、**馬酐系**(maleic anhydride MA)

氯化乙烯和馬酐(MA)共聚後就成爲水溶性。Sackmann 等在偶氮雙異丁基氰(azobisisobutyronitrile，AIBN)中將馬酐和丙烯醇(allyl alcohol)以自由基共聚，如式(2-7)

所示，而得之化合物其鈉鹽和 NH_4 鹽可溶於水。

$$\text{------------ (2-7)}$$

如果使用甲代烯丙基醇(methallyl alcohol)，則生成物的軟化點可以大於 300°C 如式(2-8)所示；如果使用醋酸乙烯、苯乙烯或甲基乙烯醚進行共聚反應，可以使軟化點下降。軟化點在 200 °C 以上的高分子(以甲代烯丙基醇來說)，可以作為耐熱性接著劑。

$$\text{-------------- (2-8)}$$

馬酐和異丁烯之自由基聚合，可得到交聯共聚物如式(2-9)所示。它溶於鹼性水溶液，倉麗公司以此作為接著劑。例如，將甘油(glycerine)的三甘油脂醚(triglycedile ether)（三官能性環氧化合物）、ZnO 之金屬氧化物、可作為賦黏劑其兩端有 COOH 之液狀丁二烯(butadiene)橡膠等三種物質，在氨水溶液中配合，再塗布在夾板上，經熱壓者後產生交聯結構，則成為水不溶性。這是不使用甲醛之夾板接著劑。

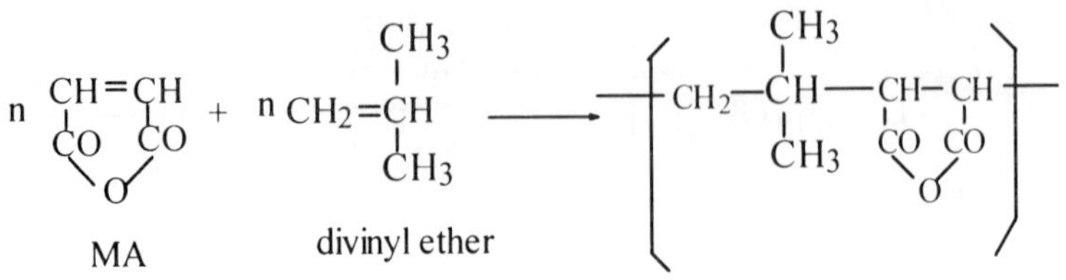

------------------(2-9)

具有抗癌性之二乙烯醚(divinyl ether)和 MA 共聚後，就成為水溶性化合物如式(2-10)所示。

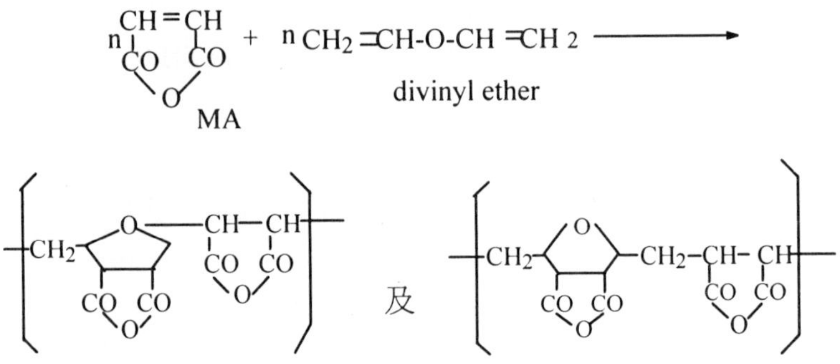

(2-10)

2-2-2-5、苯二酸系(phthalic acid)

苯二酸酐系不同於上記之馬來酸，很少能製成水溶性高分子，不過，松田使用乙二醇(ethylene glycol)進行反應，而形成羥乙基苯二酸(hydroxy ethyl phthalic acid)，簡稱為 HEP 如式(2-11)所示，其再和 MgO 或 CaO 作用，則形成$(HEP)_2 Ca$ 或 $(HEP)_2 Mg$ 如式(2-12)所示。

$$\begin{array}{c} \text{（鄰苯二甲酸酐）} \\ \text{HOCH}_2\text{CH}_2\text{OH} \end{array} \longrightarrow \begin{array}{c} \text{COOCH}_2\text{CH}_2\text{OH} \\ \text{COOH} \end{array}$$

HEP

------------- (2-11)

$$\begin{array}{c} \text{HOCH}_2\text{CH}_2\text{OH} \\ \\ \text{COOCH}_2\text{CH}_2\text{OH} \qquad \text{HOCH}_2\text{CH}_2\text{OOC} \\ \text{COO} \text{-----} \overset{++}{Mg} \text{-----} \text{OCO} \end{array}$$ ----- (2-12)

松田以二甲基醛(dimethyl formaldehyde)和二異氰酸酯(diisocyanate)反應生成爲高分子。

例如：(HEP)₂Me（Me 是指 Ca^{2+} 或 Mg^{2+}）50 mol 和二亞乙二醇(diethylene glycol)50 mol 之比，和二異氰酸酯(diisocyanate)反應，可以得到幾近收量100 ％的玻璃狀物質，如式(2-13)所示。該反應物具耐熱性、在200℃完全無熱損失、具有水溶性等特性。

利用馬來酸酐也可以得到聚酯(polyester)。例如，(HEP)₂Mg：ethylene glycol：MA＝0.05：1：1.05 時，所形成的聚酯大都是水溶性（酯值 196）如式(2-14)所示。

$$n\,(HEP)_2Mg \;+\; ^n O(CH_2CH_2OH)_2 + 2nOCNHR'NHCO \longrightarrow$$

diethylene glycol   diisocyanate

$$\left[\begin{array}{l} COO \\ (HEP)\,COOCH_2CH_2OCONHR'NHCOOCH_2CH_2OOC \\ (HEP)\,OCOCH_2CH_2OCH_2CH_2OCONHR'NHCO \end{array}\right]_n$$

-------------------------------------- (2-13)

$$n(HEP)_2Mg + 2nCH_2CH_2OH + 2n\ MA \longrightarrow$$
$$\text{ethylene glycol}$$

$$\left[OCH_2CH_2(HEP)-\underset{\underset{O}{\overset{\displaystyle CO}{\vert}}}{CH}-\underset{\overset{\displaystyle CO}{\vert}}{CH} \right]_n \quad \text{--------- (2-14)}$$

2-2-2-6、酮甲醛(ketone formaldehyde)樹脂

在早期，後藤詳細研究丙酮和甲醛之反應，可以得到許多種化合物。在 NaOH、Ca(OH)$_2$ 等的存在條件下，經熱壓後可以得到熱硬化性樹脂如式(2-15)所示。

$$CH_3COCH_3 + CH_2O \longrightarrow \quad \underset{CH_2OH}{CH_3COCH_2} \quad \underset{HOCH_2\ \ CH_2OH}{CH_2COCH_2}$$

$$\qquad\qquad\qquad\qquad\qquad\qquad 3.4\% \qquad\qquad 81.8\%$$

$$\underset{2.5\%}{HOCH_2 \overset{O}{\diagup}\diagdown CH_2OH} \quad \underset{2.9\%}{\overset{HOCH_2}{HOCH_2}\overset{O}{\diagup}\diagdown\overset{CH_2OH}{CH_2OH}} \quad \underset{2.7\%}{\overset{HOCH_2}{HOCH_2}\overset{O}{\diagup}\diagdown\overset{CH_2OH}{CH_2OH}}$$

$$\text{-------------- (2-15)}$$

2-2-2-7、水溶性聚酯(polyester)、聚環氧(polyepoxy)

水溶性聚酯(polyester)化合物，係二價以上的酸和二價以上的醇，經脫水反應，由酯結合所連結的高分子總稱，如式(2-16)所示。聚酯廣用於纖維、成型物、塗料等。

$$HO\text{-}R_1\text{-}OH + HOO\text{-}C\text{-}R_2\text{-}COOH \rightleftharpoons$$

$$HO\text{-}R_1\text{-}O\text{-}(\text{-}\overset{O}{\overset{\|}{C}}\text{-}R_2\text{-}\overset{O}{\overset{\|}{C}}\text{-}R_1\text{-}O\text{-})_n\text{-}\overset{O}{\overset{\|}{C}}\text{-}R_2\text{-}COOH \text{ --------(2-16)}$$

　　水溶性聚環氧(polyepoxy)化合物，係具有環氧基之水溶性高分子如式(2-17)、(2-18)、(2-19)所示，由於環氧基的反應性及親水性，廣用於改善纖維系、纖維的防縐性、防縮性；合成纖維的防止靜電、防汙、吸水、吸濕之加工；蛋白質纖維的改質等工業。

$$H_2O + \quad \overset{\times}{C}-\overset{\times}{C}< \quad \longrightarrow \quad \overset{\times}{\underset{OH}{C}}-\overset{\times}{\underset{OH}{C}}< \qquad \text{---------(2-17)}$$

$$n\left(-\overset{|}{\underset{O}{C}}-\overset{|}{\underset{}{C}}-\right) \xrightarrow[\text{KOH, BF}_3]{\text{t-amine}} -\overset{|}{\underset{|}{C}}-\overset{|}{\underset{|}{C}}-O-\left[\overset{|}{\underset{|}{C}}-\overset{|}{\underset{|}{C}}-O-\right]_{n-2}\overset{|}{\underset{|}{C}}-\overset{|}{\underset{|}{C}}-O- \quad \text{-------(2-18)}$$

$$2 \underset{COOH}{\text{〰〰〰}} + CH_2-CH-R-CH-CH_2 \longrightarrow$$

$$\text{-------------(2-19)}$$

2-2-2-8、丙烯醯胺[acrylic amide(AAm)]

　　工業用聚丙烯醯胺[poly acrylic amide(P-AAm)]大都是分子量為$(2\sim10)\times10^6$之大分子，一般的要求都在五百萬以上的分子量。聚丙烯醯胺如果有了交聯作用，就不溶於水，通常在交聯聚合系裡，不希望有O_2或Fe成分的存在。在水中進行下列之反應，可以得到聚丙烯醯胺，如式(2-20)所示。

$$\overline{\underset{CONH_2}{\quad\quad}} \xrightarrow{\text{Formalin}} \overline{\underset{CONH-CH_2N(CH_3)_2}{\quad\quad}} \quad \text{----------(2-20)}$$

這是 Mannich 反應，也可以進一步得到第四級氨鹽，如式(2-21)所示:

$$\xrightarrow{\text{dimethyl sulfate}} \text{CONH-CH}_2\overset{+}{\text{N}}(\text{CH}_3)_3 + \text{CH}_3\text{SO}_4^- \qquad \text{------------ (2-21)}$$

同時在水溶液中反應，也可得到聚乙烯胺(poly vinyl amine)，如式(2-22)、(2-23)所示。

$$\text{CONH}_2 + \text{NaOCl} \longrightarrow \text{NH}_2 \qquad \text{---------- (2-22)}$$

$$\text{CONH}_2 + \text{NH}\text{www}\text{NH}_2 \xrightarrow{-\text{NH}_3} \text{CONH www NH} \\ \text{R} \qquad\qquad\qquad \text{R} \quad \text{(2-23)}$$

為了要使氯乙烯[vinyl chloride(VC)]能溶於水，松岡將 VC 和 AAm 或 methylol AAm(CH$_2$=CH-CONH-CH$_2$OH)，用 AIBN(azobis isobutyron nitrile, 偶氮雙丁基腈) 作為起始劑，予以共聚。VC 分子非常不容易進入聚合體內，不過如果聚合物內的 VC 含量能達到 20%的程度，就可變成水溶性。

2-2-2-9、聚乙烯吡咯酮(poly vinyl pyrrolidone，PVP)

聚乙烯吡咯酮(poly vinyl pyrrolidone，PVP)有許多種的製造方法，其代表例是用丁二醇(butylene glycol)在 Cu 觸媒條件下進行熱分解，或者用氫還原後的無水馬酐，在通以 NH$_3$ 氣反應後再和乙炔(acetylene)作用，經聚合而成如式(2-24) 所示，該聚合物屬於水溶性。使用於化妝品的聚乙烯吡咯酮分子量約在一~三十六萬之間，市售品的水分含量有 5％ 55％和 80％ 等三種。大家所周知的聚乙烯吡咯酮是血液代用品用，其用途很廣。

-------- (2-24)

2-2-2-10、聚胺(polyamine)

以下式反應，可以製得聚胺化合物。將氯甲代氧丙環(或稱為環氧氯丙烷，epichlorohydrin、ECH)和 NH_3 作用後，再脫 HCl 就可得到聚胺化合物，如式(2-25)所示。如果使用二胺烯(alkylene diamine) 和 ECH 作用，則可以得到水溶性的聚胺如式(2-26)所示。

由於聚胺分子具有 $-NH-$ 基，所以能和 CH_2O 等種種化合物進行交聯作用，而變成水不溶性物質。

2-2-2-11、聚電解質(poly electrolyte)

(1)、陽離子性聚電解質(cationic poly electrolyte)

例如，聚乙烯吡啶(polyvinyl pyridine)和硫酸二甲酯(dimethyl sulfate)作用，可以得到聚 N-甲基乙烯吡啶(poly N-methyl vinyl pyridine)之陽離子聚電解質，如式(2-27)所示。

$$
\begin{bmatrix} ClCH_2-\langle\bigcirc\rangle-CH_2Cl \\ (CH_3)_2N-CH_2CH_2-N(CH_3)_2 \end{bmatrix} \longrightarrow
$$

$$
\left[\langle\bigcirc\rangle-CH_2-\overset{\overset{CH_3}{|}}{\underset{\underset{Cl^-}{|}}{N}}-CH_2CH_2-\overset{\overset{CH_3}{|}}{\underset{\underset{Cl^-}{|}}{N}}-CH_2\right] \text{--------(2-27)}
$$

(2)、陰離子性聚電解質(anionic poly electrolyte)

像海藻酸鈉、聚丙烯酸鈉(poly sodium acrylate)等具有 COO^-Na^+ 的高分子，常使用於聚乙烯(poly vinyl)、磺酸鹽(sulfonate)、聚苯乙烯磺酸鹽(poly styrene sulfonate)等。

2-2-2-12、其他

尿素(urea)、美耐敏(melamine)、酚(phenol)系等化合物和甲醛(formaline)作用，變成熱硬化性樹脂，這些樹脂經導入親水基後可以變成水溶性。

2-3、水溶性高分子的性質和用途

水溶性高分子的主要性質有下列各項：

(1)、溶於水中變成黏稠的液體。

(2)、由於是極性的高分子（或離子性高分子），所以對許多物質有強的吸附作用。

(3)、大都是反應性高分子（機能性高分子）。

(4)、由於反應性的關係如果受化學反應，則變成水不溶性。

(5)、水溶性高分子在水中，以適當的稀薄濃度條件下，可以形成硬的或軟的疏水領域(hydrophobic area, HA)。

利用第 1～第 4 項的性質及其組合，可以作為各種之應用，將於後詳述，而第 5 項之應用則屬於所謂之『無觸媒聚合 (uncatalyzed polymerization)。』

2-3-1、『無觸媒聚合』是什麼？

在 1962 年發現了下列的反應。將 0.5 g 的水可溶性澱粉，溶於 10 ml 水中，再加入 MMA(methyl methacrylate)，在 90℃真空中振盪四小時之後，MMA 裡有 80% 進行聚合，其大部分是在澱粉的接枝上聚合，這種基(radical)聚合（以後才確認的）反應稱為『無觸媒聚合』。其實在澱粉的分子上，有極微量的 Cu(Ⅰ)離子參與反應，才會產生此種聚合反應。

天然然之纖維、羊毛、蛋白質、RNA 等都有類似這種無觸媒的聚合作用。

2-3-2、無觸媒聚合和疏水領域(HA)

為什麼會發生基(radical)聚合呢？這是因為水溶性高分子在水中，能提供適當的濃度，作為『聚合的場』的緣故。在水中高分子之聚合，必須在疏水領域中才能發生。

聚苯乙烯磺酸(poly styrene sulfonic acid)、聚乙烯磷酸(polyvinyl phosphoric acid) 等之聚合，並不須要 Cu(II)離子的存在，只要具有水溶性和 MMA 就可以進行聚合，此時的接枝率幾乎近於零，其主要機作是 MMA 二分子之間 H· 的移動。當 MMA 溶於水中，在 HA 中振盪時，聚合物內的單體(monomer)就由疏水領域相移行到水相，在這樣情形的疏水領域內，從對水有疏水性強的（硬的）到親水性強的（軟的）範圍都有。

即使單體本身，也有親水的（軟的）和疏水的（硬的）部份，重要的是，在疏水領域對於和本身的硬度(或軟度)相近之單體，特別容易接受，因此依高分子種類的不同，單體無須觸媒也可以聚合。

2-3-3 無觸媒聚合的用途

要使皮或紙張變硬，或是提高厚度是可能的。方法是，將皮或紙張放水進水槽中，在水上面浮以 MMA，使皮或紙張在水相中移動，這時 MMA 則自皮或紙張的表面而滲入內部，在此部份進行聚合。由於紙張或皮是親水性高分子，所以要提高厚度或變化硬度，只要控制紙張或皮在水相中移動的速度，就可以達到此目的。

這些原理，使用於澱粉和 MAA(methacrylic acid)、2－甲基丙烯酯(methacrylate)等之接枝聚合、MAA 和纖維之接枝聚合、木材粉末的固化及集材化等的應用。

習題

1、為何天然高分子都是水溶性？
2、要使一個分子能溶於水溶液，必須具備何種條件？
3、列舉市售商品中利用可溶性高分子的例子並予說明。
4、何謂 『無觸媒聚合』？
5、疏水領域在無觸媒聚合反應時，扮演著什麼樣的功能？
6、合成之水溶性高分子，其應用之基本原則是什麼？
7、H-SPAN 是如何製造的？
8、水溶性高分子的性質為何？ 其應用又為何？

第三章 水溶性高分子的機能

3-1、緒言

通常容易從高分子連想到的東西，就是強韌的合成纖維或合成樹脂，不過最近熱烈地討論有關水溶性高分子的問題，例如以往使用有機溶劑溶解接著劑、塗料、印刷油墨等的領域，已經漸漸被水所取代，這是基於水之不燃性、無毒性以及經濟性等理由，受到重視的緣故。在許多的工業領域，諸如纖維或紙張的加工劑、土壤改良劑、醫療品等製品的應用原理，原本是利用對水的溶解性或親水性的特性。

原本天然高分子，都是在生體內以水為媒介而合成的。地球上，水是普遍存在的物質，也是所有生物體的主成分，所謂生命現象，是經以水為媒體的許多化學變化、複雜的組合，所得到的結果。生體內的反應是在一定的溫度，和一定的壓力條件下自然地進行著，當生體高分子合成時，其構造單體的選擇、排列、立體、配置、分子量等的條件，都是依一定的法則進行。當然，高分子之進行反應或其分解反應，也必然是以水為媒體而進行，其中有許多的反應機制，尚未完全解明，這是今後最有魅力的研究領域。

天然高分子和合成的水溶性高分子所不同的地方是，後者係由於高分子化學或高分子工業之發展而產生的，大多是仰賴石油化學而生長。但是目前面臨迫切的環境問題、資源問題等情況下，高分子工業正在努力謀求脫離石油的依賴性、積極追求使用新技術之過程中，開始再度重視水溶性高分子，是非常合理的。這種現象也可以說，是人類賢明的反省。

因為石油已經不是價廉的原料，所以社會上多量生產、大量消費之重化學工業，已經漸漸難以發展。

目前目前社會上所需求的標的，是開發廣泛性的新原料，以及研究將所有未利用的資源，轉變成原材料之新技術。在這種情況下，我們必須將以往所主張生產優先的想法，轉變為技術優先，同時要求的是創新的高度技術。

我們必須加速腳步製造量雖少，但附加價值高之智慧密集化商品。當然了，一下子要轉換是不可能的，不過只要充分有效地，利用目前的裝置和設計，循序漸進地努力，累積革新的技術，假以時日必定可以成功的。

我們也應該用高瞻遠囑的眼光，來檢討高分子工業的發展方向，在開發新的技術領域時，同時也考慮和社會以及其他工業的融合性。就發展的歷史而言，和人類生活密不可分的水溶性高分子的發展，其未來是光明燦爛的。

本章就水溶性高分子之應用歷史、水的構造及特性、水溶性高分子的溶解、高分子水溶液的性質、因水溶液高分子的吸附所引起的凝聚和分散、水溶性高分子的水不溶解化、以及合成上的問題等各項予以說明。

3-2、水溶性高分子之應用歷史

在遠古時代人類在生活過程中，會偶然學習到許多知識。例如發現樹木分泌的樹液、經磨碎的海藻物質等黏稠物，自然凝固後，即可緊固地接合在一起，不易剝離；也發現了動物的血或煮熟的穀物粒，一旦附著在毛皮或器物上，亦有牢固地接著現象；同時也經驗到這些附著的物質，有的用水可以再溶解而剝離，有的無論怎樣處理都無法剝離。這是人類開始知道的黏著或接著現象，此後想到利用「黏物」的作用，就積極地應用於裝飾的製造。

人類之文明，據說起自於物的組立，不過用繩索將物體絆在一起，或是用釘子將木頭釘在一起，是利用物理方法最原始的形態；相反地用黏稠液作為接著的手段，是屬於化學的方法。今天所談到的水溶性高分子，想起來非常有意思，其原理被科學解明以前，早在人類文化的黎明期已經存在。長久以來藉著經驗，已經將水溶性高分子利用於人類的生活，對文化作了很大的貢獻，當然了，這些都是天然高分子。合成高分子是最近才出現的，其歷史也很短暫。

自古代埃及遺跡所發掘出的古物上，得知埃及古代已經使用膠於家具或飾品的製造，同樣的利用在古代之希臘及中國也都有發現到。膠係得自動物的皮、腱、骨等，所謂蛋白質之膠質，荷蘭在十七世紀末首先工業化生產，其品質好的稱爲明膠(gelatin)，現在仍具特殊的用途。

動物的血液稱爲血糊，具有黏著性，其性能係血清的凝固作用使然。其後稱爲「蛋白漿糊」乃於美國、蘇聯、芬蘭等國家，應用在工業上。再者，牛乳經乳酸菌自然釀酵後，酪質即乳酪就結成塊，自古就以接著劑使用於南美，其後再經澳洲、紐西蘭等國，用鹽酸等化學藥品處理而製造。

除了動物性物質之外，例如漆是植物性物質，在很早的中國就有輝煌的應用時期。製品頗爲壯觀的春秋戰國時代的漆器，出土於河南省洛陽郊外，製作的時間約在紀元前四百年前，它是利用漆作爲塗料或接著劑。以夾紵的製造作爲例子來說明，夾紵係以木爲蕊，再用紙或布卷包，其表面及層與層之間都塗上漆，用這樣造形製作佛像或器具，這種製程和現在的複合材料之積層法完全一樣。漆在軟的期間，因具可塑性的緣故，可以任意塑製，不過一旦固化後，則變成非常之堅硬。日本唐招提寺的鑑眞和尙塑像是有名的古蹟，其實那個塑像是用積層材的製造原理，利用樹脂之硬化性而製作的，確實是古人優越的智慧之一。

農耕民族，很早以前就應用穀物成分製作漿糊，今天漿糊乃汎稱澱粉漿糊。糯米的澱粉幾乎都是胺基果膠(amino pectin)所形成，所以黏性強，將米飯予以捏煉之後，就成爲古代便利的接著劑。大豆的蛋白質或者是小麥的蛋白質(gluten)，自古到現在都作爲字畫等裱具用的漿糊。

像這樣，大多數黏稠的天然高分子，使其含適量的含水分，而巧妙地使用著，這些經驗的知識，其原理隱含著近代合成高分子之利用技術。既使將合成高分子看爲萬能的現代，絕對不可忘記，在傳統工業等仍然繼續用著古代用過的天然高分子溶液。

爲符合人類的生活、應對多樣化之需求，我們已經開發了許多合成高分子，不過由於亂用合成高分子的結果，導致發生自然界的生態崩潰、污染環境等問題，而將難預料的公害遺留給後代。合成高分子建立於 20 世紀，從人類悠久的歷史上看，其實是非常短暫的歷史，因此在未來的化學發展上，我們必須本著謙虛的心態，將古代人類得自經驗之寶貴智慧，予以充分發揮是至為重要的。

在自然界，天然高分子以某種的原因而分解，然後由水流走，這種巧妙的自然界輪迴現象，我們必須謹記且順應學習。總之水溶性高分子的機能，是和水互相之間反應所引起的現象，所以在此我們必須先探討水的情形。

3-3、水的構造及特性

地球上的物體幾乎是氣體、液體、或固體之任何一種形態，多少都含有水分。水是由二個氫和一個氧原子所構成，此構成元素也含有極微量的同位素。和 H_2O 一樣，由三原子所形成的分子如 H_2S、H_2Se、H_2Te 等是氫和氧同一族元素的化合物，但是水和這些分子相比較，呈示非常異常的性質，完全不同於從週期表位置所推想的性質。

一個水分子，係由一個氧和二個氫各以一個氫鍵結合而成，而一個水分子卻可以形成四個氫鍵結合，同樣是氫鍵，不過氧和氫之氫鍵結合作用有程度上的差異，總之水是氫元素的受體，也可以為氫元素的供體。再者，水分子具有偶極矩，故有偶極性分子的作用，當然了，也有一般的 van der Waals 力的作用。水的這些機能隨著條件而適當地呈示。即使在通常的液態時，水本身係以氫鍵結合而互相連結，極端地說水具有巨大分子的特性。

高分子在水中時，其周圍被水分子所環繞著，由於劇烈的分子運動，因而產生互相衝擊、相互吸引或相互排斥。當高分子具有親水基時，則被水分子所水合。如果水合力量大於高分子間之引力時，水就滲進高分子內，使膨潤，隨著系統的自由能減小方向進行，最後就完全溶解。

高分子溶解於水時，以分子狀態分散於水中，不過如果濃度高的時候或者分子特別大時，會有幾個高分子互相纏繞，而成粒狀地分散的情形。高分子溶解時，其溶質粒子的大小通常在 $10^{-3}\mu$ 以下，如果粒子的大小介於 $10^{-3}\sim10^{-1}\mu$ 之間，就成為所謂膠體溶液。此種程度之液體尚呈透明液狀，但是粒子如果大到 10μ，則液體的透明度消失，其安定性也不好，在實用上稱此為乳膠(latex)。使用界面活性劑，也可以使乳膠的分散性安定化。其濃液則稱為泥漿(slurry)。

　　有時候要很清楚地區別高分子是溶解於水或是分散於水，也有困難，簡言之這是關係到高分子的構造問題。當利用所謂水性樹脂時，首先是將它溶解或分散於水，然後以蒸發或其他的方法將水分除離，以達成所預期的使用目的，這時水不溶解化有的是屬於可逆性，屬於不可塑性的也有。因此在考量水溶性高分子的溶解性時，也必須同時考慮到表觀上，似乎和水溶性互相矛盾之水不溶解化的性質。

3-4、水溶性高分子的溶解

　　要使高分子溶解於水，首先必須設法使沿著分子鏈，具有多量親水性的極性基才行，極性基的種類(如表2-1所示)、數量和其分子的狀態，直接左右高分子的水溶性。此外分子的大小(即分子的聚合度)、分子的形狀(直鏈狀或是分技狀，或是屈曲性或是剛直性)、分子量分布(單分散或多分散)等，也對水溶性有關係。

表 3-1 極性基的種類(町田)

種　類	例	
陽離子性基	胺基（第一胺基）	$-NH_2$
	亞胺基（第二胺基）	$-NH-$
	第三胺基	$=N-$
	第四氨鹽基	$=N\diagdown^X_R$
	胼氨基	$-NHNH_2$
陰離子性基	羧基	$-COOH$
	磺酸基	$-SO_3H$
	磷酸酯基	$-O \cdot PO(OH)_2$
非離子性基	氫氧基	$-OH$
	醚	$-O-$
	氨基	$-CO \cdot NH_2$

　　再者分子的結晶性也是重要因素，比較纖維素和澱粉就可以明白，纖維素分子之間由於氫氧基互相以氫鍵結合，形成堅固的格子形態(結晶性)，防阻水分子的入

侵。假使利用高分子反應,進行置換反應,使鄰－甲基纖維素(o-methyl cellulose)之甲基化度到達 1.3~2.6 之間,則其結晶性消失而變成水溶性。不過,如果甲基化度超過了 2.6,則氫氧基被疏水化的緣故,反而變成水不溶性,但是可溶於有機溶劑。這時,如果變化置換基的形態,例如羥基乙基纖維素[o-hydroxy ethyl cellulose(HEC)]或鄰－羧基甲基纖維素[o-carboxyl methyl cellulose (CMC)]之置物,其置換度約 0.5 以上,就可溶解於水。

容易結晶化的高分子當變成水溶液時,即使在溶液中,也有部份會集合而結晶化,這種情形在乾燥或拉伸時,尤其更加明顯。相反地,像具有支鏈狀不容易結晶化的高分子水溶液,即使在高濃度也能穩定地保持糊狀,乾燥時也不會結晶化,用水可以恢復成黏稠液,阿拉伯膠就是最好的例子。

聚乙烯醇[poly vinyl alcohol(Poval)]在其製程,利用殘留醋酸基之數量,可以調節水溶液的性質、形成皮膜或纖維的強度等特性。澱粉則由於其種類的差異,而有不同直鏈澱粉或支鏈澱粉的含量,因此其糊化溫度、糊液的劣化性、乾燥後皮膜性等都有所不同。再者像屬於乳甘露密(galactomannan)之刺槐豆膠(locast beam gum)或古阿膠(guar gum)等,其側鏈因為可以防止並列,因此在高濃度狀態下可以維持安定的高黏度,即使蒸發水分乾燥後,也容易用水再溶解之。不過如果將側鏈的長度予以減短,且予較規則性的分布後,乾燥時分子好像可作某種程度的排列,則可以得到相當強韌且彎曲強度大的膜,因此常使用於海苔產品。

具有離子性基的許多高分子,就是所謂的高分子電解質,當要溶解水時,它和水的解離離子之間的引力等條件,是影響水溶性的主要因素;當極性的分布偏倚時,則變成塊狀高分子(block polymer)的構造,也有呈示界面活性的情形,這樣不能稱為完全溶解。

高分子在水溶液中之擴散係數,因為受濃度的影響大,所以其溶解常須要長的時間,分子量大的高分子必須先膨潤後再溶解;在某種濃度以上時擴散係數則維持一定值,不過在該濃度以下,則擴散係數急速下降;當濃度零時其擴散係數也近於零。因此當高分子要溶解時,表觀上有如凝膠(gel)的膨脹,形成明顯的界面,好像不溶解的樣子；其實溶解總是先從低分子量開始，而低分子量成分必須從固體的內部擴散到外面，須要長時間才能溶解，所以要即時確定溶解度實在有點困難，不過從高分子的多分散現像，不難想像得到，溶液底下的物質愈多，則溶液部分的濃度愈大的情形較多。

3-5、高分子水溶液的性質

水溶液中的高分子，被水分子包圍而呈絲球狀互相交合，有微觀及巨觀的布朗運動，有數個分子交合而成一群的，也有高分子間以氫鍵等形成微弱的交聯結合。非離子高分子一般呈示所謂構造黏性(non Newtonian viscosity)，但是離子性高分子則由於加入偶離子的作用，受離子性基的數目及其性質的關係，大多呈示較牛頓黏性(Newtonian viscosity)，為複雜的黏性。

非離子性的極性基，由於和水分子形成氫鍵結合，而溶解於水時，當溫度升高因熱運動的關係，和水的水合度減少，而高分子間的結合呈示較優勢，有時會產生凝膠化。例如水溶性的鄰－甲基纖維素(o-methyl cellulose)、聚甲基乙烯醚(poly methyl vinyl ether)等，可溶於冷水而難溶於熱水。另一方面，澱粉糊的劣化現象，係由於直鏈澱粉再結晶的緣故。

具有離子性基之高分子在低濃度時，分散於溶液全體，高分子中的離子基互相排斥，分子全體伸張而占據大的空間，使還原黏度增大。但是當加入，像食鹽等之強電解質時，高分子的離子排斥被封死，而形成像無極性高分子那樣，其分子的形狀變成一定，所以測定極限黏度可以決定分子量。

離子性基之解離度有強弱之分。聚苯乙烯磺酸(poly styrene sulfonic acid)是典型的高分子強酸，在普通的濃度條件下其磺酸基會100%解離；相反地屬於高分子強酸的聚丙烯酸(poly acrylic acid)的羧(carboxyl)基，則僅有一部分的解離。在高分子鹼方面，聚二甲基胺基化乙基甲基丙烯酯(poly dimethyl amino ethyl methacrylate)是強鹼，而聚乙烯亞胺(poly ethylene imine)則是弱鹼。

因為－COONa 會100%解離成為－COO⁻ 和 Na⁺，所以用 NaOH 中和與否，對

35

於聚苯乙烯磺酸(poly styrene sulfonic acid)來說，其高分子離子的荷電量都一樣不變。不過聚丙烯酸(poly acrylic acid)離子的荷電量，則隨著中和度而增大，從這裡可以看出因 pH 的不同黏度也發生變化。

當離子偶係 Na^+ 或 K^+ 以外的二價之離子時，這些離子和高分子離子之間，如果有靜電力以外的力作用時，可以形成螯合體。例如像 Cu^{2+}、Zn^{2+}、Ni^2、Co^2 等二價金屬高分子，大都會和 $-COO^-$ 形成錯體，然而幾乎不會和 $-SO_3^-$ 形成錯體。

一個高分子以幾個官能基，可以和一個金屬離子結合而形成螯合，所以多價金屬離子在水中，有時會改變高分子電解質的立體、配位、凝聚、沈澱等性質。容易形成螯合的高分子，除了作為金屬捕集劑、塗料、聚合起始劑等之外，其特殊之觸媒活性也值得令人重視。

帶有正負不同電性的高分子離子，即多陽離子(polycation)和多陰離子(polyanion)中和時，就形成所謂聚複合(poly complex)。依兩成分的分子量、結合比、離子的種類等之不同，可以得到多樣性性質之複合體。這種高分子，作為生體膜的模型也是非常有意義，也可以應用於人工器官。

例如酵素蛋白之生體，高分子是以其第一次構造(構成胺基酸基的排列)而形成第二次構造(螺旋構造)及第三次構造，這樣的結構被水合的水所環繞而保持其形態。在那種構造形態時，呈示特有的生理作用，如果除離此水合水而破壞了此形態，則變成變性蛋白，喪失生理活性。蛋白質之所以在水中，形成那樣高次元構造的原因，是由於高分子鏈中疏水基的相互作用，這一點可以用疏水基周圍的水，其熵(entropy)較純水的熵低的事實予以說明。為使疏水面的面積盡可能減小，疏水基同志便集合在一起，因此水溶性高分子，在溶液中會被其他疏水性物質的表面吸附，其情形也同樣的理由。

由於高分子的聚合度的關係，高分子吸附時，分子內的各單體單位的吸附能變小，即使在低濃度也容易達吸附飽和。應用高分子於接著劑、凝聚劑、紙加工劑等時，吸附是關係重大的現象。當然了，吸附隨著高分子和被吸附體之間的靜電力、離子偶極力、van der Waals 力、氫鍵結合等之差異而有所不同的。

　　高分子水溶液，大多隨著時間而變化其性狀。天然高分子的黏液，有的經過一個晚上就會失去黏性或拉絲的性質，其原因除了物理的和化學的原因之外，也不得不懷疑可能有生物學的因素。

　　合成高分子的情形也是一樣，在放置中會降低黏度，同時喪失其拉絲性、吸附性等性質。從應用面上看，凝聚性、分散性、被膜性等也容易劣化。高分子種類的不同，其性能經時間變化的形態也不同，一般的情形愈是高聚合度、低濃度、高溫度時，愈明顯地呈現；如果再攪拌液體則更會促進作用，這種現象可以用物理的及化學的原因予以考慮，也就是高分子的『糾纏』被解除之同時，也發生分子鏈之切斷。

　　高分子在生長時是由不規則的方向開始，雖然溶解於水中仍然互相纏繞而具高黏性，但隨著時間的經過，勉強的糾結也因布朗運動而鬆解；在稀薄的溶液、高溫度、再加以攪拌時，則會促進此種作用，由於部份也形成整齊排列，結果導致黏度的下降。

　　有時因不明的原因，會使高分子起解聚反應。高分子在聚合時，由於聚合條件的關係，在分子內形成微弱的異種鍵，這些鍵結有時會因加水分解、氧化反應而被切斷。使用過氧化物作為聚合始劑之聚丙烯醯胺(poly acrylamide)，就有這種現象。高溫可以促進分解反應，而攪拌則以機械力打斷此種結合。

3-6、因水溶性高分子的吸附所引起的凝聚和分散

　　浮游於水中粒子的表面和水溶性高分子之間，會有吸附現象產生，這是相關於粒子的凝聚和分散問題。因種類、狀態、濃度等的不同，高分子和粒子表面之間的互相吸附關係有種種的形態。被吸附高分子的部份(segment)為列(train)、為環(loop)或為尾(tail)之任一種形態，都會使被覆粒子表面的立體構造、荷電狀態、周圍的雙電層等產生變化。

　　非離子性高分子、或是和粒子具相同電荷之高分子，被粒子表面吸附時，由於高分子鏈的尾(tail)或環(loop)在水中伸展，因此增大粒子的活動半徑，互相衝突的機

會因而提高，藉著衝突使高分子連結粒子，最後形成大的粒子聚凝而沈澱。因此高分子愈能在水中擴大者，愈能產生粒子聚凝而沈澱的效果。這種效果己經用實驗證明過。

具有和粒子表面電荷相反的高分子，其吸附原因主要來自電解基的中和，在粒子表面被吸附的高分子鏈，容易形成平面的列(train)形態。被吸附高分子的電荷，如果再和另一個粒子的表面電荷相作用時，就會產生凝聚作用。所謂補綴模型(patch model)凝聚機構，也屬於一種交聯機制的作用，不過其粒子間的距離較小而已。凝聚之交聯機制，是基於經驗的事實所提出之假說，不過最近則以粒子間的電位曲線，作為解析的依據。

在淨化污濁水質的實際問題上，對於膠體、粒子之凝聚，使用陽離子性高分子是有效的，但是如果粒子大於膠體，則必須使用陰離子性或非離子高分子才適合，這是因為浮於水中之粒子，大多帶著負電的緣故。陽離子性高分子的荷電密度愈高，其凝聚效果愈佳，不過在紙類加工劑的情形，有其最適合的條件。另一方面，在水中具有伸展形態的陰離子高分子，反而較為有利，這是因為有時可以從調節極性基的分布或電離度，或導入膨鬆性大的側鏈基，用以限制主鏈的屈曲性等之手段，來達成伸展高分子形態的目的。

雖然這麼說，但是理論上，如果粒子表面高分子的被覆率大於 50％時，反而會降低凝聚效果，而增進分散性。當然了，這種關係受著許多的因素所左右，實際上高分子凝聚劑的濃度，有其最適合的使用條件，超過了此條件時，增加凝聚劑後將會使凝聚、沈澱物再度分散。概略地說，其最適濃度，以陰離子性高分子來說，和它的分子是成比例而增加。然而對於陽離子性高分子，則未必如此，有時和分子量成比例增加；有時其最適合的濃度則和分子量成反比的例子也有，不能一概而論。

所謂的立體安定化，是利用高分子的吸收，而使粒子分散，通常須和添加電解質之電荷安定化有所區別。古時候用膠分散炭粉粒子(煤)製造油墨，現在則利用合成物質製造分散水性塗料、印刷墨水、農藥、顏料等；或作為洗潔劑之補助劑(builder)，以防止再污染；添加於卜特蘭水泥，使作業性提高等等用途。

以往製造宣紙係利用植物的黏質物機能，現在則以環氧乙烷(poly ethylene oxide)，或聚丙烯醯胺(poly acrylic amide)等高分子取代。魚類體表面所分泌的黏質(mugo)蛋白，係一種防止水的亂流，而增進游泳效率，這種事實是頗值玩味的現象。利用水溶性高分子之開發、創意概念，從意想不到的地方，也可以發現、發展獨創的應用技術。

3-7、水溶性高分子的水不溶解化

將高分子的水溶液加熱蒸發，則可以得到固相的高分子，這種方式是製造纖維狀、皮膜狀或粉狀為目的的應用。要使它再溶於水，或是使完全不溶於水等問題，這些現像和高分子的構造有很深的關係，甚至包含合成上的問題。

自黏液嫘縈(viscose)或聚乙烯醇(poval)溶液，製造化學纖維或維尼綸(vinylon)，就是纖維狀的再生例；再者，塗裝、接著或膜的製造，是關係於膜狀即平面狀之再生例。通常線狀高分子容易成為結晶構造，在乾燥時由於伸展，而增進其結晶性，提高機械性質，將維尼綸的氫氧基縮醛化，就是屬於此例。

高分子間的交聯反應，將顯著地降低其水溶性，而成為水不溶解化，像聚乙烯醇(poly vinyl acohol)，如果以聚醛(poly aldehyde)類進行反應，可以得到交聯化合物。交聯劑有，簡單如乙二醛(glyoxal)，到複雜如聚丙烯醛(poly acrolein)或雙醛澱粉(dialdehyde starch)等。對於纖維素製織物之防皺劑，是使用氮－羥基甲尿素(N-methylol urea)、氮－羥基甲三聚氰胺(N-methylol melamine)等，可是這些氮－羥甲基(N-methylol)化合物，也可以用為聚乙烯醇的交聯劑。像二乙烯碸(divinyl sulfone)那樣活性的乙烯基(vinyl)化合物、環氧氯丙烷(epichlorohydrin)之環氧化合物等，也可以使用於同樣的目的。甚至，例如用聚羧酸(poly carboxylic aicd)的酯化、以二異氰化物(diisocyanide)之尿烷(urethane)化，而使不溶於水的例子很多。

在所謂水性塗料裡使用的高分子，係先將反應基導入於分子內，通常由於乾燥時，因產生交聯反應而成為水不溶性。

由於水的蒸發潛熱或比熱大，所以蒸發速度比其他的有機溶劑小，而因此可以延遲乾燥的時間。如果溶劑的沸點低，則加熱乾燥時，皮膜或塗膜等容易產生凸泡；而固體表面的表面張力大時，其表面濕化困難，以致在表面上容易附著灰塵等，這些不利之缺點都必須考量。

雖然交聯反應，可以使水溶性高分子變成水不溶解化，不過尚保有許多的親水基，因此具大的吸水性能時，可以作為水凝膠(hydrogel)使用。基本的高分子性質、交聯結合的種類、結合數量等之不同，可以左右凝膠的強度和吸水性能。關於作為高分子的基本原料，有澱粉、纖維素等天然高分子之外，合成的高分子則有聚丙烯醯胺(poly acrylamide)、聚乙烯四氫咯酮(poly vinyl pyrrolidone)等。交聯劑則有二甲基丙烯酸－乙二醇酯(ethylene glycol dimethacrylate)、甲烯雙丙烯基醯胺(methylene bisacryl amide)、環氧氯丙烷(epichlorohydrin)、偏磷酸鈉(Na-meta phosphate)等，還有，也可利用複雜的接枝高分子(graft polymer)等多種形態。這些都可以應用於食品或醫藥的賦型劑、種子的被覆劑、海綿、人工器官、醫療機械的塗裝、幼兒或病人等的衛生用品等等。這樣地，水溶性高分子雖然不溶於水，但和水相關的用途卻開發了許多，對於人類不能無水而生活的宿命，有著深遠的關係，使人不得不再度認識其重要性。

3-8、合成上的問題

水溶性高分子以自然的形態，自古以來就被人類所利用，不過由於文化之發展，和生活多樣化而有各種不同的用途。同時天然物本身的缺點也日益明顯，因此進行化學的加工改質，進而以合成品替代，使合成品單獨的應用也發達到今日的地步，以至於企圖合成像天然高分子那樣，具有生理活性的機能性高分子。這些都是知識密集型，要求精緻、巧妙之化學技術，成為頗有趣味的研究對象。

要獲得水溶性高分子的途徑有二：(1)、將具有親水基的單體聚合；(2)、將親水基，藉由高分子的反應，導入現有的高分子，然後消除如像結晶性等能妨礙親水性的因素。除了單獨聚合之外，也可利用共聚反應，而得到各種性質的物質。

舉具體的例子說明，陽離子性高分子電解質，具有強的鹼性，因此不適用於凝聚劑或紙類加工劑用途，這個概念，也適用於分子量或分子形狀的問題，所以我們應該依用途而設計符合此用途的分子。如果因為單體非常不安定、是合成困難、處理困難等時，可以將現有的高分子，予以等聚合度置換而改質。

　原料之高分子，大都使用天然的纖維素或澱粉，澱粉的情形像糊精或可溶性澱粉之類，僅進行部分的解聚或再結合之改質而已。例如像以苯乙烯(styrene)，作為共單體(comonomer)之共聚合體；或具有氮－咪唑(N-imidazol)基的共聚體，予以化學反應而合成有用的高分子；或先合成具反應性高分子之中間體，然後進行化學反應，而達成改質的例子也有。

　通常陽離子性高分子，在自界然也是少有的例子，由於單體不安定，所以合成的東西也不多，其合成法也相當地繁雜。然而，將胼氨導入纖維素，或者像聚丙烯醯胺(poly acrylic amide)的改質等之例子也有，尤其是用聚丙烯酸聯氨(poly acrylic acid hydrazine)的合成比較容易，所以其應用大家比較有興趣。

　接枝共聚可以得到各種各樣的水溶性或親水性高分子。例如，將澱粉或纖維素等天然物作為主幹之外，像用石油樹脂合成的疏水性物質，也可以作為主幹，然後接上各種的水溶性的分枝，這些新的物質都有可能開發成新的應用。

　進而將如上述所得到的高分子予以混合，即所謂高分子摻合(polymer blend)之使用，其組合之變化可以擴大應用面。

習題

　1、水在自然界扮演著什麼角色？
　2、以化學觀點討論水分子的特異性。
　3、簡單列述人類應用水溶性高分子的歷史。
　4、說明水溶性高分子和其溶液之物性有何關係？
　5、溶液粘度之表示有幾種方式？其互相的關係又如何？
　6、說明蛋白質高分子在水溶液中呈示高次元結構(螺旋結構)形態是什麼原因？
　7、生體之水溶性高分子當其變性時，性質上和結構上有何變化？
　8、水溶液性高分子為什麼可以作為污水之淨化？
　9、塗料發展之趨勢如何？為什麼必要？

第四章、水溶性高分子的分子間
互相作用

4-1、緒言

　　這一章將合成的聚核磷苷或聚核苷酸(poly nucleotide)以及天然核苷酸作為水溶性高分子的典型實例來說明，這些都是以磷酸和核醣(ribose)互相交替所形成的，主鏈上有鹼基側鏈突出的構造形態，如圖 4-1 所示(坪井)。

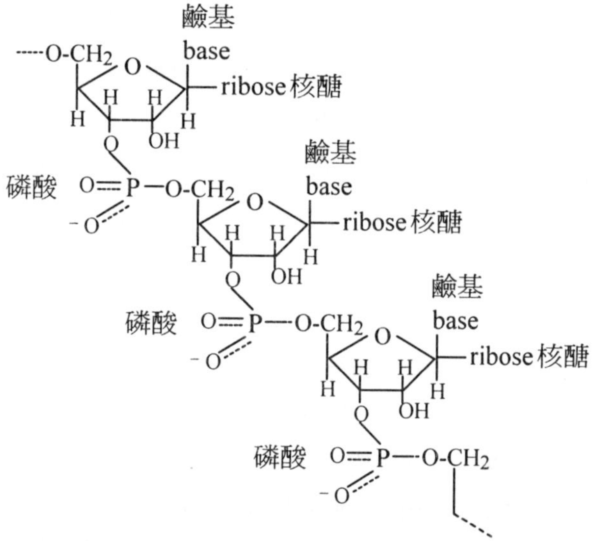

圖 4-1 DNA 的構造

　　核醣在 2 位置的 OH，以 H 置換後，稱為去氧核苷酸(deoxy nucleotide，DNA)；相對地 2 位置的 OH 不變，則稱為核苷酸(ribo nucleotide，RNA)。通常所說的 DNA

和 RNA 都是指天然的，天然的和合成的主鏈的化學構造都一樣，只不過其側鏈鹼基的種類，和配列順序互相不同而已，也就是說天然的 DNA 和 RNA 其鹼基種類、配列順序是已定的。鹼基有腺嘌呤[adenine(A)]、胸腺嘧啶[thymine(T)]、胞嘧啶[cytosine (C)]、尿嘧啶[uracil(U)]、鳥嘌呤[guanine(G)]、次黃嘌呤[hypoxanthin(I)]等等。如果醣部份為 ribose(r) 而側鏈的鹼基全部都是腺嘌呤(adenine(A)) 時則簡寫為 poly(rA)，核醣部份為去氧核醣[deoxy ribose(d)]，而側鏈的鹼基全部都是 guanine(G) 時，則簡寫為 poly(dG) 作為表示，其餘類推。本章將討論這些水溶性高分子，其分子間的互相作用，此種作用常常都是以鹼基和鹼基之間，所形成的氫鍵結合為重要角色。

聚核磷(poly nucleotide)在 260 nm 波長附近，有強的紫外光吸收峰，只要測定此值，就可以獲得有關水溶性高分子在水溶液中，分子間互相作用的詳細資訊。

本章內容可以給我們許多很重要的啟示，尤其是，僅僅利用簡單的紫外光吸收現象，決定眼睛看不到的 DNA 的結構、特性、應用等，這是非常了不起的智慧和成就，值得我們學習。

4-2、核酸的吸收光譜

雖然核酸的吸收光譜，由於鹼基種類的不同，吸收光譜多少有差異，不過其差值都不大，所有的核酸在波長 260nm 處都呈現相當強的吸收峰。天然的二股螺旋 DNA，在吸收極大處之分子吸光係數為 6000(每一核磷苷)，而天然的二股螺旋 RNA 的分子吸光係數為 6620。只要記住此數值，就可利用紫外光吸收之測定，而定量分析核酸。

將二股螺旋核酸加熱分解成一條鏈的核酸後，在 260 nm 的吸收光度大為增加，而核磷苷 (nucleotide)單體的分子吸光係數也達到 10,000 左右，此數值遠比天然二股螺旋之 DNA 的還要高。

這樣二股螺旋核酸，其鹼基之間有某種的互相作用，用以說明紫外光吸收光度值較原來的數值低的原因。雖然我們對該互相作用，首先想到的是鹼基和鹼基之間氫鏈結合的關係，其實它並不是使紫外光吸光度下降的原因，而是鹼基面和鹼基面以 0.34 nm 的間隔，互相平行地重疊效果(stacking)所引起的結果。

不管怎樣，這種吸光度的下降，是核酸二股螺旋的構造，受酵素的作用或是物理條件變化，而引起破壞時的現象，利用此現象於檢驗，為最簡便的方法。

4-3、核酸的熱變性曲線

二股螺旋核酸的水溶液經加熱而提高溫度，核酸因熱而使鹽基的重疊解散，當測定 260 nm 之紫外光吸收度曲線時，紫外光吸收度呈示著上昇的過程，其上昇並非緩慢，而是在某種溫度點(在 40℃)作急速的上昇，此急速的上昇點乃是二股螺旋構造的破壞，正像結晶物質融解時的溫度一樣，故稱為融解溫度 Tm。

4-4、鹽的效果

上述二股螺旋構造之融解溫度 Tm，受溶劑的離子強度之影響很大，當溶劑中 KCl 的濃度高時，則 Tm 高；KCl 的濃度低時，則 Tm 亦低。聚核磷苷(poly nucleotide)鏈是一種多陰離子(poly anion)，每構成一個核磷苷(nucleotide)單位就有一個 PO_2^-，這些帶負電的二股鏈就相互排斥，如果鹼基間之氫鏈結合的強度，足夠大於此排斥力時，則可以穩定地保持二股螺旋的構造。不過，如果溶劑中的 K^+ 多時，就和 PO_2^- 部份結合而消除負電荷，使二股螺旋構造更為安定化，因此其融解的溫度也就變大了。

4-5、鹼基組成的效果

核酸的二股螺旋構造的 Tm，也受鹼基組成的影響，如果 GC 鹼基偶愈多，也就是 AT 鹼基偶愈少時，DNA 的二股螺旋就安定，而 Tm 變高。現在，有一個 DNA 的二股螺旋體，一個聚核磷苷鏈以 A 另一鏈則以 B 表示。則二股螺旋 A・B 的融解反應如式(4-1)所示。

$$A \cdot B \rightleftharpoons A + B \qquad (4-1)$$

其反應的平衡常數 K 如式(4-2)所示。

$$K = \frac{[\,A\,]\,[\,B\,]}{[\,A \cdot B\,]} = \frac{(1-f)^2}{f}\ a \qquad\qquad (4-2)$$

f 為二股螺旋分子的殘留率，a 為全核酸濃度。在 T_M 時之 K 如式(4-3)所示。

$$K_m = \frac{1}{2}\ a \qquad\qquad (4-3)$$

在 Tm 時，(4-1)式右邊和左邊其自由能差如式(4-4)所示。

$$- RT_m \ln K_m = \triangle E\ -\ T_m \triangle S \qquad\qquad (4-4)$$

E 為二股螺旋融解能，$\triangle S$ 為其熵(entropy)。融解能和 GC 含量 g 有如下的關係，如式(4-5)所示。

$$\triangle E = n\,(\triangle \varepsilon_1 g -\ \triangle \varepsilon_2 (1-2)) \qquad\qquad (4-5)$$

n 為聚合度，$\triangle \varepsilon_1$ 為 GC 偶的切斷能，$\triangle \varepsilon_2$ 為 AT 偶的切斷能。將(4-5)式代入(4-4)式，再用式(4-3)則得如式(4-6)所示。

$$g = \frac{\triangle S - R \ln 0.5}{n\,(\triangle \varepsilon_1 - \triangle \varepsilon_2)}\ T_m\ -\ \frac{\triangle \varepsilon_2}{\triangle \varepsilon_1 -\ \triangle \varepsilon_2} \qquad\qquad (4-6)$$

g 和 Tm 呈示直線的關係。以 DNA 的鳥嘌呤－胞嘧啶(guanine-cytosine)含量(GC 含量) 和其融解溫度(Tm)之關係為例。當 0.15M Na^+ 溶劑所得到的直線，其關係為 slope ＝ 1/42、intercept ＝ -8.1，所以有如式(4-7)和(4-8)所示的關係。

$$\frac{\triangle S - R \ln 0.5a}{n(\triangle \varepsilon_1 - \triangle \varepsilon_2)} = \frac{1}{42} \qquad (4\text{-}7)$$

$$\frac{\overset{T \cdot A}{\triangle \varepsilon_2}}{\underset{G \cdot C}{\triangle \varepsilon_1} - \underset{T \cdot A}{\triangle \varepsilon_2}} = 8.1 \qquad (4\text{-}8)$$

(4-8)式是 GC 偶和 AT 偶其強度之差（$\triangle \varepsilon_1 - \triangle \varepsilon_2$），僅爲全體（$\triangle \varepsilon_2$）的 1/8 程度而已。通常，可以想像的是 GC 偶有 3 個氫鍵結合，而 AT 偶有二個氫鍵結合，以簡單的算術計算 GC 偶和 AT 偶間氫鍵結合之差，相當於一根氫鍵結合，可視爲相等於 AT 偶強度的一半值。不過從這個實驗結果所呈示的，並非如此地單純。例如，對於影響二股螺旋安定化的因素，並非只是鹼基偶所形成的氫鍵結合而已，而是意味著必須同時一并考量鹼基偶的重疊效果。

另一個例子，是將兩種合成物質，即聚核糖胞密啶核苷酸[poly(rC), poly ribocytidylic acid] 和 poly(rI, rG)(guanylic acid 和 Inosinic acid 的共聚體)，在水溶液中反應，期待在鹼基之間有氫鍵結合的形成，並且呈示二股螺旋的結構。實際上，由紫外光吸收光譜測試的結果，得到證明確實是如此。將 I,G 共聚物和 C 的聚合體以各種比例(不過溶液中之全 nucleotide 含量維持一定之條件下)混合，然後測其紫外光吸收光譜。混合比剛好爲 1:1 時，都有折曲點產生，這是 1：1 的複合體形成的證據。

接著如此形成的 I、G 鹼基偶和 G、C 鹼基偶之二支鏈複合體的 Tm，經測試的結果，得知 G、C 含量和 Tm 之間呈顯直線的關係（不過此時的 GC 含量不可太多）。

現在針對 DNA 作同樣的解析。G、C 偶的含量爲 g，I・C 偶之切斷能和 G・C 偶的切斷能，分別以 $\triangle \varepsilon_a$ 以及 $\triangle \varepsilon_b$ 表示，由式(4-5)得到如式(4-9)所示。

$$\triangle E = n \, [\, \triangle \varepsilon_a \, (1\text{-}g) + \triangle \varepsilon_b \, g \,] \qquad (4\text{-}9)$$

$$\underset{I \cdot C}{\vdots} \qquad\qquad \underset{G \cdot C}{\vdots}$$

將 式(4-9) 代入 式(4-3) 及式(4-4)，可得 g 和 Tm 的直線關係
其斜率為：

$$g = \frac{\triangle S - R \ln 0.5 \, a}{n \, (\triangle \varepsilon_b - \triangle \varepsilon_a)} \, Tm \; - \; \frac{\triangle \varepsilon_a}{\triangle \varepsilon_b - \triangle \varepsilon_a} \qquad (4\text{-}10)$$

$$\frac{\triangle S - R \ln 0.5 \, a}{n \, (\triangle \varepsilon_b - \triangle \varepsilon_a)} = \; 0.013 \; \text{deg.}^{-1} \qquad (4\text{-}11)$$

$$\frac{\overset{I \cdot C}{\overset{\vdots}{\triangle \varepsilon_a}}}{\underset{G \cdot C \quad I \cdot C}{\underset{\vdots \quad \vdots}{\triangle \varepsilon_b - \triangle \varepsilon_a}}} \; = \; 4.3 \qquad (4\text{-}12)$$

這樣地 I·G 鹼基偶和 G·C 鹼基偶非常相似，所不同的僅是鳥嘌呤(guanine)
在 2 的位置是 NH_2 而已。由此可知，此差值對二股螺旋構造安定化的影響度，差不
多相當於 I·G 偶該安定化的影響度的四分之一。

4-6、鹼基排列的效果

(圖 4-2)是 AT 偶或 AU 偶同一型態的二股螺旋核苷酸的概念圖，＜表示在溶液
中其安定性的大小。上圖的條件是(溶媒：0.15M NaCl，0.015 M 檸檬酸緩衝液，

	: :	: :			
	: :	: :			
溶媒：0.15M NaCl	dA⋯dT	dA⋯dT			
0.015 M 檸檬酸緩衝液	dA⋯dT	dT⋯dA			
pH＝7.0　　　Tm＝69°C	dA⋯dT　＞	dA⋯dT	65°C		
	dA⋯dT	dT⋯dA			
	dA⋯dT	dA⋯dT			
	dA⋯dT	dT⋯dA			
	: :	: :			
	: :	: :			

	: :	: :	
	: :	: :	
0.1M Na+　　Tm＝56°C	rA⋯rU	rA⋯rU	
	rA⋯rU	rU⋯rA	
	rA⋯rU　＜	rA⋯rU	65°C
	rA⋯rU	rU⋯rA	
	rA⋯rU	rA⋯rU	
	rA⋯rU	rU⋯rA	

圖 4-2　AT 偶或 AU 偶同一型態的二股螺旋核苷酸的概念圖
＜表示在溶液中其安定性的大小 (坪井)

pH=7.0)；下圖的條件是(0.1M Na⁺)，在不同條件下的安定度，由融點 Tm 的測定，可以決定其構造型態。上面的二股螺旋核酸的鹼基組成完全相等，只不過是排列不同時的例子。圖右邊是二個合成聚核苷酸任何一方都只含 A・T 鹼基，而由 dA 的均聚物(homo polymer) 和 dT 的均聚物，所構成的二股螺旋核酸之 Tm，較交互排列共聚物之 Tm 高。相對地，合成 RNA 則交互排列共聚物之 Tm，較均聚物之 Tm 高。這是二股螺旋構造之安定化，不僅受鹼基間氫鍵結合的影響，同時也受鹼基重疊(stacking)的影響甚大的結果。DNA 和 RNA 兩者重疊的型態有所不同。

前記天然 DNA 的 G・C 偶含量和 Tm 之間為直線關係，如果將直線外插到 G・C 含量等於零時會怎樣？結果得知，其 Tm 和由 dA 的均聚物和 dT 的均聚物，所形成之二股螺旋的 Tm 相同。天然的 DNA，中之 AAA…或 TTT…排列，要比 ATATAT…的排列情況多。

4-7、二胺(diamine)和聚胺(poly amine)的效果

胺類屬於有機陽離子，在生體細胞內具有重要的功能。尤其是和具有多陰離子(poly anion)之核酸的互相反應最為重要。胺(amine)類通常在一個分子內有二個正電荷，所以對 PO_2^- 負電荷之遮蔽力，比 Na^+ 或 K^+ 要強得多，它是對於二股螺旋構造的安定化有大的影響力。不過其安定化的程度，仍關連到分子中 2 個正電荷的距離。

由聚核醣肌苷酸(poly riboinosinic acid)和聚核醣胞啶酸(poly ribocytidylic acid)構成的二股螺旋構造的 Tm，會因 $NH_3^+(CH_2)_nNH_3^+$ 型陽離子之存在而上昇，其上昇在 n＝3 時，較在 n＝2 時要稍微上升，但是在大於 n＝3 時，Tm 則漸漸下降。

實驗是以各種不同長度的物質，拿來和二股螺旋構造相合對，用以測試負電荷 PO_2^- 之間的距離，可以證明其結構的排列情形。作為尺寸用的 $NH_3^+(CH_2)_nNH_3^+$，只不過扮演著「鋏具」的角色。各種核酸經利用此實驗結果，得知核酸的 $PO_2^- - PO_2^-$ 距離相當於三個(CH_2)的長度，而去氧之核酸的 $PO_2^- - PO_2^-$ 間距離相當於五個(CH_2)的長度。

4-8、二股螺旋和三股螺旋的平衡

將 poly(rA)和 poly(rU)在水溶液中混合時，在某種條件下，產生的是三股螺旋構造 poly(rU)・poly(rA)・poly(rU)，而非二股螺旋之 poly (rA)・poly(rU)。其條件，是

反應溫度、溶液中 Na⁺ 的濃度、存於溶液中 poly(A)和 poly(U)的 mole 比等為相關因素。

4-9、非相輔的鹼基效果

將 poly(rI)和 poly(rC)相混合，則可得因 I…C 氫鍵結合所成之二鏈構造（模型 a）。如果，以 rI 和 rU 的共聚體替代 poly(rI)時，將會如何？由於 C 和 U 不會形成氫鍵結合，則結果是二支鏈部份不生氫鍵地保持原來的形態呢（模型 b）？或是 U 的部分變型而附於 I…C 鍵之背方（模型 c）呢？為了判斷它的實際情形，將各種不同組成的 rI、rU 共聚體，進行酶素合成如表 4-1 所示，再和 poly(rC)相混合後，測試在 240nm 的吸光度變化情形。有下列的(a)、(b)和(c)的結構可以想像:

如果依照模型(b)則:

(b) poly I， U/poly C＝50/50

在此點必定有屈折點產生，如果模型(C)正確則:

(C) poly I， U/poly C＝100/X

（X＝poly(I・U)中的 I 的%）

之處有屈折點產生，實驗結果很清楚地，支持模型(C)(如圖 4–3 所示)。

圖 4-3　poly(rI)和 poly(rC)混合

　　　(a)以 rI、rU 替代 poly(rI)時

　　　的可能構造(b)(c)(坪井)

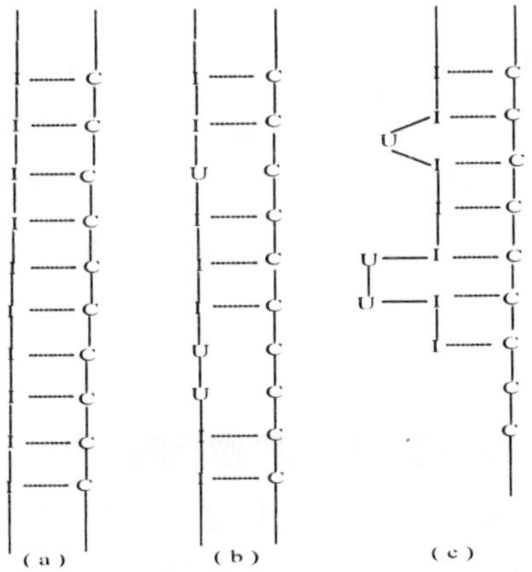

表 4-1 以 rI、rU 共聚體合成酵素的數據 (坪井)

polymer	基　質		酵素單位	酵素反應時間	成　績　體				
	IDP	UDP			收　率		I　U		沈降係數
	mg	mg		(分)	mg	%	%	%	S20
Poly I,U (1)	32.4	10.4	12	90	10.6	33	80	20	15.7
Poly I,U (2)	48.6	UDP	24	90	19.5	35	68	32	12.5
PolyI,U (3)	21.6	mg	12	90	7.2	23		44	13.8
Poly C	CDP 40 mg		10	90	12.4	31			8.6

a) IDP：inosine-5'-diphosphate, UDP：uridine-5'-diphosphate,

　 CDP：cytidine-5'-diphosphate.

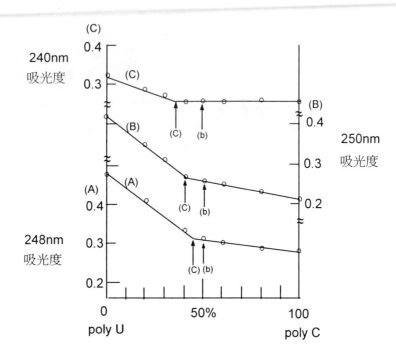

圖 4-4 poly U、poly C 混合物的吸光度 (坪井)

　　為了確認再舉一例，現在，以 rU 和 rC 之共聚體之合成如下表(坪井)，再和 poly(rI)組合，則混合曲線的屈折點，不在 50％／50％點，而在　　poly(C,U)/poly I＝100/X（ X 是 C 的含量％ ）處出現。例如 X＝43％時，poly(C,U)/poly I＝100/43＝70/30 之點出現屈折點，如圖 4-5 所示。其構造如前述之(c)模型而非(b)模型，如圖 4-6 所示。

基 質		生 成 體			
CDP	UDP	C	U	收量	沈降常數
mg	mg	%	%	mg	S
20.4	20.4	66.5	33.5	12	13.4
10.0	20.0	43	57	5.5	11.3

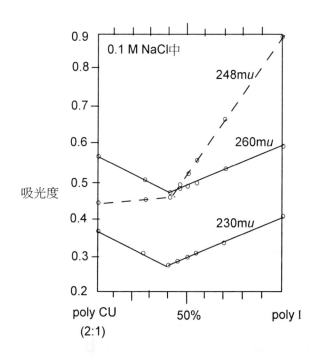

圖 4-5 poly CU (2:1) 和 poly I 複合體之吸光度之吸光度 (坪井)

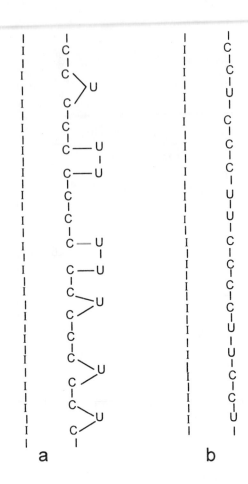

圖 4-6　rU 和 rC 的合成體再和 poly(UI)組合之複合體
　　　　結構 (坪井)

4-10、和藥劑之相互作用

　　各種藥劑和天然 DNA 結合的性質，可以從 DNA 的熱融解曲線的關係，去了解
該藥劑的生理效果。

　　以測試 D 線狀菌素(actinomycin D)的實驗為例。D 線狀菌素和 DNA 混合後，D

線狀菌素係和 DNA 中殘存的鳥嘌呤(guanine)基相結合，產生藥劑的生理效果。D 線狀菌素對 poly(rI)、poly(rC) 的熱融解曲線沒有影響，同時對天然 RNA 也是沒有影響。不過如前所述，D 線狀菌素將 poly(rI·rG)·polyC 的 Tm，由 75℃提昇爲 95℃的效果，這個現像說明了有作用。其他藥劑，諸如咖啡因(caffein)、精胺(spermine)、亞精胺(spermidine)等對於二股螺核酸也有明顯的 Tm 提升效果。

4-11、和鹼性聚胜(poly peptide)之相互作用

如前所說，核酸是聚陰離子(polyanion)，由於鹼性聚胜(poly peptide)在中性水溶液中成爲聚陽離子(polycation)，所以可以想像兩者之間有大的互相作用。對於小的陽離子，核酸的 Tm 會隨著陽離子濃度的增加，而相應地上昇；如果是高分子的陽離子，核酸的 Tm 也隨著高分子陽離子濃度的增加，則呈示二個階段的 Tm 上昇。低的 Tm 係尚殘留游離狀態之核酸的 Tm，而高的 Tm 則是核酸·聚胜(poly peptide)複合體的 Tm。如果增加陽離子量，則前者之紫外光吸光度增加的程度減小，而後者的吸光度則增加。

將紫外吸光度增加程度（稱爲 hyperchromicity）作爲縱軸，而溶液中 NH_3^+/PO_2^- 之比值作爲橫軸作圖，永遠可得向右下垂的直線。此直線在橫軸的切點（即游離核酸等於零的外插點），就可以獲得複合體，NH_3^+/PO_2^- 的組成。

習題

1、解釋下列詞句：核酸(nucleic acid)、核苷酸(nucleotide)、核苷(nucleoside)
   和核醣核苷(ribonucleotide)

2、DNA 和 RNA 之基本結構是什麼？

3、DNA 之鹼基有幾種？

4、DNA 和 RNA 都含有磷酸基和鹼基，整體上呈示中性。分子中酸、鹼基之
   排列順序和作用情形為何？

5、DNA 或 RNA 其微觀結構及分子狀態在以前沒有 X-ray 等設備的時代，僅
   用簡單的 UV 光譜儀就可以測試，其基本原理為何？

6、DNA 之雙股螺旋體其鹼基組成的效果如何判斷之？

7、人體生病時服藥，該藥在臨床實驗前可以用 DNA 先行測試，是否有何生理
   功能，如何判斷？

8、二股螺旋體之酸基距離如何判定？

9、何謂紫外光吸收增色度(Hyperchromicity) 說明之。

10、DNA 或 RNA 酸基之間距離的測試是利用何種化學原理？

11、DNA 或 RNA 之熔點之測試可以研究其反應特性，是利用何種化學原理？

12、DNA 或 RNA 都具有等量之酸和鹼，當二股以上在一起時為何酸鹼基不
    會互相作用而中和，是利用何種化學原理？

13、DNA 常用於鑑定犯罪，是利用何種化學原理？

14、最近利用基因治療疾病，是利用何種化學原理？

第五章 水溶性高分子的特性

5-1、緒言

　　水是水溶性高分子的溶劑，所以高分子的性狀上有沒有解離基會有重大的影響。因此具有解離基的高分子鏈，稱之為高分子電解質(poly electrolyte)，它和一般之非離子性高分子有所區別。除了聚磷酸鹽(poly phosphate)等二、三種無機高分子之外，所有的水溶性高分子都是有機高分子。

　　現在已有種類龐大的水溶性高分子，已依其特性而實用化，不過雖然化學組成同樣，但由於多樣性的分子特性，有時呈示完全不同的物性及機能。所以為了要高效率地開發、利用等符合實用上所要求的物性或機能，就必須先把握分子的特性才行。另一方面由於高分子的聚合方式，所引起的所謂高次元構造也和物性或機能有密切的關係，所以通常『polymer characterization』一詞其含義又分為二類：(1)、是和分子特性同義語之『molecular characterization』；(2)、是意圖自高分子的結晶等高次構造，進而解析高分子乳膠懸濁液等多成分系的物性之『material characterization』。目前，『material characterization』只不過開闢了部分各論的解析領域而已，其解析手段及方法論尚未完全建立。這裡僅就已有完整解析體系的『molecular characterization』為中心予以說明。

　　首先，當我們取到高分子試料時，一些相關必須知道的基本性質，以及其測定法或是推測法之概略，列於表 4-1。

　　由表 4-1 可以知道，高分子性質的探討結果，是由分子的性狀而決定的，所以累積相關於實用的物性或機能性，以及其分子特性的關連性，然後歸納這些因果關係，這就是當前追求高分子特性(characterization)的目標。欲了解分子特性，自表 4-1 中可以清楚地看出，將高分子予以分子分散，然後就一個分子的性質，予以討論之高分子溶液論，確實是非常有效的研究手段。分子特性化對高分子溶液論的發展，有很大的功勞，關於高分子特性對解析機能性之發展，必須先要發現有關化學組成的分布，或分子局部形態等更精密的解析方法；或開發新的解析方法，解析分子間互作用及高次元構造之手段。最近代表定比(scaling) 法則等之濃厚溶液論，或解析臨界狀態理論之發展，以及中子散亂或動態光散亂法等，測定分子動力學方法之發展，可以大為期待。

表 5-1 高分子 characterization 的方法 (加藤)

基 本 的 性 質	測 試 法
一、純度(不純物的含量)	化學分析
二、1.平均化學組成(共聚體組成,置換度等)	化學分析、分光學的方法
2.化學組成的分布	分離、吸附層析
a、置換度的分布	
b、共聚體	
二元共聚體	布分析、LC
三元共聚體	TLC、吸附層析
3.重複長度及其分布	分光學方法、熱分解 GCGPC、TLC
4.現狀共聚體	
5.接枝共聚體	
三、分子的形態	
1.分枝	
a、短鏈分枝	分光學的方法
b、長鏈分枝	溶液論的方法、GPC/LS 法
2.立體規則性	
a、平均的立體規則性	分光學的方法
b、立體規則性度分布	TLC、分離
c、重複長度分佈	
d、立體障礙	分光學的方法
3.結合樣式和分子的剛性	
a、頭一尾結合	
b、cis 或 trans 構造	
c、1,4 結合或 1,2 結合	
四、1.分子量	束一性、浸透壓
a、數平均分子量(Mn)	光散亂、沈降平衡

b、重量分子量　(Mw)	極限黏度[η]
c、粒度分子量　(Mv)	分離、GPC、超離心法
2.分子量分布	
五、架橋	
1.microgel	超離心法
a、gel 的重量分率	
b、microgel 的大小	sol gel 轉換
2.gel 的性質	
a、架橋的種類	
b、架橋間的分子量	熱力學的方法
六、1.相溶性	中子散亂
2.bulk 時高分子的擴散	
七、高分子的界面化學	分光學的方法橢圓偏光解析法
1.吸附	
2.濕潤	
3.表面組成	
八、高分子電解質	ESC 等
1.解離度及中和度	
	滴定實驗

5-2、水溶性高分子的分子特性測試法

　　高分子通常具有分子量分布，所以實際測得的分子量，必然是平均分子量。根據測定的原理，可以求得各種平均分子量。

　　關於分子量之測試方法有：數平均分子量(Mn)、重量平均分子量(Mw)、Z-平均分子量(Mz)、粒度平均分子量(Mv)等四種的平均分子量可以利用。這些平均分子量，在實用上和物性有密切的關係，例如，已知黏性和重量平均分子量有關係，而彈性和 Z-平均分子量有關係，因此必須求得，能適確地表現相對物性值的分子量。

　　假使試料中有 Ni 個分子量為 Mi 的分子，關於各種平均分子量則由下列關係定義之，如式(5-1)~(5-4)。

$$數平均分子量(Mn) = \frac{\sum_i M_i N_i}{\sum_i N_i} \tag{5-1}$$

$$重量平均分子量(Mw) = \frac{\sum_i M_i^2 N_i}{\sum_i M_i N_i} \tag{5-2}$$

$$Z-平均分子量子(Mz) = \frac{\sum_i M_i^3 N_i}{\sum_i M_i^2 N_i} \tag{5-3}$$

$$黏度平均分子量(Mv) = \left(\frac{\sum_i M_i^{a+1} N_i}{\sum_i M_i N_i}\right)^{\frac{1}{a}} \tag{5-4}$$

a 是 Mark-Huuink 櫻田的黏度式所定義之指數

$$[\eta] = km^a \tag{5-5}$$

通常 Mn、Mw、Mz，以次式定義分子量的分散度指數 I，作爲分子量分布幅度大小的尺度。

$$I = \frac{Mw}{Mn} \tag{5-6}$$

單分散試料時 I＝1，合成高分子時 I≒ 2，而在控制合成條件或摻合等時，爲了改良物性，I 在 10～20 之間變化的例子也有。據說，生體高分子在生命體中 I＝1，不過由於取樣時人會產生分子量劣化，而使 I 大於 1。還有纖維素衍生物在置換反應中，由於分子量起劣化而使 I 成爲在 5～10 之間。爲使分子量分布和物性有詳細的關係，就必須要決定分子的形狀，即分子量分布函數。常用的高分子之分布函數，有 Schulz -Zimm 的指數分布函數、對數正規分布函數及 Tung 的分布函數等。

5-2-1、分子量測試法

表 5-1 說明各種平均分子量的具體測試方法。Mn 係利用熱力學所謂束一性之測試原理所測得的，實用上有浸透壓、蒸氣壓下降及沸點上昇法，甚至末端基定量法之分析方法也可以用。

對於測定水系的浸透壓比較容易，只要滿足沒有吸附的條件，各種孔徑的膜都可以選用。如果是測定高分子電解質的試料，則必須考慮多南(Donnan)膜的平衡問題，其要領是，必須測定添加所指定鹽濃度(Cs)的溶劑，以及測定達到透析平衡時的高分子溶液。市售快速浸透壓計之測定裝置也可以用，在膜兩側之溶劑相和溶液相間壓力差 π 稱為浸透壓。如果是非理想溶液，則依次式，將高分子濃度外插於零時，由切點求出 Mn 如式(5-7)所示。

$$\frac{\pi}{C} = RT \left(\frac{1}{Mn} + A_2C + A_3C^2 + \text{------} \right) \qquad (5 - 7)$$

R 為氣體常數，T 為溫度(K)，A_2、A_3 各為第二，第三 Virial 係數。在良溶劑系裡 A_3 變大，以 π/C 對 C 作圖，無法作 C→0 的直線外插，這時必須用(π/C)對 C 的平方根作圖；如果想以 A_2 作為討論間分子互相作用的參數時，利用 Stock mayer-Casassa 方法可獲得精度相當好的 A_2 值；在高分子電解質方面，如果添加的鹽濃度低時，A_2 是依 1/Cs 的函數而變化。

以光散亂法和沈降平衡法可以測定 Mw。水系的光散亂測定時，由於水的折射率小，所以環境及試料中如有飛塵進入時，將大大地影響結果。對於水溶性高分子，尤其是高分子電解質－添加鹽系的散亂光強度，和有機溶劑系相比較是非常地小，因此為了要製作無塵狀態之光學的精製，是左右測定光散亂的成敗關鍵。測定裝置之散亂角度 θ 可以變化，先作測定裝置常數等較正操作之後，求出溶劑的還原散亂強度，和溶液的還原散亂強度，兩者之差 R_θ，此值和 Mw 之關係，如(5-8)(5-9)所示。

$$\frac{Kc}{\triangle R_\theta} = \frac{1}{MwP(\theta)} + 2A_2c + 3A_3c^2 + ---- \tag{5-8}$$

$$\frac{1}{P(\theta)} = 1 + \frac{16\pi^2}{3\lambda^2}(S^2)_z \sin^2(\theta/2) + ------- \tag{5-9}$$

λ 為在溶液中的波長（$\lambda = \lambda_o/n$，λ_o 為在眞空中的波長，n 為折射率），$P(\theta)$為分子內干涉因子，$<S^2>_z$ 為 z-平均 2 乘慣性半徑，K 的定義，如式(5-10)所示。

$$K = \frac{2\pi^2}{N_A \lambda_o^4} n^2 (\frac{\delta n}{\delta c}) \tag{5-10}$$

($\delta n/\delta c$)為示差折射率。結果須實測的，是 R_θ、n、($\delta n/\delta c$)等三個項目，此三項值依式(5-8)、(5-9) 將(Kc/θ)對 c 及對 $\sin^2(\theta/2)$同時作圖，就可得到所謂 Zimm 圖。如果 A_2 和 $<S^2>_z$ 的數值太大時，有時以平方根作圖。將圖的 C→0、θ→0 外插而求得的特性值，為 Mw、A_2 及$<S^2>_z$。由於高分子電解質－添加鹽系，係多成分系，所以操作稍為複雜，為使近似於二成分系，必須將溶液對溶劑進行透析。再者，以測定(n/c)，而求得溶劑對溶質的選擇吸附量，所以混合溶劑系的實驗是重要的方法。

在離心力大到 6×10^4 時，如果溶質高分子的密度大於溶劑時，溶質將沈降於離心管底，其沈降速度因分子量而不同，同時沈降所產生的濃度差，因受溶質的擴散力影響而減少。這二種相反的作用力最後達於平衡。在離心管中所產生之平衡濃度的梯度，用光學的手段測定之，而求得的 Mw、Mz 的方法就是沈降平衡法。雖然數據之解析需要長的時間，可是只要旋轉數、溶質濃度等的條件選擇正確，用極少量的試料就可以求得信賴性高的分子量。自古生體高分子，尤其是決定蛋白質的分子量皆利用此法。

其他的黏度法、gel 電泳動法、GPC 法等之分子量測定法，雖非絕對法，卻是利用為推定分子量的簡便方法。

5-2-2、分子量分布測定法

分子量分布(MWD)之測定有下列代表性的方法。

(1)利用溶解性之分離法

Flory-Huggins 首先倡導以高分子溶液論，由理論說明了，當溫度或溶劑－沈澱劑的混合組成變化時，高分子溶液會產生濃厚和稀薄兩相，即發生液－液相分離的現象。通常高分子成分會優先分配於濃厚相，所以利用相分離現象，可以分離分子量。依分離理論，如果想提高分離效率，則必須使溶質的濃度稀薄，將相分離後的濃厚相體積變小。因此，比如要將20 g 程度的試料，區分為 10 份，則須要 10ι 以上之大容量分離瓶，同時也有實驗操作煩雜、要達到相分離平衡須長的時間（大概一天以上）等等的缺點。依實驗操作法，可分為沈澱分離法、溶解分離法、管柱分離法等。比起常用的沈澱分離法，溶解分離法所能分離、區分的分子量分布較為狹窄，可以容易獲得的分子量分布，僅限於 1～1.5 程度，因此推薦採用可以連續分離操作的管柱分離法。管柱分離法係將各分離區分的重量和分子量予以決定之後，求其積分分布函數，最後推算分子量的分布。雖然有關分離的原理，都已有熱力學上的根據，利用溶解性之分離法作研究，為適當的方法，但不適合於實用。最近已開發了，可以處理大量試料之大型分取GPC 之分離法，已漸漸成為測定分子量分布的主流。

(2)超離心法

利用超離心法決定分子量分布，有二種方法：（ 1 ）、是沈降平衡法，為解析計算離心管中，由於平衡而達到之濃度梯度的方法；（ 2 ）、是利用Schlielen 干涉法，以求得沈降圖形的尖峰，解析其向離心管底移動速度之沈降速度法。

以沈降速度法求分布時，其高分子的沈降係數(S) 對分子量的函數必須有如式(5-11)所示的關係。

$$S = km^{\alpha} \qquad\qquad (5\text{-}11)$$

由沈降圖形向管底沈降時,其圖形之擴大求出 S 的分布,從式(5-11)將 S 的分布換算成分子量的分布。雖然本法須用昂貴的超離心機,而解析沈降圖形時,必須先要經多次複雜的修正等之缺點,但其特色是,用極微量的試料就可以推計分子量分布,以及直接從沈降圖形,可以推定分布的廣幅大小等。因此不僅生體高分子,在研究陰離子聚合反應時,利用此法作為檢查分子量分布的幅度,不失為頗簡便、有效的方法。

(3)水系的 GPC 測定

水系 GPC 測定法,係由生化學領域發展出來的,利用交聯聚葡萄糖凝膠(dextran gel)等軟凝膠(gel),以分離分子大小的方法,稱為凝膠層析(gel chromatography);也和有機溶劑系 GPC 一樣,以快速測定為目標而開發了水系 GPC。水系的 GPC 管柱充填劑,使用多孔質 SiO_2、多孔質玻璃、交聯高分子 gel 等。水系的 GPC 測定法有:無法提高水系 GPC 的各別理論段數、會發生吸附、部分高分子量的分解能低等缺點,以汎用 GPC 而言未必成功,特別是關於,像纖維素衍生物之高黏度品,或像高分子量物(Mw $>10^6$) 的高分子凝集劑,要設定其相關管柱充填劑的測定條件非常困難。另一個問題是,像標準聚苯乙烯(poly styrene)之標準試料尚未確立,分子量的校正也困難。目前之標準物質有:(a)、dextran;(b)、標準聚苯乙烯(poly styrene)的磺酸化物(Na-PSS);(c)、分子量分布狹窄的聚乙二醇〔poly ethylene glycol(PEG)〕等。聚合葡萄糖(dextran)是分枝高分子,所以在高分子量部分的廣度不大,不適合作為直鏈狀高分子的標準物質。Na-PSS的缺點為磺酸化未完全、含有不溶性不純物、其本身為高分子電解質、分子的大小係添加鹽濃度的函數、無法使用純水等。市售 PEG 之 I=1.2 程度,其分子量範圍也廣(2 萬～140 萬)，不過在添加鹽系時，高分子量試料在短時間內會起分子量劣化。為克服此缺點，因而有的提倡使用普路蘭(pullulan)，此物將於後詳述，用普路蘭比較簡單地可以分離，分子量又極其安定，所以頗有希望作為二次的標準物質。

最近已發展將檢出器附設光散亂光度計的分析儀器，稱為 GPC/LS 法的 GCP 系統(GPC system)，方法是將各溶出試料，予以連續地求出絕對分子量，所以勿須校正用的標準物質。另外，可以有效地擴大 GPC 之適用範圍，例如決定分枝度或微凝膠(microgel)之檢測等。

關於高分子電解質之 GPC 測定，如果要進一步的解析則很複雜，通常在高分子電解質溶液中，分子尺寸變化的主要原因，是由於解離基之間有靜電的排斥力。靜電的函蓋因子 a_e 由式(5-12)定義之。

$$\alpha_e^2 = \frac{\langle S^2 \rangle}{\langle S^2 \rangle_\infty} \tag{5-12}$$

$\langle S^2 \rangle_\infty$ 係添加鹽濃度(Cs)達到無限大時的慣性半徑之平方。亦即解離基間靜電的互相作用，予以遮蔽時的假想慣性半徑，作為基準時，所考慮的高分子電解質之函蓋範圍。實驗上，使用極限黏度決定 α_e 的近似值，如式(5-13)所示。

$$\alpha_e^3 = \frac{[\eta]}{[\eta]_\infty} \tag{5-13}$$

以 Na-poly acrylate 做實驗，α_e 可以用分子量和添加鹽濃度的函數表示，如式(5-14)所示。

$$\alpha_e^3 - 1 = const.\left(\frac{M}{Cs}\right)^{\frac{1}{2}} + \cdots\cdots \tag{5-14}$$

因此一旦添加鹽的濃度有了變化，則即使同一分子量且同一分子量分布的試料，也會出現完全不同的保持容量 Vr 和波峰。再者，將高分子電解質－添加鹽系的溶液，注入管柱時，在 gel 相和流動相之間發生添加鹽的分配現象，此分配現象符合 Donnan 膜平衡條件，在高分子電解質周圍產生添加鹽濃度的變動。同時也引起高分子電解質，其分子大小的變動，結果是 Vr 的變化，波峰幅度的擴大。為了減少這種變動，其要領是，必須添加足 的鹽濃度，充分地降低高分子電解質解離基之間之靜電排斥力，否則無法獲得真正代表分子量分布的層析波峰(chromato peak)，像 Na-CMC 那樣，其置換度的分布，即在高分子鏈的電荷密度分布不均勻的情況下，則更為複雜。同一鏈長的物質，由於置換的解離基數量及分布如果不同，則由靜電排斥力所引起的結果，是分子大小的不同，溶出不同量的 Vr。所以由波峰求得的分子量分布，充其量只是表觀值。有機溶劑系的測定結果，也大大不同於水系，因而關於測定纖維素衍生體置換度的分布，有人建議利用電泳動法較為妥當。

5-3、高分子間互相作用和凝膠化

水溶性高分子之分子間互相作用力有：（１）、van der Waals 力；（２）、交換排斥力；（３）、靜電的排斥力；（４）、氫鍵結合力；（５）、疏水結合力等五種作用力。由於這些作用力，高分子鏈取自由能最低的組態，其集合體或結晶及高次元構造等的生成，也是這些作用力的結果。例如蛋白質，其核酸的異分子形態，係因氫鍵結合力或疏水結合力的關係，而生成二股螺旋或 α－ 及 β－的構造。為了要理解高分子的物性和機能，必須要先解析各種的互相作用力。由分子間的互相作用，其結果之一就是生成微結晶，或在二股螺旋的交聯點凝膠化。所謂分子間互相作用之二次的力，所引起的交聯點，只要變化溶媒的溶解力、溫度、pH 及添加鹽的種類等因素，就可以容易地予以解消。生成的凝膠乃是所謂可逆性凝膠，因此作爲高分子特性化的一種手段，測定 sol-gel 之轉換，可以得到分子間的互相作用，以及高次元構造相關的種種訊息。

在已知可以生成可逆 gel 的水溶性高分子，有聚乙烯醇(poly vinyl alcohol)、methyl cellulose、gelatin、agar、carrageennan、Ca-arginate 等，這些都是由二部份所形的共聚體，即：（１）、可以生成交聯部份；（２）、交聯點無法進入，而可溶於溶劑的部份。共聚體是生成 gel 不可或缺的條件。

最近高橋等人研究時，注意到交聯點是一種微晶點，而提出新的 gel 化理論。gel 開始流動的溫度定義爲 gel 的融點(T$_m$g)。生成三維綱狀構造所必要的條件，即大家所熟知的 Flory 的凝膠(gel)化條件；也就是在一根高分子鏈上，必須至少有二個微結晶相連結，爲凝膠化必要條件。將這種條件，和交聯點之微結晶生成自由能相結合，基於這樣的構想，對於非離子性高分子導出下式，求得 T$_m$g，如式(5-15)所示。

$$T_m g = \frac{\xi \theta}{\xi \Delta hu + (\frac{V_A}{V_1}) \varphi_1 \theta R \xi - 2\sigma_{ec}} \times \left\{ \frac{\Delta hu}{T_m^\circ} + \frac{RV_A}{V_1} (\frac{1}{2} + \varphi_1) \right.$$

$$\left. - R \, lnV_A) \right\} - \frac{R}{\xi \Delta hu + (\frac{V_A}{V_1}) \varphi_1 \theta R \xi - 2\sigma_{ec}} \times ln V_2 X$$

$$(5-15)$$

T$_m^\circ$ 爲完全結晶的融點，V$_2$ 爲 gel 中的高分子之體積分率，X 爲聚合度，ξ 爲進入一個微結晶中的重複單位數，X$_A$ 爲可結晶化部份的 mole 分率，h$_U$ 爲融解熱，σ$_{ec}$ 爲結晶的表面自由能，Q$_1$ 爲融解的 entropy 參數，θ 爲溫度，V$_1$ 爲高分子重複單位和溶媒的 mole 體積。從式(15)以實驗所求得的 1/T$_m$g 對 lnV$_2$X 作圖，可以得到直線。從該圖直線的斜率及截點，可以推定微結晶的大小 ξ 或 h$_U$ 等項。

5‧4、關於水溶性高分子的機能性其解析法例

高分子吸附的解析法雖並非極爲普遍化，不過在特性化的手段上，有二種極爲有效的方法予以說明。

5-4-1、橢圓偏光解析法

所謂偏光解析法測定原理，是以入射角 θ 射入固體表面之直線偏光，求其反射光的偏光狀態之變化。更具體地說，是測定在表面的反射光其垂直成分、水平成分之振幅變化(tan Q)、相對位相差(Δ)，而求出反射平面的光學常數；以及如果有吸附層存在時，求出該層的折射率和吸附層的厚度。利用折射率之(δn/δc)值，求出吸附層高分子濃度或吸附量。表面和吸附層的折射率差愈大，則解析愈容易，原來是用於研究金屬表面的氣體吸附或生成的氧化膜。通常使用表面折射率大的物質，例如白金板、鉻板或矽晶板等固體表面，吸附高分子溶液中的高分子。以白金板吸附聚丙烯酸鈉(poly sodium acrylate)－NaBr 水溶液，作實驗的結果，已知聚丙烯酸鈉的吸附量及吸附層的厚度，是 NaBr 的函數。本法漸漸擴大其適用範圍，例如用以解析氣一液界面上，以單分子膜吸附的高分子厚度，或研究高分子－高分子界面間，其相溶相的層厚度。

5-4-2、動態光散亂法

在分子量測定法那一項說明的，光散亂法係求散亂光強度的時間平均，同時忽視了散亂光波長之波長移動(對入射光波長而言)，但是在高分子溶液或乳膠懸濁液中，散亂粒子則不停地以波長單位的程度作布朗運動。這種結果產生了光譜的幅度，解析此光譜幅度反而可以測定高分子的動力學，所以近年發展了動態光散亂法或準彈性光散亂法(quasi elastic light scattering)。

以動態光散亂法，測定單分散乳膠表面吸附水溶性高分子之吸附情形，用以說明高分子－高分子吸附系的模式。利用光電增幅管將乳膠粒子散亂出的散亂光，予以變換成光子計數，由於粒子的布朗運動關係，時時變化的光子數之偏差，利用所

謂時間間隔法(time interval method)進行電子計算機處理，求出散亂光強度的時間關係，這就是測定的原理。本方法由於須用同調(coherent)光源，所以使用氬氣雷射。

實測的相關函數(G(τ))，和散亂光電場的規格化相關函數 g(τ)有如式(5-16)所示的關係。

$$G(\tau) = B \left[1 + \gamma^2 \left(g^{(1)}(\tau) \right)^2 \right] \qquad (5\text{-}16)$$

τ 為相關遲延時間，B 為背景的散亂常數，γ 為偏差如依照高氏統計為 1。當單分散且並無強的互相作用時，粒子所生的散亂，其 $g^{(1)}(\tau)$ 如式(5-17)所示。

$$\left[g^{(1)}(\tau) \right] = \exp\left(-Y\tau \right) \qquad (5\text{-}17)$$

Y 則滿足如式(5-18)、(5-19)所示的關係。

$$Y = D\,\rho^2 \qquad (5\text{-}18)$$

$$\rho = \frac{4\pi n}{\lambda^0} \sin\left(\frac{\theta}{2} \right) \qquad (5\text{-}19)$$

D 為粒子的擴散係數，n 為溶媒之折射率，為 θ 時的散亂角度。所測得的數據將 G(τ)對 τ 作圖，依式(16)可求出(τ)；依式(18)可以求出擴散係數 D。D 是依史托克－愛因斯坦(Stokes-Einstein)式和流體力學的半徑 Rh，有如式(5-20)所示的關係。

$$D = \frac{kT}{6\pi\eta Rh} \qquad (5\text{-}20)$$

K 為 Boltzmann 常數，η 為水的黏性率。

從課體的乳膠的擴散係數 D。和吸附高分子層之乳膠的擴散係數 D，各別求出粒徑 Rh。和 Rh 之差，可以推算出吸附層的厚度。(加藤忠哉,1981)

習題

1、說明 Molecular characterization Material characterization 和 Polymer characterization 之間的不同。

2、水溶性高分子的平均分子量有那幾種表示法。

3、舉例說明分子量之測試法。

4、說明溶解性之分離法不適用於分子量分布廣之水溶性分子。

5、說明 GPC (gel chromatography) 之發展情形。

6、水溶性高分子其分子間有何作用？互相作用後會發生什麼樣的結果？

7、詳述史托克-愛因斯坦 (Stokes–Einstein)式和布朗運動之關係。

8、阿佛加多羅常數(Avogadro's constant)之決定爲何和布朗運動 (Brownian movement)有關係？

9、有關水溶性高分子的機能性解析法有那些？說明之。

10、利用粘度測定分子量是利用何種化學原理？

11、動態光散亂法，可用以研究單分散乳膠表面吸附水溶性高分子之吸情形，係利用何種化學原理？

第六章 澱粉及其衍生物之應用

6-1、緒言

澱粉是人類賴以生存最重要的食物，爲生產量最龐大之天然資源，同時也是人類使用的歷史最久，累積經驗最多的項目。從澱粉開發出許多有用之水溶性高分子，即使目前仍然有許多廣爲使用。

現在工業生產的澱粉，有玉米、馬鈴薯、甘薯、小麥、沙谷米、米等澱粉，種類並不很多。各種澱粉都呈具特色之物性，利用其物性可以使用於各種用途。澱粉的利用方向，可分爲：(1)、高分子之利用；(2)、分解構成糖以甜味料利用；(3)、作爲醱酵原料等大的區分。如果計算澱粉的用途細目，則可達 2000 種以上。

本章僅自高分子之利用，即澱粉的粒子和構造、澱粉的性質及其利用特性、各種澱粉衍生物之種類及特性等予以討論。從豐富的內容裡，可以學到許多祖先的智慧。

6-2、澱粉的粒子和構造

澱粉的粒子和構造，依其原始植物的種類而有所不同，各有特徵。澱粉粒子的平均粒徑，例如馬鈴薯的澱粉約爲 40μ、小麥的澱粉約爲 30μ、大麥的澱粉約爲 20μ、玉米澱粉約爲 15μ、而米的澱粉約爲 5μ 等之大小。如果假定澱粉粒爲球形，則 1g 直徑 10μ 的澱粉，約含有 5×10^{10} 個的粒子。

澱粉粒和澱粉分子的關係如何呢？澱粉有 D-葡萄糖(D-glucopyranose)以 α-(1→4)配糖體[α-(1→4)glucoside]結合，而以直鏈狀所串成的直鏈澱粉(amylose)；和 D-葡萄糖以 α-(1→4)結合的直鏈之外，在分子鏈的處處具有 α-(1→6)結合的分枝，所謂支鏈澱粉(amylopectin)的成份混合，如圖 6-1 所示。因此澱粉是由葡萄糖所構成的糖類，其結合形式僅有 α-(1→4)和 α-(1→6)二種而已。

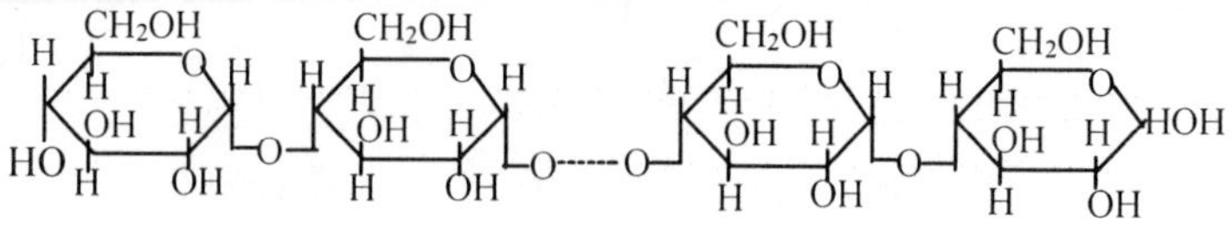

amylose

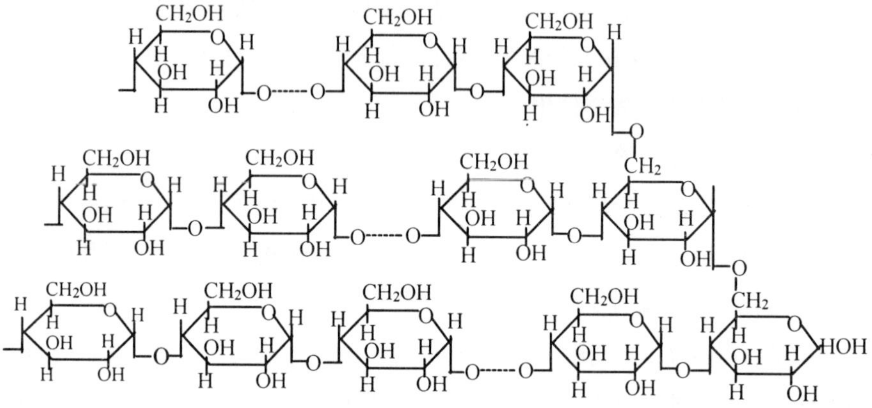

amylopectin

圖 6-1 直鏈澱粉和支鏈澱粉的化學構造

　　通常的澱粉含有 25% 的直鏈澱粉，其餘爲支鏈澱粉，不過像玉米、糯米等的澱粉，則完全不含直鏈澱粉。也有直鏈澱粉含量異常的澱粉，例如高直鏈澱粉玉米[high amylose corn(直鏈澱粉含量爲 50～80 %)]和豌豆澱粉(直鏈澱粉含量 60～70 %)等。有關植物體內合成澱粉時，爲何個別合成直鏈澱粉和支鏈澱粉？ 爲何同一植物之澱粉，其直鏈澱粉含量都一定等問題，目前尚不清楚。

　　天然的直鏈澱粉、支鏈澱粉的分子量或其聚合度，到底是多少現在尚不明白。由實驗求得的直鏈澱粉的分子量爲 10^5，而支鏈澱粉的分子量爲 10^7 程度。不過在澱粉的製備或分離直鏈澱粉和支鏈澱粉時，會起分解，分子變小是周知的事實，所以不能將此值作爲天然澱粉的分子量。

假設直鏈澱粉、支鏈澱粉的聚合度為 1,000 時，則一個直徑 10 μ 的澱粉，其直鏈澱粉的分子長度約為 5000 Å；而支鏈澱粉的分子長度，則約為 200～300Å。一個澱粉粒約含有 10^8 個澱粉分子。直鏈澱粉和支鏈澱粉的構造非常不同，其性質也十分不一樣。因為支鏈澱粉的分枝成為整束狀，形成一個微結晶，當澱粉加水提高溫度後，變成非常黏稠狀的糊，這和支鏈澱粉的性質有關。

澱粉之碘反應，是用碘將澱粉染色，會呈現非常鮮明的青色，此稱為碘澱粉反應。碘澱粉反應，係用於檢驗澱粉之銳敏反應，不過此反應只關係於直鏈澱粉的成分，而和支鏈澱粉的成分無關。

6-3、澱粉的性質及其利用特性

澱粉作為食品或其他工業的原料，不少的情形是巧妙地利用澱粉所具有的特性。例如有時是利用澱粉糊的接著性，有時則應用漿糊容易凝膠化的性質。用途的不同，所要求澱粉的性質會有非常大的差異，澱粉的某一性質對某一種食品有利，但對另一種食品可能會是缺點，所以自古以來就研究改變澱粉的性質，去符合各種的使用目的。這樣的結果，就出現了化工澱粉或澱粉衍生物的區別，今後將擴展更多的使用領域。用途的不同，則其要求的性質也不同，所以無法單一討論，以下就分成食品用和非食品用二大項目予以說明。

6-3-1、食品用澱粉

作為食品用澱粉，通常要求澱粉要具有增黏性、黏度安定性等的性質。但也有例外，例如啤酒用澱粉，其所要求的，是不要產生粉塵的作業性，而不在乎黏性問題。食品用澱粉所求要的物性，其代表性的例子列如下。

(1)、黏度安定性

作為增黏劑用的澱粉，黏度安定性質最為重要。不僅是單純地用水煮，在和其他的電解質如食鹽、酸如醋酸等共存系之中，在實用上其黏度安定性，是絕對必要的物性。在電解質、酸味料共存的條件下，天然澱粉的黏度會劇速下降，此時必須將澱粉給予種種的處理，賦予黏度安定性。這種狀況最有效的方法，是採用交聯劑生成交聯結合、添加脂肪酸、濕熱處理等方法，抑制澱粉的膨潤性。

(2)、低溫安定性

　　天然澱粉的糊，其缺點之一就是放置於低溫時會起白濁，最後產生離漿現象，這種現像稱為澱粉之老化。澱粉老化的缺點，使澱粉的用途受了很大的限制。近來食品之低溫貯存及冷凍已普遍化，故低溫安定性乃成為絕對必要的性質。老化性因澱粉的種類而差異，例如馬鈴薯澱粉比較難於老化，但玉米澱粉則非常容易老化。提高安定性的方法，是使澱粉和磷酸、琥珀酸、醋酸等有機酸生成酯結合；將羧基甲基(carboxy methyl)、羥基烷基(hydroxy alkyl)生成醚結合等。在日本僅允許磷酸酯和羧基甲基醚(carboxy methyl ether)作為食品添加物。

(3)、糊的透明性

　　前記二種性質，屬於製作食品本體所要求的性質。食品在視覺上的訴求有很多方式，這裡所討論澱粉糊的透明性和食品的味道，對心理上有大的影響作用。食品種類之不同，有的要求糊的透明度愈高愈好，相反地也有要求，糊化粒的懸濁液要具有高的白濁度。前者之例子，是果派中作為增黏劑時透明度高者為佳，透明性乃為製品的生命；後者的例子，是用澱粉作為乳化劑，添加於沙拉漿，此時澱粉須呈示光輝的白濁狀方為上品。其他被重視的性質尚有下列幾項。

(4)、保水性。

(5)、凝膠特性。

(6)、黏結性。

(7)、乳化性。

食品對上記之性質並非只單項的要求，而是二三種性質必須同時具備。

6-3-2 食品以外的用途

澱粉作爲工業用途，其要求條件當然不同於食品，一般著重於澱粉粒的狀態及澱粉的接著性、黏著性、抗拉力、皮膜強度等。工業用途的澱粉不同於食品的，是有非常多的衍生物可以利用，例如將澱粉本來的形態，再加上置換基所具有的特性，予以調製成具有特色的高分子，其代表之二三如下：

(1)、澱粉粒的帶電性

澱粉作爲纖維、紙的加工劑使用時，所要求的條件是，澱粉必須有效率地吸附在纖維上。用四級胺、三級胺等處理澱粉，使成爲陽性澱粉，在紙張相關的工業上，這種澱粉衍生物將有發展的空間，它和纖維的陰離子互相吸引結合，可以使澱粉完全上漿。製紙時使用少量的帶電性澱粉就可以，這樣可以減少製紙工廠廢水中所含的澱粉量，對廢水的處理問題有大的助益。

(2)、粒的膨潤抵抗性

在電解質、酸、或高鹼濃度系的應用領域裡，有時必須要求澱粉糊的搖溶(thixotropy)性質。例如用於乾電池的澱粉，由於放電使鋅的離子濃度極端地升高，此時必須保持凝膠狀態。另一例，是用於纖維捺染的糊，捺印於布上的模樣必須在酸、鹼中發色，所以糊料必須要有強的酸、鹼抵抗性。這些用途，可利用氯甲代氧丙環(epichlorohdrin)、甲醛或磷酸等使澱粉產生交聯結構的方法。

(3)、皮膜的強度

在纖維的經絲糊、紙張表面塗裝(coating)、郵票糊的接著劑等，都要求澱粉皮膜的性質。澱粉皮膜必須具備強度、透明性和耐老化性等特性，然後才可使用於這些領域。

6-4、各種澱粉衍生物之種類及特性

被研究的澱粉衍生物種類非常多，不過在用途上已確立的衍生物並不多，大部

分部以專利形式發表，代表的例子如下(表6-1)：

表6-1 澱粉衍生物 (貝沼)

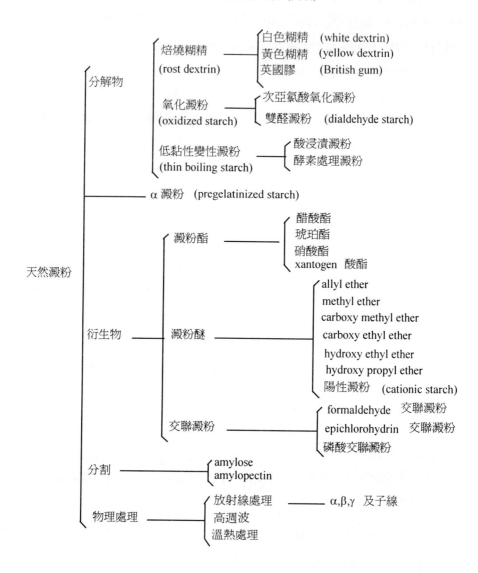

6-4-1 醋酸衍生物

　　要製造澱粉的醋酸衍生物有許多種方法，例如，自使用冰醋酸開始，無水醋酸、無水醋酸－醋酸、無水醋酸－吡啶(pyridine)、無水醋酸－二甲基亞碸(dimethyl sulfoxide)、無水醋酸－氫氧化鹼等等，雖然效率不是很好，卻是大家所熟習的方法。由於反應條件不同，從每一個葡萄糖單位(AGU)導入一個醋酸基之單醋酸酯(mono acetate) (以無水換算有 21.1％的乙醯基(acetyl)導入)，到三個氫氧基全部被醋酸基置換之三醋酸酯(triacetate)的反應物都可以獲得如圖 6-2 所示。

　　醋酸衍生物，有置換度非常低約 0.2 左右，和置換度高達 2～3 的二種類，其性

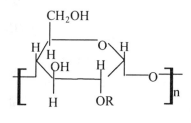

$$R = CH_3CO$$

圖 6-2　　Starch triacetate structure

質完全不同，用途也不一樣。

　　(1) 低置換度的醋酸衍生物。

　　　　置換度 0.2 以下的粒子，在顯微鏡下觀察，和天然澱粉粒並無不一樣。將這種低置換度的醋酸衍生物，懸濁於 pH11 程度的水中，經數小時之後，可以將乙醯基(acetyl)完全除離，變成和處理前相同的澱粉粒。這種澱粉的特徵是，具有多的氫氧基、強的電排斥力，所以會明顯地降低澱粉的糊化溫度。

　　　　其用途有纖維、製紙和織物等，其中作為織物用途時，可以添加熱於可塑性樹脂，以改善最後的加工性。美國許可醋酸衍生物作為食品添加物，實際上由於其透明度高、具高黏性，對於貯藏具有優秀的安定性，

所以乙醯基(acetyl)含量 0.5～2.5 %程度的物質，可作為食品用增糊劑。以防止離漿及防止糊的白濁為目的時，常將玉米澱粉、達比歐卡(tapioca)澱粉等予以醋酸化而使用。低置換物具有好的分散性、黏度安定性、不易凝膠化及皮膜特性好等特色，在製紙工業為要提高印刷適性、提高表面強度、增強溶媒耐性等的目的，都利用低置換度的醋酸衍生物於紙張表面加工。木綿－合成纖維的經絲糊也用它。

(2) 高置換度的醋酸衍生物

用直鏈澱粉或枝鏈澱粉作為原料，將氫氧基全部置換，完全變成三醋酸酯(triacetate)的化合物，如果和用纖維素為原料所製成的三醋酸酯相比，前者有許多地方較後者差，不過直鏈澱粉的三醋酸酯，則不比後者差，目前直鏈澱粉已可以量產化，因此受到重視。直鏈澱粉的三醋酸酯的融點約為 300℃，在吡啶(pyridine)、醋酸、氯仿和氯化甲烷(chloroethane)中會有膨潤和分散的性質。由此所製成的薄膜，不溶於水、酒精、乙醚、丙酮等溶液中，其薄膜具有柔軟、透明而且是光澤無色物，比三醋酸纖維更具可塑性。用此材質作為被覆材料，具有防止脂肪滲透的性質，加以具有對溫水、冷水的抵抗性高，不易老化的特性，所以近年來，對於含直鏈澱粉量非常高的直鏈澱粉學(amylomeze)之研究，比普通的玉米澱粉更為熱烈；同時，直鏈澱粉的三醋酸酯是澱粉衍生物中令人注目的一種，亦即直鏈澱粉膜(amylose film)，以前用為可食性食品的包裝材料時就受人重視，現在已能達到相當的量產，從性質上的特性看，將成為替代纖維素之價廉包裝材料。

6-4-2 磷酸衍生物

磷酸和澱粉的氫氧基反應時有二種方式。一種是和一個氫氧基作用形成單酯(monoester)結合；另一種是二個澱粉分子交聯生成雙酯(diester) 的反應形式，這種結合反應，受使用的磷酸種類和反應條件所支配。在日本僅允許磷酸衍生物和羧甲基(carboxy methyl)澱粉二種作為食品添加物而已。

(1)、單酯(monoester)型磷酸衍生物

　　　　澱粉的磷酸酯化劑，已知有氧氯化磷(phosphorus oxychloride)、三間磷酸鈉(tri-m-sodium phosphate)等數種。約在 40 年前之 1959 年，由 International minerals 公司所開發的方法，即發見了能使澱粉生成單酯結合之磷酸化劑，以及其反應條件。其方法，是先將澱粉浸漬於鄰－磷酸鹽、聚磷酸鹽溶液中，脫水乾燥後在 140℃前後加熱，進行脫水酯化反應，這種澱粉衍生物的糊化溫度非常低，可以製成透明度優秀的高黏性糊，同時貯存在低溫也非常安定、不易老化等的特色。例如，在－20℃冰凍，而在 30℃解凍，如果係使用未經處理的澱粉，經 1～2 次來回操作後就發生離漿現像；但是用經過處理的澱粉，雖經過 10～15 次來回重複試驗，也不會發生脫水現象。這樣的試驗，相當於貯存在 2～3℃環境中，經歷六個月的時間，即使單酯衍生物在 2～5℃貯存 25 日，也不會因為老化而使糊呈現白濁。

　　　　這種澱粉可以使用於湯、酢、幼兒食、即時食品類、各種冷食品等之食品領域，而且可作為鑄型砂用黏結劑、製紙的紙機濕部(wet end) 添加、纖維的經絲上糊、洗潔劑等。可以製成高黏度的糊，不過其對剪斷力或是對於酸性液、鹽濃度高的溶液等環境，其安定性有明顯地下降等的缺點。這和其他的酯化澱粉同樣，使用時應該注意。

(2)、交聯型磷酸澱粉

　　　　利用磷酸交聯澱粉的分子，以抑制澱粉粒的膨潤。正如其他交聯澱粉一樣，即使數百個葡萄糖單位中，只有一個交聯構造，在這樣低的交聯度，就可以使澱粉的糊化溫度變成非常高，而糊的膨潤度變為極端地低。糊的黏度隨著交聯反應的進行，高黏度的物質變為完全不膨潤。

　　　　經過交聯的澱粉，在中性溶液中加熱提高黏度，其效果還不如在酸性溶液中加熱，而得黏度高的糊。這種特性，作為酸性食品的黏度安定

劑，是非常理想的。這樣抗熱抗攪拌，在酸性或高鹽濃度溶液中，其黏度不大的澱粉糊特性，不僅多用於沙拉醬液、美奶滋、醋等酸性食品的黏度安定劑，在高溫殺菌處理的罐裝食品，或是鹽濃度非常高之乾電池用隔離紙(separator)、纖維、紙張的糊劑等也使用。進一步的應用研究，就是綿子油、大豆油等油含有鐵、銅、鎳等離子，這些金屬離子會催化油脂氧化，利用交聯作用使金屬離子和糊生成複合體，固定那些金屬離子，這樣就可以防止油脂的氧化。

交聯型磷酸衍生物，雖然有優越的糊安定性，但並未改善糊在低溫的貯存性。

在美國已經開發了，粳玉米澱粉經交聯後，具有在低溫安定性及耐酸性優秀的商品。其他國度裡，如果粳種澱粉不豐富，就無法進行同樣的製造，不過有變通的方法可以達成同樣的目的。也就是結合(1)、磷酸和澱粉生成的單酯結合(具有非常低溫的貯存性)；(2)、經過交聯結合(具有攪拌抵抗性及耐酸性的改良性質)。將這二種結合形式，同時導入澱粉粒，則即使沒有粳種澱粉，也能製備近於理想的食品用黏度安定劑。二種特色的結合方式，依所希望的比率導入澱粉粒，將更為擴大磷酸澱粉的用途。

6-4-3、羥烷基(hydroxy alkyl)衍生物

羥烷基(hydroxy alkyl)衍生物代表羥乙基澱粉[hydroxy ethyl starch (HES)]中的一群衍生物，除了羥乙基(hydroxy ethyl)之外尚有羥丙基(hydroxy propyl)衍生物。這種衍生物的要求，乃是希望容易控制反應，以及羥乙基化反應時不要產生如乙二醇(ethylene glycol)等的毒性物質。有關羥乙基澱粉(hydroxy ethyl starch)的性質及用途簡述如下。羥乙基澱粉的製造，由下式(6-1)的反應生成。

$$ROH + \underset{\substack{| \\ O}}{CH_2CH_2} \xrightarrow{\text{NaOH}} ROHCH_2CH_2OH \qquad (6\text{-}1)$$

starch

ethylene oxide

hydroxy ethyl starch

依置換度的差別可分為二組：

(1)、低置換度羥乙基澱粉(hydroxy ethyl starch,HES)

用氧化乙烯和澱粉反應，因為置換度在 0.1 以下，並未改變澱粉粒的形態，反應物不溶於冷水。用玉米澱粉(corn starch) 作原料，可製成置換度為0.05 程度的物質，會使澱粉的糊化點下降，同時所製成的皮膜或糊的性質都有相當的變化。特色是，糊化溫度降低至 6～18℃，加熱時粒子容易變成膠體，將此冷卻時成為透明且安定性高的黏稠糊，其貯存性也大。將此糊乾燥可得透明性相當好、彎曲強度大之水溶性皮膜。

用途可考慮於纖維、製紙等關係，也可以和乳化腊(wax emulsion)、聚乙烯醇 (poly vinyl alcohol)、蛋白、水溶性纖維衍生物等併用，今後將有廣大的用途。由於水溶性好，不容易生成凝膠，所以除了作為纖維之經絲上糊劑外，也用於袋用糊劑、標纖糊等。

(2)、高置換度羥乙基澱粉

置換度在0.8～1.0 之間的羥乙基澱粉，其澱粉粒外觀並無變化，不過置換度到達 0.3～0.4 時，反應物開始在冷水中膨潤，可以在酒精中起反應。這種處理使未糊化的澱粉，在冷水中變成半透明或無色溶液，此糊的接著力相當強、貯存的安定性良好、同時也不易被微生物侵犯。糊溶液在電解質中也比較安定，所製作的皮膜為透明性且彎曲強度大，膜不會黏手，濕潤時會急速吸收水分。

用途方面有經絲糊劑、接著劑、乳化劑、增黏劑等之外，乾粉加水後可以快速變成糊的用途，例如即時洗濯糊、粉末糊、染色用糊料、洗劑、殺蟲劑等。

置換度如果再提高，則可作為醫藥用，在美國實驗作為替代聚葡萄糖(dextran) 之血漿增量劑。此時不僅比聚葡萄糖(dextran)便宜，高置換度的羥乙基澱粉在血液中，受澱粉酵素(amylase)作用的速度非常緩慢，所以這種高分子膠體狀的增量劑，使血液黏度及滲透壓能長時間保持一定。

6-4-4、交聯澱粉

如前所述，交聯澱粉的種類很多，作為交聯劑的物質，有甲醛、氯代丙環氧(epichlorohydrin)、磷酸鹽等，此外甘油- 二氯乙醇(dichloroethyl alcohol)。交聯澱粉最大的特徵在於限制粒的膨潤，對加熱或鹼所引起的膨潤抵抗性大。有下列的特性：

(1)、對高速攪拌的安定性。

(2)、在酸、鹼或鹽高濃度液中的安定性。

(3)、在高壓蒸氣中的膨潤抵抗性。

(1)和(2)是呈示澱粉的性質，由於天然澱粉的膨潤性獲得了改良，因此得以廣用於製紙、纖維用糊劑、食品用黏度安定劑、捺染糊、乾電池用隔離紙等。(3)項是粒的性質，交聯度高的澱粉，即使在熱水中加熱也不會膨潤，橡皮手套等之醫療器具於蒸氣滅菌時，利用粉末打粉可以不使手套互相黏結；特別的是，即使進入人體也是無害，能被組織迅速吸收。

美奶滋和各種醋類等食品，以增量為目的而使用交聯澱粉，由於天然澱粉在酸性溶液中，會快速地降低黏度，其增黏或黏度安定效果幾乎沒有希望，但是利用交聯反應處理澱粉，是利用澱粉於食品時最佳的選擇。因此調節交聯度，可得到在熱水中加熱完全不會膨潤的澱粉粒，乃至於在酸性溶液中加熱時，才開始膨潤等各種具有特色的澱粉。

6-4-5、澱粉的接枝共聚物

到此為止，所討論的澱粉衍生物，都是在澱粉長鏈上，接上分子量小的官能基，以改變澱粉的性質。但是接枝共聚，則是將澱粉作為主幹，使丙烯醯胺(acrylic amide)、乙烯單體(vinyl monomer)等，以共聚反應結合生成分枝結構。澱粉分子上具有像聚丙烯醯胺(poly acrylic amide)、聚乙烯基等的合成高分子，具有三維構造的長分枝，這種高分子除了呈示一部分澱粉的特性之外，也同時展示這些合成高分子的特性。共聚反應有下記之方法：

    (1)、在聚合反應進行時，不斷地使自由基在單體上移動，而引起反應之連鎖移動法。

    (2)、使用鈰鹽等觸媒之化學方法。

    (3)、以 γ 線等之放射線或以機械衝擊，使產生自由基的物理的方法。

由於接枝共聚的高分子，在主幹聚合體和分枝聚合體，各呈示不同的反應性質，所以打開了以往使用澱粉無法解決的用途。

目前所發表，有關澱粉接枝聚合物的用途為數非常的少。例如油井用的沈澱劑，使用澱粉丙烯氰(starch acrylonitrile)共聚物；疏水性纖絲之上漿液，使用澱粉丙烯酸酯(starch acrylate)；電池的電極保持體，使用澱粉丙烯醯胺(acrylic amide)聚合物；耐衝擊性及耐熱性的塑膠，使用苯乙烯(styrene)和羥乙基澱粉(hydroxy ethyl starch)的共聚物等。和以往的衍生物，稍有不同性質的接枝共聚物，可能是今後澱粉利用的新方向，將會更加引人重視。

美國農業部北部研究所，所開發的吸水膠，每一公克的接枝聚合物可以保持1500～2000 ml 的水。研究這種吸水膠，用以被覆種子的四周，播種於沙漠地帶，將有助於種子的發芽，是沙漠綠化的明星。

習題

    1、澱粉粒子的微細構造為何？

    2、澱粉之分子結構有幾種？其特性為何？

    3、離漿現象是什麼？

    4、為什麼會有離漿現象？

    5、澱粉以醋酸處理後其化學及物理性質有何變化？

6、澱粉以磷酸處理其衍生物有何特性？

7、作爲食品之添加物，澱粉有何特色和好處？

8、交聯型和未交聯型之磷酸澱粉在性質上有何不同？

9、澱粉之羥烷基(hydroxy alkyl) 衍生物，其重要性質和用途爲何？

10、在農業上利用澱粉化合物之前途爲何？

11、Amylose 和 amylopectin 兩者有何不同？

12、將澱粉變成漿糊是利用何種化學原理？

13、高能量照射可以使澱粉交聯，利用何種化學原理？

第七章　普路蘭(pullulan)的特性及應用

7-1、緒言

　　普路蘭(pullulan)是什麼？普路蘭係一種不完全菌，用金黴擔子菌普路蘭(aureobasidium pullulans)的液體培養，所得到的菌體外產生物，為水溶性之中性黏質多糖類。在 1938 年由 Bauer 發現，經 H. Benden、S. Ueda、K. Wallenfels 等的研究結果，確定其化學構造，如圖(7-1)所示。普路蘭的化學構造，是以 α－1,4 結合三個葡萄糖，即麥芽糖以 α－1,6 結合，而重複該線型結合的膠聚糖(glucan)。此後也知道了，未必是正規依上述的結構，有時處處摻入四個葡萄糖連在一起的麥芽糖，也有部份是 α－1,3 結合，不過倒完全沒有分枝的情形。

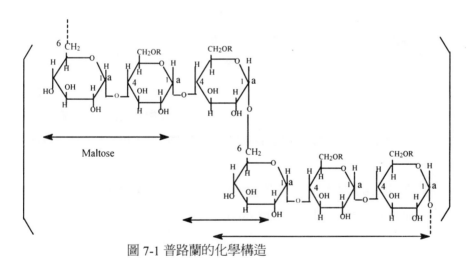

圖 7-1 普路蘭的化學構造

　　河原等人詳細測定溶液的物性的結果，知道普路蘭的重量平均分子量（超離心沈降平衡法）和其固有黏度的關係如式(7-1)所示。

$$[\eta]=1.4 \times 10^{-4} \, M^{0.7} \, (M>13 \times 10^{4}) \tag{7-1}$$

　　　普路蘭為直鏈狀，其分子量的分布不廣，沒有發現到結晶化、凝膠化等異常性，是非常容易操作之水溶性高分子。只要選擇適當的普路蘭菌種和調整培養條件，可以任意地製造各種不同分子量的產品(分子量自數萬至 200 萬之間)。目前工業上製造的，有 10 萬和 30 萬兩種分子量的商品。

　　　普路蘭具有非常特別的性質，是其他水溶性高子所不具有的，在食品領域將發揮它的特色。

7-2、普路蘭的特性

　　　儘管普路蘭具有規則性的構造，用 X-線繞射仍然是屬非結晶性，不同於澱粉和纖維素，在 X-線繞射圖上完全無結晶的波峰。普路蘭為無味、無臭、不定型白色粉末，具有不帶電性、水溶液為中性等特性。

7-2-1、溶解性

　　　普路蘭極易溶於水呈中性，其水溶液為非離子性，在常溫不凝膠化，也不沈澱或生白濁，為透明安定的黏稠液。普路蘭完全不溶於油脂、酒精、丙酮、氯仿等有機溶劑，僅能溶於極性高的物質，如二甲基甲醯胺(dimethyl formamide)。用酯化、醚化、交聯等變化置換度之處理方法，可以調節普路蘭對水的溶解性，範圍從易溶性、難溶性、到不溶性都可以；也可以調節溶於水的時間，以及改變其對有機溶劑的溶解形態。

　　　普路蘭和其他水溶性高分子物質的相溶性，除了聚乙烯醇(poly vinyl alcohol)和聚乙烯氧(poly ethylene oxide)之外都相當好。

7-2-2、水溶液的性質

　　　普路蘭水溶液的黏性隨分子量大小、濃度的不同，多少有所差別，但比起其他水溶性高分子則屬於低黏度類，不具搖溶(thixotropy)性質為其特色。普路蘭濃度在10%以下的水溶液，其表面張力都和水的表面張力差不多 (74 dyne/cm)。普路蘭和同樣低黏性多糖之亞拉伯膠相比較，前者具有極為良好的相溶性。在某些特殊分散劑的用途上，只要求提高黏度，而不欲改變表面張力的條件下，目前只有普路蘭能顯示好的效果。

7-2-2-1、pH 的影響

普路蘭水溶液幾乎不受 pH 的影響，自酸性到鹼性廣大的範圍，都能保持安定的黏性。不過在加熱的條件下，在酸性領域會像澱粉一樣，被分解而降低黏度。

7-2-2-2、鹽類的影響

通常的水溶性高分子，如果有金屬離子存在時黏度都會下降，有時會凝膠化而不安定，在使用上相當不方便。但即使有金屬離子存在，普路蘭也安定，其溶解度不受鹽類的影響；不過如果溶液中，含有特定離子如 Ti 或 B 等時，這些離子會和普路蘭的氫氧基生成螯合作用，就會急速地增大黏度，但是不會凝膠化。普路蘭對食鹽極其安定，即使在30％食鹽水溶液中，100°C加熱六小時，也難予產生影響。

7-2-3、被膜形成性

將普路蘭水溶液在平滑的板面上連續予以乾燥，可以得到如賽璐仿強韌的膜。此膜即使在冷水中也可以自由溶解，其溶解速度比 PVA 快三倍。膜對熱也安定，尤其在溫度低於 0°C時，膜仍然具有柔軟性而不生脆化、有耐油性，可作為熱封材料。

特別值得一提的是，普路蘭膜具有非常低的氣體透過性，作為包裝袋可以防止袋中物質的氧化，具有保鮮、保香、保味的效果。

7-2-4、成型性

將普路蘭粉末加適當的水，加熱 100°C以上及 100 kg/c ㎡以上的壓力下，可以得到成型物。成形物為無色透明、表面光澤類似聚苯烯樹脂，但有大的彈性，可以自由染色，雖然添加顏料但並不會降低原來的強度。不管用濕式或乾式，都可將普路蘭紡出強韌的纖維。普路蘭的可塑劑除水之外，尚有甘油等之多價醇類、胺類、醯類等可以使用，不過到目前爲止，尚未發現到良好的可塑劑，它可以使普路蘭經拉伸時能保持相當的強度。

7-2-5、接著性和固結性

普路蘭水溶液塗布乾燥後，對紙、木材、玻璃、金屬、水泥、乾燥食品等，都具有極強的接著性，這種接著性，可作爲僅使用冷水而不須加熱，可以使接著的物質溶解、再剝離等特殊用途之接劑。加上可食性、無味、無臭等的特性，作爲食品加工的結合劑，已被試製成各式各樣的新規食品。

普路蘭使無機物粒子、粉末等的固化力強，通常欲將異物混合固化時，如果混合量愈增加，則其破壞強度愈下降，但普路蘭則具有使破壞強度增大的特性。

7-2-6、分解性

普路蘭能被微生物完全分解，不過以交聯化等手段，可以調節其分解的速度。

7-2-6-1、熱分解

普路蘭的熱分解和澱粉差不多一樣，加熱到 250～280°C時，起熱分解而炭化，但燃燒時不生毒氣也無高熱發生。

7-2-6-1、酵素分解

除了對普路蘭具有特異性和作用之普路蘭酵素(pullulanase)和異－普路蘭酵素(iso-pullulanase)之外，並不受其他酵素的作用。雖然用大量的動物消化酵素予以處理，亦僅有些微的分解而已，這是說明在動物體內不會分解、吸收。實際上用老鼠作實驗，結果證明亦如纖維素群一樣，和對照群相比較，並無體重的增加，。

7-3、普路蘭的應用

普路蘭的應用，可分爲食品方面的利用和工業的利用二項說明。

7-3-1、食品方面的利用

由於普路蘭係生物學上完全無害的 α －膠聚糖(α -glucan)，即使超過投與極限量(15 g/kg)之 LD50，試驗的結果顯示，毫無異常、急性、亞急性、慢性毒性、變異原性等的症狀，作為天然多醣類，在食品使用上被認定為無標示的義務。

普路蘭利用於食品，由其效能可分為下列三點：

(1)、作為食品的包裝材料，或在食品表面上直接形成皮膜，作為防止氧化的用途。

(2)、因無味、無臭，少量就可以發揮強的接著力，所以用為食品糊材的用途。

(3)、和食品配合的素材，其科學的理由不清楚地方還很多，但是用普路蘭可以賦予製品特色。

在開發中的尚有許多項目，無法一一枚舉，較代表性的列如表(7-1)所示。

表 7–1 普路蘭的實用例 (三橋)

目的	品 名	效 果	使 用 法
接著	昆布	提高接著性, 保濕性, 作業性	PF-10 10～15%溶液以 60 分之 1 量添加昆布原藻
	撒鹽昆布	提高附著性, 品質改善	PF-10 2～10%噴於乾燥煮熟物
	珍味	提高接著力, 附著力使生光澤	PF-10 PF-30 5～10%溶液附著在乾燥食品上。PF-30(微粉),以 1～3%添加於調味液
	米果	強固接著, 使生光澤,改善作業, 味覺 再濕接著效果, 生光澤, 防止氧化	PF-10 PF-30 2～10%溶液使海苔, 砂糖, 麻粉等附著性提高
	花生	降低甘度改良食感, 改善作業性	PF-30 10～15%溶液塗抹, 使附著餅干表面力強化
	米香	接著結著效果, 被膜效果	PF-30 添加 0.1～0.3%於糖密中
	豆果子	提高接著力	使海苔、砂糖在豆果表面的接著性向上, 0.5～1%添加於浸漬食鹽水以防止花生薄皮的剝離

	散灑物		PF-10 3~8%溶液或 PF-30(粉末 0.1~1%添加, 提高麻、海茱粉末調味料附著性。海苔、綠藻等顆粒化之結合劑
	包裝紙 (果,火腿)	安全性、無公害、接著力、 作業性	PF-30 20%水溶液作爲包裝紙的接著劑
被膜	加味海苔	使生光澤	PF-7 0.8%添加於調味液
	米　　果	使生光澤	PF-10 PF-30 2~5%添加調味液
	乾燥魚介類	使生光澤、防氧化	PF-10 1~5%添加於調味料
黏著性	烤肉醬	使高附著性、食感、生光澤、耐 pH、耐鹽性	PF-30 0.1~0.5%添加
黏著性	凍結食品	防品質劣化、提高保水性、防龜裂、保光澤	PF-30 0.5~4%溶液作蟹、尤魚、魚貝類冷凍時之表面處理劑
	佃煮（昆布凍結食品、小魚、蝦、馬鈴薯）	保光澤、防液流	PF-30 0.1~0.5%添加於調味液
	煎餅、餅干、鬆餅	保型性質生光澤、防裂	PF-30 0.3~0.5%添加於粉中
	甘納豆	保光澤	PF-30 0.1~0.5%添加於糖蜜
	泥物	保型性、組織安定	PF-30 0.1~0.5%添加
	甜不辣	提高黏著性、防止生碎片渣	PF-30 0.1~0.2%添加於粉
	漬物	保光澤、耐鹽耐酵素性	PF-30 0.1~0.5%添加
	鹹尤魚干	防離水、質生光澤調整黏度、耐鹽耐酵素	PF-30 0.2~0.5%添加
保水防止老化	鬆餅、蛋羹	保濕、改良食感安定氣泡	PF-10 0.2~0.5%和砂糖混合添加於粉
	口香糖	防劣化、品質向上	PF-10 作爲膠基材之結合劑
	冰淇淋	保形效果提高安定性品質改良、凍結變成防止	PF-30 0.2~0.5%添加
	冰凍食品	保水、結著性提高	PF-30 0.1~0.5%添加
	畜肉	防老化提高黏彈性	PF-30 和 Cara Genan 併用
	粿	改善食感	PF-30 0.2~0.5%添加

嚼糖果	改良食感、防離水	PF-30 1～2％添加於糖
魚漿食品	改良食感、防止老化	PF-30 0.2～0.3％添加
麵類	改良食感、防止老化	PF-30 0.2～0.3％添加

7-3-1-1、普路蘭膜(pullulan film)

由於普路蘭具有無毒、可食性、透明性、阻氣性、耐油性、耐藥品性、熱封性、非帶電性等的優越性質，而且膜是水溶性，所以適合作為食品、醫藥品、食品添加、農藥、肥料、界面活性劑、染料、顏料、油性液體等的包裝，尤其是食品之包裝，可以期待產生全新的包裝形態。例如:

(1)、注重風味的食品類，例如咖啡粉末、湯的粉末、加哩粉末、粉末醬油、冰凍乾燥的疏菜或肉等，每一食份個別包裝，其食品的風味、外觀可長期保持安定，同時使用時勿須開封，可以直接食用或調理，極為方便。

(2)、將在空氣中不安定的油脂、酵素類或醫藥品，每一次份各別包裝，以維持活性或防止氧化變性。

(3)、將茶包以普路蘭塗裝，可以不損及茶包包裝的本來使命，而內容物也不與空氣接觸，故香味可長期保持安定。

7-3-1-2、普路蘭被覆(pullulan coating)

花生米、核仁、凍果、小魚干、青果物、卵等以普路蘭溶液噴灑或浸漬，在表面形成皮膜，可以防止氧化及保持鮮度。在魚的表面生成普路蘭膜，即作為表面處理劑用，防止冷凍魚之減量並防止變色。這時普路蘭未必須用純粹物，和鹽類、糖類、油脂類等相混合，也可以充分發揮阻止接觸氣體的性能。

7-3-1-3、高鹽度食品的增黏安定化

普路蘭的強耐鹽性、耐酸性及其皮膜的光澤性等，可利用於高食鹽濃度食品。例如油膏、烤肉醬油之加工品、佃煮類、海膽醬等珍味類之增黏、光澤性、防離漿等。不過普路蘭的拉絲性，須添加少量的其他多醣類，例如海菜、黃質膠(xanthan gum) 刺槐豆膠(locast beam gum)等予以抑制。

7-3-1-4、接著、成形、板狀食品

利用普路蘭的強接著力，作為食品用糊材，尤其最近乘著降低甜度和小吃餅干的風氣，在新規製品方面開發了各種各樣的產品。例如使麻、紫菜、海苔、花生米、尤魚塊等，附著在米果、炸昆布、魚肉削片乾燥板上等；以薄型的粟米香提高芳香的效果等；鮪魚、鯖魚、尤魚、貝類等之加味物，製成捧狀或板狀物；將揮發性香味和糖類粉混合成形之軟糖等，是目前利用普路蘭最廣的領域。

7-3-1-5、其他

火腿、香腸、魚卵加工、冷凍等如果併用其他的凝膠劑，則有增大保水性的相乘效果，也能改良食感效果。煎蛋、魚肉切片等冰凍食品，在解凍後變性，都有一些食感不良等的作用，這些都可以用普路蘭改良。油炸用粉，尤其和小麥粉併用，可防止油炸物的老化並保持柔軟性。

7-3-2、工業上之用途

普路蘭的一般工業上的用途例，如表(7-2)所示，在膜、塗裝、塑膠等之成型、醫藥、化裝品、香料、銍物、肥料等廣大地使用。例舉幾項說明如下：

表 7-2　普路蘭的一般工業上的用途例 (三橋)

領　　　域	用　　　　　　　　　途
膠卷	複印膠卷、水溶性包裝、可食性包裝
塗膜	印刷用平板保護膜、熱封性紙、耐油紙、裝飾紙、金屬屬之暫時防鏽、玻璃纖維
結著	種子皮膜、肥料椿、鑄型砂、煙草、熔接條、陶瓷、繪具、蚊香
接著劑	固型劑、再濕接著劑
電氣	電池用糊料、螢光面結著劑
微膠囊	香料感壓紙、醫藥品
分散安定劑	高分子的聚合調整
紙處理	美工紙塗工劑、表面塗裝
凝膠	醫藥用、分離用、層析擔體
化妝品	面部脫模、化妝水、固形白粉、洗髮精
醫療送藥	濕布劑、用血漿、遲效性擔體
成形物	發泡體、多孔質成形物製造助劑

7-3-2-1、塗裝

(1)、現在以阿拉伯膠作爲印刷用平板保護膜形成液，如用普路蘭，則由於有良好的造膜性，因此有保護平板的效果，加以易溶水性故很容易去除保護膜，對於簡化印刷工程有助益。

(2)、紙張塗裝普路蘭的方式，有滾筒塗裝或流延法，可得無孔的皮膜，富於保香性、阻氧氣性及耐油性。也可以熱封，故用於油脂類包裝及茶、咖啡等保裝用。

(3)、將金屬暫時防鏽劑之磷酸鹽等和普路蘭溶液混合，塗裝於金屬表形成的皮膜可遮斷氧氣，該防鏽膜容易用水洗除，具有暫時的防鏽效果。

(4)、在經電暈(corona)處理或火焰處理之 HIPS(high impact poly styrene)表面，塗裝普路蘭，成爲接著力強固的皮膜，由於是親水性表面成爲帶電防止性及富耐油性之合成樹脂。

(5)、以普路蘭替代乳蛋白或氧化澱粉作爲紙用塗工劑，由於易溶於水，故塗工劑容易調整，非但可以將工程合理化，而且可以提升紙張的光澤度、印刷的光澤度、油墨的吸收性等。

7-3-2-2、結合劑

如前所述，普路蘭和無機物有優良的黏結性，亦即無機物表面的氫氧基，和普路蘭和氫氧基形成氫鍵結合，具有接著性能，因普路蘭的剛性而保持黏結體的硬度，也不會像澱粉那樣因老化而降低接著力。普路蘭屬於具有所謂『延展』之黏結劑，這是其他無機物的黏劑所不具有的特別性能。

(1)、將肥料用普路蘭固化成棒狀，作為園藝用便利之肥料樁，非但是無公害的黏結劑，用其他任何黏結劑製成的肥料樁，都沒有它的剛性和強度好。

(2)、種子表面用普路蘭黏結滑石、膨脹土等無機物被覆，增大其粒徑以調整粒之大小，用普路蘭最為適當，即使非常微小的種子也可以被覆。

7-3-2-3、其他

由於它是由葡萄糖所構成，沒有抗原性，也不會對生體呈示異物反應，所以在醫用高分子材料方面，及化妝品素材之用途將頗有潛力。(三橋正和，1981)

習題

1、什麼叫做普路蘭 (Pullulan)？其構造有何特色？

2、什麼叫做搖變 (thixotropy)？

3、普路蘭被膜有何特性？

4、普路蘭的接著性和固化性為何？

5、詳述普路蘭在食品方面之應用？

6、工業上有何領域可以利用普路蘭？

7、在食品保存領域為什沒有其他材料，可以取代普路蘭的地位？

8、普路蘭之分子量分布有很狹小的範圍，為什麼？

9、咖啡粉不管瓶裝或隨身包都很容易變壞，有何可改善方法？

第八章 羧甲基纖維素

[CMC，carboxyl methyl cellulose]

8-1、緒言

　　羧甲基纖維素[carboxyl methyl cellulose，CMC]是纖維素醚(cellulose ether)的一種，市面上販賣的有鈉鹽、氨鹽及鈣鹽（鈣鹽為非水溶性）等，但本章所討論的是鈉鹽。

　　羧甲基纖維素的分子構造，係由纖維素上的氫氧基和羧甲基(carboxyl methyl)以醚的結合所生成，如圖 8-1 所示。

　　為方便上，在圖 8-1 僅以 6 位置的氫氧基和羧甲基(carboxyl methyl)結合，為置換度(DS)1.0 的羧甲基纖維素的化學構造。實際上在 2 位置和 3 位置也有結合。表 8-1 是在 1, 2,及 3 位置，其氫氧基反應速率常數的比值。

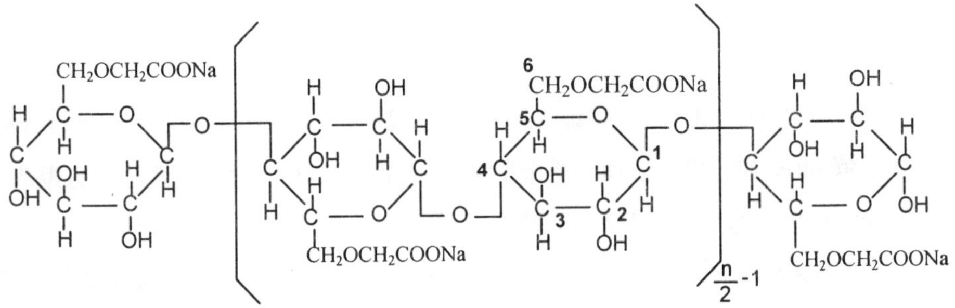

圖 8-1 羧甲基纖維素的構造(演野)

表 8-1 羧甲基纖維素的反應速率常數和置換度的關係　(演野)

反應速度常數的比值			備　　　　考
k_1	k_3	k_6	
1	1	2	DS＜0.27
2	1	2.5	如第二級氫氧基被置換, 則 $k=0.3$
1.69	1.47	1.00	DS：0.15 DMS/PF 系, 19℃反應
1.11	1.00	1.21	DS：0.21 DMS/PF 系, 50℃反應
2.0	1.0	2.8	DS：0.20 isopropanol/水系

*k_1, k_3, k_6 係纖維素無水單位在 2,3,及 6 位置氫氧基其反應速率常數的比值。

8-2、羧甲基纖維素的製法

　　羧甲基纖維素的製法，係將紙漿、棉花等的纖維素，和氯化乙酸(monochloro acetic acid)或氯化乙酸鈉(monochloro sodium acetate)以及 NaOH 等原料作用而形成。其工業的製造方法雖然有種種，但是所有的方法都能用方程式表示，如式(8-1)所示。

$$Cell(OH)_3 + aNaOH + bClCH_2COONa \rightarrow Cell(OH)_{3-x}(OCH_2COONa)x +$$
$$(b-x)CH_2(OH)COONa + bNaCl + (a-b)NaOH \tag{8-1}$$

　　(8-1)式中，$Cell(OH)_3$ 為纖維素的無水葡萄糖單位，X 值稱為置換度(DS, degree of substitution)或醚化度。置換度是指在纖維素的每一個無水葡萄糖單位，有幾個羧甲基(carboxy methyl)以醚結合的數值，通常用試料全體的平均值表示。

　　通常的反應是 a/b 的比值，在 1.1～1.5 的條件下進行反應後，多餘的 NaOH 用 HCl、醋酸等酸中和。在未精製的羧甲基纖維素中，除了主要的反應副生物 NaCl 之外，還含有氯化乙酸鈉(monochloro sodium acetate) 和 NaOH；副反應生成物，則有葡萄酸鈉(sodium gluconate)，和中和時多餘 NaOH 的反應物醋酸鈉。製品的純度約在 50～80 ％之間。

　　純度 60 ％以下的羧甲基纖維素稱為 B 粉，而純度 70～80 ％的羧甲基纖維素則稱爲 S 粉，市面上都作爲建材、洗劑、打井泥水等工業用。純度精製達 95 ％以上的羧甲基纖維素稱爲 A 粉，可作爲食品、醫藥、化妝品等用途。

羧甲基纖維素的製法，大致上可分爲水媒法和溶媒法。價格高昂的氯化乙酸 (monochloro acetic acid)，在水媒法其有效利用率（進料量和在主反應使用的量之比率）約只有 45～55 ％左右，從經濟上看並不是很好，所以最近大都採用有效利用率約 75～85 ％的溶劑法。由上可知，工業的製法都爲異相反應，因此反應器的機種及攪拌混合條件等之機械因素，是左右羧甲基纖維素品質的主要因素。再者，羧甲基纖維素的主要原料之纖維素，不僅具有約 60～70 ％的結晶度，同時也有複雜之高次元構造，因此反應試藥的量和濃度等反應配方，也大大地左右羧甲基纖維素的品質。

再者，市販品的置換度(DS)係試樣全體的平均值，基於羧甲基纖維素反應係異相反應，加上主原料之纖維素具複雜的構造，所以不僅置換基(carboxy methyl)在無水葡萄糖單位第 2,3 及 6 位置的氫氧基作用時，會有分布的情形發生，同時也可以想像到，製造原料的種類及條件之不同，都各有特性的分子內及分子間分布。不過有關分子內及分子間置換基分布的文獻不多，其測定方法也尙未建立。

8-3、羧甲基纖維素的性質

羧甲基纖維素的性質可分爲一般性質和物理性質。

8-3-1、一般性質

羧甲基纖維素具有水溶性高分子電解質的性質，同時具有由纖維素複雜之化學構造所引起的特殊性質，其一般性質如下：

(1)、比天然糊料難腐敗。

(2)、比天然糊料的品質安定，可得高純度製品。

(3)、對生理完全無害。

(4)、可製得低濃度但高黏度的水溶液。

(5)、具分散作用、乳化安定作用。

(6)、具凝聚作用。

(7)、有接著作用。

(8)、可形成透明且強韌的皮膜。

8-3-2、物理的性質

(1)、羧甲基纖維素酸的解離常數和醋酸差不多，為 5×10^{-5}。

(2)、外觀比重為 $0.3 \sim 0.8$，真比重為 $1.5\,g$。

(3)、聚合度的測定法，係用 1N 食鹽水作為溶劑，以浸透壓法測試羧甲基纖維素的聚合度。此結果再以 2N NaOH 溶劑求得羧甲基纖維素的極限黏度值 $[\eta]$，再由式(8-2)求得常數 Km 值。

$$[\eta] = K_m P^{\alpha} \qquad (8\text{-}2)$$

K_m：Staudinger 常數，α：為常數。

市販羧甲基纖維素的聚合度為 $100 \sim 1500$，但通常是 $250 \sim 800$ 之間。

(4)、熱的性質

羧甲基纖維素以 TGA 及 DTA 作熱分析結果，在 250°C左右起熱分解，而發熱峰出現於 300°C附近。

(5)、溶解性

置換度 0.4 以下的羧甲基纖維素在水中僅能膨潤而已；置換度 0.4 以上的才開始有水溶性；置換度愈高其水溶液的透明度愈大。羧甲基纖維素除了水以外，幾乎不溶於其他溶劑，不過像甲醇、乙醇、乙基二醇、甘油、丙酮等親水性溶劑如果和水混合，則因溶劑種類的差異，有機溶劑濃度在 $50 \sim 90$ ％以下的混合物，可以溶解羧甲基纖維素。

(6)、水溶液的黏度

羧甲基纖維素 1 ％的水溶液在 25°C，用 B 型回轉黏度計 60 rpm，轉

1分鐘後的條件測試，大多的羧甲基纖維素市販品的黏度，通常是在20～3000 cp之間。不過最近漸漸有，需求20 cp以下的低黏度羧甲基纖維素，這些低黏度製品的黏度，都用2%或4%的水溶液黏度表示；目前，也有販賣4%的水溶液，其的黏度僅有5～10 cp，為超低黏度羧甲基纖維素。

羧甲基纖維素的黏度受聚合度的影響，聚合度高則黏度大，但也和置換度(DS)有關，通常如果是同一種聚合度，DS大則有高黏度的傾向。因此藉著纖維素原料的選擇，以及製造工程中氧化解聚處理之手段，可以調節製品的黏度。

測定羧甲基纖維素的黏度時，如果溫度沒有維持一定，則黏度將隨著溫度之上升而降低；不僅如此，B型黏度計Rotor的旋轉數和旋轉時間，都會改變黏度;即旋轉速愈大或時間愈長時，則黏度愈低；隨著時間之經過，受時間的影響程度慢慢減小，經過數分鐘後則呈示一定的數值。因旋轉速增大和旋轉時間的拉長，而引起黏度下降的溶液，測定後經靜置，則可以回歸到最初的黏度。這種傾向，隨著聚合度和濃度的提高而更為明顯，但置換度值愈高則不明顯，不過製造方法和條件之不同也有關係。羧甲基纖維素水溶液的這種特異現象，稱為搖溶或搖變(Thixotropy)。

搖溶原本是膠體溶液，在溶膠(sol)狀態和凝膠(gel)狀態呈可逆轉移的現象，不過羧甲基纖維素水溶液並無明確的gel和sol之間的轉移。不過，像在羧甲基纖維素這種構造複雜的高分子電解質之濃水溶液中，無法分散成分子狀態，而是在分子鏈或節和官能基之間，會形成微弱的氫鏈結合或分子鏈互相纏繞，容易成為溶液構造，當溶液被攪拌時就破壞這種構造，靜置後又再生溶液構造，這種溶液黏度可逆的變化，為搖溶的現象。

再者，較濃的羧甲基纖維素水溶液，呈現非牛頓性的黏性流動，由於流動曲線類似於塑性流動，所以被分類為擬塑性流動的部類。當『滑動』速度(D)非常小的時候，呈示大的『滯動』應力(S)；當D值達到某一程度之後，S隨D變化之量就突然變小，這種S隨D變化情形，就像塑性流動一樣，具有降伏點的流動曲線，所以稱為擬塑性流動。

8-3-3、化學的性質

(1)、羧甲基纖維素的反應性

通常羧甲基纖維素的置換度(DS)是在 0.6～1.0 之間，所以相當於有 DS 2.0～2.4 的氫氧基殘留著未被置換，這些殘留的氫氧基，也和纖維素一樣對各種試藥都具反應性。舉一二例說明之。

渡邊等人用環氧氯丙烷(epichlorohydrin)添加於反應中的羧甲基纖維素，而得到高黏度的羧甲基纖維素，不過其交聯反應一旦繼續，反應物則成為不溶性。將羧甲基纖維素以無機酸處理，變成酸型後，再以氨作用成為氨鹽，它可以作為特殊的用途。

(2)、各種添加物的影響

將鹽類添加於羧甲基纖維素水溶液時，不但鹽的種類或離子價的不同，都會有不同程度的影響程之外，羧甲基纖維素的 DS 和聚合度（黏度）及製造條件也都有所影響。

(3)、pH 的影響

在 pH 5～9 之間，羧甲基纖維素的水溶液黏度比較安定，但低於 pH3 時則產生沈澱，而在 pH 10 以上時，黏度就會經時地下降。

8-4、羧甲基纖維素的用途

利用羧甲基纖維素的增黏、接著、乳化、分散、賦型、保水、保護膠體、懸濁等的諸性能，使用於許多領域中，在我們日常的生活中，可以說到處受惠於羧甲基纖維素。

8-4-1、食品

依食品衛生法規定，2 %的羧甲基纖維素可添加於食品。

(1)、乳性飲料

以牛乳或乳製品作為原料的加工飲料，稱為乳性飲料，其原料蛋白的主要成份是乳蛋白，乳性飲料之製造、販賣時常發生的問題，就是乳蛋白的沈澱和凝聚現象。作爲乳蛋白之乳化和分散安定劑，羧甲基纖維素是不可或缺的，其一般的使用量爲 0.2～0.6 ％。

(2)、冰淇淋

以添加約 0.5%的羧甲基纖維素，作爲冰淇淋的安定劑及改良劑。羧甲基纖維素的效果，是使冰淇淋的組織潤滑、口感軟適、賦予保型性、防止冰結晶之生成、在製造時調節混合物的黏度、增加起泡性、容易調節長久的操作、分散安定乳蛋白等。

(3)、醬油膏

醬油膏使用於生魚片、烤肉等，也有使用澱粉系於增黏醬油，不過其缺點是，不用大量無法達到所期待的黏度，如此則有損醬油的味覺。耐鹽性的羧甲基纖維素作爲黏度調整劑，其增黏效果大，只要 1 ％以下的用量就可以達成期待的黏度，故羧甲基纖維素被視如寶貝。

(4)、魚、肉類罐頭

魚、肉類罐頭都以醬油、醋、茄子醬等作爲調味料。羧甲基纖維素作爲調味和增黏劑，可使調味料附著在魚、肉上，防止分離或使魚、肉發揮肉塊的保型效果，以提高商品價值，這些乃是羧甲基纖維素具有優秀耐鹽性和耐熱性的原因。

(5)、醬菜

醬菜加工上最爲重要的步驟，是使味液浸透進入原材料的內部、調整味液的黏度、防止離醬等，而羧甲基纖維素能提高味液的增黏性、黏著性、保水性等效果，也可以防止味液之離漿，所以非常適合醬菜的製造。

8-4-2、醫藥化妝品

自古以來，醫藥品、化妝品等都使用各種的天然膠作爲糊材，不過天然產品的缺點是品質不安定、產地之不同而品質不均一、豐收與否而使價格不穩定等,當然了,使用能夠解除這些缺點的合成糊料,乃是非常自然的結果。

(1)、片劑、顆粒

由於羧甲基纖維素不具生理的害處、無味、無臭等之外,具有接著力、黏著力、和保水性等優秀的特性,所以適合作為醫藥片劑和顆粒的結合劑。

(2)、牙膏

要使牙膏具長期間的安定性、防止研磨劑分離、擠出時保型等的功能,就須要添加糊料,羧甲基纖維素成為非常重要的成份。因為羧甲基纖維素為耐藥品性的增黏劑、耐藥品性的保水劑、耐藥品性的保護膠體、耐藥品性的保型劑,所以是製造牙膏不可或缺的原料。牙膏通常要求高度的耐藥品性及膏安定性,所以使用高醚化度、低黏度的羧甲基纖維素。

(3)、染毛劑

染毛劑(hair die)的主成份當然是染料和染色助劑,不過實際使用時必須要用到,這些主成份的分散劑、對毛髮的展色劑、染液黏度的調整劑等,黏羧甲基纖維素所具有的分散性能、黏著(展著)性能、增黏性、染毛後易洗性(用水清洗)等的特性,正是適合此種用途。

(4)、X線用造影劑

人體內臟照 X-光時,使用硫酸鋇為主劑的懸濁液,由於硫酸鋇粉末的比重大,所以要製造懸濁液,就必須要靠具有效力大的分散懸濁劑。再者,硫酸鋇在胃液(酸性)、腸液(鹼性)中,不可以產生沈澱,因此 X-光用照相造影劑,要求高度性能的原料;羧甲基纖維素具有分散性能、耐酸性、耐藥品性等性質,其高醚化度和低黏度物正適合此種使用。

(5)、糖漿狀飲藥、注射藥

利用羧甲基纖維素之增黏性、保護膠體、耐藥性、分散性等性質,使用於製造糖漿狀飲藥、皮下注射劑及筋肉注射液等藥品。

8-4-3、纖維

羧甲基纖維素在纖維工業之主要用途，是捺染糊和經絲上漿劑，其他方面則是修整糊、地氈的背面上漿糊等助劑的用途。

(1)、捺染糊

捺染糊雖然也用不少的澱粉衍生物、古阿膠(guar gum)加工品、海藻酸鈉等之天然糊料，但是羧甲基纖維素總生產量的15%用於此方面。捺染糊所要求的條件是，增黏性、展著性、保水性、糊液的流動性、脫糊性等性能，羧甲基纖維素正具備此種條件。同時藉由控制製造的條件，都能製造出符合各種印捺條件所要求的功能，所以天然纖維、合成纖維、分散反應性染料等領域，都使用羧甲基纖維素。

(2)、經絲糊

為使織布工程進行順利，經絲糊是不可或缺的前工程處理劑，通常的經絲糊是以澱粉系、PVA 為主材，但如果併用羧甲基纖維素，則可以抑制經絲的起毛、減少織物的損失。加以羧甲基纖維素具有吸水性，可以使經絲有適度的濕分、增加拉伸強度、防止經絲的切斷、提高織機的效率等功能，所以不管製織室溫度有多大的變化，織布都可以不受影響。

羧甲基纖維素的 BOD 僅相當於澱粉系的 10%量，顯然地，有關織布後廢水的處理問題，使用羧甲基纖維素是比較有利。

(3)、精整糊

澱粉或 PVA 必須加熱才能溶解，但是羧甲基纖維素直接用冷水就可以溶解，又不易腐敗，污垢容易除離，同時又可使製品具柔軟的感覺，故羧甲基纖維素最適用於織布的精整糊。家庭用洗濯糊也多使用羧甲基纖維素，市面售賣的透明洗濯糊，主要是人使用羧甲基纖維素的 2~3% 溶液，或 PVA 約 10%的溶液。

(4)、敷物背用糊

地氈等敷物之背用糊，都使用羧甲基纖維素溶液或橡膠乳液。單獨使用羧甲基纖維素時，是用1~3%的溶液；如果使用橡膠乳液時，為要改善橡膠乳液的塗佈操作性，常使用羧甲基纖維素作為橡膠乳液的黏度調整劑。

8-4-4、建材

作為室內裝飾用或作為纖維壁用糊料，以羧甲基纖維素的S粉（純度70~80％）為主流，不過A粉也用了不少，但幾乎不使用B粉。

(1)、纖維壁

自古以來纖維壁使用海苔膠等天然品，海苔膠必須先煮才能使用，且有容易腐敗、生黴菌、起縐紋、價格不穩定等缺點。但是羧甲基纖維素係水溶性、能改善作業性（增黏效果），且具有接著力、不易腐敗、品質一定、價格安定等特性，皆比天然品優越，是故目前可以說羧甲基纖維素取代了其他材料。

市販的纖維壁用材料，通常每袋裝30~100g，一袋可塗裝3.3 ㎡的面積。使用量方面，由於選擇用羧甲基纖維素種類的A粉或B粉、纖維壁基材、其他接著劑（乳化系接著劑）之併用與否等條件的不同，會有所差異，如果單獨使用羧甲基纖維素，則塗佈3.3 ㎡的面積，則須要70 g為標準使用量。

(2)、壁紙、布

羧甲基纖維素用於壁紙或布的接著劑，雖然單獨使用羧甲基纖維素時，其接著力多少會有問題，不過由於羧甲基纖維素的相溶性良好，幾乎都可以和其他糊劑併用。目前都以改善作業性為主要目的。

(3)、夾板

在夾板工業，羧甲基纖維素有二種使用目的：

第一種使用目的、作爲夾板接著劑（尿素系、美耐敏系樹脂）在塗裝夾板的單板時，作爲黏度調整劑。以往黏度調整劑都使用小麥粉，由於小麥粉價格及供需的問題，而且羧甲基纖維素的增黏效果 10 倍大於小麥粉，所以黏度調整劑的市場已被羧甲基纖維素所替代。

第二種使用目的、是作爲夾板接著劑本身之黏度調整。當然了，羧甲基纖維素的增黏效果也會有問題，不過它和其他接著劑的相溶性、耐藥品性爲重要的考量因素時，仍然必須使用耐酸耐鹼性的羧甲基纖維素。

8-4-5、窯業

陶磁器釉藥之使用。

(1)、釉藥

釉藥之成分是氧化鋁、氧化矽、長石、半熔之玻離原料等，另外再加入著色用的金屬氧化物，這些物質須和水在球磨機內粉碎，由於比重大，容易產生沈澱，以往使用膠和氯化鎂作爲防止沈降劑。羧甲基纖維素可適度地調整釉的黏度，防止各成分的沈澱，尤其在施釉時可以防止陶磁器的急速吸收水分、可以使施釉均一、防止燒成時釉藥的剝落等效果，雖然其添加量少(0.2～0.3 %)，但是作爲重要的添加劑，其地位是不可忽視的。

(2)、耐火磚用泥灰

耐火磚的吸水性非常良好，當在構築耐火爐時，耐火泥灰中的水分如果快速地移向耐火磚，則耐火泥灰的流動性會急速下降，使爐的尺寸調整非常困難。如果耐火泥灰中填加羧甲基纖維素，調節其填加量，可以自由地控制耐火泥灰的流動性（保水性），提高爐構築作業上的效率。

8-4-6、清潔劑

用於合成清潔劑的羧甲基纖維素，是純度 50～60 %之 B 粉，其功能是防止被洗出的污垢再度附著。其機作可由二方面說明：

(1)、羧甲基纖維素能將污垢包住，防止污垢再度附著，可以想為保護膠體的功能。

(2)、是羧甲基纖維素被吸附在纖維上，因而也阻止了污垢的再附著，此二性能具有相乘的效果。以 0.5～2%添加於合成清潔劑可以得到大的效果，亦可以防止洗濯物白度的降低。

8-4-7、其他

羧甲基纖維素作為商品的種類有數百種之多，其中石油的鑽井及土木基礎工程用的泥水領域，需求量有增加的趨勢。這兩方面的使用方法、使用目的、效果等的理論，可說是一樣的，簡單說明如下。

8-4-7-1、石油鑽孔用泥水

以往石油鑽孔都用膨脹土為主體的泥水，通常羧甲基纖維素作為膨脹土泥水的改良劑，一般都和膨脹土併用。

石油鑽井時，泥水使用的目的有種種，其要點有：

(1)、將堀削屑懸濁於泥水中，再從地底下取出於地面。

(2)、冷卻堀削鑽頭，並以潤滑劑作用，而防止鑽頭的磨耗。

(3)、在鑽孔壁面形成強韌的膨脹土皮膜，防止井孔之崩壞。

(4)、利用泥水的保水性，防止泥水洩漏入地中。

(5)、以封閉作用防止原油的暴噴。

8-4-7-2、土木基礎工事用泥水

大樓工程、地下鐵工程、污水處理場建設等之基礎工程，會產生騷音振動等公

害，使附近居民困授擾而抗爭，因而對於各種基礎工程必然被迫開發無噪音、無振動的施工方法，在這種情況下，乃有使用泥水的各種無公害堀削工法的登場。

土木基礎工程用泥水之一大目的，是防止工程壁的崩壞，用羧甲基纖維素改善膨脹土泥水的皮膜更強韌，提高耐水泥性，因此提高泥水的重覆使用次數，可減少廢泥水量，亦兼具防止廢泥水之公害。(濱野三郎,1981)

習題

1、敘述羥甲基纖維素(carboxyl methyl cellulose， CMC) 之製法。

2、依羥甲基纖維素之純度含量可分為幾種等級，其用途為何？

3、羥甲基纖維素之一般性質為何？

4、比較羥甲基纖維素和澱粉湖料在性質上之優劣。

5、羥甲基纖維素在製藥和化粧品上有何用途？

6、羥甲基纖維素為何在製造陶瓷時是不或缺的藥品？

7、羥甲基纖維素對清潔方面有何功能？

8、石油鑽井時為何須用羥甲基纖維素？

9、製造羥甲基纖維素之過程，那一步驟最為困難，為什麼？

10、羥甲基纖維素水溶液之搖變(搖溶)，即凝膠態和溶膠態之可逆性係何原理？

11、為何醬油膏非用羥甲基纖維素不可，什麼道理？

12、纖維經絲糊使用羥甲基纖維素的原理是什麼？

第九章 甲基纖維素(methyl cellulose、MC)之應用

9-1、緒言

纖維素係不溶於水的物質，甲基亦屬疏水性基，然而一旦將甲基導入纖維素分子內，則可以將水不溶性纖維素，變成水可溶性之高分子，這個現象是什麼原理，頗值得玩味。

純甲基纖維素(methyl cellulose, MC)的特異性能，是易溶於冷水、不易於熱水中、高黏性、非離子性、低毒性等的特徵，故多用於增黏劑和皮膜形成劑。

9-2、甲基纖維素的製法(USP 3,544,556)

甲基纖維素的製造方法，基本上大同小異，如圖 9-1 所示，都用如下的方法製造。

(1)、將纖維質、燒鹼和水的用量比，調配成 3：4：5，而燒鹼的濃度調節在 35～60%之間，然後將纖維素連續浸漬於燒鹼溶液，使生成鹼性纖維素。有時將整片的鹼性纖維素，送進下一個工程，不過大都先打碎，在混合機操作後進入壓力鍋。壓力鍋的壓力調整爲約 200 psig，添加氯甲烷(methyl chloride)其用量稍爲多於理論值，使產生甲氧基化反應，反應溫度的範圍在 50～100°C之間就可以。在這樣的反應條件下，氯甲烷(methyl chloride)的置換量，可以達到 1.6～2.0 的範圍，此產品爲冷水可溶的甲基纖維素。多餘的鹼用酸中和，再用 80°C以上的熱水洗淨後乾燥，經粉碎並製成粒狀或微粉末狀。

(2)、將纖維素和燒鹼的重量比調配爲 1：1，而燒鹼的濃度調整爲 50％ 水溶液，使纖維素鹼化成爲鹼化纖維素，將鹼化纖維素在 60°C打碎後，再在 75 psig 壓力下，加入相當於纖維素 1.2 倍量的氯甲烷(methyl chloride)，

予以鹼化處理一小時。反應後，多餘的鹼以酸中和，經熱水洗淨精製後，

可得約 25～30% 置換量之甲氧基化纖維素(methoxy cellulose)。

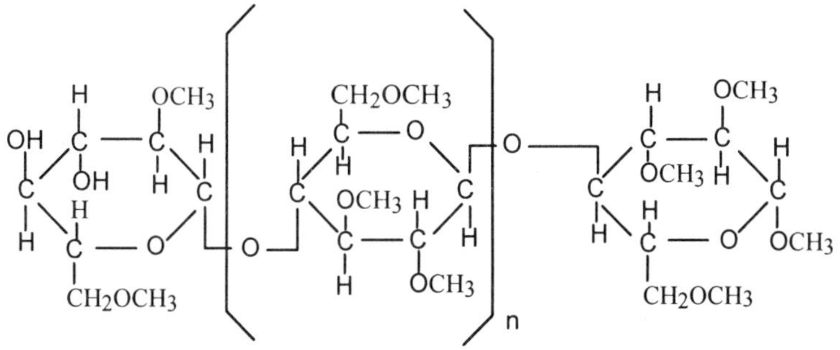

圖 9-1 甲基纖維素的化學構造　　　　　(高須賀晴夫)

9-3、甲基纖維素的種類

　　甲基纖維素之分類，是基於甲基置換量的不同而分類，另一種是依不同的甲基
置換物而分類。

9-3-1、甲基纖維素衍生物

　　在前節，提及甲基纖維素具特異的溶解性，在高溫也會膠化，這種性質不免令
人懷疑，甲基纖維素只能用於某一限定的範圍。不過，如果將甲基纖維素中的一部
份甲氧基(methoxy)，用其他的置換基置換，或附加的結果，所得到的化合物，可以
提高水溶液膠化的溫度。這樣的處理結果，使甲基纖維素的利用範圍大為擴展。這
些衍生物包括羥丙基甲基纖維素(hydroxy propyl methyl cellulose)、羧甲基纖維素
(carboxyl methyl cellulose)等，因為甲基纖維素為非離子性，所以它的衍生物也未破
壞甲基纖維素的非離子性特徵，故所有的商品都也以此特徵作為買點。通常以前二
種之產品在市面上出售，如表 9-1 所示。

表 9-1 甲基纖維素的化學和型態

methoxy %	methoxy 以外的置換	溶解性	膠凝溫度	適當用途
27.5～32.0	無	水	54～56℃	A
20～30	7～12% hdroxy propyl	水、有機溶劑	60	B
27～29	4.0～7.5%	水	65	C
24～27	3.0～6.0%	水	75	D
19～24	4.0～12.0%	水	80～90	E
14～22	0.15～0.2%DS carboxy methyl	水	無	F
25～30	5～10% hydroxy ethyl	水	68～73	G

A)、工業或藥劑、食品也可使用。　　　　　　　　　　　(高須賀晴夫)

B)、因屬熱可塑性，易形成膜狀。

C)、易和各種水性高分子相溶。

D)、易和乳化物或石油製品併用。

E)、由於膠凝點高故使用途廣大。

F)、具陰離子性在高溫無膠凝化點所以容易使用。

9-3-2、市售甲基纖維素及其衍生物種類

甲基纖維素及其衍生物根據下列三點分類：

(1)、黏度。

(2)、水溶液的膠凝化溫度。

(3)、化學的組成差異。

在此三項之中以第一項和第二項較為重要，因為實用上是使用 2% 水溶液的粘度，以及具有物理性狀的膠化溫度作為基礎之分類法。在日本比較有名的商社，有松本油脂株式會社、信越化學工業株式會社、Dow chemical、Hoechst Co.、Hemkel Co.等五家。這些商社之商品之一般性質，和其他的物理性質都大同小異，以松本油脂製藥株式會社的產品分類為例，如表 9-2 所示。

表 9-2 松木油脂製藥株式會社的製品分類

品種	M%	PO%	GT	25	100	400	600	1500	2000	3000	4000	7000	10000	30000
M	27~32	0	50~55	○	○	○	○	○	○	○	○	○	○	
65MP	27~29	5.5~7.5	60~65			○					○			
90MP	19~24	4.0~12	85~90											○

M%:甲氧基的含有率　　　　　　　　　　　　　　　　　　　　(高須賀晴夫)

PO%:羥丙基含有率

GT:膠化溫度

上欄數字為 2%水溶液的粘度(20℃)，並代表商品的號碼。

9-3-3、甲基纖維素的性狀

　　如果甲基纖維素未予特別處理，其純粹物溶於冷水，即使予以凍結也不會破壞其親水性膠體。雖然不溶於熱水，但在 50～70℃則起膠凝化，可是冷水和熱水間之溶和不溶的現象是可逆的。被稱為甲基纖維素的物質當中，如用羥烷基(hydroxy alkyl)等以衍生基附加上後，可以擴大甲基纖維素原來的溶解幅度，因而擴大其用途。

　　甲基纖維素溶液雖然在高溫有膠凝的缺點，但由於不具離子特性、無味、無臭、無刺激性等的特性，故使用於醫藥品、化妝品等最為恰當。其一般的物理性狀為：外觀為白色粉末、灰分 1%以下、水分 7%以下、真比重 1.20～1.31、外觀比重 0.35～0.55、炭化溫度 280～705℃、水溶液的安定性在 pH2～12（在20℃）的範圍等。

9-3-4、甲基纖維素的溶解性

　　甲基纖維素，係將疏水基之甲氧基(methoxy)導入纖維質中，但卻能提高對水的親和性，這種特異性質是相當少有的化學物質，其原因的解釋有許多，總括如下：

　　本來纖維素的結晶格子，一旦以疏水性的甲氧基(methoxy)將 OH 置換後，會產生分子內的立體障礙，使水分子容易接近未被置換的殘留 OH 基，因此可以發生水合作用，水分子進入纖維素分子更深的內部而凝集著，這種現象在冷水中容易產生。

總之，並非纖維素的殘留 OH 基自己活性化而產生水合作用，所以一旦溫度變高，水分子自身得到能量而活性化時，水就脫離了纖維素的 OH 基，這就是為什麼在高溫會有膠凝現象的原因，也是隨溫度會可逆地發生的緣故。

這裡必須說明，調製甲基纖維素水溶液的方法：

甲基纖維素由於水合而溶解，但當水合時通常會在粒子表面，很快地形成凝膠，妨礙水分子向內部的浸透，因此產生粒子集團，尤其直接和冷水接觸時更為明顯。關於此問題，有許多手段可以採用，基本的方法是在水分子浸透到全部，而起均勻的膨潤之前，必須使甲基纖維素的表面呈示稍微難溶化。

此難溶化的方法有二種：第一種方法、是先將甲基纖維素分散於熱水中，使其稍微膨潤，然後快速使分散體冷卻;第二種方法、是將粒子表面予以化學處理，使稍稍難溶化。(高須賀晴夫)

9-3-5、 甲基纖維素的黏性及其皮膜

(1)、黏度和濃度的關係

通常甲基纖維素係以 2 ％的水溶液，在 20°C作為基準，用來標示黏度和品種。如果對水的溶液性質大致相同，則混合黏度不同二種以上的水溶液，也可以作為標示。

(2)、黏度和溫度的關係

甲基纖維素水溶液，當溫度上升時，其黏度漸漸下降，到達凝膠化點附近時，漸漸析出不溶化物。純粹的甲基纖維素可以隨著溫度之高低而維持其可逆的黏性。

(3)、pH 的影響

甲基纖維素水溶液不管何種品種，幾乎在 pH 呈鹼性時黏度稍稍會下降，而在酸性時則黏度反而上升。不過如果以羥丙烯(hydroxy propylene)

基附加後,則不受 pH 值變動的影響。

(4)、水溶液凝膠化和其條件

如前所述甲基纖維素水溶液的凝膠化條件,除了受溫度變化的影響之外,如有其他的因素附加,則影響會更大。

(5)、甲基纖維素的皮膜也和一般的塑膠皮膜同樣,添加可塑劑後可以更容易可塑化。在纖維加工及一般工業,大都要求皮膜必須要有耐水性。利用纖維殘存的 OH 基,和縮合樹脂併用,然後進行熱處理,就可得到拉力強度比較大的耐水性皮膜。

習題

1、說明製造甲基纖維素(Methyl cellulose,MC)的方法。

2、甲氧基(methoxy) 係疏水性基,將它導入不溶性之纖維素,卻能提高纖維素對水之親和性,說明其原因。

3、從分子結構上說明甲基纖維素溶於冷水,而不溶於熱水的原因。

4、甲基纖維素水溶液要如何調製 ?

5、要使甲基纖維素粒難溶化有幾種方法 ?

6、甲基纖維素之高溫膠凝化現象何由而來 ?

第十章 羥乙基纖維素[HEC,hydroxy ethyl cellulose]
的物性及應用加工技術

10-1、緒言

　　羥乙基纖維素(hydroxy ethyl cellulose，HEC)是纖維素和環氧乙烷(ethylene oxide)反應所得到的水溶性高分子。羥乙基纖維素溶於水中成為黏稠溶液，如果將水溶液乾燥，則變成柔軟的皮膜。它在水溶液中有良好的安定性，以及皮膜生成性佳的特性，是其他水溶性高分子所不能比的。本章內容包括，羥乙基纖維素的製造、構造、加工技術、衍生產品以及今後的展望。

10-2、製法

　　羥乙基纖維素雖然早在 1922 由 E. Hubert(Bayer Co.)所發明，但正式工業化生產則在 30 多年以後，由 Union Carbide Co.開發了突破性的製法成功之後，才大量生產。目前除了前二家之外，尚有 Hercule 和 Fuji chemical 等四家製造羥乙基纖維素，雖然各各製法稍有不同，其共通點則是將纖維素和環氧乙烷(ethylene oxide)在親水性有機溶劑和苛性鹼的條件下反應，然後經中和、精製、乾燥、粉碎而成製品，製程如式 10-1 所示。

cellulose   ethylene oxide   HEC

-- (10-1)

glucose unite

　　纖維素之葡萄糖分子在2、3、6 位置有氫氧基，以在6 位置的氫氧基最為活性，環氧乙烷(ethylene oxide)的結合反應幾乎全部在此位置。纖維素的每個葡萄糖單位上，如有1.3 mole 以上的環氧乙烷均勻地附加後，就呈示水溶性。市面上販賣的羥乙基纖維素商品，係附加1.6～1.8 mole 環氧乙烷的製品，也有附加2.0～2.5 mole 環氧乙烷的製品。

10-3、物性

　　乙基纖維素的物性可分為：乙基纖維素（一般品）水溶液的物性、羥乙基纖維素溶解性改良品的物性、羥乙基纖維素的皮膜性質等項。說明如下

10-3-1、羥乙基纖維素（一般品）水溶液的物性

　　羥乙基纖維素溶於水後成為透明的黏稠溶液，呈示近乎牛頓性黏性，沒有搖溶

性，因稍爲具有拉絲性，所以會有可塑性流動。親水性氫氧化乙基($-CH_2-CH_2-$
OH)，是羥乙基纖維素的特性原因團，故可以溶於熱水和冷水，該溶液在高溫及低
溫皆安定，不會像甲基纖維素，在高溫不會起膠凝化。非離子性之羥乙基纖維素，
其水溶性對於鹽類非常安定，也有優秀的耐酸性並耐鹼性，在任何 pH 領域中皆安
定。聚乙烯醇(poly vinyl alcohol)水溶液碰到硼酸就起凝膠化，但羥乙基纖維素水溶液
則不會。羥乙基纖維素的水溶液最爲特色的地方，就是它的保護膠體性，這是其他
水溶性高分子所不能及的。其原因，可能係由於羥乙基纖維素是環氧乙烷(ethylene
oxide)的衍生物，具備了像環氧乙烷系有界面活性劑性質的緣故。再者，羥乙基纖維
素的水溶液，也比其他水溶性高分子的溶液更不容易腐敗。

10-3-2、羥乙基纖維素溶解性改良品的物性

將羥乙基纖維素等之水溶性纖維素醚(cellulose ether)放入水中，最初只有和水接
觸到的部份溶解，該溶解物生成皮膜，隔絕水分子的進入，被皮膜所包圍的內容物，
要完全溶解須要很長的時間，這是俗稱產生團塊的現象。要防止這種現像，通常必
須利用極微量的乙二醛(glyoxal)予以前處理，經過這樣處理過的製品，使用於水性
塗料、水泥、泥灰等領域，完全無不良的影響。利用後面所說的方法，可以在非常
短的時間內，溶解羥乙基纖維素，省卻作業的工程。

經過溶解性改良的羥乙基纖維素，除了溶解特性有所不同之外，其他的性質及
乾燥後的皮膜，都和羥乙基纖維素的一般物性一樣。將溶解性改善的羥乙基纖維素、
未經改善的羥乙基纖維素粉末狀、及顆粒狀三種製品，予以溶解的實驗，其溶解特
性各有差異。未經改善的羥乙基纖維素(粒狀)，在溶解初期就呈示粘度;未經改善羥
乙基纖維素(粉狀)，在溶解初期雖然呈示粘度，但是粘度的升高較粒狀物慢;而經改
善溶解性的製品則須要 30 分鐘後，才有黏度的發生，且產生異狀的高粘度，然後下
降恢復到正常。這是因爲羥乙基纖維素，在開始水合時，羥乙基纖維素分子之間互
相糾結的情形變大，所以產生異常的高黏度，經過繼續攪拌後黏度稍微降低，然後
完全溶解。

　　溫度的影響方面，在 10℃～30℃之間的水中溶解較爲適當，低於 10℃則須要非常長的溶解時間，而大於 40℃則產生塊團狀而難溶解。最簡單的溶解方法是，將產品放入常溫的水中，攪拌使其分散，然後使溫度升高於 40℃，則可以在瞬間溶解。用這種方法可以調整捺染的糊體。

　　pH 對溶解性的影響是這樣的，在低於 pH5 時，則溶解須要非常長的時間，而高於 pH9 則產生塊團狀。最佳的溶解方法，是先分散於中性的水中，然後調整 pH 使大於 9，這樣就可以在瞬間溶解。利用這種性質，很簡單地可以製造水溶性塗料。

10-3-3、羥乙基纖維素的皮膜性質

　　將羥乙基纖維素水溶液塗在玻璃板上，經乾燥後可以得到美麗的透明皮膜。羥乙基纖維素具有內部可塑性、良好的皮膜成型性、尤其具有優秀的抗拉力強度和柔軟性、不管溫度的高低其柔軟性都不變等特色。雖然羥乙基纖維素的皮膜有高的吸濕性，但是並不會黏著。

10-3-4、應用上的加工技術

(1)、將羥乙基纖維素作爲乙酸乙烯酯(vinyl acetate)乳化聚合物的保護膠體，可得到優秀之安定乳化體，具有非常強的耐水性，最適合於水性塗料。低黏度的羥乙基纖維素較爲適用。

(2)、水性塗料

以乙酸乙烯酯(vinyl acetate)或丙烯基(acryl)的乳化乳膠爲原料之水性塗料，必須使用羥乙基纖維素作爲結合劑。羥乙基纖維素不但有增黏劑的功能，由於羥乙基纖維素的優異保護膠體性能，可以使顏料或乳膠分散均勻，而得到安定的製品。經過溶解性改良的羥乙基纖維素，用以製造一槽法(one batch system)的水性塗料，可以很省力且經濟地生產。簡單地說，首先準備所定量的水於溶器中，攪拌時將所定量的羥乙基纖維素(溶解性改良品)分散於水中，接著加入界面活性劑、乙二醇(ethylene glycol)、防霉劑等，再添加聚碳酸鈉(poly sodium carbonate)後，變成鹼性而開始溶解；順次添加鈦白、白土(clay)，最後加入乙酸乙烯酯(vinyl acetate)乳化物，此時繼續強力攪拌，經過濾後就是水溶性塗料製品，製程如圖 10-2 所示。

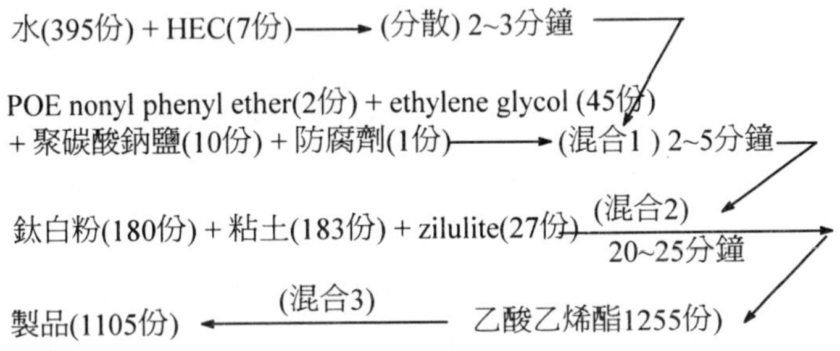

水(395份) + HEC(7份) ——→ (分散) 2~3分鐘

POE nonyl phenyl ether(2份) + ethylene glycol(45份) + 聚碳酸鈉鹽(10份) + 防腐劑(1份) ——→ (混合1) 2~5分鐘

鈦白粉(180份) + 粘土(183份) + zilulite(27份) (混合2) 20~25分鐘

製品(1105份) ←—— (混合3) 乙酸乙烯酯1255份)

圖 10-2 一批式水性塗料製造法

(3)、著色捺染用糊劑

非離子性的羥乙基纖維素，它不會像甲基纖維素、海藻酸鈉(sodium alginate)等那樣，容易受如 $SnCl_2$ 金屬鹽類的影響，再者，在酸性而高溫條件下，也安定不會起凝膠化，所以不論常壓蒸氣法、高壓蒸氣法、HT蒸氣法等任何一種之捺染法，其捺染糊劑都適用羥乙基纖維素。

由於甲基纖維素的流動性屬於牛頓流性，對纖維的浸透性佳，皮膜成型性能亦優秀，因此可以獲得色度明確的捺染。不僅聚酯纖維，用於壓克力纖維的著色捺染用糊劑，也有好的風評。

(4)、塗工紙

已知羥乙基纖維素用於塗工紙的保水劑、黏度調整劑有優良的效果，最近更發現如果將羥乙基纖維素和色料一起添加，則會有提高螢光增白劑的白度增加效果。

(5)、其他用途

1、化妝品－使用於各種軟膏、面霜、洗髮精等乳化物的增黏劑。

2、水泥－具有優良保水性的羥乙基纖維素，作爲水泥添加劑可應用於各種用途。

10-4、今後的展望

(1)、高純度羥乙基纖維素

通常羥乙基纖維素含有數％的不純物，而使用於觸媒、陶瓷、醫藥品、化妝品關係等，常產生不良影響，務必使不純物低於1％。

(2)、乙烷氰化(cyanoethylation) 羥乙基纖維素

將羥乙基纖維素和丙烯　(acrylonitrile)反應成爲乙烷氰化 (cyanoethylation)羥乙基纖維素，可得到誘電率非常高的(ε＝12以上)誘電性高分子，可以期待應用於電場發光、電容器、電子照相關係等工業。

(3)、陽離子化羥乙基纖維素衍生物

羥乙基纖維素和2,3-環氧丙三烷基氯化氨(2,3 - epoxy propyl trialkyl ammonium chloride)等之陽離子化劑作用，可得到離子化羥乙基纖維素衍生物，可以用於化妝品、靜電記錄紙之誘電性處理劑、帶電防止劑等。

(4)、其他

以各種陰離子化劑和羥乙基纖維素作用，可以得到陰離子化羥乙基纖維素衍生物。再者，和前記之陽離子劑再予反應，則可得兩性羥乙基纖維素衍生物。(川本信夫,1981)

習題

1、羥乙羥基纖維 (hydroxy ethyl cellulose)一般品之水溶液物性為何？

2、羥乙羥基纖維很難溶解，用何種方法可以改善？

3、使羥乙羥基纖維瞬時溶解的技術為何？

4、為何羥乙羥基纖維很適用於水性塗料？

5、今後研究羥乙羥基纖維的重點為何？

6、羥乙羥基纖維具有保護膠體之功能，其化學之原理為何？

7、羥乙羥基纖維在低 pH (小於 pH5) 時非常難溶，如何使瞬時溶解？

8、如何使羥乙羥基纖維變成具有很高的介電常數？

第十一章 羥丙基纖維素[HPC,hydroxy propyl cellulose]
之特性及應用加工技術

11-1、緒言

　　羥丙基纖維素係將纖維素(cellulose)和環氧丙烷(propylene oxide)反應而得到，為纖維素的羥丙基醚(hydroxy propyl ether)，其化學名為羥丙基纖維素(hydroxy propyl cellulose, HPC)。

　　約在 30 年前發明於美國，很快就獲得美國 FDA 許可作為食品添加物。從大體上的分類，HPC 應屬於 CMC、MC、HPMC、HEC 等羥丙基纖維素誘導體一群中之一種。羥丙基纖維素除了具備了羥丙基纖維素誘導體一般之物性外，更有下述之特異性質。在西歐各國，羥丙基纖維素主要用於食品添加用、化妝品、塗料、PVC 聚合等之分散安定劑、增黏劑等，在日本羥丙基纖維素之 90％，作為醫藥品的賦形劑（結合劑、崩壞劑）。

11-2、羥丙基纖維素的化學構造

　　羥丙基纖維素係由纖維素和氧化丙烯作用，所得到的非離子系纖維素誘導體。因製造反應條件之不同，纖維素之無水葡萄糖的−OH 基被羥丙基(hydroxy propyl)取代的程度，都使羥丙基纖維素性質也隨著鹼可溶性、水可溶性、有機溶劑可溶性之順序發生變化。通常單位無水葡萄糖的平均克分子取代(Molar substitution, MS)在 3.0 以上時，可以溶於水和有機溶劑。羥丙基纖維素的基本構造可以用圖 11-1 表示之。

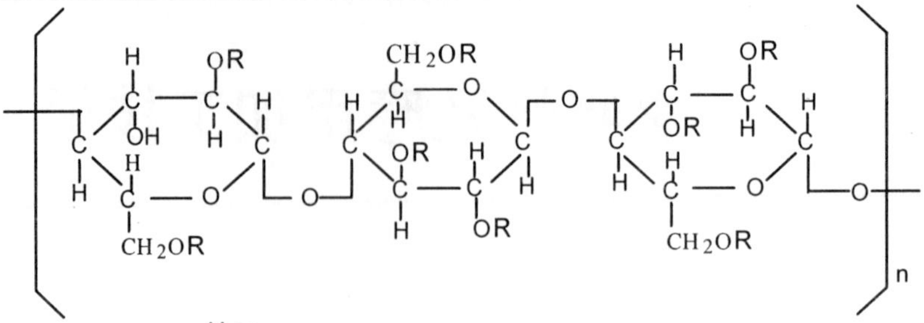

R : H or
[CH₂-CH(CH₃)-O]ₘH

圖 11-1 羥丙基纖維素的化學構造 (木澤)

11-3、羥丙基纖維素的主要特徵

(1)、羥丙基纖維素爲無味、無臭、白色粉末，常溫溶於水之外，亦溶於下列
有機溶劑：無水甲醇、乙醇、異丙醇、丙二醇(propylene glycol)、甲基氯
(methylene chloride)等，以這些溶劑和丙酮、氯仿、甲苯等的混合溶劑也
都可以溶解。

(2)、羥丙基纖維素爲熱可塑性非常高之物質，具優秀的薄膜生成性，薄膜的
韌性大。

(3)、羥丙基纖維素的灰分極小，亦有優秀的結合性、增黏性、乳化安定性及
分散性等特性。

(4)、由於非離子性，所以在酸性條件不會像 CM 有凝膠化的情形發生，在廣
大 pH 領域呈示安定性。

(5)、可以製成各種分子聚合度的產品，以符合各種黏度的需求。

(6)、羥丙基纖維素本身無任何的藥理作用，亦無毒性，對生理毫無害處。

(7)、羥丙基纖維素屬於化學的不活性，因此和其他試藥、藥劑都無反應性。

(8)、使用羥丙基纖維素時勿須添加防霉劑。

11-4、羥丙基纖維素的主要特性和諸特性

日本廠商所製造的羥丙基纖維素，和美國廠商所製造的羥丙基纖維素，因製造方法不同所以在物性上多少有差異。以下用日本曹達株式會社的羥丙基纖維素來說明。

11-4-1、品質規格

羥丙基纖維素的品質規格列如表 11-1 所示。其中之粘度和 pH，係以 2%水溶液在 20°C(乾重量為準)為條件；灰分係以 $NaSO_4$ 換算的結果；氯化物、硫酸鹽、重金屬、砷等之含量，係以日本藥局法之分析法操作。

表 11-1 羥丙基纖維素的品質規格

項目	HPC-SL	HPC-L	HPC-M	HPC-H
黏度 CPS	3.0～5.9	6.0～10.0	150～400	1,000～4,000
灰分 %		0.5 以下		
水分 %		5.0 以下		
pH		5.0～7.5		
氯化物 %		0.142 以下		
硫酸鹽 %		0.048 以下		
重金屬 ppm		20.0 以下		
砷 ppm		10.0 以下		

(木澤英教)

11-4-2、羥丙基纖維素的物性

(1)、形狀－無味、無臭、白色粉末。

(2)、粒度－99 %通過 20 mesh，95 %通過 30 mesh。

(3)、重比－外觀比重 0.5～0.6 g/ml，真比重 1.224。

(4)、熱安定性－開始著色溫度 195～210°C。開始燒焦溫度 260～275°C。

(5)、在相對濕度 80%RH 的條件下，測試平衡水分的含量，經五日後 HPC-L，

HPC-M 的吸濕率約在 14%前後，較 PVP(poly vinyl pyrrolidone)的吸濕率低四倍左右。

11-4-3、羥丙基纖維素水溶液的特性

羥丙基纖維素水溶液的特性可分為，比重、屈折率、表面張力、比重、屈折率、表面張力、水溶液的安定性等予以說明。

11-4-3-1、比重、屈折率、表面張力

羥丙基纖維素有表面活性，所以溶液的表面張力小。以 HPC-L 為例，其 2%水溶液在 20°C時的比重為 1.0064，屈折率為 1.3353；各種水溶液的濃度(%)的表面張力(dyne/cm)如下：0.01 ％ (51.00)，0.1 ％(49.08)，10.0 ％(45.78)。

11-4-3-2、比重、屈折率、表面張力

水溶液為透明潤滑的液體，隨著溫度的上升黏度逐漸下降，達到 45°C以上時則急速下降，這是由於溶解度的臨界所引起的，這種過程是可逆性的。

11-4-3-3、水溶液的安定性

(1)、黏度受溫度的變化

HPC-L 及 HPC-M 其 2 %水溶液在室溫、低溫(−20°C)放置 100 日，都沒有發生黏度和色調的變化。不過在 80°C加熱 100 小時以上時，則黏度僅有些徵的變化而已。

(2)、黏度受 pH 的變化

HPC-L 及 HPC-M 的 2 %水溶液，經添加鹽酸及氫氧化鈉調製成 pH2 ～12 的水溶液，放置 15 日後，羥丙基纖維素比 MC 安定(pH3～10)，尤其在 pH 5～9 之間黏度幾乎不變。

(3)、水溶液的起泡性和消泡性

依 JISK-3362 的合成洗劑試驗法測試，在 1%的水溶液時，羥丙基纖維素的起泡性比其他代表性的糊料大，可是消泡性非常優秀，以液體的形態使用是它的好處。

(4)、和無機鹽類的相溶性

羥丙基纖維素水溶液能和各種無機鹽相溶。HPC-C 的 2％水溶在常溫，可以在攪拌中加入各種鹽類，使其達到規定的鹽濃度，其溶解性如表 11-2 所示。

表 11-2 羥丙基纖維素溶解性

Salt	Salt concentration						
	2	3	5	7	10	30	50
Disodium Phosphate	S	S	P		P	P	P
Sodium carbonate	S	S	2	P	P	P	p
Sluminum sulfate	S	S	P	P	P	P	p
Ammonum sulfate	S	S	P	P	P	P	P
Sodium sulfate	S	S	P	P	P	P	P
Sodium thiosulfate	C	C	C	P	P	P	P
Sodium acetate	S	S	S	S	P	P	P
Sodium chloride	S	S	S	p	P	P	P
Potassium ferrocyanide	S	S	S	P	P	P	P
Calcium chloride	S	S	S	S	S	c	P
Sodium nitrate	S	S	S	S	S	P	P
Ferric chloride	S	S	S	S	S	P	P
Ammonium nitrate	S	S	S	S	S	P	P
Silver nitrate	S	S	S	S	S	S	c
Sodium dichromate	S	S	S	S	S	S	s

Salt concentration (%)= salt(g)/[2% HPC solution(g)+salt(g) x 10

S:complete dissolved

C:white suspension

P:undissolved

(木澤英教)

11-4-4、有機溶劑溶液的特性

(1)、有機溶劑的溶解性

羥丙基纖維素對於無水的低級醇類及極性溶劑，有良好的溶解性；溶液呈現透明有潤滑感；對有機溶劑之溶解度，僅能用溶液的黏度增加予以限制而已；苯、甲苯、四氯化碳及脂肪族碳氫化合物等則無法溶解羥丙基纖維素。

(2)、乙醇溶液的黏度

羥丙基纖維素的無水乙醇溶液其濃度和黏度的關係，和水溶液的情形相似。乙醇的羥丙基纖維素溶液的黏度，隨著溫度的上升而漸漸下降，這一點和水的溶液不一樣，羥丙基纖維素的乙醇溶液不會凝膠化，而會急速地降低黏度。

11-4-5、羥丙基纖維素膜的特性

(1)、膜的強度

將 HPC-L 及 HPC-M 溶於甲醇，流於附框的鐵夫龍板上，在 40～45 °C乾燥 4 小時後剝離的膜，經測試其拉力及拉伸強度，結果如表 11-3 所示。

表 11-3 剝離膜測試其拉力及拉伸強度結

種類	拉力強度	伸長	撕破強度	耐折強度
	kg/mm^2	%	kg/mm^2	回
HPC-L	2.81	5～10	2.91	25,000
HPC-M	2.91	38.7	2.88	2,000,000 以上

(木澤英教)

(2)、水分吸收和脫水

羥丙基纖維素膜在 25°C相對濕度下，經過一天，幾乎可到達吸濕率約 13.5%的平衡狀態；在 90%RH 的潮濕條件下，也不會發生結塊的情

形；以 JIS 20208-1953（防濕包裝材料的透濕度試驗法）測試結果，0.05
mm 厚的 HPC-L 膜有 1,250 g/㎡.hr 的透濕度。

　　　羥丙基纖維素膜在各種相對濕度條件下，平衡水分吸收及脫水分二
者幾乎無差別。

　(3)、其他

　　　經紫外線照射後，其色相和柔軟性都無變化。

11-5、羥丙基纖維素的主要用途

　　羥丙基纖維素的主要用途可分為，醫藥品、PVC、印刷油墨、陶瓷的結合劑、
化妝品、塗料、乾電池、凝膠劑、其他等各項予以說明。

11-5-1、醫藥品

　(1)、結合劑的用途

　　　　主要用於濕式結合劑，即錠劑、顆粒劑、細粒劑等之結合劑，最近
發表用於坐劑的賦形劑，賦予徐放性功能，具有優良效果。作為濕式結
合劑時，將羥丙基纖維素溶解於水，如果主藥劑不可以用水時，則可溶
解於酒精，使成黏性溶液，再以通常的方法混合造粒。

　　　　羥丙基纖維素的使用量，在 1～5％（重量比）的範圍就可以充分滿
足製劑所必要的物性。通常使用的廠牌有 HPC-SL、HPC-L 等的低粘度
品，其作業性都是一樣，不過如果想減少使用量，而希望有強度的結合
力時，也有使用 HPC-M 的情形。

　(2)、表面皮膜的用途

　　　　如前所述，羥丙基纖維素具有優良皮膜形成性、皮膜強韌且富柔軟
性、和其他可塑劑的相溶性良好等特點，不過其單獨使用時，皮膜的防
濕性能不十分良好，必須和其他的防濕性被覆劑併用。已知蟲膠之併用
可以促進其溶解性。

11-5-2、PVC

羥丙基纖維素和聚乙烯醇(poly vinyl alcohol)併用，作為 PVC 製造時的補助分散劑，用於軟質皮膜。羥丙基纖維素之補助分散劑的功效有：

(1)、可塑劑的吸收性好（可得均一的粒子）。

(2)、提高可塑劑的相溶性。

(3)、擠出特性良好。

11-5-3、印刷油墨

由於羥丙基纖維素具有優秀的皮膜成形性、灰分少、黏度安定性良好、可溶於水及酒精、無害等特色，所以活用羥丙基纖維素對低級有機溶劑和油墨添加成分的相溶特性，使羥丙基纖維素用於特殊型水溶性彩色油墨的增黏劑、結合劑；或是罐頭等，燒結印刷用油墨的結合劑等用途。

11-5-4、陶瓷的結合劑

羥丙基纖維素的灰分少，具有流動性好、燒結後修飾性佳之特性，所以用於陶瓷電器製品、螢光燈管內螢光物質的燒結劑。

11-5-5、化妝品

利用羥丙基纖維素的黏度安定性、透明性、增黏性等物性，使用於洗髮精、潤絲、覆顏皮膜的基質、身體的洗潔劑等。

11-5-6、塗料

將羥丙基纖維素溶於二氯甲烷，作為防止塗料墜落及蒸發抑制劑等。

11-5-7、乾電池

作為電池電解質的黏度保持劑、電極燒結劑，羥丙基纖維素都能發揮很好的功能。羥丙基纖維素又具有極佳的皮膜形成性，所以羥丙基纖維素被廣用於鹼性電池。

11-5-8、凝膠劑

　　羥丙基纖維素用於酒精、水等之凝膠化劑（固化劑），其主要功能是使溶解於酒精的香料固化，賦予該固化型香料具有徐放性功能。

11-5-9、其他

　　其他用途有，纖維處理（使用酒精的特殊捺染糊劑）、泥灰或水泥的混合劑、紙張表面處理劑等。(木澤英教,1981)

習題

1、敘述羥丙基纖維素(hydroxy propyl cellulose, HPC) 之製法。

2、依羥丙基纖維素之純度含量可分為幾種等級，其用途為何？

3、羥丙基纖維素之一般性質為何？

4、比較羥丙基纖維素和澱粉糊料在性質上之優劣。

5、羥丙基纖維素在製藥和化粧品上有何用途？

6、羥丙基纖維素為何在醫藥上用為坐劑的賦形劑？

7、羥丙基纖維素對溶於酒精之香料有何功能？

第十二章　海藻酸、阿拉伯膠、古阿膠、黃著膠、他瑪林都種子的應用加工

12-1、緒言

　　海藻酸、阿拉伯膠、古阿膠、黃著膠、他瑪林都種子等係天然植物的產品，其使用歷史已久遠，各種都有其特殊的功能，其中最受人注目的是，海藻酸在健康食品領域有重大的貢獻。本章就各種產品之應用及加工技術予以說明。

12-2、海藻酸

　　海藻酸係褐藻特有的成分，和阿伐－纖維素(α-cellulose)、半纖維素(hemicellulose)、聚海藻糖(fucan)等三成份，構成細胞壁的聚糖醛酸 (polyuronic acid)。因種類、生育場所、季節、部位等的不同，聚糖醛酸的海藻酸含量約在 10％～50％之間。海藻酸又稱為昆布酸、丹寧酸(tannic acid)等。

12-2-1、海藻酸構造上的特徵

　　(1)、具有 COOH 基

　　　　　海藻酸和其他水溶性高分子，如刺槐豆膠(locust beam gum)、古阿膠(guar gum)、單曼(tanmand)種子、托拉甘膠(toragant gum)、澱粉等相比較，具有 COOH 基是其最顯著的特徵。再者，果膠(pectin)雖然也同樣具有 COOH 基，兩者好像類似，但是從聚合度、凝膠的強度、內酯(lactone)結合、流動性狀等的觀點上看，卻各有特色。

　　(2)、為 D-甘露糖酸(D-mannuronic acid, M)和 L-醛糖酸(L-glucuronic acid, G)之異相高分子(heteropolymer)。

　　　　　以前把海藻酸的構造認為係甘露糖酸的聚合體，但在 1955 年 Fischer

等人將得自海藻酸之內酯化酸(lactonized acid)作為試料，利用紙層析 (paper chromatography)法分離出 D-甘露糖酸之外，同時也得到 L－醛糖酸。之後，由諸多研究的結果確認，海藻酸係 M 和 G 的聚合體，如圖 12-1 所示。但是迄今，將海藻酸分割為 M 和 G 單體的技術尚未建立，其正確的結構形情還不十分明白。

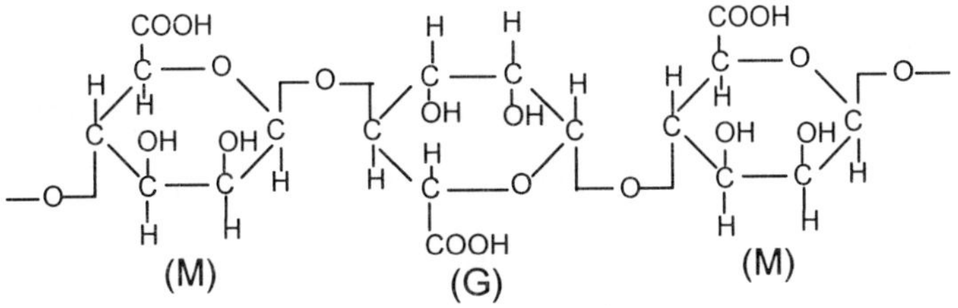

圖 12-1 海藻酸的化學構造式 (笠原)

(3)、在一級 OH 基位置上全部是-COOH 基

　　在一級 OH 基位置上全部是-COOH 基，因此海藻酸不會和反應性染料產生凝結作用，這個現像，隨著反應性染料的開發普及，就確立了海藻酸在反應性染料領域的用途。

(4)、海藻酸是無分枝的直鏈結構

　　經用甲基化或用 X-線繞射結果，發現海藻酸的主體部分是直鏈結構，長約 8.7 Å，由二分子單元重複所構成。即使 MG 兩糖酸(uronic acid)殘留基的大部分，也是以 1 → 4 的鍵結合，而無形成分枝鏈的現像。

(5)、分子量及其他

　　海藻酸的比旋光度[α]D 為－140°前後之大的負值，所以可推定 M 殘基屬於 β-結合，而 G 殘基屬於 α-結合。再者，海藻酸對於加水分解具有安定性，所以 MG 二殘基係以六環糖(pyranose)環的情形存在。由沈降係數和黏度測定的結果，得知其平均分子量在 $4.6\sim37\times10^4$ 之間。

12-2-2、海藻酸的性質

海藻酸的性質可分爲：一般性質、海藻酸的酸度、在酸性領域的溶解性、鈣對溶液性狀的變化等項說明。

12-2-2-1、一般性質

(1)、海藻酸爲有機高分子電解質，其-COOH 基的活性高。

(2)、二價以上的金屬除 Mg、Hg 之外，和海藻酸形成不溶性鹽，其他的金屬則生成水溶性鹽，呈示黏稠的溶液。

(3)、Sn、Al、Fe、Cd 等之海藻酸鹽類，能和氨、苛性鹼形成錯鹽而溶解。溶於氨的物質，如果將氨揮發後，就成爲不溶性鹽。

(4)、海藻酸的金屬鹽類，每種金屬都會呈示不同顏色，所以被應用於薄層層析。

(5)、海藻酸及其鹽類，幾乎不溶於所有的有機溶劑。

(6)、海藻酸鈉能容易地和蛋白質、明膠、托拉甘膠(toragant gum)、蔗糖、甘油地等混合。

(7)、海藻酸係線形高分子，所以可以形成纖維、薄膜等形狀。

(8)、海藻酸鹼溶液由於具有帶負電性的羧基(carboxyl group)，所以對於帶有相反電荷的疏水性懸濁液，會有凝聚效果。

(9)、海藻酸是屬於弱酸性型陽離子交換體，其交換性能介於強酸型離子交換樹脂和弱酸型離子交換樹脂之間，尤其對三價的鐵、銅離子等具有選擇的交換性。

12-2-2-2、海藻酸的酸度

測定海藻酸酸度的方法是，將 1 g 的海藻酸，以甲基橙作爲指示劑，用 1/10 N 鹼液，滴定到中性時的滴定數（酸度），其酸度約在 42.1～42.5 之間。如果加入過剩之 1/10 N NaOH 水溶液，放置一夜後，逆滴定過剩的鹼，即間接滴定的酸度爲

55.8～57.4 之間。

12-2-2-3、在酸性領域的溶解性

　　前述，海藻酸的構造係由 D-甘露糖酸(D-mannuronic acid, M)和 L-醛糖酸(L-glucuronic acid, G)之異相高分子(heteropolymer)所形成，這種構造的變化情形，會關連到海藻酸的性質。Hagu 研究海藻酸在酸性水溶液中的溶解情形，發現到海藻酸在 pH2.6 時的溶解度，因種類的不同，從 100 %的沈澱到僅 7 %的沈澱都有，差別非常之大。這種現像，係起因於 G 基含量的多寡，含 G 基多的海藻酸其溶解度就高。這些分子內糖酸含量之不同，直接影響到它的製造技術及應用。

12-2-2-4、鈣對溶液性狀的變化

　　含活性 COOH 基的海藻酸，其鈣鹽也是不溶性，所以將鈣鹽加入海藻酸鈉溶液中，則產生海藻酸鈣而沈澱。鈣的置換率在 0.02 m mol 範圍內時，其黏度、流動曲線等並無大的變化，但置換率超過了 0.05 m mol，則黏度會顯著的上昇，流動曲線也呈現構造性的變化。這是由於鈣的介入而產生交聯結構的結果。利用這種現像，可以開發水泥結構物的裂縫漏水防止劑。

12-2-3、海藻酸的一般用途

　　利用海藻酸的增黏性、保護膠體（防止乳化性沈澱作用等）、泡沫安定性、保形性、皮膜形成性、防止老化作用、防止離漿作用、凝聚沈澱促進效果、保香性、防止結晶作用、凝膠法、潤滑效果、耐油性、黏結效果等特性，而應用於冰淇淋、果漿、美乃滋、湯、果凍、麵包、寵物食品、麵質改良劑、捺染糊劑、抄紙劑、崩壞劑、耐火物黏結劑、水處理劑、塗料、濕布劑等領域。

12-2-4、活用海藻酸特性之應用

　　海藻酸和其他的水溶性高分子化合物相比較，具有如下的特徵：COOH 基具顯

著的活性，富於反應性；海藻酸的酸解離度介於醋酸和乳酸之間，在高分子有機酸中為最高的；無大的側鏈，且具有許多的親水基(COOH、OH)，所以親水性強，溶液呈擬塑性流體，相當地光滑；M·G 比為多樣性，依使用的目的可以選擇；海藻酸是『對人體無害的化學合成品，以安全食品收錄於美國 grass list』，在保健上極為安全；海藻酸鈉的一級 OH 基位置上，都成為 COOH，和反應性染料併用不會產生凝結現像等。利用這些特性用途如下。

(1)、果凍生成性的利用。

　　即作為海藻酸果凍、齒科印模材的使用。海藻酸的果凍係因離子結合而生成的，這種結合不同於洋菜、明膠等果凍，後者的果凍係由 Van der waals 力、直鏈狀分子的糾纏、氫鍵結合等的作用而生成。因此海藻酸果凍有下列的特性。

(a)、具耐熱性

加熱時不會融解，所以可以加熱殺菌，有利於保存料理。

(b)、用冷水也可以製造果凍

不必加熱也可以製造，因此非常容易地可以吃到速食果凍。

(c)、耐凍結性

把鈉和鈣的比率作適當的選擇，製成的果凍可以重複冷凍、解凍而不會產生離水現像。

(d)、果凍經乾燥後，浸水時再吸水膨潤，能還原成果凍。

(e)、利用海藻酸鈉溶液的表面張力，可以容易地製造珠狀、魚卵狀等物質。

(2)、冰淇淋安定劑

　　海藻酸作為冰淇淋安定劑時，具有防止在貯存時冰結晶的成長、防止離漿、和鈣的反應可以提高保型性等特殊的功能，在歐美將海藻酸評價為最佳的安定劑。

(3)、賦型的利用。

　　用植物蛋白製造肉類食品、製造用魚類為原料的煉製品、蠶用餌料及養魚餌料的賦型等的工業，都是利用海藻酸鹼金屬和鹼土類金屬的反應。將來世界的糧食會嚴重不足，為了不浪費糧食，可以利用海藻酸作為食肉的結合劑。

(4)、薄膜成形性的利用。

　　利用海藻酸作為魚類的氧化防止劑、肉類水分蒸發的防止劑、展艷劑等。

(5)、耐油性的利用

　　應用於速食麵和薯條。如果使用於速食麵時，有下列的效果。

(a)、漉油性良好，可節省用油。

(b)、增加用油重複使用的次數。

(c)、消除『油膩』增加美味。

　　再者，用炸用粉和海藻酸鹽、碳酸鈣、檸檬酸等混合，可以製造薯條。

(6)、保水性的利用－低糖度果漿

　　目前積極地在開發防止肥胖的低糖度食品，使用像瓊脂、果膠等水溶性高分子，製造健食品時，都無法防止低糖果漿、生乳油等發生離漿現象。如果使用海藻酸可以克服這些問題。

(7)、擬塑性流動(pseudo plastic flow)的利用。

　　使用其他水溶性高分子無法製造，近似牛頓流體 (Newtonian flow)狀的糊料，但是用海藻酸則可以製得。以捺染用糊料來說，使用海藻酸的產品，是最高級的捺染糊料。

(8)、反應性染料之利用。

　　前已說明過，海藻酸分子的 1 級 OH 基位置都是 COOH，是唯一能作為反應性染料的糊料，係捺染不可或缺的材料。

(9)、潤滑性的利用－熔接捧。

如前述，海藻酸鹽具有‧

(a)、分子不具側鏈。

(b)、具強的親水性，有極近似牛頓流體的性質，所以有非常良好的潤滑
作用，製造熔接捧時作為粘結劑，可得到最好的結果。

(10)、崩壞性的利用－製藥。

具有 G 比高的游離海藻酸，吸水性高，所以作為藥片的崩壞劑有很
優秀的性能。

(11)、微生物發育抑制作用－農藥。

海藻酸的 COOH 基能和金屬的離子進行化學結合，所以對於因金屬
離子而引起的醱酵氧化系，由於海藻酸的存在而產生阻礙效果。再者，
海藻酸有極強的水合性，在某種程度以上的高濃度溶液中，會奪取微生
物的水分，而阻害微生物的發育。最近已確認了，海藻酸可以預防煙草
的紋斑病。

12-2-5、保健效果的利用

以往人們把海藻類看成為長生不老的食品，有關它的作用一直不清楚，不過最
近漸漸解明了相關的機制。

(1)、膽固醇體外排出的作用。

鈴木等人，用會引起高膽固醇症的飼料，再添加 5%的海藻酸鈉，
養白老鼠做實驗。結果證實海藻酸可以抑制血液的膽固醇、肝臟的膽固
醇、總脂質、總脂肪酸濃度等的上升等效果。

(2)、抑制體內吸收 Sr 和 Cd 的效果。

受工業廢棄物鎘的汙染，和火山地帶土壤的鎘汙染，使各地出產的
米其鎘含量超越食品的安全基準量，曾經備受關注。人們所恐怖的鎘，
不僅經由米飯，也從牛乳、蔬菜等的途經，進入人體而累積。在 1971
年，第七屆海藻會議，加拿大的 Skoryna 等發表，海藻酸鈉具有抑制體

內吸收放射性 Sr 和 Cd 的效果；Hesp 等也報告，海藻酸鈉具有抑制體內蓄積 Sr 和 Cd 的效果；Harriaon 報告海藻酸鈣和海藻酸鈉具有同樣的抑制效果，對於海藻酸果凍的藥理效果，抱著很大的期望；Wadron 實驗並確認，紅藻(Carrageennan(紅藻的一種))沒有抑制效果；而 Comar 則報告將海藻酸鈉添加於乳牛飼料，有減少牛乳中放射性 Sr 含量的效果。從國民的健康立場著想，食品加工業應該積極地利用海藻酸。

(3)、整腸作用。

近代食生活方式的改變，肉食比率大為增加的結果，引起大腸疾病的頻率也隨著提高，因此需要整腸的要求日亟。目前經過實驗結果已經證實，具有非常大的水和性、保水性、潤滑性、成型性等特性的海藻酸，有非常好的整腸功效。

(4)、非熱卡性。

海藻酸係無熱量且有成型性的食物，作為減肥食品，可以達到食飽感的目的，所以廣用為減肥食品。除了前記的特性之外，還有下列的功能：

(a)、由於離子結合，所以會生成果凍。

(b)、一般用可溶性的海藻酸鈉，依病情的不同，有時可以採用鉀鹽或鎂鹽。

(c)、選擇海藻酸的水溶性鹽、水不溶性鹽的置換率、M/G 比等特性，可以製造角質狀 → 果凍狀 → 湯狀的各種狀態成品。

是故海藻酸作為減肥食品的基材，是非常優秀的。

12-2-6、海藻酸的衍生物

試作的衍生物有硫酸酯、硝酸酯、脂肪酸脂等，不過目前商業上生產的有下列幾種。

12-2-6-1、海藻酸丙二醇酯(propylene glycol alginate, PGA)

(1)、海藻酸丙二醇酯的一般性質:

 (a)、由於海藻酸丙二醇酯分子中具有親油基,因此兼具界面活性劑的乳化力,及安定膠體溶液的能力,故爲優秀的乳化安定劑。

 (b)、通常的高分子溶液,在添加入二價以上的金屬鹽後,由於中和電荷而生凝聚沈澱,但海藻酸丙二醇酯屬於非離子性,所以安定而不沈澱。

 (c)、海藻酸丙二醇酯在酸性液中不生凝膠,也不會降低黏度。

 (d)、海藻酸丙二醇酯在酸性領城特具蛋白質安定效果。

 (e)、海藻酸丙二醇酯對熱衝擊具安定效果。

 (f)、海藻酸丙二醇酯有特殊安定泡沫的效果。

(2)、海藻酸丙二醇酯的用途

 作爲油/水系食品(美乃滋、人造奶油、果荣醬等)的安定劑;酸性飲料(乳酸飲料、雪糕、果汁飲料等)的安定劑;麵類(麵練製品等)的改質、餅干的強化、乳化香料的安定劑等之利用。

12-2-6-2、海藻酸三乙醇胺酯(triethanol amine alginate)

因海藻酸三乙醇胺酯具強的吸濕性,又具有抵抗霉或微生物的性能,其薄膜平滑柔軟,故利用於齒科製模劑、可塑劑、窯業、濕潤劑等用途。

12-2-6-3、海藻酸銨(ammonium alginate)

海藻酸氨在 $CaCO_3$ 或 NH_4OH 等共存時,進行非常緩慢的置換作用,而變成爲不溶性鹽,所以應用於水性塗料、塗裝等,也利用於乳膠濃縮劑、窯業用黏結劑、食品加工用等。

12-2-6-4、其他

在國外，亦利用海藻酸鈣、海藻酸鎂等。最近以海藻酸為基材之接枝聚合反應，也開發了新的用途。

12-3、古阿膠(guar gum)

古阿膠(guar gum)係由學名為 cyamopsis tetragonoloba 的豆科植物種子所練製的。中非為原產地，不過主要產地則在印度北部和巴基斯坦。第二次世界大戰時，美國怕無法自歐洲進口刺槐豆膠(locust beam gum)，乃在德州和阿利桑那州栽培古阿膠。古阿膠容易生長在乾燥地帶，如種植在氣候溫暖的地方，則要很長的生育期(20~25 星期)；條件好時，可長高達 1~2 公尺；如果條件差則高度只有約 50 公分左右；11 月為收獲期，用適宜的方法去除種子的殼後，製成粉狀。

12-3-1、古阿膠的構造

古阿膠是以形成貝他(1 → 4)配糖體[β(1 → 4)glycoside]環的 D-甘露糖(D-mannose)直鏈為主鏈，而以形成 γ(1 → 6)配糖體[γ(1 → 6)glycoside]環的一個 D-半乳糖(D-galactose)為側鎖之結構，如圖 12-2 所示。分子量在 20 萬～30 萬之間，其特徵為：

(1)、分子量超過 20 萬之巨大分子。

(2)、具有非常長且幅度狹小的結構。

(3)、D-甘露糖鏈上有一個突出的 D-半乳糖。

因此產生了下列的特性：

(a)、突出的 D-半乳糖水和後，可以形成大塊的水和的分子團。

(b)、由於突出的 D-半乳糖互相靠近就排斥，無法產生結晶化所必要的均一性，因此不會結晶。

（c）、長鏈在中間互相糾，故可以防止凝聚。

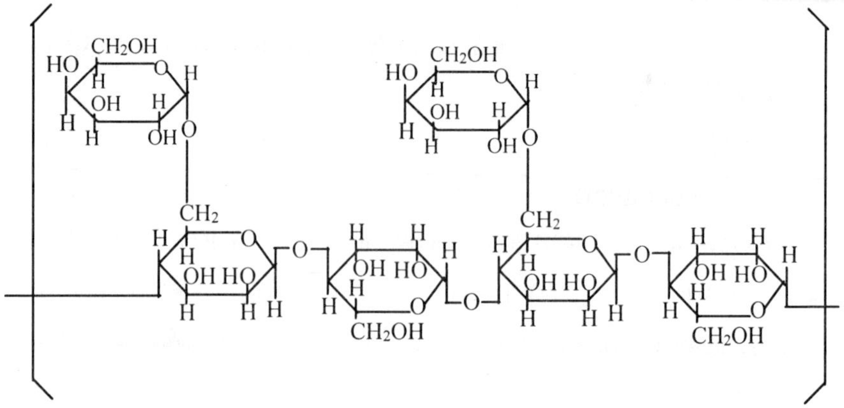

圖 12-2 古阿膠的化學構造 (笠原)

12-3-2、**古阿膠的溶解性及溶液性狀**

古阿膠的溶解性狀除了前述的性質之外，還有下列的特性。

(1)、可以得到高黏度的溶液。

(2)、分散後的分子安定。

(3)、可溶於冷水，加熱可以促進水合，但過度的加熱會引起分解。

　　古阿膠的水合速度，會因為製法和原料的不同，會有稍為的差異，這是因為構造上有稍為差異的緣故。

(4)、低於 0.5%的稀薄溶液呈牛頓流動，濃度愈高則變為非牛頓流動之搖溶性(thixotropic)。

12-3-3、**古阿膠的相溶性**

由於古阿膠溶液屬於非離子性，故不易產生鹽析，幾乎不受鹽類的影響，電解質濃度在廣大的範圍內，具有相溶性。陽離子或陰離子存在時，古阿膠溶液的黏性會增加。古阿膠溶液幾乎可以和所有的天然或合成的水溶性膠共溶；在古阿膠 0.5

%的水溶液裡，加入 1%的硼砂溶液，就會生成硬的凝膠。

12-3-4、古阿膠的用途

(1)、食品用途

古阿膠具有廣大的相溶性，故廣用於冰淇淋、起士凝固劑、果菜醬、嬰兒食品、布丁、餅干混合物、果汁飲料、燒餅、火腿、香腸結合劑等。在製麵用方面，即使在食鹽濃度高達 10%～15%的情況，古阿膠仍會增加黏度，所以具有品質安定、保型性、防折損、防老化、減少吸收率、防油燃等之效果。

(2)、捺染糊料用途

比起刺槐豆膠(locust beam gum)，古阿膠不須加熱，在冷水中就可以溶解，而且有優秀的耐藥品性。

(3)、鑽井用途

古阿膠的氫鍵結合，能賦與親水膠體系具有異常效果。添加少量的古阿膠，可以改變各種系的界面動電性，例如添加食鹽，可以增加黏度，所以利用於油井之鑽孔。

(4)、其他工業用途

古阿膠可用於懸濁塗料、工業用乳化劑、製紙、錠片之賦形劑等領域。

12-4、阿拉伯膠

在四百多年前的古埃及王朝時代，就使用阿拉伯膠。英語的阿拉伯，是指出口到非州或歐州的港口名稱，所以有土耳其膠、印度膠、瑞內拉膠、阿卡西可膠等名稱。

阿拉伯膠是一種植物的異常代謝物，在雨期結束後(2~5 月)，由一種叫 Legumenosal acasia 屬的樹幹，經割傷後流出的分泌物，經過乾燥而製成的。

目前在蘇丹、瑞內拉、磨洛哥、崇及利亞等國生產，不過蘇丹的產量佔全世界的 80%。

12-4-1、阿拉伯膠的構造

阿拉伯膠雖然迄今尚無定論的構造，不過已經有許多的研究結果發表，阿拉伯膠係以聚半乳糖為中心結構所構成的糖醛酸(uronic acid)、其種類和形態大概已解明，同時也確認了，有 L-鼠李糖呋喃糖基(L- rhamnofuranosyl)和 L-阿拉糖呋喃糖基(L-arabinofuranosyl)的存在。

把現在已經知道的地方說明如下：包括 D-葡糖醛酸(D-glucuronic acid)，以 1.6- 或 1.4- 和 D-半乳糖 (D-galactose)相結合，產生 6-O(β—D-比喃葡糖基糖醛酸)- D-半乳糖 (6-O(β−D − glucopyranosyl uronic acid))-D-galactose 的，乙醛糖醛酸(aldobiouronic acid)。L-阿拉糖(L-arabinose)是呋喃糖型(furanose type)，含量達 57%，和糖的外側相結合，而 L-鼠李糖(L-rhamnose) 則結合於尾瑞。阿拉伯膠的分子量約在 20~30 萬之間，構造如圖 12-3 示。

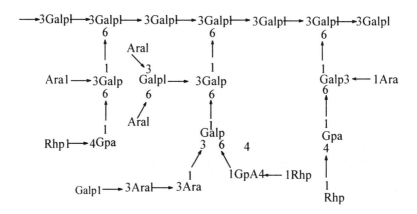

圖 12-3 阿拉伯膠的構造

12-4-2、阿拉伯膠的性質

(1)、阿拉伯膠爲無色、無味，通常含有丹寧酸，而呈褐色帶苦味。市販品爲弱酸性，其水溶液之 pH 爲 4.5～5.5。

(2)、一般的天然膠質通常難溶於水，其溶解度最高不超過 5％，不過阿拉伯膠的溶解性非常之高，可製成溶解度 50％以上的溶液，爲其特徵之一。

(3)、阿拉伯膠不溶於有機溶劑，不過稍微可溶於乙二醇(ethylene glycol)、甘油 (glycerine)、6％乙醇等。

(4)、阿拉伯膠水溶液，在醋酸鉛溶液中不會產生沉澱，但在鹼性醋酸鉛－溶液中，阿拉伯膠的濃度達 5000 倍液時，溶液則呈示白濁狀。

12-4-3、阿拉伯膠的溶液性狀和粘性

阿拉伯膠的粘度低，即使在濃度達 40％的溶液，也會呈示牛頓流體的性質；如果濃度達 50％時，粘性變強而呈示些微的塑性，接近塑性流體的性質。因爲阿拉伯膠帶有負電，所以如果在等電點以下，阿拉伯膠溶液和蛋白、明膠、酪蛋白、白阮等相混合時，會產生凝析現像。

低濃度阿拉伯膠溶液的粘度低，通常和其他的膠類併用以提高粘度，使用於接著劑。阿拉伯膠溶液呈示鹼性，其粘性會受 pH 的影響；在 pH 5~7 時呈示最高的粘度；pH 3 以下和 pH 10 以上時粘度會急速地下降。

阿拉伯膠溶液和大部分的高分子溶液一樣，添加電解質後就失去電的粘性效果，降低粘度。這種粘度降低的情形，隨著陰離子的原子價愈大及濃度愈大愈明顯。粘度降低的同時，表面張力也下降，所以在乳化煤油/水系時，需要 10％的阿拉伯膠；如果有硫酸鈉共存時，則只要 0.5％的阿拉伯膠量就足夠了。

12-4-4、阿拉伯膠的應用加工

阿拉伯膠對於乳濁液，具有優秀的保護膠體作用，可以形成 O/W 型乳濁液。其安定化機構，係阿拉伯膠在油和水的界面形成一層強固的膜，使油滴不產生聚合。

由於在油和水的界面間會形成膜的性質，可以防止香氣成分的揮發，或油的氧化，故被利用於製造乳化香料或粉末香料、以保留香味爲目的之油溶性香料等。此外在製果、化妝品、墨水、接著劑、非熱卡食品、顯艷劑等工業也廣被利用。

12-5、黃著膠(tragacanth gum，TG)。

黃著膠係屬於豆科的 astragalus gummifer labillardiere，或同屬豆科植物幹所分泌出的物質。黃著膠字之 tragacanth 係起源於 tragas(山羊) 和 akant(角)。天然的西黃著膠呈羊角狀，或是渦卷狀的板狀乾燥物。黃著膠爲白~黃白色稍帶臭味，其形狀有粉末、薄片、膜狀等。

12-5-1、黃著膠的構造

雖然有關黃著膠的研究發表很多，但其正確的化學組成尙不十分明白，不過知道其主要成分是酸性的多醣類，爲鈣、鎂的鹽，由波斯樹膠(bassorin)和黃著膠漿(tragacanthin)二部分所構成。前者不溶於水而膨潤，後者則呈溶膠狀。普通製品的一般組成是，黃著膠漿 70%、Araban 10%、水分 10%、纖維 4%、澱粉 3%和灰分3%。

多糖類的主要構造成分是黃著膠酸(tragacanthic acid)，它以半乳糖醛酸(galacturonic acid)爲主鏈的 1 → 4 結合，側鏈以 1 → 3 結合和木糖水(xylose)、根皮紅基木糖(phloxinyl xylsoe)、半乳糖基木糖(galatosyl xylose)等相結合。黃著膠酸經甲基化(methylation)、醋解(acetolysis)等處理，可得到如圖 12-4 的結構。

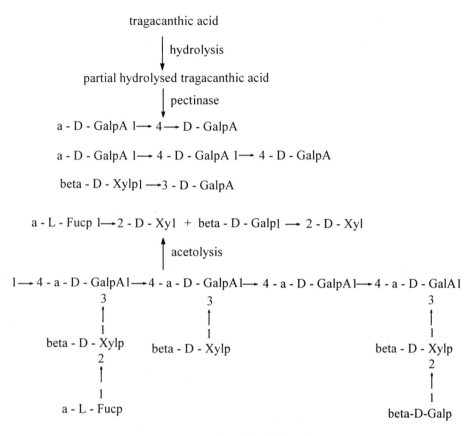

圖 12-4 黃著膠的構造 (笠原)

12-5-2、黃著膠的黏性和溶解性

　　將黃著膠分散成膠體後則變成凝膠。黃著膠和小量水混合時，全體會形成具有黏著性之柔軟膏物；不過如用大量水混合，且放置 1～2 日後，則分成二層，大部分的波斯樹膠漿(bassorin)變成凝膠沈澱，而上層部分是以溶膠狀分散的黃著膠漿。

　　黃著膠的分子量約為 84 萬的大小，為長 4,500Å，廣 9 Å 之細長構造，所以會呈示高黏性。

12-5-3、黃著膠的用途

佔黃著膠全體之 90%，用於捺染用糊料。其相溶性的範圍雖然比古阿膠狹窄，但比海藻酸鈉廣。因為黃著膠原本屬酸性，所以在酸性(pH≧2)條件下也安定，故利用於酸性食品，例如果菜用醬、調味醬、酸性冰淇淋、酸性食品的安定劑等。以增粘劑來說，黃著膠也和羥基纖維素一樣，作為高級品的增黏劑。

12-6、羅望子(Tamarind)種子

羅望子(Tamarind)是產於印度、東南亞、埃及等亞熱帶地方的豆科常綠木羅望子菩提樹(tamarindus indica linn)。羅望子的果實長約 10 公分，屬革質，含 3~12 個種子，從羅望子果實可以製成羅望子的粉末 (稱為 TKP)和多糖類。

12-6-1、羅望子種子粉末的生產

TKP 係將羅望子的種子加熱，或在熱砂上以 150°C加熱 15 分，除去殼皮，殘留乳白色的物質經過粉碎，而製得的粉末，收率為 50～55 ％。其組成大概是：粗蛋白 13～15 ％、粗脂肪 5～7 ％、灰分 2.5～3 ％、水分 6.5～8.5 ％。可區分為三種多糖類：

第一種　能溶於冷水而不生凝膠。

第二種　溶於冷水和沸水而生凝膠。

第三種　溶於沸水而生凝膠。

第三種的分子量約為 11,500，其中 75%係由 D-吡喃木糖(D-xylopyranose)以 1→4 結合所構成。使用於纖維上漿劑、乳膠的乳化劑、土壤安定劑等。

TSJ(tamarind seed jellose)的製法是這樣的，將羅望子種子的粉末(TKP)加入十倍量的水，製成膏狀，加熱三十分鐘後，用布過濾，濾液放置一天後，用二氧化硫漂白，再經減壓濃縮，濃液之粘液經乾燥就可以得到。在實驗室，可用酒精沈澱法，利用銅、鉛、鋇、鍶等的氫氧化物，使生成錯鹽而進行精製。

12-6-2、羅望子種子的組成和構造

多醣類的組成是 D-半乳糖 (1 份)D-木糖(D-xylose)(二份)和 D-葡萄糖 (三份)所構成。由甲基化和加水分解結果得知，主鏈係由三個 β-1, 4 結合的 β-D-呋喃糖(β-D-glucopyranose)所構成，如圖 12-5 所示。

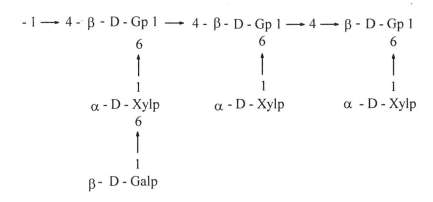

圖 12-5 羅望子種子的多醣的構造 (笠原)

12-6-3、溶解及黏度

羅望子種子的多醣類粉末為黃白色粉末，吸收水就膨潤而形成黏稠液。其特徵是：

(1)、溶解時不生團粒，馬上有會呈示黏性，不同於刺槐豆膠(Locust beam gum) 或古阿膠(guar gum)須經數小時，才有黏度出現。

(2)、不受 pH 及一般的電解質(CaC_2, NaCl, $FeSO_4$ 等)的影響。

(3)、和其他多醣類相比較，加熱而降低黏度的程度較小。

(4)、雖然其流動性質近似於海藻酸鈉，但並非完全之牛頓流體 (Newtonian flow)。

(5)、和古阿膠(guar gum)、刺槐豆膠(locust beam gum)等相比其黏性低，1%的濃度時，黏性僅有 100～200 cP 程度。

(6)、pH 對黏性的影響小，不過會因酸鹼而產生加水分解，如同其他多類一樣，過度的處理會使黏度下降。

(7)、對一般水溶性膠質有相溶性。

12-6-4、羅望子種子的多糖類的利用

羅望子種子的多糖類有下列二點特徵：

第一點、形成粘稠性溶，比較耐酸、耐鹽性；

第二點、能形成強固的果凍。

基於此二特性，就能開拓出許多的應用面。

(1)、以粘稠性應用於食品加工

（a）、油炸物用的醋漿

由於羅望子種子的多糖類的粘度，對 pH 具安定性、經時的安定性、熱的安定性等特徵，所以最適合用於油炸物的用漿。

羅望子種子的多糖類和澱粉併用，製造油炸物用的醋漿時，可以改善澱粉單獨使用時的缺點。

（b）、冰淇淋

由於羅望子種子的多糖類具耐酸性，可以形成果凍，作為冰淇淋的安定劑可得到非常好的效果。

（c）、其他的用途

以其增粘、乳化安定、展艷、防止離漿等作用，而使用於蕃茄漿、佃煮、漬物、醬油、海膽及其他等食品。

(2)、形成強固之果凍而應用於食品加工

TKP 醣類在水溶液中，如果和可脫水作用的糖類物質共存時，可以形成果凍，其條件是：

(a)、糖類最適當的濃度因種類而差別，通常低分子六炭糖以 40～70%的含量是果凍生成的範圍，實際上以 45～65 ％為佳。

(b)、在 pH=2～3 時，果凍的強度最大，但未必須要酸性，中性也可以。這一點和果膠凍(pectin jelly)不同。

(c)、除糖之外，如果有甘油、丙二醇(propylene glycol)、乙醇等醇類、芒硝之無機硫酸鹽類共存的情形下，也可以生成果凍。因此果凍化是一種脫水作用所引起的結果，製造固型酒也可能。

(d)、製造果凍，TKP 的適當濃度是 0.5～1.5 ％。果凍經加熱時呈溶液狀，靜置則回複原來的果凍狀；低於－20℃凍結保存時，其結合水也不脫離，果凍不被破壞；TKP 果凍具彈性力。

(3)、其他食品以外的工業用途

其他如捺染用糊料、纖維整型劑、乳膠乳化劑、土壤安定劑等也利用。

（笠原文雄，1981）

習題

1、海藻酸的化學結構為何？

2、海藻酸的一般性質為何？

3、鈣成分對海藻酸的影響情形為何？

4、海藻酸的一般用途為何？

5、詳細說明海藻酸對保健的功能？

6、古阿膠之結構為何？

7、阿拉伯膠有何特殊之性質？

8、海藻酸為何能除離陽離子？

9、羅望子種子之粉末之溶解特性為何？

10、要製造固型酒時必須使用何種材料？利用何種原理？

第十三章　明膠(gelatin)

13-1、緒言

　　明膠是生膠質經部分的加水分解，而得到的衍生蛋白質，此生膠質係動物構成結合組織的主要蛋白質，約佔生體全部蛋白質的三分之一。

　　利用明膠的歷史非常久遠，從遺跡的陪葬品發現，早在西元前 2000 年前，己有使用明膠的跡象。作爲工藝家之接著用途，始自 1690 年荷蘭以大規模的工業生產，然後普及全世界。

　　明膠(gelatin) 是凍結之意思，正如其意所示，凝膠化是明膠的第一特徵，不過以具有兩性電解質的本質爲基礎，明膠具有保護膠體性、粘著性、皮膜形成能、凝集能等多樣之性質。近年來雖然有許多合成高分子可以替代明膠，不過在食品、醫藥品、照相用膠卷等領域裡，明膠仍佔有大部分的市場。經歷 4000 年之應用及研究，並未將明膠的複雜性質完全究明，今後有賴更多的努力研究。

　　本章以明膠之製造法、基礎性質以及其用途爲主，予以說明。

13-2、明膠的原料

　　明膠全由動物的結合組織，經提煉而得到，不過工業上則用牛骨、牛皮和豬皮作爲原料；印度、巴基斯坦、泰巴西、阿根庭和北美等的牛骨原料，其來源稍爲不同；印、巴的牛骨係收集在山野自然死的牛骨，已經風乾脫脂，而美洲的明膠原料則以屠場的生骨爲主，油脂含量較多。

　　由骨頭所得到的明膠稱爲『骨明膠』 (ossein gelatin)，而從動物皮製得的明膠稱爲『皮明膠』 (hide gelatin)，這些明膠通常用石灰液作前處理，所以一般也叫做『鹼處理法明膠』，日局及 USP 也有稱爲『B 型明膠』。另一方面用冷凍豚皮製造的明膠稱爲『豬明膠』 (pig gelatin)，因爲它用無機酸作前處理，所以稱爲酸處理法明膠或稱爲『 A 型明膠』。

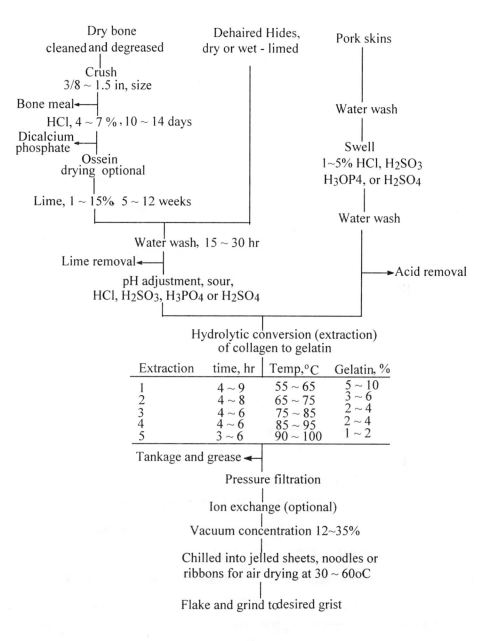

圖 13 - 1 明膠的製造工程 (大貫)

13-3、明膠的製造法

將原骨碎成一定的大小,用鹽酸浸漬數日,溶解除離磷酸鈣等之無機灰質,脫灰的骨頭稱為 ossein;如果使用生骨頭時,則先行脫脂工程,脫脂後的骨頭含約 18 %的成膠質,而乾皮可達 90 %的含量。

其次是將 ossein 在石灰液槽中浸漬一～三個月,此處理是切斷成膠質中的結合,使成膠質分子變成可溶性,同時去除非成膠質的蛋白、醣類、脂肪等,以達精製的目的。此工程對明膠的等電點有所決定性的關係,並且影響到萃取時之回收率、果凍強度以及其他性質,是後續工程也是明膠製造上最為重要的工程。豚皮用無機酸處理,其處理時間只須數十小時就可以。

萃取是以 60～90°C的水,分四～五階段進行,通常低溫萃取物其物理性高,不純物含量少。此萃取工程是由成膠質轉變成明膠,切斷交聯(cross link),並且切斷成膠質構造安定化的氫鏈,詳細製程如圖 13-1 所示。再者此時,部份的胜結合也引起破壞。

13-4、明膠的組成及構造

市面上出售的明膠除了主要成分為蛋白質之外,還含有 10~20%的水分,以及由製程及原料帶進入的微量不純物。

13-4-1、明膠的胺基酸組成

明膠係由十八種的胺基酸,以胜結合而成的長鏈聚胜。各種胺基酸中,糖膠(glycine)佔全體的三分之一,亞胺酸(imino acid)和脯氨酸(proline)共佔 1/4,但不含色氨基酸(tryptophan)和胱氨酸(cystine),這是不同於其他蛋白質的地方。等離子點和等電點,受明膠組成中殘留胺基酸之酸性基(COOH)和鹼性基 (amino 基、imidazol 基、guanidil 基)的比率所左右的;鹼性處理法的明膠和酸處理法明膠之間,其比值相去甚大,這是確認明膠型態上重要的特性。兩者之差異,是由於存在於成膠質(collagen)分子中,約佔各種胺基酸三分之一的天門多素(asparagine)和麩醯胺(glutamine)等類之醯(amide)，都以此種形態存在。不過鹼處理法，明膠在處理中加入石灰，處理期間進行水分解，醯游離變成 COOH 基；但酸處理法，明膠因為處理期間短，所以成為比較安定的醯形態。前者的等離子點低，通常是在 pH4.8～5.2 之間；後者較近於成膠質的值 pH7～9，而豚皮明膠則是 pH9.3。等電點是明膠和電解質離子結合時，其分子的實效電荷等於零時，該溶液之 pH 值。

13-4-2、不純物

明膠中含有 1～2 %的無機不純物和 20.5 %的有機不純物，無機不純物大部分以鈣為主，其他有鋁、鎂、鐵、鈉、矽、碘等各種鹽，同時也含有微量的銅、鉛、鋅、砷、鉻等有害性重金屬；陰離子則有磷酸、硫酸、亞硫酸、醇硫酸、鹽酸等；有機不純物則有脂質、醣類、非成膠質蛋白質及核酸類等。

13-4-3、分子構造

膠質單體[collagen monomer(tropocollagen)]係由三支長度約 2800Å，直徑 14～15 Å 的聚胜鏈(α 鏈)所構成。已知 α 鏈有 α1(I)、α2、α3、α(I)等四種，各種胺基酸之組成都有若干的差異。經交聯作用，膠質單體由數萬支成為一束，形成所謂膠質纖維基本單位纖維(unit fibril)之長纖維。膠質單體的分子量約為 300,000；各 α 鏈之分子量為 91000～95000；而市販明膠的分子量在 15000～25000 之間。

13-5、明膠的性質

明膠為無色～淡黃色固體粒狀，大都是粉末狀，通常是無臭、無味，不過因為微生物的作用，所產生的劣化物，則有獨特之腐敗臭；真比重 1.3～1.4，外觀比重為 0.5～0.6；不溶於冷水，膨潤的凝膠加溫在 35°C 以上開始溶解；不溶於無水酒精、丙酮、四氯化炭、醚、苯、石油醚等有機溶劑；易溶於醋酸；如有水存在，則可溶於甘油、丙二醇(propylene glycol)、花楸醇(sorbitol)、甘露醇(manitol)等多價醇。

13 5 1· 膨潤

　　乾燥明膠浸於冷水中，以 5.7 cal/g 的發熱反應，進行吸水而膨潤。由於水分子的浸透力、對抗膨潤的凝膠彈性阻力之關係，在室溫附近隨著溫度的升高而增大膨潤速度。通常明膠的膨潤度、膨潤速度，是受系的溫度、pH、組成、明膠粒的表面積、不純物、凝膠的濃度等因素之影響。

13-5-2、明膠溶液的黏性

　　測定工業用明膠的黏度，使用吸管型黏度計，6.7 ％明膠溶液的濃度，在 60°C 條件下測試，其黏度為 20～70 mps。鹼處理法及酸處理法明膠，其黏度和 pH 之關係並非直線型，在等電點附近的黏度為最小，而在 pH3 和 pH10 附近為最大。

13-5-3、明膠的凝固和融解

　　將凝膠加熱達 35°C 以上，則融解成乳膠，冷卻則再變成凝膠，只要明膠不生劣化，此變化呈可逆性。開始形成凝膠的溫度稱為凝固點(setting point)；凝膠融解開始變成乳膠的溫度稱為融點(melting point)，明膠的凝固點和融點，兩者並不一致。通常融點是隨著濃度的增加而上升，不過高級明膠濃度在 5 ％以上時，則變化較小。再者分子量愈高則融點變高，融點之絕對溫度的倒數和重量平均分子量的對數之間，呈直線關係。

　　鹽類對膨潤的效果如下，愈後者其鹽溶(salting in)效果愈大。

$$SO_4^{-2} < CHCOO^- < Cl^- < Br^- < NO_3^- < ClO_4^- < I^- ; < CNS^-(CH_3)_4N^+ < NH_4^+$$
$$< Rb^+, K^+, Na^+, Cs^+ < Li^+ < Mg^{2+} < Ca^{2+} < B^{2+}$$

13-5-4、凍膠強度

　　測定凍膠強度法可依 JIS 法、PAGI 法，所規定的方法進行。即 6.6% 的明膠溶液於 60°C 溶解，放置室溫中 30 分鐘後，在 10°C 冷卻 16～18hr，再用吹泡式凍膠強度計測試強度,市販明膠的凍膠強度在 50～300g 吹泡之間。價格主要由凍膠強度而定。

13-5-5、明膠薄膜之機械強度

含水量小於 5 ％之明膠膜極其脆弱,無法使用於日常用途,如果要作為照相或藥品方面的皮膜劑時,則必須添加甘油或其他多價醇作為可塑劑,才可以使用。其技術大部分為專利。

13-5-6、保護膠體性

明膠具有界面活性效果,所以使用於起泡劑、乳化劑、被覆劑等。

13-5-7、光學的性質

在食品、照相、醫藥用膠囊方面的使用,除了凍膠或膜的色調、濁度會成為問題之外,很少去討論明膠的光學性質。反而常利用明膠的光學性質,去探討其他物質的特性,自古以來,利用明膠的濁度,是最好的例子。由於濁度和 pH 有彼此的關係,在等電點時濁度有具最大值,所以利用這種特性,以求明膠的等電點。鹼性處理法明膠,會明確地在等電點起濁化,其值和用其他測定方法所測得的結果一致;但是酸處理明膠,則在廣大 pH 的範圍產生白濁,難於判斷其等電點。

13-5-8、其他性質

明膠用於食用醫藥時常染色,用酸性或鹼性色素染色時,前者在低於等電點之 pH 染色,而後者則相反。明膠受紫外線、γ 線的作用後,會而變成水不溶性。明膠水溶液受熱、pH、酵素等的作用,會引起加水分解、劣化等作用而喪失凝膠形成能力,必須特別注意。

13-6、用途

　　雖然明膠不含色胺酸(tryptophane)，其蛋白價為零，可是幾乎含有其他必須胺基酸、準必須胺基酸，如果能和其他蛋白質妥為配合，則可以成為營養價高的食品。不過用於食品時，與其利用明膠的營養價值，不如發揮明膠的物理性，即作為凝膠化劑、起泡劑、安定劑、乳化劑、增黏劑、結著劑、結合劑、澄清劑等使用。當然了，在任何用途上，不得含規定以上的重金屬及其他有害物質，再者如果嚴重受微生物的污染，則不適合於食用。

13-6-1、醫藥用明膠

　　明膠在醫藥用上，有膠囊、坐劑、外用藥、錠劑、舌片劑、乳化劑、明膠泡綿、血漿增量劑、內出血治療劑、藥效延遲劑、其他等的應用。

13-6-2、照相用明膠

　　1870 年英國 Dr. Maddox 之基礎研究結果，導致將以往底片使用火棉膠之濕式法，轉換成為乾式，在工業化的貢獻上功不可沒。雖然目前有許多研究，想利用合成高分子來替代明膠，但都未開發比明膠更優秀的物質。

13-6-3、工業用明膠

　　中級及低級品明膠用於接著劑、作為紙張及布料之上漿材料，也用於印刷關係感光紙之印刷滾軸。由於明膠有凝聚作用，可以將分散的微粉子沈澱除離，在南非用於萃取鈾礦時，作為過濾用之凝聚劑。明膠的工業用途，沒有嚴格限制有害物質的含量，不過有關物理的、化學的品質，例如凍膠強度、黏度、pH、色調、透明度等項目，則可比照食用明膠的規格。

13-6-4、微粒包覆(microcapsule)

　　微粒包覆主要用於醫藥和工業。最為有名的例，是 1953 年 B.K.Green 發明含油微粒包覆，使用於非炭複寫紙(non-carbon paper)。

Green 的方法，稱爲水溶液分離法。首先調製低濃度的明膠水溶液和阿拉伯膠水溶液，將要作爲蕊的油分散、乳化於其中之一的水溶液中；接著將兩種水溶液混合，調節明膠的濃度低於 4%，使 pH 值在 pH3.5 ～ 4.5 之間，此時混合液就產生凝聚作用(coacervation)；這種狀態，明膠以多陽離子(poly cation)作用，爲要增大陽離子強度，通常使用酸處理明膠。所生成凝聚物的裡面含有油滴，經冷卻固定後，用甲醛、鉻明礬等水溶液處理，使外殼硬化，就成爲微粒包覆。將此微粒包覆塗布在感壓複寫紙，乾燥後就變成非炭複寫紙。（大貫博）

習題

1、明膠之原料是什麼？

2、何謂 A 膠，何謂 B 膠？

3、明膠之製造方法爲何？

4、明膠之化學組成是蛋白質，爲何明膠之蛋白價爲零？

5、明膠之凝固點(setting point)和融點(melting point)不一致爲什麼？

6、說明明膠之光學性質？

7、明膠之最重要用途是什麼？

8、微粒包覆的意義是什麼？

9、明膠其品質之鑑定方法爲何？

10、Ossein 是指什麼？

11、明膠膠質單體(collagen monomer, tropocollagen)之組成爲何？

12、說明微粒包覆的原理和製法。

第十四章　聚丙烯酸鈉(poly sodium acrylate)的物性及應用

14-1、緒言

　　不管是天然的還是合成的水溶性高分子，由於分子構造的不同，其物性也呈現多樣性。為了要應用水溶性高分子，我們必須把水溶性高分子的特性和效果，預先整理出來，因為有了這種特性和物性的知識，然後才能應用。因此本章，將聚丙烯酸鈉，作為合成水溶性高分子的代表，說明其特性以及最近的實用例。

　　在聚丙烯酸衍生物中，聚丙烯酸鈉為最泛用的一種，可依各種利用目的，而調節其聚合度，成為各種分子量範圍的成品。通常的高聚合度物質，以特殊的黏性、離子性而作為增黏用或高分子凝聚劑之用途；低聚合度物質，則發揮其保護膠體分散性，而應用於分散顏料或清罐劑等。

　　多分枝鏈構造的聚丙烯酸鈉，將是新的合成水溶性高分子，從交聯度的增減，可以調整水和、吸水、膨脹性等性質，其獨特的粘性行為和吸水性，頗值得探討。

14-2、聚丙烯酸鈉的一般性質

　　聚丙烯酸鈉的性質，受分子量的大小而有大的變化。不過，不同於低分子電解質或非電解質高分子，它的水溶液具有離子性高電解質的獨特性質；聚合度愈大則愈顯示其溶解性、溶液黏度、凝膠性、電離性等之特異舉動。低聚合物，通常濃度以50％以下的溶液出售，而高聚合物則以白色粉末或含水凝膠狀販賣，這些都是以水溶液的性質，應用於種種的用途。

14-2-1、溶解性

聚丙烯酸鈉的粉體或乾燥皮膜非常硬且脆，有很強的吸濕性，用水可以容易地使它膨潤、軟化然後溶解；可是所有的有機溶劑，從非極性的到具有極性的醇、乙二醇等，都無法溶解聚丙烯酸鈉。

14-2-2、黏度

聚丙烯酸鈉水溶液為非牛頓性流體，但是當聚合度增大時，隨著流速的變化，溶液構造也隨著變化，所以流體的切速度和切應力之間，不是呈直線的關係。

聚丙烯酸鈉的水溶液，因為屬於離子性高分子電解質，所以受到特有的強靜電排斥力，而呈現有異常的黏性；但一旦加入濃厚的低分子電解質，則靜電排斥力消失，就不會有異常的黏性，而呈示近似於牛頓性流體。例如，水溶液中加入檸檬酸、醋酸等有機酸，則黏度明顯地下降；如加入像鹽酸、磷酸、硝酸等強酸，開始時會產生凝析，不過於攪拌振盪，則凝析物變成溶解之低黏度溶液。再者，如 NaCl 等一價離子的鹽水溶液，可以使黏度下降，但不會產生沈澱；可是添加二價以上的金屬鹽，則產生白色的凝析沈澱。

14-2-3、pH 對黏度之影響

將 NaOH 加入任何聚合度之聚丙烯酸水溶液，隨著中和度的變化、原來是弱電解質的聚丙烯酸，由於離子化而變為強電解質，同時溶液黏度也增大。此乃是高分子鏈的－COOH 基，愈離子化，其電荷間的互相排斥關係，而使分子的長度明顯地伸長，這種結果提高了流動阻力，也增加溶液的表觀粘度。不過如果添加過量的 NaOH，會生成鈉離子偶，反而抑制高分子鏈的離子化，因此分子鏈再度收縮，則外觀的溶液黏度就下降了。

14-2-4、水溶液的安定性

通常的水溶性高分子對溫度比較敏感，但是聚丙烯酸鈉對高溫或低溫都有很好的安定性，尤其，即使經過高溫處理，也不會有粘度的變化。再者，給予聚丙烯酸鈉水溶液高的切應力，也不會因分子鏈的切斷，而降低黏度，故有優秀的機械安定性能。

　　通常，將聚丙烯酸鈉水溶液，長時間在密閉狀態貯存，其黏度幾乎不會發生變化，不過如果所用的容器是鐵、鋁等容易腐蝕的材質時，無法避免發生部分的凝膠化、明顯地降低黏度的情形，所以儘量避免使用鐵、鋁等容器。同時也須注意，長時間將聚丙烯酸鈉水溶液在封閉狀態中保存，有時會因為生霉而導致黏度變化，須特別致注意。高聚合度的聚丙烯酸鈉水溶液受到紫外線照射，黏度會受影響，有漸漸降低的傾向；這種情形，尤其是稀薄溶液更為明顯，所以屋外的長期間貯存，應添加紫外線吸收劑、氧化防止劑等。

14-2-5、毒性

　　聚丙烯酸鈉的平均分子量，從低分子量到數百萬的高聚合度製品，在市面上都有販賣。聚丙烯酸鈉已經日本厚生省指定，可以作為食品添加物，這是一個安全性看法的基準。以最新的技術，對各種製品進行長期的慢性毒性、致癌性等試驗，結果的實驗數據證實，聚丙烯酸鈉並無蓄積的毒性、致癌化、前癌的變化等特異性的現像。

14-3、高分子電解質之特性

　　聚丙烯酸鈉在水中，以如圖(14-1)所示，解離成鏈狀的高分子電解質。

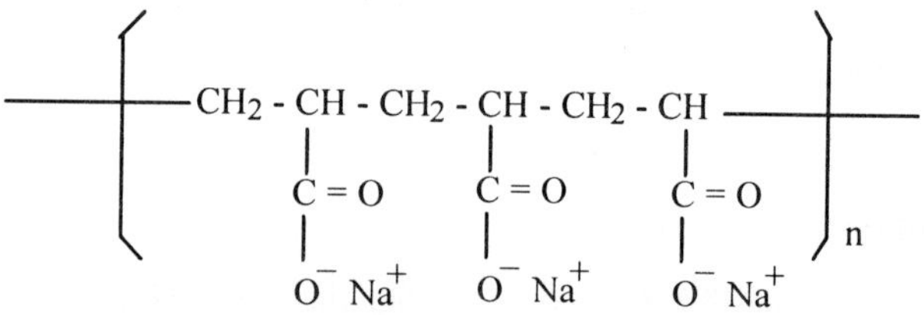

圖 14-1 聚丙烯酸鈉在水中狀態 (田中)

從圖上可以看出，高分子電解質在水中有許多的電解基，分解成高分子離子和低分子離子(偶離子)。

聚丙烯酸鈉的分子鏈上，帶有許多陰電子的超多價離子，從分子構造可以判定，在水中呈示強的離子性質，就如前所述，愈是高聚合度的分子，愈呈現持異的性質。

聚丙烯酸鈉係用 NaOH 中和聚丙烯酸的反應生物。Na 離子偶(ion pair)的解離度，比 $-COOH$ 基的解離度強得多，所以水溶液的 pH 值偏向鹼性(中和當量在 pH9 左右)。雖然，Na 離子偶在 $-COO^-$ 基上約有 80%被固定著，但由於靜電庫倫力的作用、Na^+離子間靜電排斥作用、$-COO^-$基間的排斥作用等原因，使高分子鏈像柱狀地伸直拉長，結果對該水溶液的流動，產生阻力而增大表觀的黏度。如果 Na^+離子離開分子鏈，可以增加高分子的離子有效電荷；相反地如果 Na^+ 被高分子的離子吸住而固定時，則高分子會屈曲，鏈像絲球狀。高分子鏈的形態，在伸長和屈曲的二種相之間，取得平衡，因此，離子偶數的增加時，高分子離子就被離子偶所中和，$-COO^-$ 基同志間的排斥力也就被抑制，使伸長的高分子鏈屈曲，表觀的溶液黏度因此就減少了。

14-4、分散及凝聚作用

通常水溶性高分子的結構，是由疏水性基部份和親水基部份所構成，所以會呈示界面活性，對懸濁在水中的微細粒子，具有保護膠體(分散)作用和凝聚作用。

聚丙烯酸鈉的親水基部分，其離子活性很強，因為懸濁液種類的不同，有時離子的強度過強，會產生反效果。如果使用的目的是要分散時，通常利用數千～數萬程度的聚合物。膠體性懸濁液之凝聚，是利用表面荷電的中和作用，一般都會受離子性和吸著活性的影響。聚丙烯酸鈉的分子內具有多數的活性基，所以膠體性懸濁液之凝聚，使用高聚合度的聚丙烯酸鈉最為有效。

聚丙烯酸鈉的凝聚機制，是中和或降低懸濁微粒子表面荷電，以及微粒間由於吸附的交聯作用而粗大化。如果聚丙烯酸鈉的使用量過多，在懸濁微粒子上吸著過量，則隨著多分子系的吸附，引起表面荷電的逆轉，反而產生保護膠體的作用，導致懸濁微粒子間有靜電排斥，而使分散系安定化，如圖 14-2 所示。

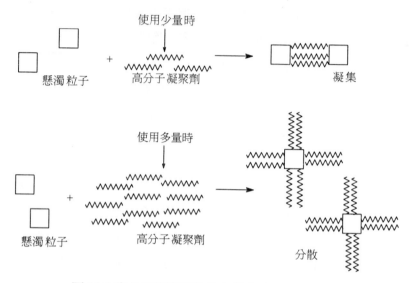

圖 14-2 高分子凝聚劑的凝劑機作模型 (田中)

14-5、工業利用時之特性

利用聚丙烯酸鈉的粘度特性、離子性、反應性等性質，可在許多領域裡使用，不過依其聚合度的不同，而區分它的應用目的，通常之分散劑，都選用低分子量的製品。就分散、增粘、凝聚等用途說明如下。

14-5-1、以分散劑之利用

(1)、塗裝紙用顏料分散劑

美工紙、塗裝紙等用塗料，以往都應用焦磷酸鈉、六間－磷酸鈉 (hexameta sodium phosphate)等聚磷酸鹽，作為黏土系顏料、高嶺土系顏料等之分散劑。最近由於塗裝工程之高速化及印刷高速化，要求要有良好的油墨吸收性之塗工紙，加以不僅是顏料、黏土，就連目前使用的聚磷酸鹽也無法使鈦白、炭酸鈣等反應性顏料，獲得分散安定的目的。因為此類顏料所調配成的塗工液之流動性、分散安定性非常的重要，所以看中、低聚合度之聚丙烯酸鈉。低聚合度之聚丙烯酸鈉有下列特性：

（a）、對於加水分解、鹼及高溫之處理安定。

（b）、和澱粉的相溶佳、無增黏傾向。

（c）、有優越的流動性。

（d）、具有金屬離子封鎖劑的效果。

(2)、腐食防止、污垢防止劑。

　　　熱交換系統用水的鍋垢防止方法，通常使用聚磷酸鹽等之無機磷酸為主劑，有機之丹寧、木質素等也使用，但是加水分解的作用，會使無機磷酸鹽之效力減退，而大部份的磷酸根副產物，也是生成新鍋垢的原因。磷成份是使湖泊、河川富營養化的原因，故成為排水規範的對象，不僅限於家庭清潔劑，鍋垢防止劑之低磷化、無磷化的趨勢是必然的。

　　　像聚丙烯酸鹽等之電離性高分子物質，老早以前就有報告具防止鍋垢的效果，如前所述非離子化的趨勢，而使聚丙烯酸鈉作為添加劑的使用量急增，尤其聚合度 500 以下的聚丙烯酸鈉最為有效。其作用是，以封鎖（固定離子）金屬離子、抑制不溶性金屬鹽的晶析、同時使析出的金屬鹽分散、對於堆積或附著的防止等，這些功效都是已經過測試而確認。

　　　進一步，為要對於鍋垢生成具有高傾向的水系，或是要提高防蝕效果為目的時，有提案將低聚合度之聚丙烯酸鈉，和鉬酸鋅或磷酸羧(phosphonocarboxylic acid)等其他的添加物劑混合使用。

(3)、其他

　　　聚丙烯酸鈉也使用於水泥減水劑、農藥水和分散用、樹脂乳化之聚合或懸濁聚合用之保護膠體劑等等，今後可以期待的是，作為清潔劑之補助劑(builder)。雖然使用於排水最終處理時，有產生分解性的問題，不過低聚合度聚丙烯酸鈉的螯合力、分散力,是非常被看好的有機補助劑。

14-5-2、增黏劑之利用

(1)、聚丙烯酸鈉對於合成橡膠系、壓克力系、醋酸乙烯系等各種樹脂之乳膠(latex),有良好的相溶性及大的增黏性效果,所以用於地氈裡部 SBR 乳膠塗工液或植絨加工用補助劑之增黏劑。這些是利用高聚合度聚丙烯酸鈉獨特的曳絲性、流動性的效果。

(2)、濕布藥基材

要使濕布效果持續,濕布藥的含水量和保水力是重要因素,能滿足這個條件的物質,就是被指定用於食品之高聚合度聚丙烯酸鈉最為理想。最為普遍的處方是,和具有凝膠化成分之明膠併用,尤其是分子量 20,000～100,000 的聚丙烯酸鈉最為有效。由於聚丙烯酸鈉其高黏性及凝集力而有高的保形性,可以得到高含水率的膏物,同時具有優秀的皮膚密著性,以及防止因發汗而崩潰,也可以消除剝離面上不會有膏物的殘留。

(3)、空中散布農藥的防止漂流飛散劑

空中散布農藥的方法,是將農藥用水稀釋成乳劑在空中噴霧,不過農藥自空中下落途中,由於水分蒸發而使噴霧粒微細化,受到風或上升氣流的影響,而漂流飛散(drify)於散布區域外。使用食品添加規格的高聚合度聚丙烯酸鈉,作為主成分的水溶性製劑,可以達成改善農藥散布的效率,以及減輕農藥對環境的污染。

(4)、其他

開發多分枝狀交聯之聚丙烯酸鈉,使黏性溶液的曳絲性完全消除,同時可以得到透明凝膠狀的高黏度溶液,為受注目的多樣性增黏劑。直鏈狀高聚合度聚丙烯酸鈉的黏性液,屬於擬塑性流動體;但是多分枝狀交聯聚丙烯酸鈉，則近似並安流體(Bingham fluid)的塑性流動體，其特性是應力須在一定的降伏值以上，才會流動。

聚丙烯酸鈉使用於水性塗料之增黏劑，可以提高噴漆的廣大面、防止垂直面的下流、抑制顏料或填充材的沉澱、安定分散相等功能。由於具高的降伏值，可以有效地防止，比重大的金屬粉末之沈澱、分散，也使用於鹼錳電池或洗髮精等，今後之應用領域將擴大。

14-5-3、高分子凝聚劑之利用

(1)、魚肉、畜肉加工工場之廢水處理

食品工場廢水含有蛋白質、碳水化合物等容易變質之有機物質，必須進行防止惡臭、回收浮物等適當之處理。尤其，水產練製品、魚肉、畜肉罐頭工廠等所排放的廢液、洗淨排水，裡面的大量有機物質都是以膠體狀或是溶解狀態存在，無法使用普通的活性污泥處理，必須利用高聚合度的聚丙烯酸鈉進行凝聚處理。

要凝聚有機系的膠體性懸濁液，最有效的方法是使用聚丙烯酸鈉，因為聚丙烯酸鈉係強離子性高分子。有關兩性的蛋白質和合成高分子之間的相互作用，據報告是這樣的，高分子具有電離基，它和蛋白質生成複合體，其結論如下：

(a)、產生複合體的必須條件是，在高分子要有電離基。

(b)、僅具備極性基($-OH$ 基)之高分子是無能力生成複合體。

(c)、在高分子電離基$-SO_3^-$和$-COO^-$之間，對蛋白質的結合力並無差別。

從這些條件可以說明，強陰離子性聚丙烯酸鈉和蛋白質在其等電點附近的 pH 範圍，生成不可逆的凝結反應(生成複合體)。

因此處理含蛋白質廢水時，須先將廢水的 pH，維持在容易產生凝聚狀態的中性或酸性(調整等電點)，然後添加聚丙酸烯酸鈉，使蛋白質膠體之間生成離子、氫鍵等結合，經過如此的吸附、交聯作用，最後生成粗大的蛋白質凝聚體。這樣回收的物質，有用的成分是蛋白質為主體，其組成和魚粕粉相等，所以可以作為飼料或肥料。

(2)、鋁氧中紅泥之分離

　　在邦阿法(Bayer process)製煉氧化鋁的過程，高濃度苛性鈉液中含有紅泥，紅泥係由氧化鐵、氧化矽、氧化鈦、高嶺土等懸濁物所組成，要自高濃度苛性鈉液中，沈澱、分離紅泥是相當困難。由於這些懸濁物，帶有正電荷，如果使用帶陰離子性高分子電解質(如聚丙烯酸鈉)作為凝聚劑，是非常有效的。聚丙烯酸鈉幾乎 100%被紅泥所吸附，因此不會像使用澱粉後，在工程上引起不良的後果。

(3)、苛性鹼電解用水的精製處理

　　電解用食鹽，含有多量的鎂、鈣等不純物，在電解前必須先予除離。方法是電解用水中，加入 NaOH 或 $NaHCO_3$，使生成 $Ca(OH)_2$、$CaCO_3$ 等不溶性鹽析出，要加速這些不溶性鹽的沈澱，幾乎所有的苛性鹼電解工場，都使用聚丙烯酸鈉作為沈澱促進劑。

(4)、其他

　　水質規制日益嚴格，雖然水溶性高分子之有機系凝聚劑被重視，但希望有更高經濟性、安全性的凝聚劑。聚丙烯酸鈉是唯一在日本被許可，用於食品添加物之合成高分子，尤其作為食品加工工程、飲料水等之澄清劑。例如，用聚丙烯酸於甘蔗汁中，促進石灰微粒子之沈澱、促進食醋釀液中膨脹土微粒子之沈澱、促進上水道原水處理時副生 $Al(OH)_3$ 之沈澱、$Al(OH)_3$ 污泥之濃縮處理等等。

14-5-4、其他的主要利用

(1)、麵類的品質改良用:

　　以食品添加物的規格，原料小麥粉添加入少量聚丙烯酸鈉，聚丙烯酸鈉會和蛋白質作用，明顯地提高水和谷朊的粘彈性效果。這樣可以大大地改善所製造麵品的食感和風味，同時可以抑制煮爛的情形。代表性配方為：小麥粉 500 份、聚丙烯酸鈉 0.45、食鹽 10 份、水 165 份。

(2)、豬用胃潰瘍預防劑。

　　大型養豬場，因飼養環境和高消化性飼料等的原因，有多數的豬隻患胃潰瘍，是養豬場的一大問題。使用聚丙烯酸鈉作為胃潰瘍予防劑，已經知道有很好的效果，也己實用化。

從病理的觀點看，聚丙烯酸鈉預防胃潰瘍的機作是這樣的。

(a)、聚丙烯酸鈉具有抗胃朊酵素(pepsin)的活性。

（b）、由於聚丙烯酸鈉的高粘性，會使食物殘留在胃內，因而可防止鹽酸胃朊酵素對胃壁的攻擊。

（c）、聚丙烯酸鈉會降低鹽酸的遊離量。

(3)、高吸水性樹脂(Hydrogel)。

　　各國競相開發高吸水性樹脂的商品化、新用途，已經在紙尿褲、生理用品等使用多年。開發新的用途和開發適合使用目的的加工技術，將是今後研究聚丙烯酸鈉的大課題。

　　所謂高吸水性樹脂，係擁有親水性的氫氧基和羧基的水溶性高分子，在分間作適度的交聯結構使不溶於水，而有吸水、膨潤性。已經有幾種的製造方法，例如在專利公告 54-3071 的發明，注目於安全且具有強親水性的聚丙烯酸鈉，予以自體交聯後的聚丙烯酸鈉粉末樹脂，公稱其性能具有400% 以上的吸水能力。

以上是只談到，有關水溶性合成高分子聚丙烯酸鈉的一些特性和應用智識，不過由於今後對水質、大氣污染的規制，和追求安全的化學物質等種種的客觀條件日趨嚴格下，具有機能性高分子的潛在特性、可作為精密化學的原料之聚丙烯酸鈉，今後將更可期待它的發揮。(田中隆，1981)

習題

1、聚丙烯酸鈉 (Poly sodium acrylate) 之粘性為何？

2、何謂 [減水劑]？

3、濕布藥基材所要求之條件為何？

4、什麼叫做漂流飛散 (driffy)？如何控制？

5、說明並安流體 (Binghan fluid)。

6、說明在魚肉、畜肉加工場廢水處理的方法，如何以回收蛋白質？

7、何謂等電點 (Zeta point)？有何現象產生？

8、麵條易煮爛，煮好的麵也不能放久，其原因為何？如何改善？

9、溶液中之微粒浮遊物之除離，通常使用凝聚劑就可以，可是高鹼性之水溶液如製鋁之 Bayer process 和苛性鹼電解水之精製處理，平常之化學藥品皆無能為力，說明用何種方法可以達成？

10、聚丙烯酸鈉可用為豬的胃潰瘍預防劑，其功能為何？

11、聚丙烯酸鈉能吸引蛋白質，其利用之原理是什麼？

12、鍋爐垢之防止如果使用聚丙烯酸鈉，會比其他之化學藥品要好，說明之。

第十五章　聚丙烯醯胺 (poly acrylic amid,PAA) 之特性及加工技術

15-1、緒言

　　聚丙烯醯胺(poly acrylic amid，PAA)和聚丙烯鈉(poly sodium acrylate，PSA)都是分子量高達數百萬之超高分子，為丙烯酸系水溶性高分子之代表。聚丙烯醯胺的親水基(酸醯胺基)的反應性非常強，所以開發出很多的變性和衍生物。一般常用的，有非離子性聚丙烯醯胺、弱陰離子性聚丙烯醯胺的部份加水分解鹽、弱陽離子性變性化合物等，這些依各各聚合度、離子性、離子性單體比等因素，而有明顯不同的物性，使用時必須看用途而有所選擇。丙烯醯胺聚合體，為現今普及使用之高分子凝聚劑。

　　最近強化水質的規制，而要求產業對工廠排水之處理漸趨嚴格，因此利用聚丙烯醯胺作為凝聚劑，將有很好的前途。本章對聚丙烯醯胺之基本物性、包括新的應用例，予以介紹說明。

15-2、聚丙烯醯胺的一般性質

　　可分為溶解性、分子量和黏度、水溶液的性質、反應性等項。

15-2-1、溶解性

　　高聚合度的聚丙烯醯胺，通常以白色粉末或片狀販賣，是非常硬、脆的固體，和聚丙烯酸鈉相比較其吸濕性稍低。加熱超過 120°C時分解而軟化；如超過 150°C，則在分子內或分子間產生亞胺結合(imide bonding) 而變成水不溶性。

15-2-2、分子量和黏度

聚丙烯醯胺的水溶液,隨著聚合度的增加而黏度變高。工業上用爲高分子凝聚劑的分子量,通常以 1,000 萬程度的超高分子量爲主體。如果作爲紙力增強劑,則分子量以 40～50 萬程度的較爲理想。

15-2-3、水溶液的性質

聚丙烯醯胺本質上並未加水分解,所以爲非離子性高分子,因此親水基的酸醯胺基(acid amide group)是以水合形態溶解於水,在水溶液中高分子鏈並非伸直狀態,而是呈絲絨狀屈曲收縮。不過聚丙烯醯胺水溶液,係不同於高分子特有之擬塑性,而呈示非牛頓流體的特性。

由於聚丙烯醯胺爲非高分子電解質、非離子性,故其黏度幾乎不受 pH 的影響,尤其在 pH3～6 之酸性範圍極爲安定;不過在稀鹼且 pH10 以上的條件時,慢慢開始起加水分解,因而促進離子化。高分子電解質的水溶液對酸、鹽類等敏感,可是聚丙烯醯胺水溶液對電解質比較安定,不會有溶液黏度之降低或產生凝析沈澱;受界面活性劑的影響不大,所以對各種樹脂乳化物或合成乳膠等的相溶性良好。

聚丙烯醯胺水溶液不受微生物的侵犯,不過有時會長霉,如要長時間貯存時,必須添加殺菌劑。其水溶液受強烈的攪拌或予以強的切剪應力時,則會切斷高分子鏈而降低黏度。

15-2-4、反應性

聚丙烯醯胺加熱超過 150°C,則產生氨變爲水不溶性,這是脫氨,在分子內或分子間形成亞胺(imide)結合而交聯的結果如式(15-1)所示。此乃因聚丙烯醯胺之親水基,即酸醯胺基具非常高的反應性,利用此反應基,可以得到種種的變性體或衍生體。

$$\text{(15-1)}$$

聚丙烯醯胺水溶液在鹼性條件下加熱,則起部分加水分解,一部份的酸醯基變成羧基,和鹼量相對應,可以得到定量的丙烯醯胺(acryl amide)和丙烯酸(acrylic acid)的共聚體,如式(15-2)所示。

$$\text{—(CH}_2\text{-CH)}_n \xrightarrow[\text{H}_2\text{O}]{\text{alkali}} \text{—[(CH}_2\text{-CH)}_x\text{—(CH}_2\text{-CH)}_y\text{]}_n\text{—} \qquad \text{(15-2)}$$

稀薄的聚丙烯醯胺水溶液,有甲醛和鹼的條件下(pH8~10),在室溫反應可以得到氮-甲醇基聚丙烯醯胺(N-methylol poly acrylic amide)水溶液。此溶液相當安定,如加入酸且加熱到約 100°C,則變成水不溶化;也可以添加過氧化物(peroxide)進行交聯作用,則生成的化合物為水不溶性,如式(15-3)所示。

$$\text{—(CH}_2\text{-CH)}_n\text{— + HCHO} \xrightarrow{\text{alkali}} \text{—(CH}_2\text{-CH)}_n\text{—} \qquad \text{(15-3)}$$

甲醇基(methylol)化聚丙烯醯胺,在鹼水溶液中(pH10~12)和酸性亞硫酸鈉加熱到 50°C，則可以得陰離子性磺酸化甲基(sulfo methyl)化合物，如式(15-4)所示。

$$—(CH_2\text{-}CH)_n + NaHSO_3 \xrightarrow[\text{heating}]{\text{alkali}} —(CH_2\text{-}CH)_n \quad (15\text{-}4)$$

（左）$CONHCH_2OH$　（右）$CONHCH_2SO_3Na$

聚丙烯醯胺和甲醛、二乙基胺等作用，進行曼里期反應(Mannich reaction)，則生成陽離子性的聚丙烯醯胺羥甲基胺變性體，如式(15-5)所示。

$$—(CH_2\text{-}CH)_n \xrightarrow[\text{HCHO}]{\text{alkali}} —(CH_2\text{-}CH)_n \xrightarrow{RNH_2 + HCl}$$

（左）$CONH_2$　（右）$CONHCH_2OH$

$$—(CH_2\text{-}CH)_n$$

$$CONHCH_2NH_2^+ \; Cl^- \quad (15\text{-}5)$$

$$R$$

聚丙烯醯胺和苛性鹼、溴或氯作用，進行霍夫曼分解(Hoffmann degradation)，可以獲得具胺基的陽離子變性乙烯胺聚合體，如式(15-6)所示

$$—(CH_2\text{ - }CH)_n \xrightarrow[\text{[X: Br or Cl]}]{NaOX + 2NaOH} —(CH_2\text{ - }CH)_n \quad (15\text{ - }6)$$

（左）$CONH_2$　（右）NH_2

聚丙烯醯胺和環氧乙烷(ethylene oxide)反應時，可得羥乙基化(hydroxy ethylayion)，或聚氧乙基化(polyoxy ethylation)變性物。這些物質也可溶於酒精。利用水溶性高分子時，大都在最終階段，必須使成為水不溶性。聚丙烯醯胺的水不溶化處理，有下列的方法：

（1）、和 NaOH 在 90°C 反應二小時後，添加如明礬等之三價金屬鹽。

（2）、在鹼存在的條件下和乙二醛(glyoxal)反應。

（3）、在 pH10～10.5 和甲醛反應後，添加入酸或基(radical)觸媒，或在 pH7
～8 及 100°C加熱處理。

（4）、和無水醋酸煮沸 15 分鐘，接著在 150°C處理 10～15 分鐘。

（5）、少量的添加 $CrC_3 \cdot 6H_2O$ 於高聚合度聚丙烯醯胺水溶液，使呈酸性後
加熱乾燥，則可以生成幾乎水不溶性的皮膜。

15-3、陰離子性聚丙烯醯胺的特性

　　將非離子性聚丙烯醯胺予以部份加水分解，或將聚丙烯醯胺和丙烯酸鈉予以共
聚，所得到的高分子電解質，呈示弱陰離子性，特性和強陰離子性的丙烯酸鈉相近。
換言之，經羧基(carboxyl)變性之陰離子性聚丙烯醯胺，在中性或鹼性水液中，顯示
陰離子性多價電解質的性質，但在酸性水溶液中，則由於離子化被抑制而呈示非離
子性。陰離子性強弱的差別、製造方法的差異，也就是共聚型態、加水分解型態的
不同，陰離子基的分布就有所不同，因此在應用時，該溶液特性多少會有差異，故
必須審慎地選用最適當的陰離子性聚丙烯醯胺。應用這種凝聚劑時，由於粒子間有
交聯吸附之同時，亦會離子化，所以也有中和電荷的作用；和普通的非離子性聚丙
烯醯胺相比較，具有優越的凝聚沈澱效果，乃成為最代表性的陰離子性高分子凝聚
劑，也利用於紙力增強劑。

15-4、分散及凝聚作用機構

　　聚丙烯醯胺在本質上並未加水分解，屬非離子性，但一部份以醯胺($-CONH_3^+$)
的型態存在，可視為多少帶有陽離子性，不過其強度尚不足以中和懸濁粒子的負電
荷，所以聚丙烯醯胺的吸附力應該是醯基和粒子表面間，生成氫鍵的原因。聚丙烯
醯胺在水溶液中未離子化，分子鏈呈絲絨狀屈曲收縮，而水溶液中的粒子受高分子
鏈之吸附，致使粒子互相拉緊，生成密度比較大的凝聚物，產生加速沈澱的效果。

　　膠體性懸濁液之凝聚作用，通常易受凝聚劑的離子性和吸附活性左右，所以高

分子鏈上，有許多活性基的高聚合度多離子，具有凝聚效果，可是部份加水分解的聚丙烯醯胺、聚丙烯醯胺陰離子的變性體、丙烯醯胺-丙烯酸鈉共聚體等，因為其陰離子基數、分布之差異，常使凝聚效果有特殊之差別。一般的情況，丙烯酸鈉之含量，約佔聚合體的三分之一，或經 33％加水分解物的聚丙烯醯胺，具有最大的凝聚力。

換言之，未經加水分解之聚丙烯醯胺，含有一部的 $-CONH_3^+$，可以發揮某程度的凝聚能；如果聚丙烯醯胺，僅有一小部份加水分解，當然可以導入一小部分的陰離子基，但是由於靜電的中和關係，以致高分子鏈的絲絨形狀達到最收縮的狀態，而使凝聚力變成最差。經 33％加水分解的聚丙烯醯胺，呈示陰離子性，分子的伸長可達直線狀態，使高分子和粒子間易於生成氫鍵，這是產生最佳凝聚性的原因。再者，經 67％加水分解的聚丙烯醯胺，具有強的陰離子性，雖然可以使分子完全伸直，但高分子和負電荷的懸濁粒子，由於同種電荷加強互相的排斥力，因此凝聚力反而降低。

15-5、聚丙烯醯胺的一般製法和聚合條件

聚丙烯醯胺的一般製法，通常使用水溶性過硫酸鹽等，作為聚合起始劑，以水溶液聚合可以得到丙烯醯胺，不過要得到高聚合度聚的丙烯醯胺，其基本條件，是使用少量的聚合起始劑、添加高濃度的丙烯醯胺單體、在較低溫度進行聚合反應等。例如，要製造 500～1,000 萬分子量的聚丙烯醯胺時，則用過硫酸鹽和酸性亞硫酸鹽（或硫代硫酸鹽），或者溴酸鹽和亞硫酸鹽，甚至用過硫酸鹽或過氧化氫和水溶性第三級胺配合等之 Redox 系觸媒，以水溶液聚合，可以得到透明含水狀的聚合體。產品有非常的彈性、黏著性也大、難溶於水，所以要溶解非常麻煩。市售品幾乎都是乾燥粉碎的粉末。

含水凝膠在高溫乾燥或強熱後，在表面交聯生成醯結合，使部分成為水不溶性的聚合體。因此有許多防止水不溶化方法，例如將氰胺、胍－胺基甲胼(guanidine)鹽、聯胺、硫醇琥珀酸、琥珀酸二醯亞胺(succinimide)、硫代乙醇酸、尿素等物質之

0.02~2%(對乾燥物基準)，添加入聚合體凝膠中，可以消除水不溶化的情形發生。再者，聚合時加入無機酸的鹽類，並使用鼓型乾燥器乾燥可以防止劣化。

15-6、工業利用之特性

　　聚丙烯醯胺和陰離子性聚丙烯醯胺，都是具反應性的水溶性高分子，有許多的用途，不過目前使用最多的，是部份加水分解的高聚合度聚丙烯醯胺物、聚丙烯醯胺陰離子變性體、丙烯醯胺和丙烯酸鈉的共聚體等之陰離子型化合物。由於水質規制日趨嚴格，今後高分子凝聚劑將在此領域快速地擴展，這方面用途將是最大的利用領域。

　　雖然聚丙烯醯胺系水溶性高分子，其特性之一是增黏性，不過用為增黏劑，數量並不如聚丙烯酸鈉那樣多。最近由於石油資源枯竭，對於休、廢油井等的殘存原油之強制回收，超高分子量的丙烯醯胺將是開創此新技術的明星。

15-6-1、紙力增強劑

　　在 1957 年美國開發紙漿製造原料由針葉樹改變為廣葉樹以後，使製紙用機械之高速化、高級化、提高抄紙性、改善乾燥性等全盤起了大變化。在這種情況下，以往使用的澱粉、尿素樹脂或植物膠等紙力增強劑，已經無法符合實際的需求，聚丙烯醯胺系的利用就應運替代，其用量也急速地大增。

　　聚丙烯醯胺系紙力增強劑的功能，是在打碎紙漿抄紙時加入聚丙烯醯胺，聚丙烯醯胺分子內的-$CONH_2$、-$COOH$ 等親水基，和紙漿纖維之間因氫氧鍵結合的作用，提高紙漿纖維之間的結合力，再者高分子本身的凝聚非常強，因此提高紙張的強度。除此之外，在網上的瀝水性良好，提高抄紙速度，也增進印刷的適性。通常2~3%的硫酸鋁，在後工程加入做為固定劑，但由於原料紙漿和水質的品質不良，加以最近因省能源的政策，要求好的過濾性、紙力效果、紙漿的定著性等，也就有殷切需求所謂的『內添紙力劑』，因此才有併用陰離子性聚丙烯醯胺和陽離子性高分子紙力劑的普及。

15-6-2、凝聚劑之利用

陰離子性聚丙烯醯胺,和非離子(nonion)性聚丙烯醯胺的效果不相同。當非離子性物溶於水後,高分子呈現收縮的絲絨狀,其有效的分子鏈變短,吸附水中懸濁粒子的交聯作用,和陰離子性聚丙烯醯胺相比較,所產生的凝聚物(絮,flok)通常較小,不過機械強度大,因此有時利於泥渣之過濾脫水。

通常非離子性聚丙烯醯胺不受 pH 及金屬離子的影響,對於容易變動 pH 之處理水,以及酸性或中性的懸濁液,有大的效果;相反地,陰離子性聚丙烯胺則對中性乃至鹼性領域較有效果。

如在反應性項所述,經曼里期反應或霍夫曼分解的陽離子變性型化合物,都是限定使用於特殊用途。比較代表性的用途,列舉一二如下:

(1)、促進微粉狀礦物質的水性懸濁體脫水

為使微粉狀礦物質的水性懸濁體脫水容易進行,添加陽離子性聚丙烯醯胺的水溶液,可以促進懸濁狀礦物質,在濃縮化的階段會快速地沉澱。所添加的量,因礦物懸濁體處理量的性質而有所不同,通常的使用範圍在 5~50ppm 之間。

(2)、促進氧化鎂煤渣(magnesia clinker)的沉澱

從海水提煉氧化鎂的過程,添加石灰乳或白雲石乳於海水,使和鎂發生作用生成氫氧化鎂,氫氧化鎂再經沉澱、過濾、水洗、乾燥、燒成等工程。為加速微粒狀氫氧化鎂的沉澱,都添加陽離子性聚丙烯醯胺,這種操作也可以提高過濾性。

(3)、紙漿工場的廢水處理

紙漿工場的廢水,由於紙漿原料的材質和蒸解方法的不同,其組成並不一定,通常含有木質素和可溶性有機物質,所以呈現著色的液體。為要減少廢水中的 COD、SS,在一次水處理階段,都用高分子凝聚劑進行凝聚處理;到二次水處理階段,則用活性污泥處理,澄清水質。併用明礬和陽離子性聚丙烯醯胺,處理 SCP 廢水(COD 2500 ppm)結果,

原來褐色的 SCP 廢水，可以將 COD 降到 200 ppm 以下。

15-6-3、殘留原油之採取用

原油的採取方法，有自己噴出或唧筒抽出之一次回收法；將水打入油層，以提高採取率之水攻法的二次回收法等二種。對於休、廢油井內殘留原油之回收，以及增加產率，乃有三次回收之著想，其中『高分子攻法』和『微胞(micellar)攻法』比較有希望。也就是將黏稠的高分子水溶液送入油層，以唧筒作用將原油壓出，以及將界面活性劑送入油井，將原油洗下，同時用高分子水溶液押出。超高分子量之聚丙烯醯胺對金屬鹽類安定，故在此領域非常有希望。在初步的實驗已得到良好的成果。 (田中隆,1981)

習題

1、聚丙烯醯胺 (poly acrylic amide,PAA) 分子溶於水中的形態，和其他水溶性高分子溶解形態有何不同？以流體立場而言又有何不同？說明之。

2、聚丙烯醯胺之使用雖受 pH 的影響不大，但不可加熱高於 150 ℃，為什麼？

3、說明聚丙烯醯胺之分散及凝聚作用的機制。

4、休、廢油井等殘留原油之強制回收，有何方法? 列舉說明之。

5、製紙工業進步，為何使用化學品可以提高紙張的強度，說明之。

6、以化學原理說明作為凝聚劑，陰離子性聚丙烯醯胺和通常之非離子性聚丙烯醯胺，兩者在水溶液中的凝聚功能不同。

第十六章 聚乙烯醇(polyvinyl alcohol, PVA)

16-1、緒言

目前生產量最多的水溶性高分子，是大家所熟習的聚乙烯醇(polyvinyl alcohol, PVA)。在日本以 Vinylon 爲商品名之人造纖維，是用聚乙烯醇作爲原料的，Vinylon 產量也是世界第一位。對於聚乙烯醇的基礎或是用途研究，都已經是相當成熟且透徹，雖然，聚乙烯醇的構造簡單，只要稍爲改變它的骨格，就可以改變其物性，因此可以賦予適用於各種用途的性能，是今後相當有發展前途的水溶性高分子。

16-2、聚乙烯醇的分子構造

聚乙烯醇的分子構造可分爲：終端基、異種結合、結晶性、立體特異性、分枝鏈等項說明。

16-2-1、終端基

(1)、−COOH 基

醋酸乙烯酯(Vinyl acetate, VAc)聚合時，在生長自由基和單體分子或高分子乙醯基(acetyl) CH_3 的 H 之間，產生連鎖移動；生長中的自由基使已安定化的乙醯基，生成新的自由基，此新自由基進行生長反應，結果就生成高分子，如式 16-1 所示。此高分子在脫醋酸時，切斷酯結合，所以聚乙烯醇(以下簡稱爲 PVA)的一端必然會殘留一個-COOH。用塊狀聚合、在酯系溶劑中進行聚合之聚乙烯醇，每一個高分子含有一個 -COOH；而在甲醇中聚合的高分子，則-COOH 的含量小於一個。

$$— CH_2=CH·COCH_2-CH_2-CH-CH_2-CH\sim\sim\sim \longrightarrow HOOC·CH_2-CH_2-CH-CH_2$$
$$\quad\quad\quad\quad\quad OCOCH_3 \quad\quad OCOCH_3 \quad\quad\quad\quad\quad\quad\quad\quad\quad\quad OH$$

$$-CH_2CH-CH_2-CH-CH_2-CH\sim\sim\sim \quad HOOC·CH_2-CH_2-CH-CH_2\sim\sim\sim$$
$$\quad OCOCH_3 \;\; OCOCH_2 \;\; OCOCH_3 \longrightarrow \quad\quad\quad\quad\quad\quad OH$$
$$\quad\quad\quad\quad\quad CH_2-CH-CH_2-CH\sim\sim\sim$$
$$\quad\quad\quad\quad\quad\quad OCOCH_3 \;\; OCOCH_3 \quad ---------------- (16\text{-}1)$$

(2)羰基(carbonyl)

通常聚乙烯醇的終端羰基(carbonyl)構造是醛(aldehyde)型。以自由基反應的知識來說，CH_3CHO 和其他自由基反應時，會拉出 H·如式(16-2)所示。

$$R· + CH3CHO \longrightarrow RH + CH3\overset{\bullet}{C}O ----------(16\text{-}2)$$

因此可以想像，從連鎖移動反應性大的醛類的 CH_3CO，所引發的高分子聚乙烯醇末端，是 $CH_3COCH_2CHOH\sim$之醛型羰基。不過聚乙烯醇呈顯醛型羰基的反應。

因為加熱而產生脫醋酸反應，雖然在非常弱的條件下，也容易發生。聚乙烯醇終端的羰基，雖然微量但其影響力非常強大，尤其它是引起著色的主因。由於加熱而形成：

$$HC(CH=CH)_n CH_2 \quad\quad\quad n=1,2,3$$
$$\;\Vert$$
$$\;O$$

等共軛多烯(polyene)。在 225、280、330mμ附近的紫外光譜，可以明確地看到吸收。

不過在丙酮中聚合的醋酸乙烯酯尾端(telomer)，予以鹼化時，並不會產生脫酮反應，所以其構造應為：

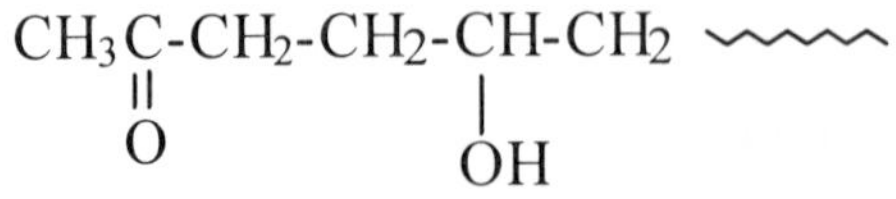

$$CH_3C-CH_2-CH_2-CH-CH_2 \sim\!\sim\!\sim$$

帶有 O（雙鍵）及 OH

在羰基和氫氧基之間含有二個甲烯基，所以要用解聚反應或脫水反應，使其形成多烯的構造是困難的，因此從著色方面來說，和在乙醛共存的條件下，所得到的聚乙烯醇相比較，要安定得多。同樣是末端羰基，由於構造上些微的差異，而導致大不相同的反應性，這就是高分子末端基之特徵。

16-2-2、異種結合

(1)、1,2 乙二醇(1,2 glycol)結合

通常聚乙烯醇的聚合，是以頭尾－頭尾的附加進行(1,3 glycol 結合)，偶而也有異常之頭尾－尾頭附加的情形，這就是 1,2 乙二醇結合如式(16-3)所示。

$\sim CH_2\dot{C}H + CH_2\dot{C}H$ 　$\xrightarrow{\text{頭尾-頭尾附加}}$ 　$\sim CH_2CHCH_2\dot{C}H \longrightarrow$
　　|OAc　　　|OAc　　　　　　　　　　　　|OAc　|OAc

$\xrightarrow[\text{鹼化}]{\text{聚合}} \sim CH_2CHCH_2CH \sim$
　　　　　　　　|OH　　|OH
　　　　　　1,3 乙二醇

$\sim CH_2\dot{C}H + CH_2\dot{C}H$ 　$\xrightarrow{\text{頭尾-尾頭附加}}$ 　　　　　　　　OAc
　　|OAc　　　|OAc　　　　　　　　　　$\sim CH_2CHCHCH_2\cdot$
　　　　　　　　　　　　　　　　　　　　　　|OAc

$\xrightarrow{\text{聚合}} \sim CH_2CHCHCH_2 \sim$　　　--------------------(16-3)
　　　　　　　|OHOH
　　　　　　1,2乙二醇

　　　　生成 1,2 乙二醇的量，會受聚合時溫度的影響，在溫度愈低時所受到的影響愈小，而不受其他聚合條件，例如聚合溶劑、聚合率等因素的影響。1,2 乙二醇量的多少，對聚乙烯醇物性有大的影響，例如聚乙烯醇受放射線照射之劣化，是發生在 1,2 乙二醇的結合點上。市售品，如果含約 2 mol％的 1,2 乙二醇量，倒不至於有太大關係。1,2 乙二醇結合也和結晶性有關係，幾乎都存在於非晶領域內。

16-2-3、結晶性

　　聚乙烯醇是容易結晶的高分子，尤其用熱處理可以使聚乙烯醇結晶化。有許多的研究報告，討論有關聚合條件和結晶性的關係，或和結晶性有密切關係之性質等問題，已經知道這些差異的原因，都是因為聚合條件之差異所引起的。已研究過的項目如下：

　　(1)、固體的性質

　　　　和固體的性質相關的項目有：聚乙烯醇皮膜的膨潤度、用熱處理皮膜再經過碘化物處理之水膨潤度、聚乙烯醇皮膜在熱水中之膨脹度、紅外線之結晶性光譜、二次轉移點、融點等。

(2)、溶液的性質

　　　　和溶液的性質相關的項目有：聚乙烯醇濃溶液的安定性、含水DMSO 溶液之濁化速度、乙醛(acetal)化聚乙烯醇之擴展性、碘呈色反應、溶液黏度之切斷速度相關性、溶液的起泡性等。

　　　　關於聚合條件使結晶性產生差異性的原因，可以想到的是由於 1,2乙二醇結合、分枝鏈和立體特異性等的因素，其中尤以立體持異性的影響最爲明顯。

16-2-4、立體特異性

　　在這方面有廣泛且詳細的研究，其終極目的，與其說是提高聚乙烯醇的立體規律性，倒不如說是提高其結晶性、大幅地變化其物性；也就是將聚乙烯醇製成，比以前更具耐水性、強度更大的纖維、膜、成型物等製品。

　　使用酸基不同的乙烯酯(vinyl ester)作爲開始的單體，例如三氟化醋酸乙烯、或蟻酸乙烯等，然後改變聚合溫度、溶劑、觸媒等條件，合成更有立體規則性的聚乙烯醇。另一方面也可以使用紅外光譜、NMR 作特性的定量分析。

　　村橋等人適當地改變乙烯三甲基－甲矽烷基醚(vinyl trimethyl silyl ether) 聚合溶劑的極性，進行陽離子聚合，可以得到非常有定規(isotactic)構造，或間規(syndiotactic)構造的產物，如表 16-1 所示。這些物質對水的溶解性，會因爲異位構造成份的增加而降低，很顯明地這是增大結晶性的緣故。

表 16-1　用不同的單體會得同立體構造的 PVA

Momer	D916/D850	Syndiotactic% (diad)	水溶性
Vinyl trimethyl silyl ethyer	0.01	9.0	冷水不溶、100°C溶解
Ter-butyl vinyl ether	0.02	12.5	冷水不溶
Vac(PAL)	0.27	45.0	冷水不溶、100°C溶解
Vinyl trifluoroacetate	0.41	51.5	冷水不溶、100°C溶解
Vinyl trimethl silyl ether	1.38	74.0	150°C不溶、160°C溶解

(白石，1981)

　　另一方面，定規結構的聚乙烯醇不容易結晶，但容易生成分子內的氫鍵結合。所得到具有最高異位聚乙烯醇，雖然有相當的部分是無規構造(atactic)，即使在 150 °C的水中也不溶解，這是非常有趣的現像。不過這些聚乙烯醇，都不是使用市販的醋酸乙烯做為原料。

　　改變聚合的方法，企圖提高立體規則性的研究結果顯示，即使大幅地變化聚合溫度，異位構造含率卻只有數%的變化而已，如表 16-2 所示。

表 16-2 聚合溫度和立體構造的關係

聚合溫度,°C	聚合溶劑	D916/D850	Syndiotactic% (diad)
0	methanol	0.44	53.5
60	methanol	0.42	52.0
120	bulk	0.36	50.0

(白石，1981)

16-2-5、枝鏈

　　聚乙烯醇的枝鏈對物性有很大的影響。如前所述，對於聚乙烯醇的立體規則性，無法作太大的期待，不過對於結晶性則枝鏈就有更大的意義。

　　關於枝鏈方面，井本曾作詳細的研究。在醋酸乙烯的聚合反應裡，有二種可能性，一種是由主鏈分開的分枝鏈;另一種是從醋酸基分開的分枝鏈。以後者的情形為絕對多數，這種分枝鏈在鹼化時被切斷，如式(16-4)所示。

$$
\begin{array}{l}
\quad\quad\quad\quad OAc \\
\quad\quad\quad\quad | \\
\quad\quad CH_2CH \sim\!\sim\!\sim \\
\quad\quad\quad\quad | \\
\curlyvee CH_2CHCH_2CH \sim\!\sim\!\sim \quad\quad\quad ---------------------\ (16\text{-}4) \\
\quad\quad\quad\quad | \\
\quad\quad\quad OCOCH_2 - CH_2CH \sim\!\sim\!\sim \\
\quad\quad\quad\quad\quad\quad\quad\quad\quad | \\
\quad\quad\quad\quad\quad\quad\quad\quad\quad OAc
\end{array}
$$

對櫻寺認為，枝鏈有長短二種。長枝鏈，必然係由高分子連鎖移動之外，也可以想像係由分子末端，雙鍵結合的共聚反應所生成，如式(16-5)所示。而短枝鏈，係像 PE 那樣由背後咬合(back biting)所生成，如式(16-6)所示。用模型(model)物質合成，再測試 NMR，結果知道，在塊狀聚合時，聚合率 60%的聚乙烯醇，每 1 個高分子約有 0.5 根的長側鏈；而短側鏈，則有約 1～1.5 根。由於分子量的不同而有所變化，通常低分子部分側鏈較多。

(1) 長鏈分枝
連鎖移動

共聚

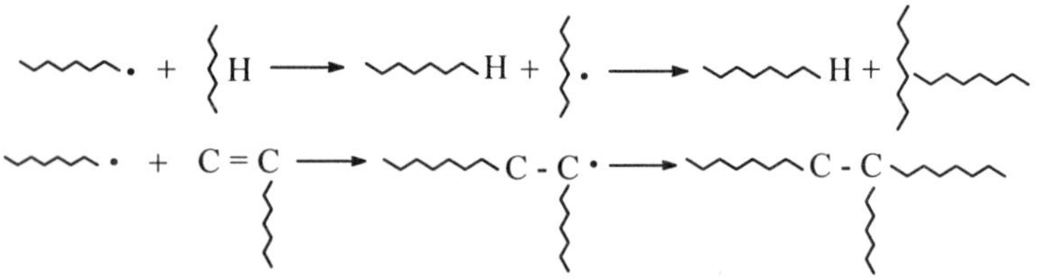

-------------------------- (16 - 5)

(2) 短鏈分枝
連鎖移動
(back biting)

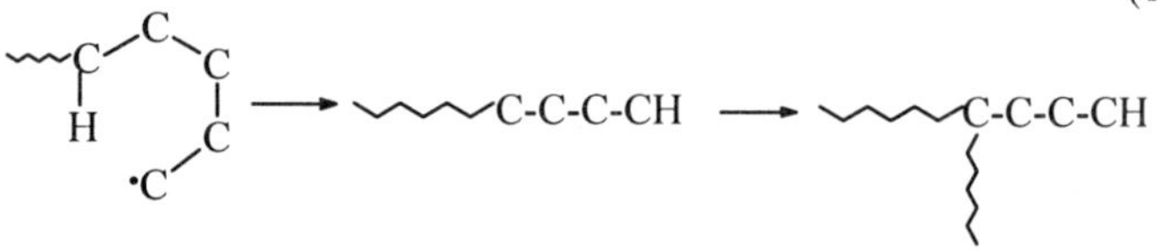

-------------------------- (16 - 6)

16-3、聚乙烯醇的性質

聚乙烯醇的性質分為水溶液的性質、皮膜的性質、反應性、變性聚乙烯醇之特性等項說明。

16-3-1、水溶液的性質

實用上，聚乙烯醇是用水作為溶劑，所以對水的溶解性極為重要。主要影響溶解性的因素有聚合度和鹼化度，但以鹼化度的影響最大，聚乙烯醇係結晶性高分子，在分子間、分子內有強的氫鍵結合，要溶解它必須先切斷氫鍵結合。鹼化度低的聚乙烯醇，在主鏈中含有多量的醋酸基($-OCOCH_3$)，因此阻礙了結晶性，所以易溶於水。

　　鹼化度高的高濃度聚乙烯醇水溶液，放置於低溫就會起凝膠化作用，此凝膠化物予以加熱也不容易溶解於水，所以非常難操作。其界面化學的性質，受部分鹼化的聚乙烯醇因為含有親水基－OH，和疏水基－OCOCH₃ 的關係，具有降低表面張力的功能，利用此性質，聚乙烯醇廣用於乳化聚合時的乳化安定劑，或 PVC 聚合時的懸濁分散劑。不過雖然同樣之鹼化度，由於醋酸基之分布、配列狀態之不同，其界面活性就大受影響。

　　關於相溶性的問題，可單獨使用聚乙烯醇，也常和澱粉等天然產品或聚乙烯醇酸酯併用，其理由是基於補助性能及經濟上的觀點，尤其在紙面加工或纖維經絲糊劑方面常使用。實用上相溶性是非常重要的，聚乙烯醇和可溶性澱粉之比率、聚合度、鹼化度等之影響，概略說明如下：

　　(1)、可溶性澱粉之比率大時，其分離速度快，一小時內可達平衡，而聚乙烯醇的比率大時，則情形相反。

　　(2)、聚乙烯醇鹼化度之變化，對分離速度有大的影響。鹼化度降低時其分離速度也下降；鹼度在 94～96 mole％時，分離速度達最低點；94％以下時則分離速度再度變快。

16-3-2、 皮膜的性質

　　聚乙烯醇幾乎都以水溶液形態使用，所以所生成的皮膜性質，就具重要的意義。例如作為再濕接著劑、經絲劑等用途時，必須保持對水的膨潤性和溶解性。

　　(1)、溶解性

　　　　　聚乙烯醇的皮膜經熱處理後，增大結晶化速度，故降低其溶解度。可是部份鹼化的聚乙烯醇，則不大受熱處理溫度的作用，所以其溶解性也不易受影響。在實用上，從聚乙烯醇之水溶液蒸發水分，都在 100°C 附近乾燥，受乾燥溫度程度的熱處理，對降低溶解性的影響不大。

　　(2)、膨潤性

　　　　　隨著熱處理溫度之上升而降低膨潤度。

(3)、吸濕性

在相對濕度(RH)50 %以下時，相對濕度和平衡含水率約呈直線關係；相對濕度 60 ％以上時，則加速增大平衡含水率；相對濕度 90%以上時，則平衡含水率極為顯著地增加。

(4)、透濕性

具有和玻璃紙同一程度的透濕性，透濕係數為 270g-0.1mm/10hr・mc^2Hg。

(5)、可塑劑

為使聚乙烯醇皮膜柔軟化，通常用乙二醇(glycol)類作為可塑劑。

(6)、氣體透過性

皮膜之氣體透過性，其重要性大於食品包裝之用途。聚乙烯醇對於 CO_2 及氟氯碳氫化合物(Fereon)等氣體之透過性，在所有高分子中為最低如表 16-3 所示。而 O_2 的透過係數也最小如表 16-4 所示。

表 16-3 各種高分子的氣體透過係數(10^{-11}cc.cm/cm.sec.cmHg)

材料	P_{CO_2}	P_{fereon}
PVC-vinylidene chloride copolymer	1.56	0.18
PVC	2.00	0.18
Nature rubber	10.03	109
PE(d=0.9605)	20	4.6
PE(D=0.9203)	120	10.8
Poly ethylene phthalate	1.6	0.4
PVA	0.01	<0.01

(白石,1981)

表 16-4 各種高分子的 π 氧透過係數(cc.cm/cm.sec.cmHg)

材料	π	氧透過係數
PVA	160	6.24×10^{-17}
cellulose	97	8.94×10^{-14}
vinylidene chloride	87	2.76×10^{-13}
Nylon-6	80	6.17×10^{-13}
Poly ester	68	2.45×10^{-12}
PE(d=0.9605)	40	6.13×10^{-11}
PP	33	1.37×10^{-10}
PE(D=0.9203)	26	3.07×10^{-10}

(白石,1981)

(7)、耐油性

　　　　聚乙烯醇和醇類、乙二醇類、胺類等都具有親和性，但是對動植物油、礦物油、脂肪族、芳香族之碳水化合物、乙醚、酯、酮類等許多有機藥品，具有強的耐油性。

16-3-3、聚乙烯醇的反應性

(1)、乙縮醛化反應。

　　　　乙縮醛化反應，在聚乙烯醇的工業上應用，具有非常重要的意義。用聚乙烯醇為原料的纖維『vinylon』，經熱處理後提高結晶度，同時利用甲醛進行聚乙烯醇的乙縮醛化反應，提高纖維的耐水性和強度，以達到實用化的水準。

　　　　聚乙烯醇有廣泛的工業用途，諸如塗料、接著劑、泡綿、安全玻璃的中間膜等等。

(2)、交聯反應。

　　　　聚乙烯醇能和多價金屬反應生成錯鹽，而成為不溶於水的化合物。在聚乙烯醇的凝膠化劑中，硼酸和硼砂最為常用；在高濃度的聚乙烯醇，硼砂的凝膠化力比硼酸大得多，因此利用硼酸作為增黏劑。

(3) 聚乙烯醇之解聚反應

如前所述，聚乙烯醇的末端具有高反應性的羰基，使聚乙烯醇具有特異的反應功能。它不同於通常高分子的單純異種結合，因爲異種結合反應都是由夾雜物所引起的，但是聚乙烯醇的反應基是在主鏈上，容易受反應，常以此作爲起始點，進而引起連鎖的大變化，所以絕不能因爲少量而忽視。

16-3-4、變性聚乙烯醇之特性

由『聚合度』和『鹼化度』的組合，來改變聚乙烯醇的性能，用這種方法有其極限，所以開發新型的聚乙烯醇，也就是研發變性的聚乙烯醇是一種不錯的途徑，這方面已有相當的成果。

以下列三種方法，製造變性聚乙烯醇。

(1)共聚變性

以醋酸乙烯和其他乙烯單體(vinyl monomer)之共聚體，經鹼化而得到變性聚乙烯醇。工業上，最容易利用的有－COOH 基、疏水基變性等。

(2)後變性(以高分子反應的方法)

以能和聚乙烯醇的氫氧基反應之化合物，進行二次的反應方法。

(3)接枝反應

用其他高分子作爲主幹，先用醋酸乙烯作爲枝鏈接枝後，再鹼化的方法。其相反方法也可以。

16-4、聚乙烯醇之利用

工業上用聚乙烯醇作爲材料，其代表的性能如下。

(1)、聚乙烯醇水溶液具有適度的黏度、富乳化力、接著力等。

(2)、由於聚乙烯醇係結晶性高分子，可以形成絲或膜。

(3)、經乾燥或熱處理，可以使聚乙烯醇更具耐水性。

(4)、聚乙烯醇生成之皮膜為無色透明、具優秀之抗拉強度、抗裂強度、耐磨耗強度等。

(5)、聚乙烯醇皮膜有適度的吸濕性、水氣可容易透過、但是 O_2, CO_2, N_2 等氣體則不易透過。

(6)、聚乙烯醇具耐油性，幾乎不溶於有機溶劑。

(7)、聚乙烯醇因具有－OH 基，故可以進行醚化、酯化、乙縮醛化等反應，以製造各種的變性體。

(8)、聚乙烯醇不受細菌、日光、土壤等作用而降低強度。(白石誠.1981)

習題

1、說明聚乙烯醇(polyvinyl alcohol, PVA)其終端酸基(carboxyl)之情形。

2、說明聚乙烯醇其羰基(carbonyl)之特性。

3、說明聚乙烯醇聚合時以 1,2 glycol 異種結合之情形。

4、說明聚乙烯醇之立體特性，對聚乙烯醇性質上有何影響？

5、影響聚乙烯醇對水的溶解性之主要因素是什麼？

6、聚乙烯醇作為皮膜包裝食品有何特徵？

7、說明聚乙烯醇之工業用途。

第十七章 油脂與食生活

17-1、緒言

油脂是人體三大營養素之一，每日攝取的食品都含有油脂；非但動物肉類中含有豐富的油脂，烹飪時亦使用大量油脂調理，因此，容易過份攝取油脂，結果造成身體肥胖。以前將肥胖視為『福』，不過如今，已經知道許多慢性疾病，都是由身體肥胖所引起的，身體減肥乃成目前健康的第一要件。

所謂『油脂』，包含油和脂。在室溫呈液態者為油，固態者為脂。油脂，皆由一個甘油和三個脂肪酸所生成的酯化合物。而每個脂肪酸亦有碳數和鍵態不同之別，所以構成油脂之成分很複雜，並非單一之化學成份。雖然脂肪酸可分為飽和脂肪酸和不飽和脂肪酸，不飽和脂肪酸較不會引起血管疾病，但是飲食時卻不能完全挑吃不含飽和脂肪酸的食物。

最近市面上，大肆宣傳進口的橄欖油，使人們以為橄欖油是健康的聖品，大家趨之若鶩，是否值得花那麼多錢購買進口的油脂，改吃它呢？ 還有，大家都認定，牛乳為營養最完美的食品，因此婦女養育嬰孩皆使用牛乳，替代母乳哺育，這種作法是否正確？能養育成聰明的孩子嗎?

由最近研究有關神經和脂肪酸的關係，結果已經知道，必須脂肪酸扮演著非常重要的角色。我們對油脂的看法，正值改觀的時候了。

其實只要適量地攝取，即使飽和脂肪酸也不會影響健康。油脂之為害不在油脂本身，而是油脂受氧化後，產生自由基才是重要的禍首。本章以化學的立場，說明有關使用油脂的基本常識和智慧。

17-2、脂肪的消化及吸收

油脂，除了乳化之油脂在胃內部分被消化之外，大部分經過十二指腸時，被鹼性之胰液、腸液、膽汁等乳化，再由脂肪分解酵素(lipase)予消化如式(17-1)所示。脂肪的消化，最適合的條件是 pH8，所以實際上經由脂肪分解酵素或胰脂酵素(steapsin)的作用，在小腸中進行消化。乳化狀態的三酸甘油脂(triglyceride)受脂肪分解酵素之加水分解，在腸管失去甘油(glycerol)鏈上，炭位置 1(α)和 3(α')的脂肪酸；炭位置 2(β)的脂肪酸，不受脂肪分解酵素的作用，因此形成 2-單酸甘油脂(2-mono glyceride)。單酸甘油脂在鹼性水溶液中容易異構化，產生之 2-單酸甘油脂(2-mono glyceride)，變成 1(3)－單酸甘油脂(1(3)mono glyceride)，再被脂肪分解酵素作用，分解成甘油和脂肪酸如式(17-2)所示。

$$
\begin{array}{ccccc}
\alpha\ \mathrm{CH_2OCOR_1} & & \mathrm{CH_2OCOR_1} & & \mathrm{CH_2OH} \\
\beta\ \mathrm{CHOCOR_2} & \xrightarrow{\text{lypase}} & \mathrm{CHOCOR_2} & \xrightarrow{\text{lypase}} & \mathrm{CHOCOR_2} \\
\alpha'\ \mathrm{CH_2OCOR_3} & \searrow & \mathrm{CH_2OH} & \searrow & \mathrm{CH_2OH} \\
& \mathrm{R_3COOH} & & \mathrm{R_1COOH} &
\end{array} \qquad (17\text{-}1)
$$

triglyceride   1, 2- or α, β-diglyceride   2 or β-monoglyceride

$$
\begin{array}{ccccc}
& \mathrm{CH_2OH} & \xleftarrow{\text{lypase}} & \mathrm{CH_2OCOR_2} \\
\mathrm{R_2COOH}\ + & \mathrm{CHOH} & & \mathrm{CHOH} \\
& \mathrm{CH_2OH} & & \mathrm{CH_2OH}
\end{array} \qquad (17\text{-}2)
$$

glycerol   1 or α-monoglyceride

　　據研究的結果，油脂最重要之吸收模式，是在腸內腔由三酸甘油脂(triglyceride)之部份加水分解物，和膽汁酸鹽結合，形成的微胞(micell)理論。純膽汁酸鹽微胞直徑為 40Å，由三酸甘油脂所產生 2-單酸甘油脂(2-mono glyceride)其微胞直徑為 10 Å左右，而由單酸甘油脂 (mono glyceride) 脂肪酸及膽汁酸鹽，所生成的微胞直徑為 40～100Å，約相當於在胃水乳化粒子之 1/100。此混合微胞之生成，是吸收脂肪時之主要路徑。通常脂肪分子內有親油或疏水基，和親水或疏油基之二重性格。腸微絨毛(microvillus)之間隙為 500～1,000Å，所以 100Å 程度之脂肪加水分解物可以自由通行，不過微胞中的脂肪酸或單酸甘油脂，是如何地從腸黏膜上皮細胞的微絨毛中進入，其機制尚未解明。對於生成微胞，具有重要角色之膽汁酸鹽，也和脂肪酸或單酸甘油脂一樣，未被吸收而殘留於腸內腔，其後在回腸被吸收而進入肝，即所謂的『腸肝循環』。

17-3、油脂的營養

脂質是構成人體重要的要素，男人佔身體重量之 15%，女人則達 30 %之多。據美國農業部報告，美國人攝取油脂量占全熱卡之 32%(1910 年)、35%(1930 年)、40%(1950 年)，現在則更多。而攝取量，都市人比農村人多；北部居民比南部人攝取多。日本人，比較偏重於炭氫化合物之攝取，攝取油脂量約占全熱卡之 10% (1天每人約 25 公克)，比美國人少得多。

以貯存能的形態來看，油脂比起炭水化合物或蛋白質有較多的優點。脂肪含炭和氫的量，較其他主要的營養物質多，每公克所含可燃性物質的含量，比蛋白質或炭水化物大，以最少的容積，可保持最大的能量。三大營養素各 1 公克，其平均的燃燒熱如表 17-1 所示，脂肪的燃燒熱比蛋白質和炭水化物約大一倍。

(1)、FAO 採用食品類別，依燃燒熱及消化率予以考量，作成熱卡換算係數，再計算。再者燃燒脂肪時，比其他營養素產生大二倍的水（蛋白質1公克生 0.41 公克的水，炭氫化物生 0.55 公克的水，脂肪生 1.07 公克的水），也是脂肪代謝特徵之一。

表 17-1 營養素的燃燒值 (鹿山)

營養素	燃燒熱 Cal/ g
動物性蛋白質	5.65
植物性蛋白質	5.65
動物性脂肪	9.40
植物性脂肪	9.30
動物性炭水化物	3.90
植物性炭水化物	4.15

(2)、油脂有熱能的優點之外，還含有動物本身無法合成的不飽和脂肪酸，是
　　　另一重要的特徵。如果用缺少亞麻仁油酸(linoleic acid)、蘇子油酸
　　　(linolenic acid)、花生四烯酸(arachidonic acid)等成分之飼料，飼養白老
　　　鼠，實驗的結果顯示，白老鼠停止生長、皮膚和尾巴起變化、脫毛、尾
　　　部之鱗屑或壞死、或腎出血、皮膚的透水性增加等症狀。一旦這些症狀
　　　出現後，即使再飼以飽和脂肪酸或油酸(oleic acid)，也無治療效果；如
　　　果改飼以氫化綿子油，非但無改善效果，更使病情惡化；但給予少量之
　　　亞麻仁油酸或蘇子油酸，則可以預防前記症狀及治癒病情。花生四烯酸
　　　(arachidonic acid)則有更大的效果。

　　　　　讓我們看看，油脂的分子結構和效果之相關性。亞麻仁油酸、蘇子
　　　油酸、花生四烯酸等三種的不飽和脂肪酸，稱為必須脂肪酸，或維生素
　　　F(vitamine F)。必須脂肪酸在人體內無合成，必須從食物中攝取。亞麻
　　　仁油酸和花生四烯酸的分子，在第六和第九位置的炭要有雙鍵結合為必
　　　須條件，而後者在第十二和第十五位置的炭也有雙鍵結合，因此效果增
　　　大。這些雙鍵都必須是順(cis)型，如果是逆(trans)型則失去必須脂肪酸的
　　　功能。

(3)、要確定必須脂肪酸之需求量非常地困難。以亞麻仁油酸(linoleic acid)而
　　　言，所需必要量是總熱卡之 1%(白老鼠)、2%(豬)、1～2%(人)等。也就
　　　是我們如果每日缺少 6 g 的亞麻仁油酸(linoleic acid)當量或二十炭四烯
　　　酸(arachidonic acid，則只需亞麻仁油酸量的三分之一)之必須脂肪酸，則
　　　在心筋和血清中之 5,8,11 二十炭三烯酸(eicosatrienoic acid)量會增加。

(4)、必須脂肪酸的作用，除上述生長效果和防止皮膚角質化功能之外，尤其
　　　具有預防高膽固醇血症(hypercholesterolemia)及阿替能性動脈硬化症
　　　(atherosclerosis)。

(5)、植物油含有大量的亞麻仁油酸(linoleic acid)。例如玉米油 55%、綿子油

51％，大豆油 55％、葵花子油 66％、番紅花油 76％的亞麻仁油酸。人體，各別每日給予 57g 之玉米油、橄欖油、番紅花油、牛脂，經過九日後，除牛脂組以外，檢測 100c.c.血清中降低膽固醇的量，玉米油為 23mg，橄欖油為 10 mg、番紅花油為 18 mg。

(6)、動物性高度不飽和魚油，例如鱈肝油、鯡油、鯖油、沙丁油等，其降低膽固醇的效果，都比大豆油、玉米油等植物油大，而五烯油酸(pentaenoic acid)和六烯油酸(hexaenoic acid)的降低膽固醇效果，則比亞麻仁油酸大四倍。

17-4、油脂的氧化

油脂及其含有的食品，長時間置於室內，都會變成不同於本來的風味或色調，且發出不快的臭味，這些都是油脂的自動氧化或自己氧化(autoxidation)所引起的結果。這種氧化反應，如果有促進反應的酵素、血色素(hematin)等化合物，或金屬觸媒共存時，則油脂氧化將加速進行。二種易氧化化合物共存時，當一種氧化物促進另一種物質的氧化，以共役作用影響其他成分，會改變食品本來的風味、色調劣化、破壞在營養上具有重要意義的維生素等。再者，也會和蛋白質結合，而劣化營養價值。

通常的食品，油脂氧化的問題非常複雜，關於有其他成分混合系之研究，尚未有大的進展。考察之第一步，是以脂肪酸及其酯為對象，先討論氧化的反應機制。

油脂係由甘油(glycerol)和三分子的脂肪酸結合而成的酯，所以考察其氧化，理當先注目於脂肪酸的氧化，實際上研究油脂的氧化，主要也是從這方面進行。具有二個以上雙鍵結合的脂肪酸，總稱為多不飽和脂肪酸；而有四個以上雙鍵結合的脂肪酸，稱為高度不飽和脂肪酸。油脂之自動氧化，因構成脂肪酸種類的不同而有大的差異。

安定之飽和脂肪酸在溫室中幾乎不會發生氧化的問題。stirton 在 100℃，測試各種油酯，對氧吸收速度的實驗，結果發現，以蘇子油酸甲酯(methyl linolenate ester)

的氧化率 100 為基準時，相比較的結果為，硬脂酸甲酯(methyl stearate)：油酸甲酯(methyl oleate)：亞麻仁油酸甲酯(methyl linolate)：蘇子油甲酯(methyl linolenate)＝0.5：6：64： 100。所以從數據可以看出，飽和脂肪酸在室溫不會發生問題，不過如果暴露於高溫，又有金屬鹽存在條件下，慢慢受氧的攻擊而變化分解，這時分子量大者，容易氧化，而游離酸較酯更易於發生反應。

17-4-1、不飽和鍵數影響氧化

Gunstone 在 20°C測試各種不飽和脂肪酸的氧化，其氧化速度的比值，是油酸(oleic acid，含一個雙鍵)：亞麻仁油酸(linoleic acid，含二個雙鍵)：蘇子油酸(linolenic acid，含三個雙鍵)＝ 4：48：100。很顯明地，脂肪酸分子隨著雙鍵數之增加，氧化速度也急速地增加。

17-4-2、氧化的機制

以往認為不飽和脂肪酸之自動氧化反應，是開始於雙鍵處的氧附加反應。但 1936年 Criegie 注意到環己烯(cyclohexene)的自動氧化，生成氫過氧化物(hydroperoxide)如式(17-3)所示。

式(17-3)顯示氧並非直接附加於雙鍵，而在雙鍵相鄰的位置上，所以 Gunstone 和 Hilditch 提倡，氧分子並非附加於 α-亞甲基(α-methylene)位置，而是在油酸酯(oleate)的雙鍵位置，首先生成不安定之過氧化物(peroxide)，經轉位而生成不飽和之氫過氧化物(hydroperoxide)。此理論受 Bolland 等之支持，被認為是妥當的見解。實際上，油酸(oleic acid)氧化所得的過氧化物，係由雙鍵結合為起始的位置，利用生成、經移動之混成物、trans 異性體等的證據，證明了此理論。

自動氧化反應，係自動催化的(autocatalytic)連鎖反應(chain reaction)，一旦反應關始，則增加反應速度。不過最初期之誘導期，其最初之氫過氧化物，是如何產生？則尚不十分清楚。總之，由某種原因，例如宇宙線、光能或微量金屬之誘起劑等的作用，使氫自由基脫離，而生成的自由基，受分子狀氧分子的攻擊，該位置就在雙鍵相鄰的甲烯(methylene)基上，此處之氫原子容易脫離，如式(7-4)所示。

$$-CH=CH-CH_2- \longrightarrow -CH=CH-\overset{\bullet}{CH}- + H\bullet \qquad (17\text{-}4)$$

$$\updownarrow$$

$$-\overset{\bullet}{CH}-CH=CH-$$

雙烯酸(dienoic acid)及三烯酸(trienoic acid)比單烯酸(monoenoic acid)更容易脫離 H・自由基，尤其在雙鍵中間之活性甲烯基上。Bolland 和 Koch 的模式圖如下：
自活性甲烯基拉出氫原子，是上記反應之速率控制階段。

17-4-3、Free radical 的連鎖機制

Free radical 的連鎖機制如下。

起始反應：

$- CH = CH - CH$ $2 - CH = CH -$ 　　　　脫氫原子

$$\downarrow - H\cdot$$

$- CH = CH - \underset{\cdot}{CH} - CH = CH -$

$- \underset{\cdot}{CH} - CH - CH - CH = CH -$ 　　　三種可能之自由基

$- CH = CH - CH = CH - \underset{\cdot}{CH} -$

$$\downarrow + O_2$$

$- CH = CH - \underset{|}{CH} - CH = CH -$
$\quad\quad\quad\; OO\cdot$

$- \underset{|}{CH} - CH = CH_2 - CH = CH -$ 　　　三可能之過氧化物
$\; OO\cdot$

$- CH = CH - CH = CH - \underset{|}{CH} -$
$\quad\quad\quad\quad\quad\quad OO\cdot$

$$\downarrow + H\cdot$$

　　　由其他亞麻油酸分子
　　　供給之氫自由基

$- CH = CH - \underset{|}{CH} - CH = CH -$
$\quad\quad\quad\; OOH$

$- \underset{|}{CH} - CH = CH - CH = CH -$ 　　　三種可能之氫過氧化物
$\; OOH$

$- CH = CH - CH = CH - \underset{|}{CH} -$
$\quad\quad\quad\quad\quad\quad OOH$

RH + O₂ → Free radical

ROOH (ROOH)₂ → Free radical (R˙,RO˙,RO₂˙,HO˙)

連鎖移動：

R˙ + O₂ → RO₂˙

RO₂˙ + RH → R˙+ROOH

停止反應：

R˙+R˙ → R R (安定分子)

R˙ + → RO₂˙ → ROOR (安定分子)

RO₂˙+RO₂˙ → ROOR + O₂ (安定分子)

17-4-4、油脂氧化的相關因素

　　油脂氧化相關的因素，可分爲氧化促進因素和氧化抑制因素二項。氧化促進因素包括：油脂的不飽和度、高溫、光線(紫外線及近紫外線)、放射線(α、β、γ、χ)、酵素和氧化酵素(lipoxidase)、有機觸媒和血紅素化合物、微量金屬觸媒(hematin)等。其相對的抑制方法，是氫化處理和抗氧化劑、低溫(冷藏、冷凍)、遮光性容器和包裝(紫外線吸收)、除離氧氣、漂白和抗氧化劑、金屬不活性化劑等，如表 17-2 所示。

表 17-2 油脂氧化相關因素 (鹿山)

油脂氧化之促進	油脂氧化之抑制
油脂之不飽和度	H 添加、抗氧化劑等
高溫	低溫(冷藏、冷凍)
光線(紫外線及近紫外線)	遮光性容器、包裝材(紫外線吸收)
放射線(α, β, γ, x)	除離氧氣
酵素,氧化脂酵(lipoxidase)	漂白、抗氧化劑
有機鐵解媒,血紅素(hematin)合物	
微量金屬觸媒(Co,Cu,Fe)等	金屬不活性化劑

(1)、油脂的不飽和度

雙鍵結合之間的活性甲烯基,如果增加則使氧化更容易;每增加一個甲烯基,則氧化速率增加一倍。

(2)、溫度

以油酸甲酯(methylene)為例,其氧化速率在60°C以下時,每增加45°C,其氧化速率呈二倍的關係增加;而在 60°C以上時,每增加 11°C之變化,氧化速率約有二倍之變化。大豆油的混合甲基脂肪酸酯,自 15°C~75°C之間每增加 12°C,氧化速率增加二倍。所以溫度和油脂保存期間之間,呈對數的直線關係,由此可知油脂宜保存於低溫。

在 100°C以下的反應,可適用自動氧化之連鎖反應說明,但是在油炸物(160~180°C)、速食麵、炸薯條(130~140°C)、油炸煎餅(260~270°C)等之製造加熱溫度條件下,過氧化物會有分解、自動氧化、加熱氧化、加熱聚合等反應,混合發生,使反應機制變成非常複雜。因此除了過氧化物的毒性之外,不得不關心,由加熱所產生的聚合物及分解物之毒性。

(3)、光線

光線,尤其是紫外線或近紫外線,都能增進油脂之氧化。食品中,如果有葉綠素、血紅素(hematin)化合物、偶氮(azo)系食用色素等存在時,則會發生光感物質(photo sensitixer)的作用,即使是可視光線,也能促進油脂的氧化。

(4)、放射線

　　　　油脂受放射線照射後，衍生的化合物如表 17－3 所示。

(5)、脂肪酸氧化酵素(Lipoxidase)

　　　　不飽和脂肪酸氧化相關的酵素，亦稱為(lipoxidase)，是順戊二烯-[1,4(cis-1,4,-pentadiene)系脂肪酸氧化之觸媒，存在於豆類、穀類、種子、馬鈴薯、蘿蔔汁、某種霉菌等物質。

(6)、血色素(hematin)化合物

　　　　血色素(hematin)化合物不同於酵素，無特異的作用基質，但可促進不飽和脂質的氧化。

(7)、金屬觸媒

　　　　二價或大於二價之重金屬，如 Co、Cu、Fe、Mn、Ni 等，自古就知道，能促進油脂之酸敗。其防止方法，是除離微量共存的金屬，或者使其不活性化。金屬觸媒的主要功能，是產生自由基(free radical)，以引導產生氫過氧化物(hydroperoxide)和分解氫過氧化物而生成根基(radical)。

表 17－3 油脂氧化之化合物 (鹿山)

反應	生成物
氧化	羰基(carbonyl)化合物、氫氧(hydroxy)化合物、過氧化物(peroxide)脂肪酸具氧鍵結聚合物，異臭
聚合	二聚體、多聚合體
鍵結之切斷	低級碳氫物、低級脂肪酸及再結合之高級化合物，異臭
脫炭	CO_2、高級碳水化合物、高級羰基(carbonyl)化合物
脫氫	具新雙鍵結合之化合物合
異性化	共役化和 cis-trans 異性體
氫添加	更飽和之化合物

17-5、抑制自動氧化的方法

(1)、在自動氧化開始反應及連鎖反應的階段，自不飽和脂肪酸拉出一個氫原子，而生成自由基(free radical (R・))和過氧化合物基(peroxide radical (ROO・))，進而連鎖反應之生長。如果將氫原子或電子供給 R・或 ROO・，使基(radical)安定化，則理論上可以斷絕連鎖反應。

(2)、不飽和脂肪酸添加 BHA(3-tert-butyl-4-hydroxyanisole, 3-BHA)，BHA 的酚性 OH 之 H・給不飽和脂肪酸之自由基，變成原來的不飽和脂肪酸，因而防止氧之進入，可以延長自動氧化的誘導期。另一方面，BHA 成為自由基狀態，此時如果適當地給予共軛劑，自共軛劑拉出一個 H・，供給自由基狀態的 BHA，使 BHA 回復成為氧化防止態；如無共軛劑存在時，則和共存之各種自由基給合，變成不活性化合物。

(3)、用抗氧化劑(AH)作用於過氧化物基(peroxide radical (ROO・))，則反應如下：

$$ROO・+AH \longrightarrow ROOH+A・$$
$$ROO・+AH \longrightarrow [ROO・AH]$$

等電荷移動複合體(charge transfer complex)使氧化之生長中止。維生素丙(AAH2)為典型的共軛劑，它和聚酚性(poly phenolic)抗氧化劑(QH)有下列之共軛關係。除了維生素丙之外，檸檬酸、植酸鈣鎂(phytin)、聚磷酸、磷脂質等都以共軛劑作用。

$$ROO・ + QH \longrightarrow ROOH + Q・$$
$$Q・ + AAH2 \longrightarrow QH + AAH・$$

這些作用是和食品，乃至油脂中的重金屬以螯合(chelate)結合，去除金屬的觸媒作用，即所謂金屬不活性劑(metal inactivating agent)。

17-6、食品用氧化防止劑

常用的食品用氧化防止劑，有乙基兒茶酸(ethyl protocatechuate)、異戊基及丙基沒食酸、BHA、BHT、NDGA、甲氧基酚酸(guaiaconic acid)、檸檬酸、L-維生素丙或維生素 E.等，這些物質必須使用少量而有效果；氧化防止劑之攝取大於通常量時，必須對身體無害；且其氧化物，或在食品中所生成的物質須無害；不會使食品產生異臭、異味、可以分析、價值適宜等條件，是作為食品氧化防止劑的必要條件.

17-7、常用油脂的成分和營養價值

人們為了怕肥而不敢吃含油脂的食物，或者因聽信商業廣告，長期購買高貴的進口油品食用，或者用牛乳長期哺育嬰兒等現像，都是司空見貫的事情。這些行為常造成意想不到的傷害和損失，人們卻不知不覺。

據最近研究結果得知，脂肪酸不僅是供給人體的熱量，在生理上更是有非常重要的功能，尤其是對心和智機能有相關連的作用。高度不飽和脂肪酸，如二十二碳六烯酸(DHA, decosa hexaenoic acid)是影響腦力的重要成分，也是神經系統重要的傳遞要素，每人每天必須攝取 1~2 公克。

很不幸的是二十二碳六烯酸只存在於魚油中，陸上動物的油脂並不含有，但是人體內由必須脂肪酸可以合成。必須脂肪酸的來源就成為關鍵問題，首先讓我們看看常用油脂的成份。

17-7-1、常用食用油的成份比較

目前常用的食油列於表 17-4。縱列是油脂的種類，其飽和脂肪酸以總量計算，省略其詳細的組成。第三欄以後為不飽和脂肪酸，油酸只含一個雙鍵，無亞甲基故非必須脂肪酸；含雙鍵二個以上的有亞麻油酸(含一個亞甲基)、次亞麻油酸(或稱為蘇子油酸，含二個亞甲基)、花生四烯酸(含三個亞甲基)等三種，為必須脂肪酸。將含亞甲基的數目乘以百分比，列於最後一欄。牛乳僅含 0.2%的亞麻油酸和 0.1%的次亞麻油酸，所以亞甲基數目乘以百分比的值為 0.4；牛油為 2；豬油為 7；橄欖油為 9；紅花籽油為 12.4；花生油為 37.8；棉子油為 47；玉米油為 59；葵花籽油為 61；大豆油為 68；胡麻油為 123。換言之，牛乳只含微量的必須脂肪酸，數值為最小，

而麻油的 123 為最高。如表中數目所示。

17-7-2、中國由經驗得知的智慧-麻油

　　幾千來中國傳統的婦女，生孩子後坐月子，所吃的營養補品是麻油雞。這個補品，意含著祖先的無上智慧，因為雞是良好的蛋白質源，而麻油是自然界含必須脂肪酸最多的油品，麻油雞不但提供養分，使產婦身體早日康復，也是哺育嬰兒碩壯的泉源。

　　反觀媒體極力宣傳的橄欖油，其亞甲基總數僅含 9%的亞麻油酸，而不含次亞麻油酸，在所有的植物性油脂裡是最差的，這種情形頗值得省思。因為人體在肝臟，由亞麻油酸和次亞麻油酸合成、花生四烯酸、DHA、EPA 等不飽和脂肪酸，單獨的亞麻油酸能順利地合成花生四烯酸、DHA、EPA 嗎? 己經知道，DHA 等必須有亞麻油酸和次亞麻油兩者同時存在時才能合成。再者，前述每人每天必須六公克的亞麻油酸當量，才能維持健康，但不含 DHA 等的問題。只吃橄欖油，每天則必須吃約 100 公克以上才合乎要求，此數量普通人大概無法達成。

表.17-4..通用油脂的成分比較

油的種類	飽和脂肪酸 雙鍵中間的亞甲基數=0	油酸 雙鍵中間的亞甲基數=0	亞麻油酸 雙鍵中間的亞甲基數=1 維生素 F	次亞麻油酸 雙鍵中間的亞甲基數=2 維生素 F	花生四烯酸 雙鍵中間的亞甲基數=3 維生素 F	雙鍵中間的亞甲基總數×%
奶油	51%	48%	0.2%	0.1%	0%	0.4
牛油	54	40	2			2
豬油	38	54	7			7
橄欖油**	14	77	9			9
紅花籽油*	9	79	12	0.2		12.4
花生油	18	49	30		2.6	37.8
棉子油	23	29	47			47
玉米油*	13	29	57	1		59
葵花籽油*	12	27	60	0.5		61
大豆油*	15	24	54	7		68
胡麻油	10	11	35	44		123
EPA	雙鍵中間的亞甲基數=4　(由魚油提煉)					
DHA	雙鍵中間的亞甲基數=5　(魚油油提煉)					

註 *：成份取自台糖的數據爲基礎。

　　**：成份取自愛麗美橄欖油(西班牙進口品)廣告數據。

　　橄欖油唯一的好處，是含少量的不飽和脂肪酸，所以比較耐火炒，不容易氧化而已。以其他的觀點考量，橄欖油都比其他植物油差，有價廉而好的油不用，而花高貴價錢去買進口的橄欖油，確實是不妥當。

17-7-3、用牛乳哺育嬰兒的省思

表 17-5 牛乳和乳粉的組成

種類	水分	固形物	蛋白質	脂質	糖質	灰分
牛乳 Holstein(荷)	88.01	11.93	3.15	3.45	4.65	0.68
Jersey (英)	85.27	14.73	3.80	5.14	5.04	0.75
乳粉	2.5	97.50	25.9	26.5	39.1	6.0
全脂	4.2	95.80	34.8	1.0	52.2	7.8
脫脂	2.5	97.50	22.1	22.5	47.8	5.1
全脂加糖調製	2.1	97.9	18.1	19.7	55.7	4.4

　　用牛乳哺育嬰兒的風氣已久，大家都認為很理想，即使醫生也推荐牛乳，宣稱牛乳是最完美的食品，好與否由表 17-5 的成分來說明。表中明示，牛乳中脂肪(乳油)的含量只有 3~5%，但是全脂乳粉(嬰兒都用全脂或調製乳粉)的脂肪含量則高達 18~26%，幾佔牛乳全營養分的四分之一。換言之，此分四分之一營養量的脂肪，為嬰孩生長所能使用的全部脂肪。已由表 17-4 知道，牛乳的乳油幾乎不含必須脂肪酸，那麼由牛乳乾燥所製成的乳粉，當然也就和牛乳一樣不含必須脂肪酸，這是非常嚴重的問題，因為初生的嬰兒每天的食物完全仰賴永乳粉沖泡的牛乳，沒有其他可以補給的途徑。

　　人類腦部的發育是在嬰兒時期，而嬰兒只能自牛乳攝取乳油，可是牛乳裡幾乎不含必須脂肪酸，因此嬰兒無法在自己體內合成對腦發育重要的 DHA 等物質，那麼吃牛乳長大的孩子，其頭腦的發育必定不完全，腦力必定不理想，倒可以想像像牛一樣。希望自己的孩子成龍、成鳳的父母，如果仍用牛乳哺育，則已經失去最基本的成功條件-『發育完全的好頭腦』。

　　產婦不願用自己的乳哺育嬰兒主要的原因，是起自自私的想法，深怕自己的嬰兒吮吸奶水，把身體的精華吸光妨礙身體的苗條和健康，這是完全錯誤的觀念。殊不知產婦哺兒是最自然的行為，由於嬰兒的吮吸乳頭，同時刺激產婦的子宮收縮，促進修補身體因生產而受到的損傷，早日恢復健康。如果不覆行自然的行為則乳水

尤滿於體內，會妨礙自然的運行，產婦的身體必然無法自然恢復，結果導致母子雙方都受害。今後應切實地教育人民，正確的哺兒和飲食觀念，用母乳哺育嬰兒，才能養育出健康和聰明的孩子，國家民族才能強盛。

牛乳的嚴重缺點己引起乳粉製造業的注意，市面上己有添加 DHA 等的乳料出現，是否就安心了，不見得! 理由很簡單，用金錢可以購買 DHA，則有錢的人不是就可以大量吃 DHA 變成很聰明的人? 高度不飽和的 DHA 如果超出身體的需要量，將會引起強的氧化作用，甚至造成肝的硬化(由小雞飼魚油，會造成肝碎化的現像，可以推測)，應該由自身的合成供應最為理想，那就是吃植物的油脂(必須脂肪酸)由身體供須來調節。

茲將脂肪酸的重要性再條列如下，以加重印像。

1、維生素 F (必須脂肪酸)係人體不能合成，必須攝取自食物。

2、由維生素 F (必須脂肪酸)、可以合成人體其他的脂肪酸。

3、在腦神經組織有多量的 DHA，含於網膜、腦的神經細胞等的膜。

4、在肝臟由亞麻油酸和次亞麻油酸合成、花生四烯酸、DHA、EPA 等。

5、油脂的亞甲基數愈多、愈不飽和、愈容易氧化。

6、如果缺乏 DHA，會影響學習能力、本性無法安靜、易生攻擊性行為。

7、脂肪酸不僅只關係學習、記憶，也關連到過敏、癌、脈不整等疾病之發生和抑制。即攝取量不均，對生體全器官都有影響。

8、切勿多量偏食單一種的脂肪酸。

習題

1、何謂油 ? 何謂脂 ? 二者有何區別 ?

2、說明油脂之營養 ?

3、每日所吃的油脂如何經消化而進入人體 ?

4、油脂之基本結構如何 ? 以結構式表示說明之。

5、油脂之氧化的機制是如何進行的 ?

6、以化學結構的立場區分油脂之種類 ? 各具何種生理上的作用 ?

7、必須脂肪酸是指何物？ 為何稱為必須？

8、中國人日常都用油炸食品，有何缺點？ 列舉說明之。

9、過氧化基(peroxide radical) 已知是致癌物質，容易生成於油脂尤其在高溫狀態，那麼我們日常攝取食品中必然含有此種物質，用其他食物如何克服它？ 其化學之原理為何？

10、食品常含有氧化防止劑，已知對身體有害，但為了食品之保存不得不添加，今後化學家應謀求何種手段？ 說明之。

第十八章　食中毒

18-1、緒言

　　食中毒(food poisoning)係指攝取含有害微生物或有害物質，結果引起疾病之總稱。食中毒雖然是由食物介入而生疾病，但諸如飲食時，因物理刺激所引起之異常、營養攝取不良而引起之疾患、食物混食、由食物帶入體內之寄生蟲感染、以及像霍亂、腸熱病、赤痢等傳染病，則不在食中毒範圍內。實際上大部分食中毒，都是以細菌為原因之急性下痢腸炎型疾病，因而常將食中毒看成為細菌性的食中毒，這種誤解一直到發生森永砷乳粉事件(1958)和 PCB 米油中毒事件(1968)以後才改正。不過歐美國家，其食中毒課本之大部分，只討論到微生物性食中毒而已，而將化學物質染污所引起的疾病，歸屬於食衛生品(food hygiene)領域。

18-2、食中毒之分類

　　食中毒可分為：微生物性食中毒、化學性食中毒、自然毒食中毒等三大類。

18-2-1、微生物性食中毒

　　(1)、感染型

　　　　被病原微生物污染的食物，經口進入人體內增殖，或直接作用於腸管而引起的食中毒，例如沙門氏菌(salmonella)、腸炎弧菌(vibrio parahaemolyticus)、韋耳煦氏桿菌(C. welchii)等所引起的食中毒。

　　(2)、毒素型

　　　　被微生物污染的食物，當微生物繁殖時，由微生物所產生的毒素而引起之食中毒，稱為食物內毒素型(intradietetic intoxication)，例如由葡萄球菌、肉毒桿菌(clostridium botulin)所引起的食中毒。病原菌在腸管內產生毒素，由此毒素所引起的食中毒，同樣是毒素型中毒，不過稱為生體內毒素型(intravital introxication)，例如，由歸類為感染型的韋耳煦氏桿菌，或一部分病原大腸菌所引起的食中毒，就是生體內毒素型。以往將肉毒桿菌(Botulism clostridum)中毒看成典型的食物內毒素型，但自發現乳幼兒肉毒桿症後，才知道也有生體內毒素型。

被歸類於腐敗中毒的過敏性食中毒，則分類在細菌所引起毒素型中毒的項目內，幾乎所有的真菌所引起的食中毒(mycotoxicosis)，是屬於食物內毒素型食中毒。

18-2-2、化學性食中毒

(1)、食品成分之化學變化所引起的食中毒

在食品成分因變質而成為有害化的情形中，糖或蛋白質的變質，與其說是化學變化，不如說是由微生物(腐敗菌)所引起的變化，稱為腐敗。而油脂之變化，幾乎是化學的變化，兩者有所區別，所以稱為變敗。除上述變質之外，近年來發現到食品中的成分，因調製或是保存過程中，發生種種的化學變化，而轉變成有害的成分。蛋白質經加熱而生成的變異原性物質、胺、亞硝酸等所生成的致癌性亞硝胺物質(nitrosoamine)，以及葉綠素因變質而呈有害化等都是。

(2)、因化學物質所引起的急性食中毒

以往，甲醇(methanol)中毒就是這一類的代表例。其引起的主要原因，是偽造或是過失的行為，在食品中混入其它有害物質，例如混入未經許可的添加物或不純工業藥品。

(3)、因化學物質所引起的次急性或慢性中毒

這種範圍的事例，大概可分為三種：

第一種、由於人類的生活活動，或是產業活動所產生的污染，將食品污染成為中毒的原因。例如甲基水銀(methyl mercury)所引起

的水俣病(工廠廢液)、富山的鎘而引起的痛痛病(礦山排水)、九州的 PCB 所引起的油症(製造工程之缺陷)等。

第二種、在食品生產、加工過程中，以某種目的而使用的物質，在最終階段不應該殘留而殘留，也就是因農藥或飼料添加物所引起的食中毒。不過這種食中毒事例比較少見到。

第三種、由天然、自然現象之物質所引起之食品的污染，由於火山噴出物中的水銀，所引起魚的污染等乃屬於這一類。

18-2-3、自然毒食中毒

(1)、植物性自然毒，例如菌菇、毒草等。

(2)、動物性自然毒，例如毒貝、毒梭子魚等。

18-3、細菌性食中毒之預防

預防之三原則，即(1)、防止細菌污染飲食物；(2)、不讓細菌增殖；(3)、殺死細菌。

18-3-1、防止細菌污染飲食物

在日本，占食中毒第一位之弧菌(vibrio)，廣存於海水中，而葡萄球菌等也普遍分布在我們的生活環境中，食品不被它污染是絕對不可能的，不過只要用心盡力少和污染源接觸，則可以收到大的預防效果，也就是要執行下列事項：

(1)、必須常使用新鮮食品及其原料。本法雖然有時不能適用於預防腸炎弧菌，對於常吃生魚片的人必須特別小心。

(2)、食品操作者、料理者必須時常保持手指清潔及消毒的習慣，務必小心於手指污染到食品。

(3)、俎板、刀具、其他料理器具、食器類等，必須常保持清潔，使用時如能用熱水清洗消毒最爲理想。處理魚介類後之器具必定己被腸炎弧菌所污

染；而料理過食肉類的器具，也必定己被沙門氏菌所污染，這些都是可以料想到的。

(4)、勵行驅除老鼠或昆蟲，這些動物會把沙門氏菌及韋耳熙氏桿菌，帶到食品或器具上而污染的情形非常多。

(5)、採取適當措施，不使食品曝露於空間，不可使食品直接接觸到外來的飛塵或昆蟲，也就是食品包覆之製造衛生管理。

18-3-2、不讓細菌增殖

既然知道細菌常存在於我們的身邊，即使食品被污染了，現在有一方法，就是縮短食品食用前的時間，使微生物不要有增殖的機會。細菌性食中毒不同於傳染病，因為起因菌必須要達到相當大量為中毒的必要條件，雖然尚未用人體作實驗，原因菌之種類及個人差別也有大幅度的差異，無法作正確的判斷，不過感染型的腸炎弧菌或沙門氏菌，數量必須在 $10^5 \sim 10^6/g$ 以上；而毒素型中毒之代表例葡萄球菌，雖然原因食品的種類不同而有所差異，數量必須在 $10^7/g$ 以上，才會引起中毒。

通常屬於腸內菌科的中溫菌較多，這種菌分裂一次所需要的時間約 30 分鐘；引起食中毒的菌分裂比較快，在 30~70°C的腸炎弧菌，每 10 分鐘分裂一次；所以從一個菌，要繁殖到 10^5 的時間則需要 3 小時，如果把菌生的對數期考慮為 2 小時，則腸炎弧菌汙染的食品，菌數要繁殖生長達 $10^5 \sim 10^6/g$ 以上的時間約五小時，因此被污染的食物，為預防起見必須在四小時以內食用，但是保溫可能提早增殖的時間。

食品中葡萄球菌產生腸病毒(enterotoxin)毒素的狀況，經由血清學的測定結果，己經知道在 37°C、經六小時後可以達 $1\mu g/g$。此量，是假設每人吃進 100 g 以上的飯團，則幾乎所有的人都會下痢嘔吐。這樣的時間極限是五小時，但須注意的是，這樣的論說係指單一種的污染，如果有混合污染，則食中毒的危險期將更快到來。

基於以上的理由，料理後的食品必須及早食用，如要保存時，則必須在 5°C以下保存。如果要保溫，則溫度必須高於 65°C，因為細菌在 50°C以上無法增殖，會漸漸地死亡。

18-3-3、殺滅細菌

由細菌所引起的食中毒，是直接由葡萄球菌所產生的腸病毒(enterotoxin)為原因的食中毒，這種毒素對熱較安定，如果食物內已經產生了毒素，即使加熱料理，也無法避免食中毒。不過沙門氏菌、腸炎弧菌病原、大腸菌、韋耳煦等生菌，所引起的感染型食中毒，只要充分加熱料理，細菌幾乎全部死滅，所以加熱可以防止中毒。

像肉毒桿菌毒素(botulinus toxin)容易受熱而分解，可以防患。通常食品內之一般細菌、真菌或病毒等，僅予冷凍是無法使其死滅或不活化，不要忘記冷凍僅可以抑制增殖而己。

18-4、真菌性食中毒

黴菌等真菌類侵害農產物、食料、飼料等，產生第二次代謝物，此代謝物對人類及動物的生理作用具有傷害性，這些有害的物質統稱為黴菌毒素(mycotoxin)。因黴菌毒素所引起的中毒稱為真菌中毒症(mycotocicosis, 黴菌毒中毒症)。另一特微，是已經由動物實驗證明，某些種類的黴菌毒素具有很強的致癌性。

通常細菌性食中毒，大都顯示急性胃腸炎症狀，而真菌性食中毒的症狀是：肝、腎障害性、神經毒性、造血機能障害性、有時發生賀爾蒙效果、光過敏症等，非常的多樣性。

真菌屬微生物的一群生物，是具有真核細胞的微生物，這一點和細菌不同。基本上具有糸狀體形，以人的食物等為榮養源，生育繁殖時產生黴菌毒素(mycotoxin)的結果，使食物受汙染。

18-4-1、真菌性食中毒例

有許多真菌性食中毒例，現在就麥角中毒症(Ergotism)、食中毒性無血球症(Alimentary toxic aleukia, ATA)、黃變米中毒(Yellow rice toxicosis)、黃菊黴中毒症(Aflatoxicosis)等項目說明。

(1)、麥角中毒症(Ergotism)

麥角菌(Claviceps purpurea)係子囊菌的一種，它侵入麥類的花器後，生成產生塊狀菌絲的菌核，此菌核為麥角，吃了麥角會中毒。麥角的菌核像雞爪的形狀很堅硬，約 0.5~1.0 cm 大小，法國語 ergot (雞爪)稱呼。麥角中毒症狀有：先冷寒後四肢熱感、熱如火燒的痛苦、皮膚變黑壞死、患部乾固脫落，此時也會發生嘔吐、下痢、腹痛等消化器官障害症狀。

(2)、食中毒性無血球症(Alimentary toxic aleukia, ATA)

食中毒性無血球症係由寄生在麥、粟和黍等的 Fusarium 菌所引起的中毒。第二次大戰爭末期(1942~1947)，蘇俄人吃黴菌寄生的雜糧(麥、粟和黍)而中毒，產生食中毒性無血球症，以老人和小孩的發病最多，死亡多數；中毒症狀為皮膚出血、斑點、壞死、白血球減少，和敗血症相似、死者的骨髓有明顯的障害。

(3)、黃變米中毒(Yellow rice toxicosis)

第二次大戰爭後，日本由國外進口白米，因受黴菌的汙染米色變黃，人民吃這種米後身體不適，用動物實驗結果證實，從肝腎等各器官到神經系統都受有毒物質的傷害。戰前，三宅研究受 Penicillium toxicarium＝P. citreoviride 汙染而變黃的台灣米，報告黃變米具有神經毒性，因而命名為『黃變米』。其後，從研究變質米的結果發現了，具腎毒性的 P. citrinum 和產生毒素會引起肝硬化症的 P. islandicum 等。

(4)、黃麴黴中毒症(Aflatoxicosis)

食品或飼料受麴菌科屬的一種黴菌 Aspergillus parasiticus 或 A. flavus 侵害後，會被這種黴菌所產生的毒性物質黃麴毒素 (aflatoxin)所汙染，人或家畜吃已汙染的食品或飼料的食中毒稱為黃麴毒素中毒。

1960 年在英國倫敦，發生 10 萬隻火雞中毒死亡，究明中毒原因，結果判定係由毒性很強的物質所引起，最後知道在進口的巴西落花生粕上寄生有 A. flavus，從 A. flavus 的培養物中分離出 aflatoxin B_1、B_2...，G_1、G_2...，M_1、M_2...等，現在已知數十種的關連物質，其中以 aflatoxinB_1

的毒性最強，其致癌性也在 1961 年確認。1967 年 Wogan 等用老鼠長期經口微量投與實驗，結果 86 週後 100%的老鼠發生肝癌，如表 18-1 所示。

表 18-1 黃麴毒素對老鼠的致癌性

性別	黃麴毒素 B₁ (飼料中 ppm)	飼養期間 (平均週數)	正常飼料 (平均週數)	發癌率
公	1	41		18/22
母	1	64		4/4
公	0.3	52		6/21
母	0.3	70		11/11
公	0.015	68		12/12
母	0.015	82		13/13
公	40 μg/日	10 日	82	4/24
母	40 μg/日	10 日	82	0/23

(倉田,內山,1986)

18-4-2、真菌性食中毒之預防

預防真菌中毒症的方法，雖然和細菌食中毒之預防有共同的地方，不過黴菌毒素之污染，早在作物耕作時期就開始了，所以多少有所不同，略述如下：

(1)、從植物防疫立場思考，應在農作物栽培期間，尤其在收割期前，必須盡力防止真菌的侵害。近代農業技術的特色，是以增產優良農產物為目的，這是當然的事項，可是只著眼於經濟效果面，而忽略糧食安全技術是不可以的。

當花生在地下結果時，產生黴菌毒素(mycotoxin)之黃麴黴菌(A. flavus)，就在其殼上產生黃麴毒素。黴菌毒素，是從玉米熟穗被害蟲咬破的傷口，侵入繁殖時，就產生黃麴素(aflatoxin)。因此收穫前之天候不順，受黴菌毒素污染就急增，這時候，如果積極策劃調整，進行散布藥劑，於短期間內收割，然後充分乾燥，是極為有效的辦法。如此可以供應不受虫害或眞菌病變之品質優良果實，這是防止黴菌毒素的第一步。

(2)、必須保護乾燥調整後的農作物，不再受眞菌的侵害、增殖。大多的眞菌生育，最適當的條件是：溫度是 25℃、空氣的相對溫度為 65%以上、穀類食品的水分活性在 0.8 以上等，這些是助長眞菌的生育因素。因此盡量在乾燥且低溫的條件下貯存，希望調整後的農作物，不可有機會因外界的水露而吸濕，並且放置於通風良好、乾燥的地方。糧食運輸配送等條件也須同樣考量。

(3)、食品加工廠，尤其是穀類等澱粉食類之製造工廠，必須嚴格選用無黴菌侵害的原料，保管於上記安全的地方。在加工工程中，爲不使眞菌污染，須在清淨環境，且有清淨空氣供應之設備內進行。例如在無菌室(bioclean room)內製造，亦即在能滿足現代優良的製程管理實施工廠(Good Manufacturing Practice：GMP)之基本條件的工廠設備中操作。

再者通常的食品工廠，對於自己公司的製品，有無黴菌毒素污染的危險性，必須進行眞菌及化學的檢查，自動地保證品質安全。尤其購買原料時更爲重要，必須向原料進口國要求證明無黃麴毒素的污染。

目前各國，對黃麴毒素規制都有自己的規定。日本對於花生米的檢驗，如發現有陽性反應的檢體，則認爲混有黃麴毒素 B_1(aflatoxin B1)，黃麴毒素在 10 ppb 以上的花生米，不准進口；美國、加拿大則規制爲 B1、B2、G1、G2 之總量爲 30 ppb，最近擬降低爲 15 ppb；歐洲之英、法、德等國，除了此規制之外，並且對飼料有容許量的規制。飼料原料受黃麴毒素的高度污染後，已經証實黃麴毒素 B1 及 M，確定會移轉到乳及雞卵和臟器(尤其是肝)，對於以往姑息劣質穀類之情形己經不容許了。移轉到乳製品、乳等之後，將會影響到小孩、老人、病人，不得不謹愼。

(4)、食品販賣、食品操作者(料理者)、一般家庭等，防止黴菌毒素的方法是，首先設法，不讓眞菌有繁殖的機會，如果發現到多量眞菌發生的食品，則不可供人吃食。在梅雨高濕高溫季節，米、餅、小麵粉、麵包、豆類、花生類、魚干、削魚片、乳油、乳酪、香腸、乾燥蔬菜、果物、咖啡、茶葉等食品,容易生黴菌,應放置於乾燥處,必要時保存於低溫或有乾燥劑之容器內。很多黴菌毒素對熱及化學藥品很安定,用普通調理的加熱,無法使其完全分解,不過多少會分解,儘量加熱處理多少有點預防的功能。

18-5、食品成分之化學變化所引起之食中毒

在天然動植物食品材料中的有害成分稱為自然毒,然而料理安全有益的成分,或在保存期中成分發生變化,或成分互相反應成為有害成分的例也不少。

18-5-1、油脂之變敗

已於第十七章節詳論。

18-5-2、食品成分之有害化

(1)、調理而使食品變性

烤魚燒焦部分含有的苯駢焦油腦[benzo (α) pyrene],常使魚干、烤魚的消費者,認為和胃癌有關連,目前己經明確地知道,苯駢焦油腦在身體會內變成氫氧(hydroxy)體、環氧(epoxy)體之變異原性或致癌性物質,和人類的癌症尤其是肺癌有極其密切之關連性,而和胃癌的相關性還不十分清楚。

不過最近,不僅從燒焦的魚,就是從通常加熱調理的魚肉或畜肉,也能分離出變異原性的物質,這是因為蛋白質、肌(creatine)、肌胺酸等物質,經加熱分解所變成的;尤其是色氨基酸(tryptophan)已經知道在200～500°C加熱處理時,會生成多量的變異原性物質。其中幾種如下:

經過用沙門氏菌 TA98(salmonella lyphimunium TA98)作試驗,結果知道 Trp - P-1 的變異原性,比苯駢焦油腦大 100 倍;而 Trp-P-2

則比苯駢焦油腦大 250 倍。

Trp - P-1   Trp - P-2

這些物質之動物實驗顯示致癌性，不過物質經加熱分解，變成有害成分、變異原性等，受共存食品成分之影響甚大，實際上對人身體，有何程度的作用還不十分清楚。同時，由於這些都是日常生活上，不可避免的物質，既然被視為致癌性物質，要在食品衛生上予以定位雖有困難，就有更深入研究的必要。

(2)、亞硝胺(nitrosoamine) 化合物

　　　　因食品成分之化學反應所產生之有害性物質，亞硝胺是最被注目的一種。Magee 於 1956 年，將含有二甲基亞硝胺(dimethyl nitrosoamine)50 ppm 的飼料，飼養老鼠一年後，經解剖結果，幾乎全部老鼠都產生肝癌。此結果經發表後，各國乃進行系統性地檢討，亞硝胺化合物之構造和致癌性的相關性，結果知道，大部份的第二、第三級胺等之 N- 化合物，和亞硝酸反應所生成的亞硝(nitroso)化合物，會對肝、食道等特定器官，引起癌症如表18-2 所示。

　　這些 N- 化合物在我們日常的食品中，尤其是動物性食品、穀類、茶、煙草等中含有之外，醫藥及農藥也很多。另一方面，亞硝酸係用為食品添加物之發色劑，其量雖然少，由食物所含的硝酸，可以轉變成為亞硝酸。含硝酸量多的食品(洋芫類或蘿蔔等含有 1000 ppm 以上的硝酸)經食用、吸收的硝酸，分泌於唾液中，被口腔中細菌還原成亞硝酸，其量每日有 20～25mg 之多。亞硝酸和 N-化合物，在酸性條件下，容易反應生成亞硝化合物，在消化管內，上記之胺(amine)和亞硝酸能生成亞

硝胺，這個事實已經由動物胃內的試驗得到證明。

表 18-2 N-nitroso 化合物之致癌性

胺(amine)	亞硝(nitroso)體	致癌部位
dimethyl amine	dimethyl nitroso amine	肝
methyl、amyl	methyl nitroso amine	食道
	amyl nitroso amine	食道
pyrrolidine	N-nitroso pyrrolidine	肝
piperidine	N-nitroso piperidine	肝、食道
sarcosine	N-nitroso sarcosine	食道

(倉田,山內)

亞硝胺類的致癌機制是，亞硝胺(nitroso amine)在體內代謝，變成烷基陽離子(alkyl cation)，它以烷化劑(alkylation agent) 作用於核酸基：

$$\begin{array}{c} CH_3 \\ CH_3 \end{array}\!\!>\!\!N\!-\!NO \longrightarrow \begin{array}{c} CH_3 \\ HOH_3C \end{array}\!\!>\!\!N\!-\!NO \longrightarrow \begin{array}{c} CH_3 \\ H \end{array}\!\!>\!\!N\!-\!NO + CH_2O \longrightarrow CH_3^+ + N_2 + OH^-$$

(3)、葉綠素變成物的有害性

吃了初春鮑魚的腸腺後，人體一照到陽光就會產生皮膚炎；吃了某些醬菜，例如野澤菜，或將三合葉在某種條件加熱處理後，飼養家畜，家畜也同樣發生光過敏症。

$$\text{葉綠素} \xrightarrow{-Mg} \text{pheophytin} \xrightarrow{-phytyl}$$

$$\text{pheophorbide} \xrightarrow{-COOCH_3} \text{pyropheophorbide}$$

這些都是葉綠素(chlorophyll)其 Mg 脫離之後，又經葉綠素酵素(chlorophlase)的作用，切斷側鏈之葉色素烴基(phytyl)，而產生脫鎂烴綠素酵素(pheophorbide)，或再進一步切斷羧化甲(carboxymethyl)而成爲焦脫鎂烴綠素酵素(pyroheophorbide)，焦脫鎂烴綠素酵素經吸收後，在皮膚表面的血管內，因光而變成增感劑(Free radical 等)的緣故，反應如下所示。

1977 年在東京，人們吃了綠藻素之健康食品後，有許多人發生過敏症皮膚炎。大都發生在日光照射得到的顏面、手足等部位，引起浮腫、網狀紅斑、紫斑，也有局部壞死和潰瘍的情形。原因已經知道，是由含有多量脫鎂烴綠素酵素(pheophorbide)的特定綠藻所引起的。綠藻本身的葉綠素含量，特別比其他的綠色植物多，乾燥物中約有 4% 的葉綠素；蔬菜中葉綠素含量最高的菠菜，也不過 1.5% 的含量。據調查，更久以前，就曾經發生過，廣範圍的綠藻片所引起的光過敏症，不過被誤解以爲體質不合，或是有效果等的說明所忽略。即使青菜醬漬物，也會發生同樣的症狀，只要攝取過量的葉綠素分解物，都會成爲日光敏症的原因，除非將葉綠素分離精製，否則葉綠素酵素都有可能和葉綠素共存。再者，由於溫度或水分的條件，也常有產生有害分解物的危險性。

既然葉綠素分解物所引起的病症，係因光而將基(radical)活性化的結果，那麼皮膚炎以外的障害，必然是當然的後遺症，這是不可忽視的問題。

這些事件，對於一系列稱爲健康食品的類似物質，給予警惕。本來食品是正常的東西，應當以正常的東西、正常的形態、攝取正常的量爲正確觀念，但是我們卻以膚淺的智慧，推荐將特定成分予以過量攝取(有時是有益的成分)，也是不應該的。

18-6、污染食品的物質

污染食品的物質，包括由化學物質所引起的急性中毒、環境中污染物的循環、有害性重金屬等項說明如下。

18-6-1、由化學物質所引起的急性中毒

(1)、僞造食品

不肖之徒，看中市面食品的不足，而偽造外觀或香味類似的有害食品，其代表的例子是甲醇中毒。甲醇的中毒量是 5～10g，其症狀在開始時是頭痛、嘔吐、下痢等，數週後則會失明。

(2)、添加物使用有害的物質

　　和甲醇同樣橫行的有害物質，就是有害的甘味料 p-硝化-o-甲苯胺 (p-nitro o-toluidine)。p-硝化-o-甲苯胺係染料的原料，在第二次大戰後，由於甜味料短缺，以甜味糖名稱出現於市面，造成多數的中毒者，p-硝化-o-甲苯胺具有強力之血液毒性及神經毒性。

　　甘精(dulcin)在甜味料不足時代，爲補充甜味料之不足量，在 1946 年日本准許作爲食品添加物，如果攝取過量的甘精就會發生食中毒。以 0.1～0.5% 混合於飼料，由動物實驗知道，在肝臟發生腫瘍。於 1969 年禁止使用。

p-nitro-o-toluidine　　　　dulcin 甘精　　　　　　auramine 奧拉朋氫氯酸黃胺

　　在調味料發生中毒的事例，是胺基酸醬油。現在的醬油多少都添加胺基酸，以前製造胺基酸是以毛髮等爲原料，用酸分解而得粗製胺基酸後用鹼中和，再添加於醬油。1956 年日本由於胺基酸醬油(佔全部醬油的 30~40%)有 450 人中毒，其原因是做爲酸中和用的工業級燒鹼，含有砷。這種砷中毒症狀的出現稍爲緩慢，以致發見及處置都遲了些，容易錯過治療的時機。

　　著色料之黃色奧拉明(auramine)、粉紅色之樂他明(rotamine)、黃色之 p-硝化苯胺(p-nitroaniline)等所引起的中毒事例，是由於這些物品的美麗、安定、且易於使用等的特色所引起的。奧拉明廣為使用，尤其長期用於黃漬蘿蔔。但以 480 mg/kg 量試驗老鼠，就有急性中毒的反應；而 0.1mg/kg 之飼養，則呈慢性毒性，對腎或胰臟呈現障害。其他使用此色素的餅干、果汁粉等，曾導致了許多的中毒者。

(3)、因過失等混入有害物質

農藥之使用，尤其是有機合成農藥之使用(急性毒性強的有機磷)，有大的除虫功效，同時也因此，每年發生多數的中毒事故。其大部分都發生在作業中，而混入食品的例子也不少。食用噴農藥不久的小黃瓜漬物，有 7 人中毒 3 人死亡。

罐裝果汁，是從罐混入有害物質的例子。罐溶出錫所引起的中毒大問題，是發生在 1963 年，日本靜岡旅行者，喝了車內的果汁，有 96 名患者，出現嘔吐、下痢、腹痛等病狀。中毒症潛伏時間是 30 分到 2 小時半。此時果汁中錫濃度是 300～500 ppm。1964 年在東京有 13 名；1965 年在烏取小學校給食有 828 名發生錫中毒，錫的濃度都在 150 ppm 以上。

經調查發生的原因，結果知道，是所使用原料、水中的硝酸離子濃度過高，以致使錫以錯離子溶出。從此，規定罐頭所含硝酸離子的濃度，必須在 1 ppm 以下，同時也不准許使用單獨的鍍錫罐材，罐材內部必須經過處理，使錫不會溶出。

18-6-2、環境中污染物的循環

近年工業發達，導致生活環境中氾濫著化學物質，常使這些化學物質，藉著環境而增加污染食品的機會。原本這些化學物質，會有慢性的健康傷害。

自廣義的層面解釋食中毒，這些的食品污染是不可忽視的重要事項。農藥也好、重金屬也好、PCB 也好，多多少少在環境中移動而進入食品中；在大氣、水、土壤的物理環境及動植物所構成的生物環境中循環。其實人類本來，也不過是地球上，生物所構成生態系的一份子，我們務必明確地認知，在地球上所發生的物質循環中，我們的食品及我們本身定位於何處，這是非常必要的。

(1)、水之循環和食品污染物

現在南極的冰原中會有 0.04 ppb 的 DDT，由此計算，到目前為止，已有 2400t 以上的 DDT 運輸到南極，這些 DDT 都是乘著水之循環而移動的。人類生活所需的水全部仰賴雨水，而雨水係由海水蒸發凝聚而成，自海上或自陸上蒸發時，難溶於水中之 DDT 或 PCB，由於共餾作用，飛散進入大氣中。正像化學實驗的原子　業，不溶於水的物質以蒸氣蒸餾而餾出。

其次是在空中的有機物，被漂浮於大氣中的粉塵吸附，由於 10μ 以下的粉塵，降落於地上的速度非常緩慢，而且是有機物的良好吸附劑，因此可以隨著風飄運到遙遠的地方。這是有機物的特別現象，但無機物則不大有這種現象。再者，蒸氣壓高的物質即使被吸附著，也容易再氣化而擴散，所以蒸氣壓適度小的物質，比較容易移動到遠處。當然了，對日光或氧具有化學的安定性，也是廣域污染之第一要件。

(2)、氮的循環和食物鏈、生物濃縮。

各種污染物的流程，大都類似氮在大氣圈、水圈和土壤中的循環一樣，例如有機氯系的污染途徑，是從土壤藉著植物性食品之仲介，而移到動物(家畜)及人類體內。由海藻到魚、魚再到人類之流程，也是有機氯系及重金屬移動的途徑，這樣流程的一部分，即植物－動物之鏈稱為食物鏈(food chain)。人是食物鏈鎖之頂點或稱以終點，係在特殊的位置，所以污染物，隨著食物鏈而濃縮時，在頂點的濃縮度為最高。

動(植)物將污染物質在體內累積的濃度，大於食料中的濃度時稱為生物濃縮。化學的安定且不易被代謝排泄的有機化合物，或是重金屬類都會被生物濃縮。

18-6-3、有害性重金屬

(1)、重金屬的共通性質

大部分的重金屬都是蛋白質的沈澱劑，尤其會和蛋白質的 SH 基結合，而使酵素蛋白的活性消失。這種作用可以想像爲，因重金屬的存在，而使構造酵素的蛋白質變性。

　　無機重金屬和有機重金屬在人體內的機制完全不同。通常，無機重金屬在消化管的吸收效率，極爲不佳，因此消化管對重金屬形成一道阻礙。即使是正常成分的鐵或銅，只要體內非在不足的狀態，幾乎不會吸收，而 Cd 或 pb 也僅能吸收投與量的數 % 而己。

　　在體內之移動，不管無機或有機都必須先和蛋白質結合，然後進行移動。雖然不像，對鐵有特異性的運鐵蛋白(transferring)可以和鐵結合，但是 Cd、Hg、Cu、Zn 等各種金屬，都會生成金屬二胺苯駢塞井(metallo thioneine)結合，所以可想像各種重金屬，都有相對的結合蛋白質。

　　重金屬幾乎不可能以尿經由腎排泄，通常由糞便的排泄也是微量而己。

　　有機重金屬呈現脂溶性，所以分布於脂質豐富的脂神經組織，顯示中樞性的毒性，而無機重金屬則分布於其他實質器官，尤其是腎或骨組織，受影響的情形比較多。再者，重金屬大都對血蛋白(heme protein)的代謝也有影響。

因爲重金屬之排泄緩慢，每日攝取的重金屬就在體內累積。

(2)、食品中重金屬的背景值

　　和 PCB 或農藥不同，重金屬是地殼的正常成分，通常有某種程度的量存在於食品中，這些不稱爲污染，而是稱爲背景值(background) 。

(3)、砷

　　亞砷酸(As_2O_3)是無機化合物中毒性最強的物質，兔的經口 LD50 是 15～30 mg/kg；成人的中毒量是 5～50 mg，致死量爲 100～300mg。不過砷的化合物型態不同，則其毒性也大不相同，砷酸鈉的毒性是亞砷酸鈉的 1/3～1/4 倍。其原因是，亞砷酸容易和體內的 SH 基結合，而砷酸鹽在體內必須先還原後，才能和 SH 結合。再者砷酸鉛等在消化管內的溶解性小，所以其急性毒性也稍微降低(兔子經口 LD50 800 mg/kg)。

砷是生體的常成分，人體內有 15～20 mg，平均濃度為 0.3 ppm，毛髮裡有 0.3～0.7ppm，指甲含有 1.5～4 ppm。毛髮的砷量是砷中毒之指標。食品中，砷含量通常在 0.1 ppm 以下，不過海產物常有高的含量。例如蠔 3～10 ppm，烏貝 120 ppm，草蝦 170 ppm，魚類則有 3～50 ppm 的含量。

用高砷含量的蝦給動物吃之後，砷很快被吸收，同時也迅速地被排泄。海產物中的砷，係以有機的形態存在，類似磷脂質。

食品中砷含量的容許濃度，也如上述一樣難予判定。可是如果以無機砷的觀念，WHO (1971) 和日本皆以飲料水中含 0.05 mg/l (亞砷酸時數 0.07mg/l) 以下為規範；而英美等之規範，是食品中含亞砷酸 1.4 ppm 以下，飲料水中在 0.14mg 以下。

1900 年美國發生啤酒砷中毒，患者達 6000 人以上，死亡 70 人。其原因是，使用的原料葡萄糖含砷量高達數百 ppm，而啤酒中也含有 5～15 ppm。典型的砷中毒例是，在 1955 年日本和歌縣發生之乳粉中毒事件。其原因是，本來用作為蛋白質安定劑之第二磷酸鈉，卻誤用了第三磷酸鈉和砷酸鈉混合物，換算結果，乳粉中摻雜有 3.77～9.17%的砷。其症狀是發燒並運動低下、食欲不振、連續睡眠不良、下痢、嘔吐、咳嗽、流淚、皮膚症，進而神經炎、黑皮症、角化症、貧血等，患者達 12,344 人，死亡 130 人。嬰兒的母親，不知道乳粉是生病的原因，以為哺以營養的牛乳，對嬰孩身體有益，乃努力促使嬰兒飲用牛乳，因此使事件擴大。乳粉中含 21～35 ppm 的砷，每日喝 100 g 乳粉，則相當於每日攝取 2～3 mg/日的砷(以亞砷酸形態)。解剖中毒死的身體，發現肝有 0.5～2.4 ppm、腎有 0～0.28 ppm、毛髮有 16.2～633 ppm、指甲有 52.4 ppm 的砷含量。

(4)、水銀

水銀分無機及有機化合物之區別,有機水銀中,烷基水銀(alkyl mercury)和烯丙基水銀(allyl mercury)之間,對人體作用有相當的差別,急性中毒的經口 LD50(兔) $HgCl_2$ 為37mg、CH_3HgCl 或 $C_6H_5HgOCOCH_3$ 約為 20 mg/kg。

金屬水銀、無機水銀鹽及在體內較易分解之烯丙基水銀(農用殺菌劑)等,在體內變成二價離子,而使蛋白質變性,產生肝、腎與實質器官之細胞變性或壞死。尤其是腎細尿管壞死之腎炎,是已經知曉的重要症狀。

另一方面,丙烯基水銀主要的病變,是神經系的障害,在初期出現於末稍知覺障害。其主要原因,是中樞神經細胞變性所引起,以致視野狹窄、視力減退、運動失調等症狀,即所謂之水候病症狀。甲基水銀在體內易和 SH 基結合,其解離常數 $K = 10^{-17}$,幾乎不解離,因此自稀薄水中,往水生動物體內進行高度的濃縮。

對細胞壞死或酵素阻害,雖然無機水銀比較強,不過自消化管的吸收程度上看,無機體僅吸收數%,而有機水銀,則高達 90%以上,吸收效率非常高,特別是烷基水銀可以由血液腦關門進入,而引起中樞神經障害,呈示不可逆反應。

(5)、鎘

鎘也是急性毒性比較強的金屬之一,經由鎘電鍍之容器或塑膠之安定劑移動而中毒,攝取鎘鹽則起嘔吐、下痢及消化管內壁發炎等症狀。研究報告指出,15 ppm 之濃度,就可以引起輕度的中毒症狀,而人體中約有 50 mg 的鎘。

日本富山縣之痛痛病患者有130人,有30人死亡,原因是礦山排水含鎘污染了魚及稻米,患者有激劇烈之疼痛、尿蛋白、貧血、骨萎縮、脫鈣等症狀。

目前粗糙米低於 1 ppm,白米低於 0.9 ppm 為規範基準,這是食品衛生法之規格;但日本農林省則禁止 0.4 ppm 以上污染的米在市面流通。在台灣,即使在二十一世紀的現在,仍然處處發現含鎘的農作物,實在值得我們重視。

(6)、鋁

無機鋁的急性毒性並不很強，有攝取 30g 鋁鹽經 4～5 日而死亡例，但是慢性中毒則很強，即使微量，如果連續攝取則會起嚴重的鋁中毒，其症狀是蒼白的皮膚色、強的疲勞感、睡眠障害及便秘等，進一步則引起多發性神經炎及疝痛。

我們經口每日約攝取 0.4mg 的鋁，其中 0.35 mg 由食物 0.02 mg 由水、0.03mg 由空氣，自腸管吸收僅 5～10%而已。人身體含鋁約有 90～130 mg，並無任何用處，可想為有害無益。血液中正常人含 0.1～0.3 ppm 的鋁，0.6 ppm 是急性中毒的臨界量。鋁引起貧血或疝痛的機制，是血紅素(hemoglobin)之合成原料的 δ ALA(δ-amino lebrinic acid)，因脫水酵素受阻害，而促進 δ-ALA 在尿中的排泄。

1972 年 WHO/FAO 規定大人 3 mg/週為容許量，不過有報告指出，每天吃鋁含量達 30 ppm 的沙丁魚(2.5 mg/日)，也無毒害，這也許是鋁存在形態之差別吧！

鋁製品鍋具的使用應特別注意，尤其烹煮酸或鹼性食品絕對須避免使用鋁鍋。從鋁的兩性特性，我們應該理解，用鋁鍋煮酸辣湯或鹼麵，鋁會從鍋壁溶入鍋中，鋁成分的量相當可觀。同樣道理用，金屬鍋(包括不銹鋼)煮酸辣湯，也有金屬成分溶入，不可不留意。

習題

1、何謂食物中毒？
2、食中毒可分為幾類？
3、由微生物引起的食中毒有幾型？ 列出菌種類。
4、化學性食中毒有那幾種？
5、自然毒食中毒有那些？

6、預防細菌性食中毒最基本之原則是什麼？

7、眞菌性食中毒以黃麴毒素最爲嚴重，也最爲難防止，但我們仍可預防，詳述之。

8、烤炒是東方人最喜愛的食品烹調法，這種料理法可能引起食物成份之有毒化，詳細說明之。

9、自 1956 年 Magee 發現二甲基亞硝胺(Dimethyl nitrosoamine)爲致癌性物質後，世人開始注意，很不幸食物在酸性的胃內最容易生成亞硝胺化合物。這種內源性致癌物質如何消除? 詳細說明之。

10、食品常爲美觀、保存等因素，廠商都添加色素和其他化學物質，有何缺點？如何改善？

11、食品烹飪和所使用鍋具之間爲何可能發生意外的食中毒？

12、鋁離子己知是老人癡呆症原因之一，那麼鋁質鍋具常用於料理，鋁是兩性物質何種條件之下會導致？

13、說明台塑產生之含汞污泥是從何而來？

第十九章 食品和解毒化學

19-1、緒言

　　人體每日必須飲食，以攝取生活所必要的營養，但是所吃的食物不一定全部對人體有益，其中不乏有些成分對人體產生毒性作用，這些毒性成分必須及時由人體之生理機制予以解毒，以免危害健康。

　　食物在小腸經加水分解時，可能會將有毒物質予以游離。例如未成熟梅子放出氰酸、料理不良的魚干或海膽等會產生大量的組織胺(histamine)，這些毒性物質都必須即時予以解毒。在大腸，時常引起腐敗而產生胺類，胺類的毒性實質影響到我們的壽命，也必須在肝或腸壁予以解毒。

　　所謂防腐劑，係指化合物雖不能使微生物死滅，但能抑制其生理的活動者，稱為防腐劑(antiseptics)；應用於食品的防腐劑，也稱為食品保存劑(food preservatives)。作為食品之色素、氧化防止劑、乳化劑、甘味料或保存劑等之新化合物，隨著食品進入我們體內，其中有不少具致癌性，加以保存劑和農藥的生理活性高，故大意不得。保存劑的功能，原本是用來抑制微生物的生理作用，如表 9-1 所示，人體細胞當然也會引起同樣的作用。防腐劑或保存劑之甲醛、亞硫酸及其他氧化劑，由於本身不安定，所以不能長時間留存於食品中，在添加當時有強的防腐效果，但很快地降低其功能，所以不能期待長期間的防腐作用。非但如此，少量殘留的甲醛，對身體也有毒性。

　　雖然丙酸、山梨酸或安息香酸是存在於天然物的物質，當然無毒性，可是在醫學上測定肝的機能時，安息香酸是被用為反應物質，基於這個道理，也就可以知道一旦肝機能衰弱時，則無法處理安息香酸，毒性因而產生。

　　既然防腐劑和農藥對我們的細胞也有壞的影響，所以必須迅速進行解毒，將毒物排出體外。了解解毒的重要性後，下一步就是探討如何解毒。解毒的道理很簡單，利用我們在化學課本上學到的氧化、還原、結合、加水分解等化學反應。

表 19-1 食品防腐劑的作用機制

化合物	作用
表面活性物質(陽性離子、陰性離子)	破壞細胞、使酵素蛋白變性
酚、氯化酚、naphthol、sulfonate、cinnamic acid	破壞細胞、和細胞分裂相關的蛋白反應
脂肪酸、醇長鏈脂肪屬醛	破壞細胞、以短鏈脂肪酸對酵素的拮抗阻害作用
氯化醋酸	對細胞膜作用、拮抗阻害、和 SH 作用
安息香酸、羥基安息香酸	和補酵素的拮抗作用
水楊酸	對細胞膜的作用、阻害胺基酸的利用
硼酸	阻害磷代謝的酵素
亞硫酸亞硫酸鈉	和醛作用、破壞酵素蛋白中的-S-S-結合 分解硫胺素
氯過氧化物硝酸等的氧化劑	氧化破壞蛋白中的 SH 基
氟化物	阻害活性基
甲醛	和酵素蛋白的活性基反應
鹽類	沉澱酵素蛋白

(小柳、1961)

19-2、解毒理論

人體內的解毒方法,係利用日常的代謝作用,而非特別為解毒而運作新的作用。妥善地利用代謝作用,將毒性物質的毒性降低或是儘早排出體外。

利用化學作用,為什麼能夠降低毒性呢?有二、三種學說可以說明:第一種學說、是在解毒工程中,增加毒物的溶解度,進而提高毒物的排泄;第二種學說、是儘量使毒物的表面張力,接近於水的表面張力,如此可以防止毒物聚集於細胞表面,而濃度不高的毒物進入細胞,最後排泄出;第三種學說、是將有毒物質的弱酸性變為強酸性,以達解毒目的,因為腎臟排泄強酸性鹽比弱酸性鹽容易。

具體的解毒方法是:(1)、氧化;(2)、還原;(3)、結合;(4)、加水分解等四種,這些反應,也可以在腸壁和腎臟進行,不過大都在肝進行。因此解毒的第一階段,是先嘗試用氧化或還原反應,經加水分解,使有毒物質變成小分子,然後和體內所產生的特定化合物結合，再排出體外，這是解毒最多的方式。

19-3、以氧化使酒精解毒

一級醇氧化後變成醛和酸，一部分分解成 CO_2 及 H_2O，此氧化反應藉由菸生鹼酸酵素的反應執行。

19-3-1、甲醇 (methanol)

包括甲醇在內，所有的脂肪屬醇都有毒性作用，如表 19-2 所示，隨著醇類分子量的增加，其毒性作用也增強。甲醇毒性的特徵，是麻醉作用、排泄速度慢的慢性毒性、毒性係由氧化物之甲醛及蟻酸所引起等，所以特別予以討論。

甲醇經由注射或口服的急性中毒作用，在所有的醇類中為最輕，不過甲醇的氧化緩慢，慢慢地形成甲醛和蟻酸，因此毒性比乙醇大。以人體來說，體重 1kg 的生體，每小時能氧化 175 mg 的乙醇，但對甲醇僅能氧化 25 mg；人飲了甲醇後，尿中的蟻酸增加，其致死量是 1 g/體重 kg，比兔或狗的致死量(8g/kg)還小；一次飲用 50ml 甲醇後，第一日尿中出現 0.5~2 g 的蟻酸，二~三日後蟻酸達到最大量。除蟻酸之

表 19-2 脂肪屬醇的急性毒性

醇	注射的致死量(g/體重 kg)		經口時的致死量
	兔	貓	ml/體重 kg (兔)
methyl (C_1)	15.9	4.7	18.0
ethyl (C_2)	9.4	3.9	12.5
propyl (C_3)	4.0	1.6	3.5
butyl (C_4)	—	0.24	4.5
isobutyl (C_5)	2.64	0.72	3.75
amyl (C_6)	—	0.12	—
isoamyl (C_7)	1.6	0.21	4.25

(小柳、1961)

外，在尿中也出現甲醇和甲醛基四羥基己酸(glucuronic acid)結合的物質。

甲醇的 C 和 H 以同位素標識，追蹤在老鼠體內的反應機制，結果如式(19-1)所示。

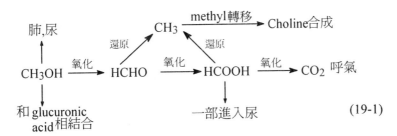

(19-1)

在膽鹼(choline)的甲基(methyl)中也出現同位素 C，這是因為甲醇一旦氧化變成甲醛或蟻酸後，被還原成 CH_3 而用於膽鹼之合成。

甲醇的最大毒性，是對視力的傷害。近 6%的美國退伍軍人失明，其原因是這些軍人在越戰時，誤飲了含甲醇白蘭地的緣故。因為製作白蘭地的葡萄裡含有果膠(pectin)，果膠提供了甲基，使釀造的酒中，含有甲醇量達 1~2%。將由甲醇氧化的生成物甲醛及蟻酸等給動物吃，動物並不會發生失明之視神經障害。據研究結果知道，甲醛和甲醇在肝臟形成蟻酸甲酯(methyl formate，$HCOOCH_3$)，該化合物為脂溶性，所以特別對人的視神經產生傷害。

牛的肝臟或眼房水，可以很容易地將甲醇氧化成甲醛，可是對於眼網膜呼吸的阻害，甲醛比甲醇強 1,000~3,000 倍。視網膜的呼吸，是經由視神經氧化的結果，所以甲醛特別對視神經產生害。再者，如果乙醇存在時，據說可以減輕甲醇的毒性。

19-3-2、 乙醇 (Ethanol)

老鼠每公斤體重飼予 1 g 的乙醇，五小時後老鼠可以氧化75%，十小時後氧化90%的乙醇，2~10%的乙醇則由呼氣或尿中排出，和醛糖酸(glucuronic acid)結合而排出的量，相當於 0.5~2%。長時習慣於飲用乙醇的老鼠，其肝功能，從氧化乙醇到乙醯基(acetyl)為止的速度，會比不習慣飲乙醇的老鼠快，但要完全氧化成CO_2的速度，則兩種老鼠都一樣。連續給老鼠喝乙醇，其肝內之脫氫酵素漸漸變強，經二八週後達到最高值,此時肝臟的脂肪開始增加。其解毒如式(19-2) 所示。

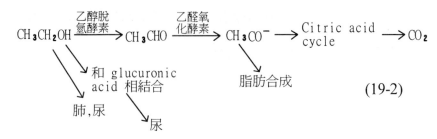

$$\text{(19-2)}$$

人在吃飯前,以一小時的時間,飲 150ml 的威士忌,經過六小時後,其血中的中性脂肪量,升高達未飲用前的二倍。如果在飲用威士忌的同時吃脂肪食物,則血中的中性脂肪升高到達最高值的時間會提早到來,在第三小時血中脂肪達到最高,

$$CH_3CH_2OH \longrightarrow CH_3CO^- \text{ (acetyl)}$$

$$CH_3CO^- + CH_3CO^- \longrightarrow CH_3COCH_2COOH + CH_3CH_2OHCH_2COOH$$

acetoacetic acid　　　β - oxy lactic acid

acetone　　　　(19-3)

其濃度為不吃脂肪食時的二倍量,在這樣狀態,就會產生心筋梗塞。飲酒容易得脂肪肝,原因大都係將貯存於別處的脂肪,因酒精的關係移動到肝臟的結果。這也是使肝臟減少產生 ATP(adenosine triphosphate)的原因,因此如果注射 ATP 或胰島素,可以預防脂肪肝和酒精中毒。肝臟減少 ATP 的生產,係因為降低檸檬酸循環(citric acid cycle)速度的緣故,因此從酒精生乙醯基(acetyl),進而生成丙酮(acetone)體,會導致發生血液的酸性症(acidosis),這種症狀類似糖尿病如式(19-3)所示。

酒精常飲用者,會患脂肪肝或肝硬化症,其原因係抗脂肪肝因子的良質蛋白質,攝取不足的緣故。由老鼠試驗的結果知道,腸內一旦有酒精就會阻害胺基酸(amino acid)的吸收,此乃更加降低蛋白質的利用能力。

喝酒精後，體內吸收維生素甲(vitamine A)的功能變差，胃腸內容物的運動也變慢。老鼠的飼料中，用酒精替代炭水化物時，由於飼料中炭水化物太少，因此會降低蛋白質的利用能力，使酒精中毒的現象更加明顯。所以酒精本身雖然有毒性，但毒性並不是很強。

19-4、以氧化使胺(amine)解毒

胺類可分爲脂肪族胺和芳香族胺二種。

$$RCH_2NH_2 \xrightarrow{2H} RCH=NH \xrightarrow{O} RCHO \underset{RCOOH}{\overset{RCH_2OH}{\rightleftarrows}} \quad + \quad NH_3 \longrightarrow 尿素$$

19-4-1、脂肪族胺(fatty group amine)

分子小的脂肪族胺(fatty group amine)，先以氧化作用脫胺，再變成酸和尿素如式(19-4)所示。此脫胺氧化作用，是藉由黃素(flavine)酵素進行。血清中有維生素 B_6 和含銅的胺氧化酵素，但對組織胺(histamine)或對-羥基苯乙胺(tyramine)沒有作用。

人吃了甲基胺(methyl amine)後，僅有一小部份由尿排出，大部份則被氧化分解；乙基胺(ethyl amine)則三分之一由尿排泄，其他則被氧化脫胺。脂肪族胺，有一些是經由腐敗而產生的胺，其中也包括在魚肉製品或乳酪中，產生的組織胺或對-羥基苯乙胺。以往將腐敗所生成的胺稱爲屍〔毒〕胺(ptomaine)。組織胺及 p-羥基苯乙胺(tyramine)，係各由組胺酸(histidine)和乾酪胺酸(tyrosine)，因微生物的脫炭酸酵素作用而生成的，其解毒作用，則在肝臟及小腸壁受脫胺和氧化。

$$ (19\text{-}5) $$

histidine　　　histamine　　　imidazole　　　imidazole
　　　　　　　　　　　　　acetaldehyde　　acetic acid

$$ (19\text{-}6) $$

tyrosine　　　tyramine　　hydroxy phenyl　hydroxy
　　　　　　　　　　　　acetoaldehyde　acetic acid

　　這種氧化是藉由黃素酵素的作用而進行，如果缺乏維生素 B_2(riboflavin)，則老鼠的肝臟對此胺的氧化力變弱，此氧化作用的結果，由組織胺生成二氮雜茂基乙酸(imidazolyl acetic acid)；由 p-羥基苯乙胺 (tyramine) 生成羥苯基乙酸 (hydroxyphenyl acetic acid)。再者，組織胺和甲基(methyl)結合也可以解毒。

19-4-2、芳香族胺(aromatic amine)

　　這些芳香族胺有許多和我們的健康關係密切，從合成色素分解所產生的簡單苯胺(anilin)、致癌性的苯胺(naphthylamine)、藥劑之磺胺(sulphonamide)、甘味料等都包含在裡面。

　　苯胺(anilin)可由致癌性色素奶黃(butter yellow)的分解而生成，苯胺被氧化成胺基苯酚(aminophenol)，再經醋化(acetylation)生成乙胺基苯酚(acetaminophenol)，最後和醛糖酸(glucuronic acid)或硫酸結合而由尿排出。

anilin P-amine phenol acetamino phenol (19-7)

經由許多的研究結果已知，和苯胺構造相似的萘胺(naphthylamine)，一旦在身體內變成胺基萘酚(aminonaphthol)，則會產生膀胱癌。胺基萘酚會和醛糖酸(glucuronic acid)或硫酸結合而由尿排出，如式(19-7)所示。但胺基萘酚在膀胱內，由於些微的加水分解而游離，因此呈示了致癌作用。古時候，在英國染料工廠工作的人，很多人因萘胺而患膀胱癌的，最近在日本的化工廠也發生同樣情形。

19-5、以氧化使含硫化合物解毒

就像甲硫丁胺酸(methionine)或半胱胺酸(cysteine)一樣有機含硫化合物氧化後，以硫酸型態排泄體外。咖哩粉、胡椒、山葵等香辛料，都含有丙烯基(allyl)硫化物，這些硫化物都先被氧化成甲基硫醇(methyl mercaptan)，最後氧化成硫酸如式(19-8)所示。

$$CH_2 = CHCH_2NCS \rightarrow CH_4SH \rightarrow CH_3OH + SO_4 \qquad (19-8)$$

19-6、以氧化使防腐劑解毒

食品防腐用的防腐劑，有花鍬酸(Sorbic acid)和脫氫醋酸(Dehydroacetic acid, DHA)是食品防腐用的保存劑。由於它對細菌、黴、酵母之繁殖有抑制效果，所以廣用於起士、乳油、香腸、餡、果醬及醬菜等食品。在肝臟，這些防腐劑都被氧化而破壞，但如果量太多了，會使肝臟超負荷而受損害。脫氫醋酸的毒性和殺菌力都比花鍬酸強，加以脫氫醋酸對香味的影響小，故廣用於乳酪、奶油、味噌、餡、乳酸菌飲料等用途。在美國僅允許一小部分品目，可以使用脫氫醋酸，日本的使用範圍較廣。防腐劑已經許可使用的範圍如表(19-4)所示。

19-6-1、花楸酸(sorbic acid)

花楸酸會阻害黴菌類的脫氫酵素作用。狗或老鼠的飼料中，即使加入 5%的花楸酸，其毒性也遠比苯甲酸鈉(sodium benzoate)輕得多，如果花楸酸量增加到 8%，也不過使肝臟肥大而已。

19-6-2、脫氫醋酸(Dehydroacetic acid, DHA)

脫氫醋酸在 1865 年就製造了，到 1949 年才許可作爲保存劑，1953 年日本也許可使用。脫氫醋酸不同於花楸酸，毒性很強。脫氫醋酸雖然在肝臟解毒，如果連續吃太多將傷害肝臟，由於對脫氫醋酸的毒性漸漸有所認識，所以它使用的項目已在減少當中。

表 19－4　保存料及使用規範

保存料	限定食品名	最高許可度
salicylic acid	清酒、合成酒、果實酒、食醋	1l 中 0.25 g
sorbic acid	魚肉、食肉煉製品	1l 中 0.06 g
Na-sorbate	海膽、花生奶油、煮豆	1kg 中 2 g
	乳酪、奶油、瑪加琳	1kg 中 2 g
DHA	清涼飲料(不含炭酸飲料)	1kg 中 0.05g
	味噌、餡、味噌漬、糠漬、醋物、	1kg 中 0.2 g
	蔬菜、漬物	1kg 中 0.08g
	發酵乳、乳酸菌乳	1kg 中 0.04g
Na-propionate	麵包、洋餅干	1kg 中 5 g
安息香酸	清涼飲料(含炭酸除外)、醬油	1kg 中 0.6 g
p-oxy　benzoic acid	清涼飲料(含炭酸除外)	1kg 中 0.1 g
ethyl ester	果實、蔬菜	1kg 中 0.012 g

(小柳)

19-7、尼古丁(菸鹼，nicotine)

尼古丁雖然不是食品，不過和我們的關係相當深，主要也是以氧化作用解毒。1 g 雪茄中含有 17.2 mg 的尼古丁(nicotine)；一根乾的香煙中含 4.2 mg 的尼古丁。吸香煙時，近 96％的尼古丁會被身體吸收，即使不深吸，也有 20％被身體吸收，要將吸收於體內的尼古丁，94％分解排泄於體外，須費十六小時；而由尿中排泄的尼古丁，每根香煙僅 0.254 mg 而已。

尼古丁的作用，最初刺激迷走神經後，將迷走神經麻痺，而加速心臟跳動；對胃神經作用，而停滯胃內的物質。將放射性炭標識的尼古丁，經注射入老鼠體內 1 mg/1kg，研究結果顯示，在六小時後，放射性炭出現於尿中的量有 50％，而絕大部分集中於肝臟。

尼古丁的解毒程序，是先在肝臟脫氫氧化，再導入雙鍵結合，最後變成菸鹼烯(nicotyrine)；給予尼古丁量的 15％，係以菸鹼烯排泄，從這種現像也就可以想像，尼古丁是經由菸鹼烯而氧化的。因為氮苯甲胺基丁酸(pyridyl methyl aminobutyric acid)出現於尿中的結果，我們根據這個現像可以推測，進一步的反應是氧化開環如式(19-9)所示。用試管做實驗，將尼古丁和肝藏反應，會產生甲基胺(methyl amine)的結果，得以證明尼古丁是在肝臟解毒。

尼古丁以氧化解毒。如果將尼古丁和肝藏相混合放置，一點也不會產生尼古丁酸(nicotinic acid)，所以尼古丁毫無維生素的功效。

nicotine   nicotyrine   pyridyl methyl amino butyric acid

CH_3NH_2
methylamine   nicotinic acid   (19-9)

19-8、致癌性炭氫化物

將煤焦油塗於老鼠的耳朵，在耳朵會產生皮膚癌，從這種現象開始研究，知道煤焦油裡含有致癌成分，經歷十五年研究的結果，發現煤焦油的致癌物質是 3,4 苯芘(3,4 benzopyrene)；同時也知道，將膽汁酸加熱分解後，所生成的甲基五環碳氫化物(methyl cholanthrene)也是致癌性物質。這些都是炭氫化物，香煙的煙及燻煙中含有這種炭氫化物，石油中也有。因此對於燻製品，或用石油作為醱酵原料，所製造的食用蛋白質，都擔憂是否也含有這種致癌性物質。

$$\text{benzopyrene} \xrightarrow{\text{氧化}} \quad (19\text{-}10)$$

$$\text{methyl cholanthrene} \xrightarrow{\text{氧化}} \quad (19\text{-}11)$$

$$\text{膽汁酸之一種} \quad (19\text{-}12)$$

這些致癌性炭氫化物經氧化、導入 OH 或裂開五炭環後，使其喪失致癌性，以達成解毒的目的。如式(19-10)～(19-12)所示。

19-9、以還原使硝基(nitro)化合物解毒

通常硝基(nitro)化合物，在肝臟及腎臟還原，但不是很容易。吃了硝基苯(nitro benzene)，雖然經過二天硝基的排泄量也不過 50％而已，還原的量也僅達排泄量的

64%。TNT 火藥之三硝基甲苯(trinitrotoluene)如下述的情形，先還原成胺基二硝基甲苯(aminodinitro toluene)，其他之硝基也隨後被還原，如式(19-13)所示。

$$(19\text{-}13)$$

通常硝基以如下的程序進行還原，如式(19-14)所示，此還原作用相關於尼古丁酸(nicotinic acid)酵素和黃素(flavin)酵素的作用，而且此種作用必須在沒有氧的狀態，同時也必須要有半胱胺酸(cysteine)的存在才行。黃素酵素是脫氫的酵素，如果氧和此氫作用則生成水或過氧化氫(H_2O_2)，在沒有氧存在時，則將氫加入於旁邊的物質，使其還原。

$$-NO_2 \longrightarrow -NO \longrightarrow -NHOH \longrightarrow -NH_2 \quad (19\text{-}14)$$

nitro   nitroso   hydroxy amino   amino

其他之還原反應以處理毒物的作用有：

(1)、將醛還原成醇

$$RCHO \longrightarrow RCH_2OH \qquad (19\text{-}15)$$

(2)、將氫添加於不飽和結合

$$RCH = CHR' \longrightarrow RCH_2CH_2R' \qquad (19\text{-}16)$$

(3)、將二硫化物(disulfite)反應成 SH 化合物

$$RS - SR' \longrightarrow RSH + R'SH \qquad (19\text{-}17)$$

19-10、以醛糖酸(glucuronic acid)結合而解毒

通常的有毒物質先經氧化後，再和其他化合物結合而解毒的方法，是最普通的解毒程序。作為結合對象的化合物有：醛糖酸(glucuronic acid)、H_2SO_4、乙醯基(acetyl)、甲基(methyl)、甘胺酸(glycine)、半胱胺(cysteine)、硫(S)及麩胺(glutamine)等，其結合方法也有數種類。

糖類除外，凡是有 OH 基的物質，即所有的醇及酚類都和醛糖酸相結合。

酚類大多具有生理的活性。大部份的抗氧化劑也都是酚類，而農藥或色素在身體內分解時，也被脫氫或氧化，大都在苯環導入 OH 基如式(19-18)所示。人的尿在二十四小時內，含有 10 mg 的酚、87 mg 的 p -甲酚(p-cresol)及 4.5 mg 的兒茶酚(catechol)，如果吃了燻製品則也有對苯二酚(hydroquinone)的出現。氫醌(quinol)係酚在體內氧化而生成的，這些都是與醛糖酸等結合而解毒。

(19-18)

quinol　　phenol　　p-cresol　　catechol　　hydroquinone

將酚(phenol)給兔子吃，其中 50％的酚是和醛糖酸結合之醛糖體(glucuronid)如式(19-19)所示，45％生成醚硫酸及 10％生成氫對苯二酚(hydroquinone)·醛糖體。酚投與量多了則醛糖體增加，少了則增加硫酸結合量。

phenol　　glucuronic acid　　glucuronic phenol

(19-19)

19-11、總括

總括包括解毒的一般方式、和賀爾蒙的關係、解毒所必要的未知成分等三項。

19-11-1、解毒的一般方式

如前所述解毒有：(1) 氧化、(2) 還原、(3) 加水分解、(4) 結合等四種方法，主要在肝臟及腎臟進行。要發揮此解毒功能，在食物中必須要有充足的蛋白質。以老鼠為例，如果食物中欠缺蛋白質，則其肝臟的解毒功能在四天內減掉一半。

體內的氧化，須靠維生素乙二(VB_2)和尼古丁酸(nicotinic acid)酵素的作用，所以必須充分供給這些維生素，不可缺少。尼古丁酸是在體內由色胺基酸(tryptophane)生成，如果尼古丁酸供給不足時，則必須攝取豐富的良質蛋白。因此，為要使氧化反應順利進行，就必需要供給多量的氧氣，不可以有發生貧血的情形。也就是必須要充分地攝取鐵分。

還原解毒，也是依賴維生素乙二酵素和尼古丁酸酵素的作用。二種酵素反應在沒有氧存在時，仍能自葡萄糖等物質，以脫氫氧化作用奪取氫原子，而將奪取的氫原子加入毒物，產生還原作用以降低毒性。

結合之解毒方法有：

1、和炭氫化物相關的有：和醛糖酸(glucuronic acid)結合。

2、和胺基酸(amino acid)相關的有：和甘胺酸(glycine)、半胱胺酸(cysteine)、麩胺(glutamine)等結合。

3、和 S 相關的有：和硫酸結合以及形成硫氰酸酯(thiocyan)。

4、和烷基化(alkylation)或醯基化(acylation)相關的有：甲基化(methylation)和醋化(acetylation)作用。

這樣的分類，除了硫酸酯氰(thiocyan)之外，這些結合的結果，都是提高化合物的酸性，以利自腎臟排泄。

有些毒物不具可供結合的部分，則必須先進行氧化作用，以製造可以結合的部分。例如酚(phenol)之 OH 可供結合，可以和糖醛酸或硫酸結合，而苯則沒有可結合的部分，所以必須先氧化導入 OH，OH 就成為結合的部位，然後才可以進行結合反應。

以上之結合反應都須要供給能源，即由腺嘌呤核甘三磷酸(adenosine triphosphate，ATP)供給。將肝磨碎後，再加入安息香酸和甘胺酸，三者之間不會起反應，如果再加入 ATP 時，就有馬尿酸的生成。我們體內 ATP 之生產，主要由檸檬酸循環(citric acid cycle)和戊醣磷酸循環(pentose phosphoric acid cycle)所製造的，所以為使這兩循環作用能順暢運作，就必須要有蛋白質和維生素，即維生素乙(thiamine)、維生素乙二(riboflavin)、尼古丁酸(nicotinic acid)、胺基丙酸(pantothenic acid)、鐵等。為了要將鐵還原、提高溶解度以利吸收，就必須要有維生素丙(ascorbic acid)。人患糖尿病時或飲酒時，肝臟的 ATP 生產量減少，因此降低身體的解毒能力。

19-11-2、和賀爾蒙的關係

如果將動物的副腎切除，則該動物會顯著地降低對下列各項的抵抗力：即對細菌所生產的毒素、毒物、藥品、疲勞、寒冷、外傷等。這時，如果給予，由副腎萃取的物質，則能快速地恢復抵抗力，這是因為萃物含有一種皮質激素(cortisol)賀爾蒙的緣故。雖然，此賀爾蒙並不能將毒物完全破壞，可是它具有促進其分解、協助從血液中除離的作用。原本當我們處於不舒適狀態時，也就是為了要解除寒冷、緊張等的狀況時，會分泌適量的賀爾蒙，使我們的組織不發生病變，亦即產生靜化炎症的作用。

下面的例子，是用賀爾蒙解毒的情形，來說明因過量乾酪胺酸(tyrosine)所造成的傷害。

乾酪胺酸(tyrosine)在構造上和甲狀腺賀爾蒙副腎素(adrenaline)、正腎上腺素(noradrenaline)相似如式(19-20)所示，所以少量乾酪胺酸給予老鼠吃並無大礙，如果飼料中添加乾酪胺酸量高於 1.5％，則老鼠產生脫毛、肝臟等障害，手腳腫大變紅，再多量給食則會死亡。此時，如果給予副腎皮質賀爾蒙，則肝臟裡的乾酪胺酸(tyrosine)分解酵素的活性，可以提高四倍，因而消除了乾酪胺酸的毒性。解毒時所必要的酵素，含於細胞質內、以網狀分布著的平滑細管內。皮質激素(cortisol)就是提高此酵素活性的物質。

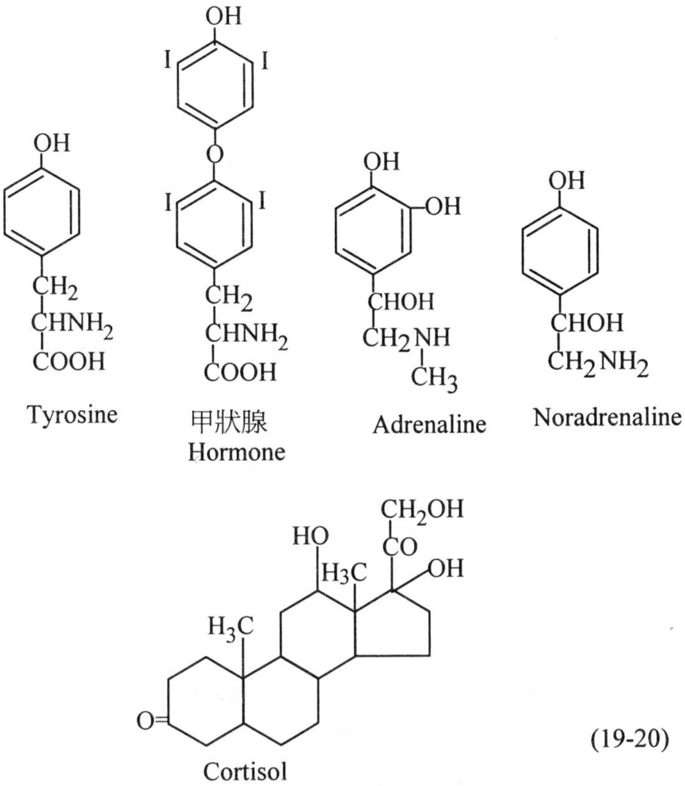

Tyrosine 　　甲狀腺 Hormone 　　Adrenaline 　　Noradrenaline

Cortisol

(19-20)

　　在營養不良時，這種賀爾蒙的分泌也和其他賀爾蒙一樣，隨著副腎機能之減退而減少，但在疲勞、緊張、營養攝取不均衡等情況時，就會多量分泌。如果時常處於緊張的狀態，而持續大量分泌皮質激素後，則會產生和分泌賀爾蒙原來的目的、作用完全相反的結果。也就是，一旦在重要的時刻，皮質激素的解毒能力變弱，身體的抵抗力明顯地減退。這種情形，可以從連續服用副腎賀爾蒙(美國仙丹)後，在患者身上所引起諸多的傷害症狀，得以了解。

任何疾病，第　次服用副腎賀爾蒙(美國仙丹)後，會很神奇地產生效果，第二次則必須服比第一次更多的藥量，才能獲得如同第一次的效果，如此惡循環的結果，將自身的副腎功能破壞殆盡，最後再多量的美國仙丹也無效，身體積水浮腫，提早結束生命。市面上利用這種手段，詐騙錢財的情形層出不窮。在農村的學童，由於維生素乙二(riboflavin)和維生素 B_6 的不足，可以發現其賀爾蒙分泌量的增加，因此他們的解毒能力並不十分良好。

19-11-3、解毒所必要的未知成分

用由乳蛋白(casein)(24％)、蔗糖、棉子油、維生素及鹽類等成分，所調配成的科學飼料，飼養老鼠。二星期後，老鼠的體重可以增加到 77g。如果科學飼料中添加入類似 BHA（農藥）的 DBH 0.2％，同樣的飼養，則因為農藥的毒性，老鼠的體重僅有 16g 如表 19-5 所示。添加 DBH 之科學飼料，雖然再增加了維生素及鹽類，同樣的飼養，也無法恢復體重。不過，添加 DBH 之科學飼料加入纖維或乳蛋白後，可以使體重增加到 31～32g。各種添加物中效果最好的是肝藏，它可以使體重增加到達 41g。由此可以知道，肝臟對於解毒有非常好的效果。

同樣的試驗，但不用如乳蛋白或蔗糖等調配的科學飼料，而使用市售飼料，則老鼠體重可發育達 78.6 g，這個結果和用科學飼料的情形差不多。然後再加入 DBH 時，結果用這種含毒的市售飼料飼養也可發育達 52.3 g。也就是說，添加 DBH 於市售飼料，雖然同樣受 DBH 的毒性，但是市售飼料本身具有解毒的功能，可以恢復老鼠發育的程度，是前記添加維生素或肝臟於科學飼料，都無法達成的。

這個原因，是市售飼料係以米糠、麵、乾燥綠葉、動物內臟等，農、畜產等的副產物為原料所調配成的，這裡面含有某種成分對解毒有效，這是未知的成分。我們日常的食品漸漸變為精粹，由廚房中丟棄的部分，可能含有重要的解毒物質，這些物質的研究是今後的課題。

表 19−5　抗氧化劑和營養成分對解毒的影響 (小柳)

飼料	體重增加(g)
無添加(純粹飼料)	77.1
純粹飼料 添加 DBH 0.2 ％	16.0
同上再添加 vitamine 類	17.4
添加2.5 ％鹽類	19.0
添加10 ％ casein	32.0
添加5 ％ 纖維	31.0
添加10 ％ 海燕	4.0
添加5 ％ 棉子油	死
添加 hesperidin, naringin 或 rutin(各2.5%)	10〜11.4
添加鹽類 casein,纖維	16.4
添加10 ％乾燥肝臟	41.2
添加同上抽出殘渣	36.5
市售老鼠用飼料	78.6
市售老鼠用飼料添加 DBH 0.2％	52.3

習題

1、人體內自然解毒之方法是什麼 ？ 在何處進行 ？

2、以碳數之多寡比較同族醇類毒性的大小。

3、甲醇之毒性比乙醇小得多，為何喝了甲醇後對身體傷害較乙醇大 ？

4、用反應式說明乙醇進入身體內解毒之情形。

5、常喝酒容易患脂肪肝、肝硬化、肝癌等症病為什麼 ？

6、香煙中之尼古丁(nicotine) 如何進入人體 ？ 如何解毒 ？

7、胺類 (Amine) 之氧化解毒其化學反應須依靠何種物質才能進行 ？

8、人體利用結合物供酚(phenol)結合而排出解毒，此結合所需的能源來自(ATP)
　，要如何才能供給大量的 ATP？ 說明之。

9、賀爾蒙的功能是什麼，舉例說明之。

10、解毒所必要的未知成分有可能存在何處 ？

11、平常聽人說不要吃燒焦的食物，為什麼 ？

12、人體之解毒是利用何種化學的原理？

13、身體要的能源來自 ATP，而 ATP 是靠檸檬酸循環和戊醣磷酸循環之運轉，同時需維生素和鐵，其中鐵之吸收就必需要有維生素丙才能達成目的，為什麼？

第二十章 多醣的種類和其機能

20-1、緒言

　　所謂多醣類，係屬於高分子化合物概念的碳水化合物，及其衍生物都包含在內。由同一種類構成糖所生成的多醣，有膠糖(glucan)、甘露糖(mannan)、半乳糖體(galactan)等(其名稱之語幹為 an)。由二種類糖以上構成糖所生成的雜多糖

　　(hetero-polysaccharide)，例如含胺基糖之胺基葡聚醣(glucosaminocan)，其化學構造具多樣性。關於多醣類的分子量，自 5,000 程度的多醣，到 106 以上的多醣都有。配醣體(glucoside)結合的醣鏈，至少含有十數個以上單醣所生成的物質，才稱為多醣；鏈長小於此的醣，則分類為少醣。不過即使少醣，如果其醣鏈和蛋白質或脂質結合，分子全體屬於高分子者，則應含於廣義的多醣，也有稱為複合多醣(conjugated poly saccharide, complex polysaccharide)，或稱為醣蛋白質、醣脂質、解肌膠醣等。

　　近年來、已經知道多醣類雖然不是必須營養素，但是它具有和必須營養素不同的生理機能，在維持人體定常機能上有重要的作用。舉一個例子來說，像糖尿病、動脈硬化症、大腸癌等成人病的預防生理效果或稱為膳食纖維效果(dietary fiber effect)，就是屬於維持人體定常機能的作用。食用菇、食用茸類等，具有其他的生理活性，係由於這些食物含有特定構造的抗癌性多醣類。其中的一群多醣類，具有刺激生體的免疫機構、抑制腫瘤增殖等的作用。另外，漸漸已經知道，像動物的細胞膜表層上，有辨識細胞的重要複合糖質、能和特定醣鏈結合的植物凝聚素等多醣類，都是具有從前沒有想到的生理機能。多醣類的抗癌活性，可以利用化學的方法，改變立體構造予以提升，因此值得我們深入探討。

20-2、多糖類的性質和機能

　　本項包括天然糊料、膳食纖維(dietary fiber)、多糖類的抗腫瘍性、木質素的抗腫瘍性等項，分別說明如下。

20-2-1、天然糊料

所謂糊料，通常是指：『溶解或分散於水中，成為粘稠性的高分子』。雖然糊料，大概可分為天然糊料、加工糊料、合成糊料等三種，其中被認定可以作為食品添加物的有：纖維素衍生物的有甲基纖維素、羥甲基纖維素、海藻萃取物、海藻酸鈉、海藻酸丙烯基乙二醇鹽、加工澱粉的有澱粉磷酸酯鈉等六種。

因此所謂糊料，大部分可以說是天然糊料。植物性的膠，有植物浸出物、植物種子的粉末、海草萃取物、細菌或菌類的產生物；澱粉類有種子澱粉、根莖澱粉等；蛋白質類，有動物性蛋白質和植物性蛋白質，其特性如下：

(1)、以增黏性為目的

在食品、化妝品領域，特別須要增黏劑，幾乎使用所有的天然糊料，但是像湯、油膏、果醬、奶油霜、牙膏、芥子膏等，須要較高的黏度物質，則使用卡拉銀南(carrageennan)、刺槐豆膠(locust bean gum)、古阿膠(guar gum)、澱粉等。

(2)、以作為被膜劑為目的

明膠、海藻酸等用於此目的，其效果是防止冷凍食品之品質劣化、被覆冷凍食品和冷果食品、防止固結性粉末被覆物質的吸濕等。再者，利用明膠、海藻酸和鈣鹽等金屬鹽的成型被膜，用以製造濕式法之明膠的微小型膠囊、香腸裝填物等。

(3)、以用於凝膠劑為目的

利用於此方面的有海菜、明膠、福雪南(furceleran)、多馬林(tamarind)、果膠(pectin)、澱粉等。卡拉銀南、洋菜、果膠等之凝膠，為高分子多糖類的網目構造所生成，這種構造為氫鏈結合，因 Ca^{+2} 等金屬離子之存在而生成；但是明膠則由於各有的觸手交絡而成，因此長時間暴露於高溫時，會破壞交絡構造之觸手功效，降低形成凝膠的能力。

(4)、用於結合、結著劑為目的

火腿、香腸之結著劑，廣用刺槐豆膠(locust bean gum)和卡拉銀南等，使用的目的，是使製品均勻、無斑紋、安定組織、表面呈現光滑等，同時利用膠(gum)之強保水性，防止保存期中的減量。纖維狀蛋白質製品之結著劑，使用卡拉銀南(carrageennan)、福雪南(fureceleran)、海藻酸鈉和鈣等的金屬鹽，併用明膠、刺槐豆膠等。錠劑、丸劑等之結合劑，使用阿拉伯膠；而粉末之顆粒化、香辛料之造粒化及其他用途，則使用阿拉伯膠、刺槐豆膠、明膠、古阿膠(guar gum)等。

(5)、被用為粉末化之擔體

天然色料、香料、調味料等粉末化時，在性質上，有的會潮解，或則容易蒸發，這時如果用阿拉伯膠、酵素處理的澱粉(可溶性澱粉)、乳糖等作為擔體，就可以達成固定、安定化目的，有時也使用明膠、海藻酸鈉等。

(6)、用於乳化安定劑之物質

提高 O/W 乳化系水溶液黏度，可以防止離漿，也有用天然高分子，被覆脂肪球表面作為乳化劑。卡拉銀南、古阿膠、刺槐豆膠等使用於沙拉醬;也可以和卡拉銀南相配合、利用乳化力，而使用於人造奶油。阿拉伯膠也應用於乳化藥品、化妝品。

(7)、用於懸濁、分散劑

為防止果實飲料、乳飲料等之沉澱、分離時，可使用卡拉銀南、刺槐豆膠、果膠等；如欲作為果實飲料之懸濁為目的，可以併用海藻酸鈉和卡拉銀南。再者，利用卡拉銀南之黏性，可作為分散劑或分離防止劑。

(8)、用於起泡、泡沫安定為目的

攪拌天然糊料溶液時，能使卷入的泡沫安定化，此乃是由於表面黏性之增加，而緩和泡膜中的液體重力所引起的排液現象，冰淇淋、麵包、啤酒、奶油霜等就是使用卡拉銀南、刺槐豆膠、古阿膠、明膠(gelatin)等。

(9)、用於防止生成冰晶為目的之物質

在冷凍食品、冰淇淋等方面，天然膠不會使組織受到影響。由於天然膠和水的親和性，使游離水減小；凍結時的冰晶體積小，所以冰淇淋的口感滑潤；又可防止冷凍食品解凍時組織發生變化。

(10)、用於低熱卡為目的之物質

天然膠在體內不被消化而直接排出體外，所以廣用於低熱卡食品。例如，布丁果醬、果凍、湯、醬類、水果、餅乾等，添加少量就可以替代原來的主原料，今後利用度將會急速發展。

(11)、用於藥理效果為目的之物質

1961 年 wells 等發現果膠(pectin)可以降低血漿的膽固醇含量，海藻酸鈉也有此作用，已確認天然膠在此領域之特別功能。再者在農藥方面，生體高分子物質對病毒具有阻止感染的效果，對於防除植物病害有效，適用之天然膠，有海藻酸、卡拉銀南、果膠、明膠等。

20-2-2、膳食纖維(dietary fibre)

膳食纖維之定義，據 Trowell 等解釋為：『人的消化酵素不能分解，為構成植物細胞壁的多糖類和木質素，以及植物細胞內的多糖類』。因此膳食纖維就包含了，構成細胞壁的纖維素、半纖維素、果膠、木質素等之外，非構造成分的果膠、膠質、粘質物等也都在內。Sauthgate 則更進一步，將經化學修飾過的高分子，例如像羧基纖維素(CMC)等，也加入這一範疇。

這些膳食纖維攝取量的減少，是過量攝取高脂肪、高蛋白質、砂糖類，和增加精製加工食品等的原因，以致引起成人病，諸如動脈硬化症、心筋梗塞、糖尿病、大腸癌等疾病，造成死亡率的增加。

到目前為止，研究膳食纖維營養學的結果，已經知道的主要生理效果有：

(1)、和低纖維性食品比較，通過胃腸的速度快二倍，排便量多四倍。

因此縮短滯留於消化器的時間，減少有害物質的吸收，發揮抑制發生大腸癌的效果。

(2)、促進改善腸內的細菌叢，確認有改善大便的性質。

(3)、某種的多糖類能抑制，由飲食性膽固醇所引起的血液及肝臟膽固醇量之上昇。

(4)、多糖類之糖類也能降低糖尿病患者的血糖值。

實際上，已經知道具有所謂膳食纖維功能之多糖類，其生理效果的原因，與其說是纖維狀的關係，倒不如說是多糖類具有保水性、黏性大的果膠或植物膠質，為有效的主因。最近已有：『存在於植物性食品的細胞壁、難消化性多糖類、及在細胞間基材中的非消化性多糖類』的看法。其他亦擴展到微生物所產生的某種多糖類，或者植物多糖類的衍生物，也發現有生理的效果，因此，也有研究者，將膳食纖維定義為：『人的消化酵素所不能消化，食物中難消化性的多糖類』。

對膳食纖維的生理效果有如下的看法。細胞壁的骨骼物質，大都是不溶於水的纖維性多醣類。成人病，應理解為一種隨著老化的複合代謝疾患，其引起的原因，係在食生活方面，由於膳食纖維食品攝取的不足，延長腸內容物的滯溜時間，和糞便的淤積為因所引起的。來自細胞壁的多醣類，至少和缺乏膳食纖維的人相比，其生理的功能有：明顯地縮短腸內容物的滯溜時間、增加排便量、所以縮短食物中的毒性物質和消化管壁接觸的時間、由纖維物質吸收毒性物質、減少從腸壁吸收毒性物質等的功效，因此防止大腸癌等消化器癌的發生。

再者，最近由許多的研究結果知道，膳食纖維的明顯生理作用是降低飲食性血液中膽固醇的功能；不過，關於降低膽固醇的作用，到目前為止研究的結果顯示，纖維素或是木聚糖等不溶於水的真纖維素多糖，並沒有此種作用；反而像具有高粘性、有高保水性的果膠或者古阿膠等，才呈示強的抑制效果。

從這種結果可以想為，小腸的粘膜被覆這些高粘性的多糖類，因物理的作用阻害膽固醇的吸收。不過，除了古阿膠等的中性多糖類之外，在很多的情形，果膠或某些微生物所產生含有糖醛酸(uronic acid)的酸性多糖類，卻有很強的降低血中膽固醇的作用。這樣情形可以連想到，和膽酸鹽等結合而產生化學的阻害吸收的作用，這樣的可能性不無可能。表 20-1 是膳食纖維的種類和具有抑制血中膽固醇作用的多糖類。

表 20-1 膳食纖維的種類和具有抑制血中膽固醇作用

種類	多糖	降低膽固醇的作用
植物細胞壁構築物質	纖維素	-
	半纖維素	
	聚木糖	-
	阿糖聚糖	
植物細胞壁基質及細胞間物質	古阿膠	+++
	菊蒻	+
	果膠(酸性)	+++
海藻	海藻酸(酸性)	++
微生物細胞外物質	B.polymyxa S-4 多糖(酸性)	+++
擔子菌子系體	Kikurage 酸性多糖	+++
	Kikurage，β-1,3-glucan	-

（吉積, 伊藤, 國分）

　　和這個有相關的試驗，是在高膽固醇飼料裡，添加微生物多糖類、食用菇多糖類各1%，用以飼養老鼠，調查降低膽固醇的效果。結果確認 B. polymyxa S-4 多糖(酸性)、Kikurage 酸性多糖、由培養濾液分離的高粘性中性多糖等物質，都有明顯的抑制效果；但是在 Kikurage 中含有多量的中性高分子 Kikurage β-1,3-gulcan，則無抑制效果。

　　糖尿病患者是成人病之一，係由於胰島素分泌異常所引起的。研究有關食物纖維和血糖值正常效果的關係，有二、三報告，說明如下。

　　普通的健康人，血中葡萄糖濃度(血糖值)為每 100 cc 中有 80~100 mg，飲食後升高為 160~170 mg 左右；不過食後二小時減少為 120 mg 左右，三小時後會回恢復到 80~100 mg；如果食後，超過200 mg，食後三小時仍然沒有減小時，這個人就有糖尿病。胰臟分泌的胰島素，會將過剩的葡萄糖反應作用，轉變成糖原(glycogen)，而恢復為正常值，可是糖尿病患者由於無充分量的胰島素可以作用，所以血糖值就異常高。這時如果將含有古阿膠(guar gum)或果膠的膳食纖維，給此患者吃，他的血糖值就會下降。這樣的功效，牽涉到複雜的酵素系統，以及賀爾蒙相關的血糖調節機制，在此機制裡食物纖維扮演著何種角色，將是今後研究的課題。

20-2-3、 多糖類的抗腫瘍性

所謂食品成分中的抗腫瘍性物質，並不是意味能防止，體細胞由於種種原因所引起腫瘍化的過程，而是指抑制生成腫瘍細胞的增殖之物質。存在於食品成分中的抗腫瘤性物質，大致上可分為低分子物質和高分子物質二種。

低分子物質類，例如聚酚(poly phenolic)類或維生素丙，原本就存在的植物成分；像酪胺酸(tyrosine)衍生物之芳香族蔗糖酸(reductone)類，係在體內代謝變成抗腫瘍物質;以及經料理、加工過程等，而使植物成分產生變化之物質，例如糖之氧化分解而生成之丙醣蔗糖酸(triose reductone)等。

高分子物質的抗腫瘍性物質，可分為二種。一種是原本就存在的植物成分；另一種是，經料理、加工等過程，而使植物成分產生變化的高分子物質。換言之，各種的多糖類或者木質素是屬於前者；而蔬菜組織經切斷後，所產生的傷害木質素則屬於後者。

存在於食品成分中的某一群酚(phenol)化合物，當和 Cu^{2+} 氧化時，在氧化過程，會切斷雙股鏈 DNA 。這種切斷雙股鏈 DNA 的化合物能力，尤以綠原酸(chlorogenic acid)、沒食子酸、兒茶五倍子酚(catechin pyrogallol)等最為顯著，如果咖啡酸的濃度高，咖啡酸也有切斷 DNA 的能力。酚類都是容易氧化的物質，被用為抗氧化劑，這種抗腫瘍能力乃關係於它的氧化電位，氧化電位在 0.7～1.0V 範圍之物質才有效。這裡暗示著酚類之制癌作用，是經由氧化反應而呈現的，如果電位太低的物質則不安定，在未到達腫瘍組織前就被分解掉；相反地，如果電位太高，則不容易起氧化，效力當然不能發揮。醛類被氧化時所產生的不穩定中間體，可以分解腫瘤細胞的DNA，對於這些化合物具抗腫瘤作用的機制，作進一步的說明。

食物中除了這些醛類之外，還含有黃素母酮(flavone)、花色素(anthocyan)等的黃素母酮類(flavonoid)，這些化合物也有和 Cu^{2+} 離子共存時，會分解 DNA。黃素母酮類的切斷 DNA 能和 DNA 突變異能之間，已經確認有很好的一致性，當黃素母酮類對腫瘤細胞作用時，可以想像會引起細胞機能的變化，乃至攪亂細胞的機能。

維生素丙也具有抗腫瘤能，此種效果，因為有 Cu^+ 離子的共存而增強。再者，亞硝胺化合物也同樣具有抗腫瘤性。

胺基酸的酪胺酸(tyrosine)並不具抗腫瘤能，不過它在生體內被代謝成為兒茶酚胺(catechol amine)為止，一連串的中間化合物都具有抗腫瘤能，這些化合物也是在 Cu^{+2} 離子共存時，會增強抗腫瘤的效能。

將糖加熱，糖變成褐色反應時，丙醣蔗糖酸(triose reductone)是所產生的中間體化合物之一，它也具有抗腫瘤效能；不過如果加入 Cu^{+2} 離子時，反而會降低抗腫瘤能，其原因是，因為加入 Cu^{+2} 離子後，會急速地分解丙醣蔗糖酸的緣故。

有許多報告指出，禾本科植物、菌類(擔子菌類、地衣，類、靈菌類)酵母等，為抗腫瘍性高分子物質，這些多糖類的抗腫瘤活性，呈示在主鏈具有 β-1,3- 結合的，β-1,3-膠糖(β-1,3-glucan)上。這種多糖類並不直接作用於腫瘍細胞，係由宿主的仲介而作用，即賦活宿主的防禦機能後，才會發揮抗腫瘍性的效能。從 1960 年後半開始，積極研究癌的免疫科學，開發了免疫療法劑；其要領是，不直接攻擊癌細胞，而用修飾生體的免疫系，提高低弱的生體免疫機能，間接地抑制癌細胞的增殖。這種免疫療法劑，其中的一個例子，就是目前大家積極從事研究，擔子菌類所含特定構造的抗腫瘤多糖(antitumore poly saccharide)的風潮，從其熱烈的程度，可以知道免疫療法劑已經受到重視。

到現在為止，已被許可使用為免疫補助劑的有：吳羽化學(株)從草菇提煉的 KURESUTIN (P-SK)、味之素(株)從椎茸提煉的 LETINAN、台糖(株)從廣末茸提的 SIZOFIRAN(以上都是商品名)等，都是屬於這一部門，其他還有許多的專利。

自古以來在日本和中國，從『草根樹皮』或菇等萃取的漢藥，這些民間藥有不少，對胃癌、食道癌等消化器官癌有療效。東洋醫學所謂『醫食同源』、『藥食同源』的基本源理，乃意味著，人體一旦恢復生體的恒常性(Home statics)，就可以恢復生體的免疫機能，也是屬於這個範疇。

在許多多糖類中，β-1,3-膠糖(β-1,3-glucan)之所以具有抗腫瘤能，係因為這些多糖類都具有三股螺旋立體構造的緣故。經 x-ray 繞射研究結果顯示，三根 β-1,3-

膠糖的主鏈，由氫鍵結合生成右旋的三股構造，所有短側鏈部分都在螺旋外側的位置。這種立體構造，如果用酸予以處理，降低分子量時，分子量愈小則抗腫瘤活性愈低，由此可知三股螺旋構造和分子量的關係。爲了使顯示抗腫瘤活性，而保持三股螺旋的構造，須要有相當的分子量(約 10 萬以上)爲必要條件。從這一觀點上看，目前經口服 β-1,3-膠糖，似乎難期待有抗腫瘤活性；但是最近，已將此高分子和蛋白質或脂質相結合，製成藥劑，據說有一部分可從小腸吸收。如果用注射方法，直接將分子量百萬的抗腫瘤多糖打入血管，會引起血栓，所以還是希望使用低粘度的水溶液爲宜。

即使同樣的 β-1,3-膠糖，如果三股螺旋構造的外側鏈糖殘基的位置相同，其活性也有所不同。不活性或弱活性的水不溶性高分枝鏈型膠糖的側鏈，部份用多元醇基取代，則可以明顯地提升活性。這種進行部份的化學修飾，而增大活性，也和靈芝膠糖的分枝型 β-1,3-膠糖，具同樣效果。再者，用化學的方法將糖殘基，接枝於直鏈型 β-1,3-膠糖，可以變成很強的抗腫瘤活性。例如將，短枝的 D-阿拉伯糖環五糖(D-arabinofuranose)基，接枝於合成的分枝多糖，所得的化合物，即使微量也具有非常強的活性。另外，像具有 β-1,4-膠糖結構的纖維素，就無法得到好的活性。從這些研究的結果可以知道，抗腫瘤活性必須具有三股螺旋構造，同時側鏈也具有影響力，這二點爲重要的支持理由。

20-2-4、木質素的抗腫瘍性

木質素(lignin)並非碳水化合物，在自然界，木質素和纖維及其他碳水化合物，以很強的化合學結合之高分子化合物，木材中約含 20~30%。木質素係天然物質中最具抵抗性物質，用化學的及酵素的手段，都非常難予以分解，只在二氧二乙烯(dioxane)的有機溶劑中能徐徐溶解。木質素之分割自古以來，使用 72%(W/W)的硫酸處理後，以不溶殘渣分離。

木質素被認爲是抗腫瘤性高分子物質。多糖類僅對固形型腫瘤有效果，而對腹水型腫瘤無療效，但是木質素對二種腫瘤都有療效。木質素的抗腫瘤性能，其機制是木質素沉著於細胞間，促進組織之木化。再者，蔬菜類經切斷後放著時，由於酵素的作用，木質素就進行累積；還有，將木質素長時間放在酸性條件下後，再吃食這些食物，也有相當量的木質素累積。經常吃食這些食物，可以使生體的防御機能，經常保持在高度的狀態，因而有抑制腫瘤增殖可能性。(吉積,伊藤,國分,1981)

習題

1、詮釋多醣類之種類。

2、在日常用於低熱卡為目的之物質有那些？

3、多醣類用為藥理效果目的之物質有那些？

4、膳食纖維(dietary fibre)之定義為何？

5、詳述多醣類之抗腫瘍特性？

6、木質素之抗腫瘍性和多醣類之抗腫瘍性有何不同？

7、膳食纖維主要的生理效果有那些？

8、木質素之抗腫瘍是利用何種化學原理？

9、酚(phenol)類皆屬容易氧化之物質，故被用為抗氧化劑，用為抗腫瘍目的時，其氧化功能之電位有何特別限制？

10、乾酪胺酸(tyrosine)為胺基酸，本身並無抗癌性，但在體內會產生抗癌性，為什麼？說明原因。

11、西藥之治療癌症常使患者脫髮等嚴重副作用，能否用應用化學的成法治療？

第二十一章 香臭的化學

21-1、緒言

　　香臭乃日常生活上面臨的問題，它對人的心理及精神影響很大，芬芳香味令人心怡，而異臭怪味則引人厭煩。由於人口密度之增加，和各種環境惡化因素之累積，使生活環境日益重視臭氣問題，尤其密閉式辦公大樓，一旦有異味將在密閉空間循環，傳及全體人員。食品的香味與否，更是攸關該商品價值和市場性，這種影響心理和精神的因素，利用化學的手段可以容易改善，實質上的成本很微小，但是其效果卻是巨大無比。一瓶小小的香水賣數千元，一本萬利的情形可見一斑。本章說明香臭之發生、感受和應用化學方法的防臭方法。

21-2、香臭感受

　　香可區分為氣味(odor)、香氣(perfume)、風味(flavour)，這是鼻腔內的嗅覺神經細胞，受到揮發性物質的刺激所引起的感覺。香臭和物質的化學構造有很深的關係，也和味的情形一樣，受各種的條件所支配。

　　香味物質的特性是，分子量 26~300 之間、可溶於水、游離原子、有不飽和結合、發香官能基、環等之存在為必要條件，而官能基的位置之變化、官能基和官能基團之間的距離差別、環狀、異性化等之因素也使氣味明顯的不同。官能基有：

　　-OH, -O-, -CHO, CO=, -COOH, -CO·O-, -S-, -SH, -N0$_2$, -NH$_2$, -CN, -NC, -SCN, -NCS 等。

　　人對香臭的感度十人十樣，隨年齡、性別、人種、職業別、生活環境習慣等的差異，以及各人的心理、生理的狀態之良否，即使同一種氣味，在不同的時間都會有不同的感覺；而同一種的香料也因濃淡的不同，感覺也會完全不同。人的嗅覺超過六十歲後，嗅覺之減退特別顯著，其原因是嗅覺細胞功能之衰退。比較調查嗅覺對酚(phenol)的敏銳度，結果發現以二十五~三十四歲的年齡層最為敏銳。香水調製師年齡都在三十五歲到五十歲之間，大都憑其卓越的嗅覺執業，收入特佳，其原因在於太年輕經驗不足，五十歲以上則嗅覺退化。

對香的感覺和也和味一樣，會有疲勞性，久而久之不知其味，這個道理大家都經驗過，所以香味的表現和分類十分困難。主觀的表現法的分類者，常以如色彩的(臭青)、味覺的(甘的)、花名(如薔薇)、動物名稱(像羊的)、氣氛的(爽快的、數值的組合(4位數)幻想的(羅曼蒂克、東洋調)等來表現，不過這不能算是客觀的分類法。在鑑定香味時，須特別注意。下面有二種比較香味的方法有二種：第一種方法是利用檢臭計(odor factor meter)；第二種方法是感官組試驗(panel test)。

檢臭計係由可以伸長收縮的內外套管所構成，內管的一端較小可插入鼻孔；內管的外部自頂端往另一端標識 0~10 的長度刻劃，而外管外部也有長度刻劃標識 10~0，位置剛好和內管相反而重疊。檢測時外管的內部塗以香料成分，檢測開始時，該部分全部被內管遮蔽，漸漸移動內管，使外管塗有香成分的部分曝露，一直到有香的感覺為止，記錄該拉出的長度作為比較。 表21-1 是一些用嗅覺可以覺察的濃度。

感官組試驗(panel test)，即用糞臭素(scatole)、異戊酸(isovaleric acid、環烯(cyclotene)等，作為基準臭浸漬測試液進行試驗，用三倍稀釋下降法的步驟稀釋嗅試，到嗅不出正確解答時結束試驗。

調香師以嗅辨能力為特殊技能，稱為香臭專家，嗅力遠優於一般人。盲人的視覺無效，但嗅覺優於一般人。

21-3、香辛料

人類一直就有很強的欲望，追求好的香辛料，英國早期的東印度公司就是專門為收集東方的香料而成立的。香辛料大都利用特殊植物的葉、莖、種子、花、根等，這些色、香、味等只添加少量，即可有效地顯出食品的風味。基於香辛料是自然的

表 21-1 嗅覺可以覺察的香臭濃度

有香物質	覺察的濃度 ppm	香的種類
isoamyl acetate	0.0006	香蕉香
isoamyl valerate	0.0003	果實香
benzaldehyde	0.003	梅或桃仁
nitro benzene	0.03	同上
hydrogen cyanide	0.001	同上
cumaric acid	0.00034	香草精芳香
phenyl isothiocyanate	0.0024	肉桂芳香
allyl isothiocyanate	0.0017	辣油
allyl sulfide	0.00005	蔥臭
allyl disulfide	0.0001	同上
ethyl sulfide	0.00025	同上
methyl mercaptan	0.0011	腐甘籃臭,蘿蔔臭
ethyl mercaptan	0.0002	同上
propyl mercaptan	0.000075	惡臭
phosgene	0.0044	(光氣)乾草香
hydrogen sulfide	0.0011	腐蟹臭

(岩田,1964)

物質,所以化學合成的香辛料原則上並不存在,所以香辛料不必受法令規制,食品衛生法的指定添加物中,也就沒有設置香辛料的部門。

天然香料和天然香辛料之間有直接的關連性,關係密切有時不容易區分。通常將香辛料之材料在未乾燥或乾燥狀態,直接或經簡單處理後就供給使用。如果進一步利用化學方法,把香辛料的有效成份萃取抽出或用蒸氣蒸餾出,所獲得的物質就成為天然香料。

因為香辛料是取自植物,難免有虫咬、生黴、污染等不衛生的情形,為要維持香辛料的品質,利用高溫殺菌的方法並不理想,而低溫殺菌法又無法得到良好的效果,因此國際上廣用氣體殺菌法。使用的氣體有環氧乙烷(ethylene oxide)、環氧丙烷(propene oxide)、溴化甲烷(methyl bromide)等。

香辛的功能是提高味覺，開胃等為目的，並非營養品故不可大量食用，日常飲食生活中常用的香辛料如山葵(山俞荣)、芥末、辣椒等皆有強的刺激性不可吃太多，如果吃太多對身體不好，不過像蒜、洋蔥則有利於身體。

21-4、清酒的芳香原因

使用木製容器裝盛清酒，和用琺瑯或玻璃容器裝盛清酒，這樣使用二種不同材質的容器，對清酒的品質影響很大，最大的差別為芳香，特別是有無木的香味。容器用杉桶時，杉的芳香會溶入清酒，生成木香，這種木材的香氣，對清酒品質之優劣有絕對的影響，所以醱酵、熟成時所生成的芳香，就成為清酒芳香的主角。

混濁的未過濾的醪酒有類似木香的芳香，有時殘留於清酒中，稱為木香的氣味，此木香如果過強的話，反而變成異臭，屬於品質上的缺點。木香的氣味是以乙醛(acetaldehyde)為主成分，除此以外還含有杉特有的芳香；20～60 ppm 的乙醛是構成芳香的成分之一，但超過了 80 ppm 則呈木香的臭味。要除離木香的臭味須用活性炭處理，另外抑制的方法之一是醪中添加醇。

21-5、咖啡的芳香

咖啡的芳香主體是綠原酸(chlorogenic acid)。苦味不僅是咖啡因，也包括了聚酚類、縮胺酸(peptide)類、鎂、鈣等金屬鹽，和由糖氨基反應變成褐色生成物等，複雜化學作用的結果。綠原酸新鮮者類似茶葉的單寧具甘味、甜味，如果放久了就和蛋白質反應，形成不溶於水變成混濁，或劣解成焦性沒食子酸等。

咖啡的香氣，到目前為止尚未發見單一成分為主成分，所以必然是由多數的複合成分互相作用的結果。代表性的咖啡香氣成分，稱為咖啡硫醇(mercaptan)的呋喃甲(furfuryl)硫醇，是咖啡特有的成分，此外含有三甲對二氮雜苯(trimethyl pyrazine)、甜焦感的丁二酮(diacetyl)、帶酸牛乳感的醋精(acetin)、醋酸等有機酸、糠醛(furfural)等。

21-6、食品之加熱香味

將氨基酸和葡萄糖經加熱到100°C和180°C，二種加熱程度，所產生的氣味是不同的，除了氨基酸分解物以外，同時也含有由糖類分解生成的丁二酮等之羰基，和各種對二氮雜苯(pyrazine)類等。烷基對二氮雜苯(alkyl pyrazine)是焙煎花生、馬鈴薯片、咖啡、可可、麥茶等，所產生的一般性香氣成分。

氨基酸或還原糖類添加於食品而加熱，可以促進氨基的和羰基的反應，因而強化或改良加熱香味。例如生產煎餅類時加入纈氨酸、苯丙氨酸之氨基酸可使生成好的香味，假如添加氨基酸和葡萄糖而加熱，則風味更佳。

21-7、化粧品的香料

在室溫具有揮發性，可使人的嗅覺快感的香氣物質中，使用於香粧品及食品者稱為香料。像吲哚(indole)類生嚴重惡臭的物質，有時也作為重要的香料；麝香類在濃態時不芳香，而在稀薄狀態時卻成為芳香。羥基(hydroxly)、酮基(ketone)、醛基(aldehyde)、酯基(ester)等是香氣的發香團。

合成香料與人造香料總稱為人造香料，例如人造麝香、調合靈貓香、合成樟腦等。合成香料，係由天然香料分離的主成分、從油脂等分離或合成的成分，再進行化學反應而得到的單一香料。除此以外合成香料還有：α-松油精(α-pinene)、香葉醇(geraniol)、薄荷腦(menthol)、苯甲醛(benzaldehyde)、檸檬醛(citral)、香蘭精(vanillin)、樟腦(camphor)、茉莉酮(jasmone)、α-紫蘿蘭酮(α-ionone)、醋酸、甲酯、百里香酚(thymol)等。

調合香料，係以適當比率調合天然香料和合成香料，作為添加於化粧品、食品、肥皂等用的香料。調合香料可以和天然香料成分同樣的組成，有時則不拘成分，只要求調合的結果，類似目的芳香就可以。

植物性天然香料常來自植物花、葉、果實等的油狀物，稱為芳香油或精油。其採取法有壓榨法、蒸餾法、萃取法、溫浸法、吸收法等。

21-8 · 芳香消臭劑

　　現代建物講求高度氣密性，有必要消除煙臭、調理臭、體臭、空調設備或暖氣設備的臭氣等；生活垃圾、下水等的消臭也很繁重，因此使芳香消臭劑的需求更形普及。

　　消臭方法有下列四種：

　　(1)、感覺性消臭(遮飾用芳香物質)

　　　　在有臭味的空間利用芳香物質掩飾臭味，例如洗手間放置香水或樟腦丸，可以緩和臭味，使人感覺舒服。這種方法只能適用於臭味不太重的環境，如果大量的惡臭則無效。

　　　　化學性消臭法所使用的藥物，大別可分為防臭劑和消臭劑。防臭係以藥劑成分所發生較強的氣味掩飾惡臭，而消臭劑是以化學反應等消除惡臭。

　　(2)、物理性消臭(換氣、擴散、吸收)

　　　　換氣和擴散的消臭法，是利用電風扇將臭味強制排出，引進新鮮的空氣，減少臭氣的濃度。主觀上，好像消除了臭味，但實際上所減少的臭味只是移動位置而已，並未消失，在人口密集的城市，可能給他人造成公害，所以這種方式，只能適用於不會造成公害的地方。至於利用活性碳的吸收方法，是確實將臭味除離，沒換氣和擴散法的缺點，不過有一點大家常疏忽的就是活性碳的吸收能；所謂活性碳的吸收能，係指一公克的活性碳能吸收多少重量或體積的物質，超過此吸收能，活性碳就不會再吸收了，所以經過一段時間後，必須更換新鮮的活性碳，否則無法作正常的運作。

　　(3)、化學性消臭(用中和、附加、縮合等化學反應)

　　　　臭味是一種化學物質，因為含有某反應性團或基，能和鼻子的嗅細胞作用才引起臭味感覺，因此利用化學物質和該臭味的反應團或基作用(包括中和、附加、縮合等的化學反應)，理論上是可以消除臭味的，只是要選擇正確的反應物質，相當不容易。

(4)、生物性消臭(消滅細菌、防止腐敗)等

　　　　有機物質經微生物的作用而產生惡臭，因此設法消除腐敗的細菌就可防止腐敗抑制發生惡臭。

21-9、脫臭系統

脫臭系統的分類如下：

(1)、水洗淨法

　　　　水洗淨法，是利用臭味成分會和水作用的性質，藉水的吸收作用，將臭味成分自空間分離，以達脫臭目的。所以本法，適用於除離具有親水性、極性基的成分，如氨、低級胺類、酮類、醛類、低級有機酸類等。本法的特色，是脫臭設備便宜，操作容易。缺點是用水量大，無法除離中性或非極性物質；因為係異相反應，脫臭功能受水的溫度變化及氣液接觸的條件而影響。

　　　　洗淨後的廢水處置，必須作妥善的安排，不能有二次公害的情形發生。由於效果不是很好，大都適用於特殊的惡臭場所，如屎尿處理場、雞糞乾燥場、鑄造場等。

(2)、藥液吸收法(使用酸、鹼、氧化劑等吸收分解)

　　　　不會與水作用的臭味成分，如果能和特定化學藥液、酸、鹼作用時，可以利用酸、鹼、化學藥液等洗淨除臭。

　　　　鹼性氨、胺類等物質，可以用酸性的無機酸，如鹽酸、硫酸的稀水溶液處理吸收。相反的，用鹼性的苛性鈉水溶液，可以去除酸性的硫化氫有機酸類等。在某種情況下，有些惡臭成分會和藥液反應，變成完全無臭的物質。本方法須注意處理液的毒性、用藥的費用、設備的建設費用以及裝置的耐腐蝕等問題。

　　　　因為使用特殊的藥品，處理後的廢液不能隨便排放，必須作適當的

處置。最好的辦法，是設計成循環回收處理液，以免造成二次公害之外，也可以節省藥液的費用。

　　適用範圍包括屠宰廢液、屎尿處理場、下水處理場、魚腸骨處理場等所發生的臭氣。

(3)、吸著法(使用活性物質如活性碳等吸收)

　　吸著法可為物理吸附法和化學吸附法。活性碳的吸著屬於物理吸附法；而利用離子交換樹脂、觸媒等和臭味成分接觸，產生某種化學反應，以達成脫臭目的方法為化學吸附法。活性碳對分子量較大而具疏水性的成分，即使有水分存在也會選擇性吸附。活性碳對複合的低濃度臭成分的除離功效如下：

　　能有效除離的有：脂肪酸類、硫醇類、酚類、碳化氫類(脂肪族及芳香族)、有機氯化物、醇類(甲醇除外)、酮類醛類(甲醛除外)、酯類等。中等程度除離效果的有：硫化氫、二氧化硫、氯、甲醛、胺類等。不大有效果的有：氨、甲醇、甲烷、乙烷等。

　　活性碳適用於大樓醫院的空調、食品加工廠的臭氣、屎尿、下水、汙泥、垃圾處理工程等。優點是設備費低，運轉操作成本除了送風用電外，只有活性碳的再生費用。活性碳的再生，如果將活性碳卸除後送給業者處理，則費用高昂，應自原處加設再生裝置。

(4)、直接燃燒法(在 650°C以上，燃燒分解氧化)

　　臭味的氣體在 600~800°C的高溫條件下，會氧化分解，成為二氧化碳和水，臭味當然消除。燃燒爐內的溫度和氣體滯溜時間，是脫臭的重因素，通常是在 700~800°C約 5 秒。不可有不完全燃燒的情形，因為如果有不完全燃燒，會造成其他的惡臭，生成二次的公害。

　　本方法的特色是除臭效果理想，能適用於可燃性臭味成分，如氨、硫化氫等。其缺點是燃料費用大，操作成本高，必須設法回收熱能。因為是燃燒，必須注意廢氣中氮和硫的氧化物排放量。

(5)、觸媒氧化法(用白金觸媒等，在 300～400℃氧化分解)

　　　　前項之直接燃燒法，在高溫燃燒，難免會產生氮氧化物和硫氧化物，由於氮氧化物和硫氧化物是規制的物質，必須要有燃燒廢氣的處理，如果是大企業如火力發電廠倒沒問題，但是僅為了除臭，而設廢氣處理則不勝負荷，因此利用觸媒如白金、鈷、鎳等，在 300~400℃的較低溫下，氧化分解臭味成分，就不會有廢氣的麻煩。

　　　　本法的臭成分除離範圍和直接燃燒法差不多，特徵是燃料費用低。缺點是觸媒的維護問題，因為觸媒的活性會受化學物質的中毒，尤其是鹵素、鉛、砷、汞、硫等的中毒，金屬的中毒無法再生。

(6)、臭氧氧化法(併用臭氧氧化分解和遮飾法)

　　　　本法利用臭氧的氧化作用力，直接分解臭味成分，而臭氧本身也有遮飾作用。臭氧氧化法可用於小規模的脫臭和屎尿處理廠，以臭味成分量一定的條件下為理想，如果成分量不一定則效果不佳。本法的缺點用電費用高，臭氧對人體無益，高於 0.1ppm 以上對人體有害。

(7)、遮飾法(使用芳香性成分等，遮飾惡臭)

　　　　利用臭味相對的氣味，使兩者互相抵消的作用，稱為遮飾(masking)效果。例如用香豆(Coumarin) 可以消除屎臭味。本法設備簡單、便宜，但是除臭效果不是很好，通常用以消除低濃度的臭味，而不能用於高濃度的臭氣。

(8)、其他的脫臭法

　(a)、離子交換樹脂法，是將離子交換樹脂加工成多孔質，使具有活性碳的特性和離子交樹脂的特性，用以吸附臭味成分。其特性是作用範圍較廣，但也有選擇性，而脫臭的效果不穩定。

　(b)、土壤脫臭法，是利用土壤中的微生物，攝取有機物的臭味成分作為營養，一部分的無機成分也會被分解。本法對硫化氫、氨的除離有效，適用於養雞場除離雞糞臭味。

　　　　土壤脫臭法的功能是靠土壤中的微生物，那麼土壤的比表面積的大小和細菌含量的多寡，成為左右脫臭效能的重要因素。一般土壤的比表面積小，而且細菌含量也不多，所以除臭效果不是很好。土壤能符合比表面積大、細菌含量多的需求，可能只有蚯蚓的糞便是具有此條件的產物，因此養蚯蚓收集糞便作為脫臭劑，其性能絕不會輸給其他吸收劑。因為通常的吸收劑，都有吸附達飽滿的時候，屆時必須再生否則失效，但是使用蚯蚓的糞便作為吸收劑時，只要供給足夠的水分和臭氣，滿足細菌的生存條件，蚯蚓的糞便可以永久使用，不必再生處理，這是最便宜的天然材料。

習題

1、探視病人大都送花，其意義何在？

2、臭和香是人類疏親的對象，從微觀立場剖析其內函的意義？

3、香料用於食品除了香氣誘人之特色外，還有何種功能？

4、加熱調理食品會產生不同之香味，其道理何在？

5、香料和精油有何不同？

6、如何消臭？

7、用化學藥品吸收臭氣，例如用活性碳吸收某臭味，如何決定該活性碳之使用期間？例舉計算之。

8、除課本的內容之外，舉出其他之除臭方法。

9、香和臭感覺之化學原理是什麼？

第二十二章 化學防菌防黴

22-1、緒言

　　菌與黴之微生物存在於任何一個角落，它的存在歷史比任何其他高等動植物都久遠。由於菌與黴體積微小，無法用肉眼看到，所以人類對它的認識一直到十七世紀末，荷蘭人 Leeu ween hoek 用自製的顯微鏡，放大約 300 倍，才第一次觀察到酵母菌及細菌。在此以前，雖然未認識微生物的本質，但由於微生物腐敗有機體、食物及發酵等現象，在人類的發達史上，有著很重要的關連性。儘管不知道微生物的存在，但為了防止微生物所引起的腐敗結果，人類用盡智慧予以防患，其最佳的代表例就是古埃及對木乃伊的傑作，所以人類與微生物的鬥爭，開始於有史以前。

　　埃及人相信死後如果能保存完整的屍體，靈魂必定會回來而保永生，因此帝王們死後，必然要製成不朽的肉體，這種木乃伊的製作，早在紀元前 3000 年就開始。

　　木乃伊其實只是肌肉和骨頭之保存而已，正像我們在製造腊肉一樣，先把內清除然後塗上防腐劑；腊肉塗的是食鹽而木乃伊則是塗上各種香料，前者晒乾而後者用麻布包覆。木乃伊常用的香料都是具有非常強的防腐劑例如雪松油(cedar oil)、乳香、沒藥、沈香、肉桂、瀝青、焦油等，這樣處理過的屍體可以防止微生物的侵蝕，因此屍體能夠保持數千年以而不腐敗變質，這是利用香料物質、瀝青、焦油等的防腐保存的作用。

　　利用同樣的原理，人類有關一切受微生為害的問題，都可以使用香料物質來維護。

22-2、微生物的感染

　　微生物存在於空間，所以舉凡人類的一切物件都會受到為害。例如起居的服裝、眼鏡、書本、桌櫃、住屋、牆壁、儀器、車輛、飲用水、蔬菜、水果、餅干、五穀、石膏像、書繪、家畜、電腦、塑膠製品等等不勝枚舉，都受到微生物的傷害。除了對身外物質的傷害之外，微生物最大的害處，是對人類身體、生命健康的直接威脅。

眼睛看不到的微生物所引起的疾病，在以前對微生物尚無知的時代，人們根本無從知道疾病的原因，所以一旦發生微生物的感染性疾病，除了企求神明的保佑之外，唯有利用隔離病患、避免接觸病人或患病的動物等方法，以求平安。據說醋酸是最早使用於殺菌的化學物質，而取自自然的鹽和灰液也用為殺菌消毒。

雖然由記載到十七世紀，為預防、消毒流行病，常用天然的物質例如丁香、杜松、迷迭香、燻衣草等芳香藥草；天然的礦物例如水銀、硫黃、砷、等加熱產生蒸用以燻蒸人體。到十八世紀歐州流行霍亂，乃使用空氣、水、火炎、化學物質等作為殺菌劑；對凡是在港灣工作的人、經過港灣的船上的工作人員或是動物，都受傳染病之預防處置。不過由木乃伊的製作歷史推測，既然數千年前已經知道用香料物質和瀝、焦油等，可以作為殺菌防腐藥劑，則在發生不明的疾病時，必然會利用這些天然的防腐劑，很可能由於資源的短缺無法普遍應用於民間，但是王公貴族必然有得使用，所以實際利用香辛料作為微生物的殺菌劑，應該比十七世紀早得多。

到 1883 年 Robert 的研究結果，把霍亂菌體的本來真面目搞清楚之後，才有正確的霍亂菌殺菌法和治療法等出現，從此才開創了用化學藥品處置法(chemotherapy)，也就開始了人類利用化學物質和微生物病原菌的戰爭。

22-3、芳香物質的防菌、防黴性能

殺菌性能力的評估比較，常使用的方法是以石炭酸係數(phenol coefficient, PC)表示。PC 的意義，是在一規定的傷寒菌量，以石炭酸的殺菌力為標準，所換算成的倍數；即用石炭酸濃度來表示相對藥劑的殺菌效力。下列表一是 Penfold、Rideal、Frubrer 等三人，對油精及合成香料等所測定的碳酸係數，大多數的油精和香料其殺菌性能，都比石碳酸強得多。

表中三種測試結果的數據，多少有差距，這可能是測試條件不同的緣故。其中石炭酸係數高達 25 的有百里香、醇 C_8、百里酚等，這是非常令人驚奇的結果，芬

芳的香料有這麼強的殺菌力。從這裡，可以想像爲什麼人類喜愛芳香的氣味，而厭惡微生物所產生的臭味；這種傾向係生理的自然要求，也就是芳香可以殺菌維護身體，而惡臭會危害生理。

表 22-1 香油及合成香料的殺菌性(石炭酸係數, PC)

香油及合成香料	測定者		
	Penfold	Rideal	Frubrer
茴香 (Anis, 茴香)	—	0.4	3.5
月桂 (Bay, 老利兜)	—	5.5	—
香檸檬(Bergamot,溫柞)	—	—	40
薔薇木 (Bois de rose)	—	5.4	6.0
白千層(Cajapt,加那布)	—	1.0	—
依蘭 (Cananga)	—	<0.1	2.0
小荳蔻(Cardamon)	—		3.8
肉桂 (Cassia,東京肉桂)	—	1.4	6.8
雪松 (Cedar-wood,西洋杉)	—	1.6	—
黎 (Chenopodium,土荆芥)	—	1.0	—
肉桂皮 (Cinnamon Ceylon,錫蘭)	—	—	7.8
肉桂葉(Cinnamon leaf,桂皮)	9.7	7.5	—
香芧油(Citronella Java,爪哇山椒)	—	2.2	4.2
香芧油 (Citronella Ceylon,錫蘭)	—	2.0	8.5
丁香 (Clove,丁字)	—	8.0	—
芫荽 (Coriander,胡荽)	—	5.4	—
華澄茄(Cubeb,華澄)	—	7.0	—
桉樹 (Eucalyptus,有加利,白樹)	—	1.6	—
老鶴草 (Geranium Bourbon,西洋天竺葵)	—	—	6.5
杜松子(Juniper berry)	—	1.0	—
燻衣草 (Lavender,拉文達)	4.9	1.6	4.4
檸檬 (Lemon)	3.9	0.4	3.8
橙花 (Neroli Agarade)	—	—	5.5
橙子(Orange,香橙)	—	0.4	2.2
百里香 (Origanum,茉沃剌那)	25.8	—	—

香油及合成香料	測定者		
	Penfold	Rideal	Frubrer
菖蒲根 (Orris root,西洋菖蒲)	—	—	3.5
掌政 (Palmarosa,棕玫)	—	9.0	5.4
綠葉 (Patchouli,香葉)	—	1.6	1.8
胡椒薄荷 (Peppermint Japan,日本薄荷)	—	0.7	—
卑檸(Petitgrain Grasse,小果拘櫞)	—	—	3.5
玫瑰 (Rose,薔薇)	—	—	7.0
迷迭香(Rosemary)	5.9	—	5.2
檀香 (Sandal wood,白檀)	1.7	—	1.2
黃樟 (Sassafras,薩沙富拉)	—	0.6	—
薄荷(Spike lavender,刺賢垤爾)	—	1.6	—
綠薄荷(Spearmint,荷蘭薄荷)	—	2.8	—
冬青(Sweet birch,甘味樺)	—	0.4	—
普通霸香草(Thyme,立普香草)	—	—	9.2
馬鞭草 (Verbena)	—	—	9.2
樟腦 (Camphor)	—	—	4.5
冬綠油(Winter green)	—	4.4	—
土荆芥 (Worm seed, 攝綿反支奈)	—	1.0	—
衣蘭(Ylang Ylang)	—	—	2.8
合成香料	—	—	—
茴香腦(Anethole)	11	0.4	—
茴香醛 (Anisic aldehyde)	7	—	3.0
磷氨基苯甲酸 (Anthranilic acid)	12	—	—
磷氨基苯甲酸甲(Methylanthranilate)	6.5	—	2.8
醛 C_8	16	—	—
醛 C_9	9.5	—	—
醛 C_{10}	7	—	—
醛 C_{11}	6	—	—
醛 C_{12}	3	—	—
醇 C_8	25	—	—
磷氨基醇 C_9	13	—	—
安息香酸甲酯(Methyl benzoate)	—	—	3.0
苯乙酮(Acetophenone)	4	—	4.2

香油及合成香料	測定者		
	Penfold	Rideal	Frubrer
戊酸 (Valeric acid)	2	—	—
戊酸戊酯 (Amyl valerate)	5	—	—
戊酸卡酯(Benzyl valerate)	6	—	—
戊酸丁酯 (Butyl valerate)	10	—	—
戊酯乙酯(Ethyl valerate)	4.5	—	—
戊酸香葉酯 (Geranyl valerate)	4	—	—
戊酸苯乙酯(Phenyl-ethyl-valerate)	8.5	—	—
戊酸異丁酯(Isobutyl valerate)	3	—	—
戊酸薄荷酯 (Menthyl valerate)	8	—	—
戊酸丙酯 (Propyl valerate)	1	—	—
戊酸玫紅酸酯 (Rhodinyl valerate)	2	—	—
苯甲醛 (Benzaldehyde)	9	—	—
苯甲醇(Benzyl alcohol)	5.25	—	—
龍腦 (Borneol)	10	0.1	—
溴苯乙烯 (Bromo-styrene)	—	—	2.8
百里酚 (Thymol)	25	20	—
達爾文酚 (Darwinol)	13	—	—
攬香素 (Elemicin)	1	—	—
苯乙醇 (Phenyl-ethyl-alcohol)	—	—	9.0
香葉醇(Geraniol)	21	7.1	11.5
二氫桂皮(Hydrocinnamic aldehyde)	7	—	—
羥香芋醇(Hydroxy－citronellal)	6	—	—
向日花香精 (Heliotropin)	3	—	2.8
抱水帖品酯(Terpinyl hydrate)	1	—	—
異戊醇(Isoamyl-alcohol)	2	—	—
異戊醛 (Isovaleric aldehyde)	5	—	—
異丁醇(Isobutyl-alcohol)	2	—	—
異薄荷醇(Isomenthol)	20	—	—
異薄荷酮 (Isomenthone)	14	—	—
異黃章素 (Isosafrole)	12	—	12.6
藏茴香酮 (Carvon)	—	1.5	—
桂皮醛(Cinnamic aldehyde)	17	3.0	8.8

香油及合成香料	測定者		
	Penfold	Rideal	Frubrer
桂皮醇 (Cinnamic alcohol)	—	—	5.0
香豆素 (Coumarin)	4	—	32
隱醛 (Cryptal)	12	—	—
枯茗醛 (Cuminal)	12.75	—	—
薄荷腦 (Menthol)	20	0.4	—
薄荷酮 (Menthone)	10	—	—
甲基丁子香酚(Methyl-eugenol)	13.5	—	—
麝香梨子油(Musc ambrett)	4	—	3.5
麝香二甲苯 (Musc xylene)	—	—	—
丁子香酚(Eugenol)	15	8.5	14.4
二甲基辛三烯(Ocimene)	3	—	—
澳洲醇 (Australol)	22.5	—	—
α－松油精(α －Pinene)	1	—	—
薄荷烯醇(Piperitol)	13	—	—
薄荷稀酮(Piperitone)	8	—	—
苧烯(Limonen)	1	—	—
芳樟醇(Linalool)	13	5.0	7.0
玫紅醇 (Rhodinol)	—		7.8
黃樟素 (Safrole)	11	0.3	—
醋酸卡酯 (Benzyl-acetate)	2	—	3.0
醋酸龍腦 (Bornyl-acetate)	6	—	—
醋酸芳樟醇(Linallyl-acetate)	2.5	—	3.5
醋酸達爾醇(Darwinol-acetate)	3	—	—
細胞激動素 (Cymene)	8	—	—
水楊酸戊酯 (Amyl salicylate)	4	—	4.0
樟腦 (Camphor)	6	6.2	—
桉醇 (Cineol)	3.5	2.2	—
檸檬醛 (Citral)	19.5	5.2	18.8
香茅醛 (Citronellal)	13.5	3.2	12.4
香茅醇(Citronellol)	14	—	8.6
香油腦 (Terpineol)	5.7	—	7.8

香油及合成香料	測定者		
	Penfold	Rideal	Frubrer
α－崔柏酮（α－Thujone）	12	—	—
α－Jonone(α－Jonone)	17.5	—	—
β－onone（β－Jonone）	—	—	2.2
Zierone (Zierone)	2	—	—

(歐,1986)

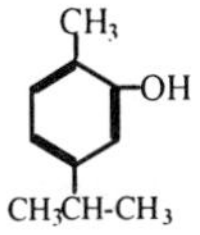

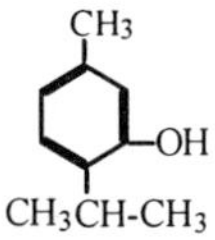

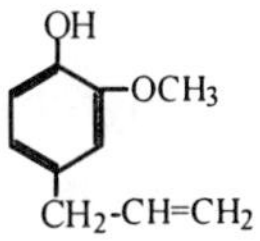

carvacrol   thymol   eugenol

$CH_3-[CH_2]_6-CH_2-OH$ C_8 alcohol

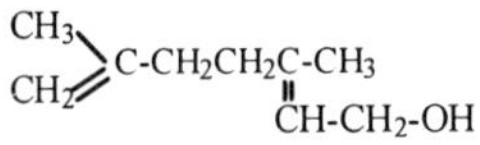

geraniol

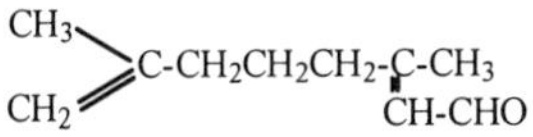

citral

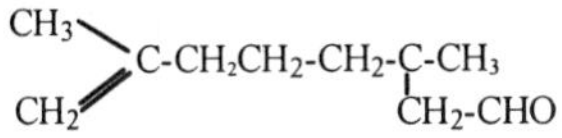

citronellal

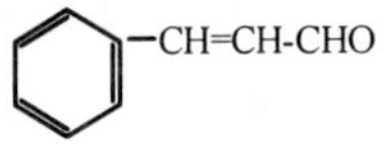

cinnamic aldehyde

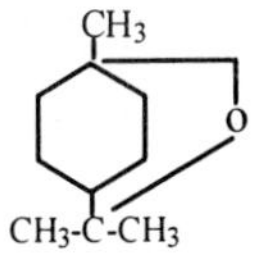

1.8-cineol

即使同一石碳酸係數之殺菌力，由於同一種微生物也因爲菌種菌株有所差別，所以測試結果會不同。

Maruzzella 曾試 100 種配合的合成香料，發現綠色性假單胞菌(pseudomonas aeruginosa)對香料最具抗藥性，而 erwinia caratovora 菌的抵抗性最弱；其中大腸菌對所有調配香料，不呈示差異的 PC 值。

用天然精油的蒸氣作防黴作用實驗，Maruzzella 發現枯茗、大蒜、有加利、龍蒿、草蒿、多青、綠薄荷、茴香等之精油蒸氣，具有很強的防黴功效；他發現，微細桿菌之黃色葡萄球菌、大腸菌、鋸桿菌(bacillus serratea)、枯桿菌(bacillus marcescens)、禽結核枝桿菌(mycobacterium avium)等五種細菌中，以枯桿菌對精油蒸氣的抵抗性最強，而禽結核枝桿菌(M. avium)最弱。蒸氣的殺菌力強度順序如下：酸＞醛＞酮＞醇，醚＞縮醛＞內酯。

一百多種香料中，像庚醛、壬醛、蟻酸異戊酯、蟻酸、庚酯、丙酸、乙酯、丙酸正丁酯、異酪酸乙酯、已酸乙酯、二正丙酮、甲基已酮等之蒸氣，對微生物的殺菌性能都有很好的效果。基於這種原因，通常在室內、病房布置鮮美的花草，除了具賞心悅目、品色聞香之外，同時也因爲由於花朵散發精油成分，而產生殺菌防黴的功能。這可能就是爲什麼看病人時，大家都送花的原因吧！

22-4 食物之保存和香辛料

一些傳統的食品保存及貯存方法，常用的有：乾燥法、燻蒸法、鹽漬、糖漬、油漬、醋漬、燒酒漬等，並無添加殺菌、防黴、防腐等保存劑。廣用於魚、肉、蔬菜的保存及貯藏的鹽漬法，其主要功能是濃厚的食鹽，會使微生物的細胞蛋白質沈澱、細胞組織內脫水，最後使微生物無法生育、繁殖。

食物使用香辛料，原本的目的是要消除肉類的腥、臭味等，同時以芳香引起食慾、促進消化。肉桂早在紀元前就作爲醫藥用；生薑在中國古代用於香辛料，其他的香辛料尤其是迷迭香、藥用鼠尾草等，有很強的抗氧化防腐性；而薄荷自古作爲醫藥、飲料、點心等的香料和殺菌用。

　　在古印度文獻記載，胡椒是最古老的香辛料，0.1 %的黑胡椒有明顯的抗氧化作用，而且具有滅黴功效，只要0.01%的添加量就有阻止黴繁殖的效力。

　　香辛料防黴殺菌的能力，有時並不是單一成分的功能，而是多成分協力的作用，這個現像是由 J.Frank 發現。他研究三十二種香辛料，發現都有防止油脂腐敗、變質的功效，但是進一步從那些香辛料分離出有效成分的精油，然後再測試殺菌的效果，卻沒有功效。掘口則研究和那些香料成分相關的幾種酚、醛、羧酸等(如下所列化學成分)。

石碳酸（標準）　桂皮醛（肉桂香）　桂皮酸（蘇合香）　苯甲醛（苦扁桃香）

ω-bromostyrene（扁豆香）　水楊醛（肉桂香）　布連茲卡帖克希（微香）　heliotropine（血石髓香）

vanillin（香草醛）　protocatechu aldehyde（原兒茶醛）　o-methoxy桂皮醛（桂皮香）

　　確定那些化學成分，對抑制細菌發育的最低濃度(ppm)，其結果如表22-2所示。從表的數據可以看出，醛類包括桂皮醛、香草醛、原兒醛等都以10 ppm 左右的濃度就可以將青黴屬、黑黴、黃色葡萄菌、微細桿菌、大腸菌、綠膿菌等全部消滅，其中桂皮醛效果爲最佳。桂皮在中國，不但在中藥就是在日常的食品中也廣爲使用；而香草醛更是目前飲料和冰淇淋領域最受歡迎的香料。

用同樣的香辛料，試驗對細菌發育的阻止作用，也因菌種、菌株的不同，而有高達數百倍的差異，殺菌性也一樣。像陽性肥皂對細菌具有非常高的PC值，但是由於其分子中的氮成分，可以變成黴的營養源，所以非但對黴無抑制功效，反而會促進其繁殖。同樣道理，防黴功效佳的二硫化四甲基胺硫代甲醯基(tetramethyl thiuram disulfide)如果用於細菌，則全無功效。

表 22 - 2 香辛料關連化合物的制菌效果(ppm)

香辛料關連化合物	黴		Gram 陽性菌		Gram 陰性菌	
	Penicillium citrinum 青黴屬	Aspergillu Sniger 黑黴	Staphylococcusaurus 黃色葡萄菌	Bacillus subtilis 微細桿菌	Eschorichia coli 大腸菌	Pseumona melenogenum 綠膿菌
酚	1000	1000	>1500	1200	>1500	1500
桂皮醛	8	12	25	3	12	25
桂皮酸	500	>500	>500	250	2500	>500
ω-bromo-styrene	250	250	62	125	125	250
水楊醛	25	125	125	25	125	125
布連茲卡帖克希	>1000	>1000	1000	500	1000	1000
苯甲醛	350	350	500	225	2500	>500
Heliotropine	>50	>50	>50	50	>50	>50
Vanillin	10	20	30	10	10	10
Protocatechu aldehyde	10	20	30	10	30	30

(歐，1986)

22-5、滅菌和抑制菌

　　菌、黴、孢子的殺滅、抑制、消毒等事項相關之名稱，其命名都有一定的規則，為便於容易區別和學習起見，在此予以說明。將微生物(菌、黴、孢子)消滅的行為稱為殺菌或滅菌、滅黴、滅胚種等，用以消滅微生物的藥劑，其名稱係在各種微生物名稱之後，加入劑(cide)的語尾，例如殺菌劑則在細菌字(bacteri)之後加入(cide) 就成為殺菌劑(bacteriocide)；黴(fungi)字之後加入(cide)，就成為滅黴劑(fungicide)；芽、胚種(germ)字之後加入(cide)，就成為滅芽劑或滅胚種劑(germ icide)；而在胚子、芽胞 (spore)字後加入(cide)，就成為殺孢芽劑(sporocide)。這時的殺滅微生物效果也以石碳酸係數表示。

　　有些化學藥劑施用時，無法將微生物完全殺滅，而在藥劑物質有效作用的期間，僅能使微生物進入近似停止活動的假死休眠狀態，這種阻止微生物的生活或繁殖活動的藥劑名稱，通常在菌、黴、孢子的字後加入語尾(static)，例如細菌抑制劑(bacteriostatic) 係由細菌(bacteri)和語尾(static)所組成，其他之黴抑制劑(fungistatic)、酵母抑制劑(germstatic)、胚種抑制劑(sporostatic)等都是同樣的情形。抑制劑通常以濃度(ppm，ppb)表示此狀態作用物質的使用量。

　　制菌效果和殺菌有所不同，在抑制劑有效期間微生物中止活動，但是當抑制劑失效時，或者微生物適當調節改變生活條件、環境，會再度恢復生活力，而旺盛繁殖、活潑活動。和微生物的殺滅相關的名詞有無毒化方法稱為滅菌(sterilization)、消毒(disinfection)、防黴(antimould)等，也稱為防腐 (putrefaction protection，antiseptic)、保存(preservation)等，目前大都與殺菌、滅黴、阻止發育等混淆使用。

　　微生物的形態可分為：環狀(coccus)、棒狀(bacillus)、線狀(trichobacteria)、螺旋狀 (spirillum)等。其大小：細菌(bacteria)的直徑平均為 1μ($0.1\sim2m\mu$)、桿菌(bacillum)$1\sim5\mu$，酵母 (yeast)約 6μ，分裂菌(fission fungi)約 10μ，螺旋細菌(spirobacteria)約 50μ，線狀細菌(trichobacteria)則更長。當然了，各種病原體、比細菌大的原生動物、病毒(virus, 0.02μ大小)也都包括在微生物系統內，病毒是細胞內的細菌(intercellular bacterium)。

　　滅菌和抑制菌係仰賴化學藥劑，其效果受藥劑生能的影響，藥劑能傷害微生物

也會對人體產生不良的副作用,因此盡量少用。一種對人體無害的殺菌方法就是熱
處理,各種微生物的耐熱性列如表 22-3 所示。加熱的時間在一定的溫度以上時,可
以縮短;黴菌的耐熱性最差其次是酵母都在 15 分鐘內可以消滅;細菌則很大的範
圍,尤其孢子類很耐熱有的在 100°C 尚能 1030 分鐘以上,的確難予殺滅。

　　在地球上人和微生物各佔在極端的一邊,以數目比較後者有絕對的優勢,所以
人類是受害的情形較多,不過也有少數對人類有貢獻。例如和代謝相關在大腸內的
有益菌(如乳酸菌、比菲氏菌等)、製藥製造上的抗生素、化學品製造的用菌、釀造
工業的酵母菌、水處理用的污泥活菌等。今後努力的目標是積極地奴役有益的微生
物,另一方面克服有害微生物的耐熱生,以及研究對人類的毒性、致癌性、疾病的
相關性等。

表 22-3　食物微物的耐熱性

微生物	種類	溫度 °C	死滅時間,分
	菌系	60	5~10
	無性孢子	65~70	5~10
酵母	營養細胞	50~58	10~15
	孢子	60	10~15
細菌	Salmonelia typhosa	60	4.3
	E. cali	57	20~30
	Staphy. aureus	60	18.8
	Micrococcus sp.	61~65	>30
	Sc. faecalis	65	>30
	Sc. thermophilus	70~75	15
	L. bulgaricus	71	30
	Microbacterium sp.	80~85	>10
	Bac. anthracis	100	1.7
	Bac. dubtilis	100	15~20
	Flat-sour bacteria	100	>1030
	Cl. botulinum	100	330
	Cl. caloritolerans	100	520

(山口,1976)

習題

1、石碳酸係數(Phenol coefficient, PC) 是何意義？

2、隔離法到目前為止仍是防止感染最佳手段之一，除此之外還可採取何種方法？

3、木乃伊為何能經數千年不腐爛？

4、微生物感染於人體的途經有那幾種？詳述之。

5、有的石碳酸係數值相當大，可是對某些微生物卻無效，為什麼？

6、微生物的形狀和大小為何？

7、以化學的觀點看化學方法殺菌之應用原理是什麼？

8、今後抑制微生物之手段應往何方向發展？

9、黑胡椒常用於牛排，除了香辛功能之外還有何種效果？

第二十三章 工業洗淨技術

23-1、緒言

所謂洗淨，簡單地說就是併用化學的力和物理的力，除離附著在目的物體表面上不要的或有害的物質，而獲得清淨的表面。

在實際上，各行各業的洗淨未必完合符合此定義。在堅硬固體的表面諸如金屬、玻璃等，洗淨體和附著物之間有明確的境界，不過清洗人體皮膚時，柔軟的皮膚和汗液之間就沒有明確的境界。再者，關於併用化學的力和物理的力，從洗淨體除離附著物時，對玻璃表面不會有任何的損傷，但是從金屬表面去除銹物，必然會將金屬表面的一部份除離。清除纖維上嚴重的污垢，通常用鹼在纖維表面進行化學作用，甚至在水中加熱使纖維膨脹，以增加除污的效果。所以洗淨並不是單純從物體表面除離污垢而己，有時侯會使物體的表面產生永久性的變化。

在工業的洗淨，污垢和洗淨體之間的關係，不限於洗淨體表面的現象，比如液體中溶解有不希望的成分，或者氣體中分散有不要的物質，將這些不希望的成分和不要的物質予以分離操作，也常稱爲洗淨。例如去除空氣中的飛塵、一氧化碳、二氧化硫等成分，就叫做空氣洗淨；再有，去除石油或液體油脂的不純物也叫做洗淨；這些都是屬於化學體系的萃取、過濾等項目。因此『洗淨』的範圍比『清潔』或『清洗』大得多，這是本章用洗淨而不用清潔或清洗的原因。

由於洗淨的對象非常廣泛，所以在進行洗淨之前必須先徹底了解，該對象物體的性質、要除離附著物質的性質、附著的狀態等條件，然後選擇最適當的洗淨方法，才能得到最佳的洗淨效果。

本章以化學原理爲基礎，說明洗淨機能、界面活性劑的特性、用水之硬度等問題。

23-2、工業洗淨有下列之目的

工業洗淨之目的，包括增加感覺的價值、製造衛生的製品、提升製品的純度、提升製品的加工性、維持製品的機能、維護裝置設備、維護環境等。分項說明如下。

(1)、增加感覺的價值

例如，纖維最後之洗淨可以增加白度，使染色色調鮮明，改良感覺，增加感覺的價值，產品的價值因而提高。

(2)、製造衛生的製品

例如去除食品工業之有害微生物、殘留農藥、放射性物質等，純淨的食品是商品的最基本條件，如果不清潔將成為毫無價值的廢物。

(3)、提升製品的純度

例如紙漿工業，去除樹脂類提高 α-纖維的純度。在化學藥品領域，提升製品的純度所導致的效果非常可觀，例如同樣一瓶藥品，一級品和特級品的價格相差數十倍，兩者在本質上並無太大的差別，只是後者的純度比前者高而已。

(4)、提升製品的加工性

例如在金屬電鍍、塗裝之前，先將表面洗淨。電鍍工程，是在金屬表面鍍上一層其他金屬，如果電鍍前未將金屬表面的雜質洗淨，則電鍍的品質會低劣，因為鍍膜和金屬之間如果有雜質存在，會使鍍膜和金屬之間無良好的作用力，鍍膜容易剝落。

(5)、維持製品的機能

例如精密機械類之洗淨。精密機械要求絕對的乾淨，不容有雜物的殘留，否則會影響機械的性能；精密的印刷電路板上面如果不乾淨，將使電路產生短路，無法使用。

(6)、維護裝置、設備

所有的裝置和設備，都須時常洗淨以維持正常機能。例如洗淨鍋爐之配管，因為加熱關係，水中的矽酸鹽等化合物會沉澱於管壁，產生管

徑變小而影響流量、降低熱交換的效率、浪費能源、會引起鍋爐爆炸的
事故等的不良結果。

(7)、維護環境

　　　　環境的污染、髒物、惡臭成分必須及時清除洗淨，以維護生活環境
的清潔。

　　　　以上之操作可以單一項目進行，亦有多種配合同時進行，視需要而
定。工業洗淨方式之良否，不僅關係製品之品質、作業效率、原價等，
同時也和工廠的裝置、設備的維護、效率等，甚至工廠用水計畫及廢水
處理都有密切的關連性。

　　　　家庭的洗淨要素，都以水作為媒液之界面活性力為主。工業洗淨，
不僅以水和界面活性劑作為構成要素，因為工業洗淨體及污垢有種種，
為了要有效率而且經濟地達成去除污垢的目的，必須適切地組合，溶劑
的溶解力、化學反應力、物理力、界面活性力、氧力、吸附力等因素。

　　　　為了要進一步地擴展到工廠的用水管理、安全衛生管理、廢水管理
等關連事務，使成為合理的一貫化洗淨管理系統，就必須理解工業洗淨
的技術。

23-3、洗淨的基本要素

　　污染的洗淨體、媒體和洗淨要素等三項，是構成洗淨系的要素。

　　所謂媒體，通常是指水、溶劑及其混合物，由於這些媒體為液體，所以又稱為
媒液。媒液的功能，是將洗淨要素帶到洗淨體和污垢的界面，並且溶解、分散離開
洗淨體的污垢。為要防止污垢再污染洗淨體表面，必須用洗滌方法將污垢取出洗淨
系，具有這樣功能的媒液稱為洗液。

　　要充分發揮洗液之功能，必須使用具有低表面或界面張力的洗液，該洗液對污
垢以及污垢和洗淨體之界面有良好的濕潤性、浸透性。在大氣中除離纖維的塵物，
或除離研磨時吸附的微粒子，有時也有用氣體作為媒體。

洗淨的基本要素之分類如下。

(1)、溶解力：水、溶劑、混合系。

(2)、界面活性力：界面活性劑(助劑)。

(3)、化學反應力：酸、鹼、氧化、還原、其他。

(4)、吸附力：吸收劑。

(5)、物理力：熱、攪拌力、摩擦力、研磨力、壓力、超音波、電解力、其他。

(6)、酵素力：酵素。

23-3-1、溶解力

洗淨常利用液體化合物所具有的特殊溶解力，工業上可以利用的溶解能之液體稱為溶劑。

單一化合物 A 和 B 之間，如果 A 為溶質，B 為溶劑時，溶解度有式(23-1)之關係：

$$S_C = S_A / (100 + S_A) \qquad (23-1)$$

S_C：溶質之 g 數 / 溶劑 100 g(溶質之容積[c.c.] / 溶劑 100 c.c.)

S_A：溶質之 g 數 / 溶液 100 g(溶質之容積[c.c.] / 溶液 100 c.c.)

S_C 是表示溶劑對溶質的溶解力。要作為溶劑的必要條件之一，S_C 值必須要大。實際上，工業洗淨的污垢，通常由數種物質的混合物所構成，並非單一成分，在這種情況下，所要求溶劑的溶解力，不只是對個別污垢的溶解力，必須對全部的污垢成分都具有溶解力。這時的溶解力稱為該溶劑溶解範圍的廣度。

關於溶解力，由古時候的經驗知道：「構造相似的化合物，容易互相溶解」。例如，以氫氧基為分子構造主成分之甲醇、乙醇、甘油、乙二醇等化合物，容易溶於水。另一方面，以烴鏈為主要構造成分之己烷，如輕質油之溶劑或具有環狀碳氫鏈之苯、二甲苯等，對於長鏈烴構造之石臘或動植物油，具有強的溶解力。

雖然己烷對各種碳氫化合物有強的溶解力，用於油脂之萃取，可是對碳氫化合物以外之疏水性污垢，則溶解力薄弱；相反地環己烷，不僅具有己烷對碳氫化合物的溶解力，同時也具有對樹脂類、橡膠、乙基纖維等強的溶解力，因此油脂的選擇性萃取，己烷很優秀，不過如果油脂之外，尚含有疏水性成分之混合污垢，則選用環己烷才適當。

因此利用溶解力於洗淨時，必須同時評估對單一成分污垢的溶解力，以及對混合污垢之溶解範圍的廣度。

溶劑分子的正電荷($+\varepsilon$)、負電荷($-\varepsilon$)，其中心點各在 P_1、P_2 點時，式(23-2) 的關係 μ 稱為分子的偶極矩。

$$\mu = \varepsilon \times \overrightarrow{P_1.P_2} \quad (23\text{-}2)$$

$\mu = 0$ 時該分子稱為非極性分子；如 $\mu \neq 0$ 則稱為極性分子。水或醋酸是極性化合物的代表，而苯、己烷、石臘等為無極性化合物。從經驗上得知，極性相似的物質容易互相溶解。這些區分和溶劑的物理的、化學的性質，有重要的關係。

即使洗淨時，無法將污垢溶解，但如果能將污垢分散於媒溶中，也可以達成洗淨的目的。水或溶劑之溶解力，和分散力有密切的關係。例如，許多蛋白質完全不溶解於水，但至少水有強的分散力，給予適當的條件，只用清水也可以洗淨，所以以後談到溶解力時，也常用到溶解、分散力。

23-3-2、水

從廣義的觀點說，水也是溶劑之一種，它的利用性、價格、性質等特異於其他溶劑，故和一般溶劑有區別。作為洗淨劑，水之效用非常大，不僅作為各種洗淨要素之媒液，水本身就具有優秀的溶解力，能溶解、分散污垢。

23-3-2-1、水的長處

(1)、能大量、便宜地供給

從河川或地下水可以大量且便宜地供應，即使是處理過的自來水，如果和通常的溶劑價格相比較，水的價格是非常的低廉，由於便宜所以大家都不會愛惜使用。不過，最近因資源和環保的關係，水的使用方法己經受了限制。

(2)、強的溶解、分散力

　　水是極性強的物質，也是溶解力最強的溶劑之一。水對油性污垢幾乎不具溶解力，但對有機、無機鹽類的電解質，具有最大的溶解力；對碳水化物、蛋白質、低級脂肪酸、醇類等，有良好的溶解力、分散力。

(3)、適度的融點、沸點、蒸氣壓

　　水在0°C融化，在100°C氣化，在0~100°C廣大範圍的區間，為低粘度的液體，所以容易操作。再者，在0~100°C之間的蒸氣壓，不會因為蒸氣的蒸散而妨礙洗淨的操作；洗淨後的物品放置於空間，在短時間內會蒸發殘留的水分而乾燥。

(4)、大的比熱及潛熱

　　水的比熱和潛熱和其他溶劑的比較，如表23-1和23-2所示。水的比熱是石油溶劑或甲醇的二倍，潛熱高達540 cal/g。這些數據表示，如果熱是要利用的洗淨要素，則水是最佳的媒液；相反地，想要以蒸溜方式回收洗淨過的水，就會發生困難。

(5)、不燃性

　　不燃性的水，和其他可燃性的工業用溶劑相比較，在操作上水有非常優秀的性質。

(6)、無毒性

　　水無毒性，所以在操作的衛生上，是非常好的性質。

(7)、無味、無臭

　　水以外的溶劑都帶有某種味道，而水則完全為無臭無味液體，在操作上不會有不愉快的環境問題。

表 23-1 物質的比熱(cal/g deg)

物質	溫度(°C)	比熱
水	20	0.999
methyl lalcohol	20	0.59
petroleum	20	0.47
trichloroethylene	20	0.223
ethylacohol	16~21	0.577
glycerine	20	0.567
acetone	3~22.6	0.514
n-hexane	20~100	0.600
benzene	6~60	0.419
methyl ketone	20~78	0.549
carbon	26~76	0.168
gold	20	0.309
aluminium	20	0.211
iron	20	0.107

(辻)

表 23-2 物質的蒸發熱(cal/g)

物質	溫度(°C)	蒸發熱(cal/g)
水	100	539.8
ethyl lalcohol	78.6	200
methyl lalcohol	64.8	263
ethyl ether	34.5	84
tetrachloromethane	76.5	46.4
nitorgen	-195.8	48.8
benzene	86.1	94.1
iodine	184.4	24.0
sulfur	444.6	78.0
chloroform	61.7	57.0

(辻)

23-3-2-2、**水的缺點**

(1)、對於油脂類欠缺溶解力

　　　水對無極性化合物的油脂不具溶解、分散力，如果要用水作爲洗淨媒液，則除了水的溶解力之外，必須使用其他的洗淨要素，例如界面活性劑、化學反應力等。

(2)、大的表面張力

　　　水的表面張力和其他的溶劑相比，特別的高如表 23-3 所示。這樣大的表面張力，會妨礙洗淨要素對污垢、污垢和洗淨體界面的滲透速度。使用界面活性劑可以改善這種缺點。

表 23-3 各種物質的表面張力(dyne/cm)

物質	接觸氣相	溫度(°C)	潛熱(dyne/cm)
水	空氣	20	72.75
ethyl lalcohol		0	24.3
acetone		20	31.2
melted paraffine		54	30.56
bezene		10	30.2
olive oil		18	33.06

(辻)

(3)、工業用水中溶有不純物

　　　使用於工業洗淨的水，並非化學的純水，裡面含有種種的溶解物質，這些溶解物質原本對洗淨力有阻礙性，其中以鈣、鎂、鐵的金屬離子爲害最大。

23-3-2-3、**自然水之水質和洗淨用水**

　　自然水中溶解或浮游著主要的不純物有：各種鹽類、矽酸類、碳酸、氧、浮遊物、氯、有機性污濁物質等。在洗淨用水的立場，這些不純物不受歡迎，尤其二價鹼金屬之鈣，鎂及二價或三價的鐵，會使洗淨發生困難，必須去除以減少影響。

(1)、各種鹽類

除了碳酸鈣、碳酸氫鈣、硫酸鈣、氯化鈣、碳酸鎂、碳酸氫鈉等之外，還有少量的鉀鹽、鐵或錳的可溶性鹽等，這些都是來自地表的岩石，如果其中有混合海水或環境污濁，則會有各種鹽類的出現。

(2)、矽酸類

在自然水中可以發現單獨的矽酸或矽酸鹽類，大都來自地層岩石的分解生成物。

(3)、碳酸

不僅以鹽類存在，也以游離狀態溶解於自然水中，來自大氣中二氧化碳的溶解和有機物的分解。

(4)、氧

從大氣中溶解微量的氧氣，在飽和狀態約含 9~10 ppm 左右。這些氧氣，是供給水中生存的魚類等生物，以及有機化合物的分解使用。

(5)、浮游物

自然水因降雨時所含的飛塵，和微生物繁殖而產生的有機性微生物。

(6)、氯

自然水中不可能含分子狀的氯，不過自來水因為要消毒而加入一定量的氯。

(7)、有機性污濁物質

混入自然水中的動植物性物質、水中的微生物等有機物質等，會被水中溶存的氧和微生物的生活所分解；碳和氫的化合物，最終都會變成二氧化碳和水；氮化合物則變成亞硝酸、硝酸鹽等；因環境污染而大量混入的有機物，致使溶存氧不足，而進行有機物的嫌氧性分解，產生腐敗的現像，水中就出現氨態氮、硫化氫等，這種水質不適合作為工業用水。

23-3-2-4、硬水、硬度、軟水化

鈣、鎂之鹼金屬鹽類溶解於自然水中，其水溶性並不很大，例如 100 g 的水在 18°C時，可溶中性之 $MgCO_3$ 9.4 mg、$CaCO_3$ 1.3 mg；硫酸鹽時，在 20°C可溶 $MgSO_4$ 35.5 g、$CaSO_4$ 0.3 g 而已。另一方面，那些物質如果是碳酸氫鹽，則溶解度更大，其量雖少，但對洗淨精度有極不良的影響。溶有此類鹽較多的水稱爲硬水，相反者稱爲軟水，洗淨時必須特別留意之。用『硬度』來表示硬水、軟水之程度。在含 CO_2 的水質中，由於中性的碳酸鹽變成碳酸氫鹽，使鹽類的水溶性增加如式(23-3)所示。

$$CaCO_3 + H_2CO_3 (H_2O + CO_2) \rightleftharpoons Ca(HCO_3)_2 \qquad (23-3)$$

這種溶解碳酸氫鹽的水，其硬度非常高，不過一旦經煮沸或曝氣，將二氧化碳驅除後，化學平衡會往左邊移動，使過飽和的 $CaCO_3$ 沈澱，像這一類的硬度稱爲暫時硬度，而區別於永久硬度。

世界各國水的硬度表示方法，各有不同，如表 23-4 所示。水的等級，從極軟到極硬共分六級，如以美國方法表示則如表 23-5 所示。

表 23-4　世界各國水的硬度表示方法

法國	$CaCO_3$ 1mg／100 cc 稱爲 1 度
德國	CaO 1mg／100 cc 稱爲 1 度
英國	$CaCO_3$ 1 grain／ℓ gallon 稱爲 1 度
美國	$CaCO_3$ 1mg/ℓ 稱爲 1 度

(辻)

表 23-5　硬水和軟水的等級(美)

硬度	水 1 ℓ 中 $CaCO_3$ 之 mg 數 = ppm
極軟水	0～40
軟水	40～80
稍軟水	80～120
稍硬水	120～180
硬水	180～300
極硬水	300 以上

(辻)

表 23-6　各地水的硬度(ppm)

日本			美國		台灣		
位置	水的種類	硬度	位置	硬度	位置	水的種類	硬度
東京,杉並	井水	38	加洲	163	台北	自來水	43.4
熊本	井水	27	德州	219	新竹	井水	162
東京	自來水	36	俄亥俄州	291	台中	自來水	117
大阪	自來水	24	密西西比州	49	台東	自來水	181
札幌	自來水	24	麻州	28	高雄	井水	228

(辻)

硬度表示法之不同經換算結果，世界各國所使用單位之相關如下：

美國法 10。＝英國法 0.7。＝德國法 0.56。＝法國法 1。

國際上漸漸採用美國法，因爲其 1。的 $CaCO_3$ 相當於 1 ppm，所以用 ppm 替代硬度也可以。由上表 23-6 可以看出，日本的自然水是世界上稀有之軟水，工業的洗淨受益極大。如用硬水於工業，在鍋爐用水或冷卻用水時，由於水之蒸發濃縮，而使鹽類析出於傳熱體表面，不僅妨礙熱傳導，也是腐蝕設備、材料損傷的原因。再者，如作爲原料用水或製造處理用水時，會劣化製品的品質，成爲製造處理的障害。不過像酒之釀造等工業，適度的硬度對醱酵有利，使製品的風味變爲更好的情形。

用硬水於洗淨，將降低洗淨劑效果，而劣化洗淨之結果。

例如，以使 0.2%純棕櫚酸鈉水溶液 1ℓ 來說明，使用水的硬度爲 100 ppm 時，此硬度換算成 $CaCO_3$ 相當於 0.1 g，此 $CaCO_3$ 和肥皂以式(23-4)所示的反應生成不溶性的金屬肥皂。

$$\underset{(MW\ 556)}{2C_{15}H_{31}COONa} + \underset{(MW\ 100)}{CaCO_3} \longrightarrow (C_{15}H_{31}COO)_2Ca + Na_2CO_3 \quad (23 - 4)$$

因此 0.1 g $CaCO_3$ 將和 $(556/100)\times 0.1g = 0.556$ g 的肥皂結合。起初純肥皂需要量爲 2g，由於這種硬度之存在，而使原來肥皂的四分之一以上，變成不活性。

金屬肥皂之形成，非但降低肥皂的效率，這些疏水性金屬肥皂係一種界面活性物質，故吸附在洗淨體表面，以致引起各種不良的影響。硬度 100～300 的地方到處都是，尤其是美國及歐州內陸，在 150 ppm 以上的硬度時，肥皂之洗淨效果的減退程度，很明顯地可以用肉眼的、感覺的覺察。即有，肥皂水呈白濁、起泡不佳、洗後布的觸感極度地不好等的現像發生。美國普及合成洗劑那麼快的原因，係因爲水的硬度高，合成洗劑比肥皂更具耐硬水性，所以在美國的硬水地區，將化粧肥皂和合成洗劑混合製成複合肥皂(combination soap)，或僅用合成洗劑之合成肥皂(synthetic soap)，其銷路很不錯。

高級醇硫酸酯化鈉鹽是合成洗淨劑之代表物，alkyl sulfate 和 $CaCO_3$ 之反應如式(23-5)(23-6)所示。

$$2ROSO_3Na + CaCO_3 \rightarrow (ROSO_3)_2Ca + Na_2CO_3 \qquad (23\text{-}5)$$

$$2R-\hexagon-SO_3Na + CaCO_3 \rightarrow (R-\hexagon-SO_3)_2Ca + Na_2CO_3$$

R：alkyl $\qquad\qquad\qquad\qquad$ (23-6)

此反應結果生成$(ROSO_3)_2Ca$之金屬鹽,不同於肥皂的性質,由於鹽中含有強的親水基,故不會像肥皂具有強疏水性,對水仍有某種程度之親和力,不會很強地吸附於洗淨體上,用界面活性劑可以輕易地予以分散。

要防止上述之不良結果,就須降低水質的硬度。去除水中的硬度成分稱爲硬水之軟化,其方法有:

(1)、煮沸法

如前所述,暫時硬水一旦經煮沸,就可以除去相當量的硬度成分。

(2)、藥品處理法

硬水加入強鹼化合物$(Na_2CO_3 \cdot NaOH)$,可以使硬度成分之一部份變成不溶化,其反應如式(23-7)和式(23-8)所示。

$$Mg(HCO_3)_2 + Na_2CO_3 \longrightarrow MgCO_3 \downarrow + 2NaHCO_3 \qquad (23-7)$$
$$Ca(HCO_3)_2 + 2NaOH \longrightarrow CaCO_3 \downarrow + Na_2CO_3 + 2H_2O \qquad (23-8)$$

a 及 b 法僅能降低硬度,無法將硬度成分完全除離。

(3)、離子交換樹脂處理法

充填陽離子交換樹脂 $R-(SO_3Na)_2$ 的離子交換塔,將硬水通過此充填塔進行陽離子交換,其反應如式(23-9)所示。

$$R(SO_3Na)_2 + Ca(HCO_3)_2 \rightarrow R(SO_3)2Ca + 2NaHCO_3 \qquad (23-9)$$

交換樹脂被金屬陽離子飽和後就失去交換能,必須再生處理以恢復交換能。再生方法,先以清水逆洗樹脂層的堆積塵埃,再以 10 % NaCl 水溶液,自塔頂流通,再生樹脂的反應如式(23-10)所示。

$$R(SO_3)_2Ca + 2NaCl \rightarrow R(SO_3Na)_2 + CaCl_2 \quad (23\text{-}10)$$

這種軟化裝置除了 Ca、Mg 之外，如 Fe、Mn、Al 等之金屬離子都可以除離。更可以配合陰離子交換樹脂，從自然水中除離電解質，製造純水。

(4)、金屬離子封閉法

聚合磷酸鹽，如六次磷酸鈉(hexsameta sodium phosphate)，三聚磷酸鈉(tripoly sodium phosphate)，焦磷酸鈉(pyro sodium phosphate)，能和硬水中的 Ca^{2+}、Mg^{2+}、Fe^{2+} 等離子結合，生成不溶性的錯化合物，具有軟水化的性質，廣被利用，其反應如式(23-11)。

$$(23\text{-}11)$$

由(23-11)式之當量關係計算出，鈣 1g 的當量，理論上需要 9.2 g 的三聚磷酸鈉(tripoly sodium phosphate)，但是實際上需要 13～18 g。其原因是金屬離子之結合方法，並非如上式之單純形式，m-, o-,矽酸鈉(m-, o-, sodium silicate)之矽酸鹼鹽也是水溶性，但可和水中之 Ca^{2+} 結合變成不活性，並放出 Na^+。已經開發了不少，能和金屬離子形成整合錯化合物之各種整合性金屬離子封閉劑，其代表物是 ethylene diamine tetraacetic acid (E.D.T.A)如式(23-12)所示。

$$(23\text{-}11)$$

23 3 3，溶劑作爲洗淨用時必須考慮的特性

工業用溶劑的種類非常多，如果就經濟性、操作性、溶解性等諸因素考慮時，真正能適合工業洗淨用的溶劑，可以選擇的範圍就很狹窄。作爲洗淨用溶劑必須考慮下列的特性。

(1)、溶解力和溶解傾向

溶劑分子的官能基，在分子整體內所佔重量分率的大小，直接影響到該溶劑的溶解能力。例如，溶劑分子內親水基的氫氧基，所佔重量分率大的化合物，大都是容易溶於水，所以稱爲親水性溶劑。相對地，烴基的重量分率大的化合物難溶於水，此稱爲親油性溶劑或者疏水性溶劑。重量分率在此兩者之間的化合物，或者以醚基、酮基、酯基等爲分子的主要構成成分之化合物，對水的溶解性，就介於親水性和疏水性之中間。

對於單一污垢的溶解，當然選擇對該污垢溶解力最大的溶劑，用最少量溶劑進行效率最好的操作。比如說，要洗淨被烴系污染的機械零件，用便宜的燈油就可以；只被皮膚分泌的鹽分污染的衣物，用對鹽分溶解力最大的水，就可以獲得最大的效果。

實際上的工業洗淨，很少只有單一成分的污垢，上項的機械零件都夾雜著水分及其他的親水性污垢；通常的衣物污垢，也含有從皮膚分泌的油脂和蛋白質。此時用剛才所選擇的溶劑，則無法總合除離污垢。

(2)、溶解範圍的廣度及選擇性

溶劑對特定污垢的絕對溶解力雖然不佳，但對某種範圍內的不同污垢混合物，卻可以發揮普遍的溶解力，這種溶劑稱爲溶解範圍廣的溶劑，例如 iso-propanol、acetone、cyclohexanone、dimethyl formamide 等。

當洗淨體和污垢都具有極爲相似的溶解性時，用溶劑除離污垢，同時對洗淨體也會引起膨脹、溶解而損傷，這種例子以塑膠的洗淨體最常見，這時就必須選擇不會損傷到洗淨體的溶劑。

在塗料工業，常用考立丁醇值(Kauri butanol value, K.B.V)、苯胺點(aniline point)等數值，作為塗料用基劑對溶劑的溶解傾向指標。

(3)、經濟性

洗淨用溶劑的價格須便宜為必要條件，水作為洗淨劑，大量使用的最大原因是便宜。洗淨用溶劑必須考慮到回收的適合性與否，當要用蒸餾回收有機溶劑時，就必須考慮到，溶劑的沸點、蒸氣壓、蒸潛熱等是否適合；回收率可得多少？；包含蒸餾、回收裝置等的經濟性如何等的問題。

(4)、操作性

包括引火性和發火性、爆炸性、溶劑的生理毒性。

(a)、引火性和發火性

引火性常以引火點作為指標。所謂引火點係指，當氣體或溶劑的蒸氣接近火焰時，開始燃燒的最低溫度；發火性的指標是發火點，在燃燒極限內，溶劑的蒸氣或氣體和空氣混合物，受熱而發火的最低溫度稱為發火點。

(b)、爆炸性

可燃性氣體和空氣中的氧成分比值，達到某一定的範圍時，因火而引起爆炸燃燒，此比值稱為爆炸極限(explosive limits)。溶劑蒸氣的比值過大時，因為氧的分量相對地減少，就不會爆炸，所以爆炸極限有上限和下限之分。

(c)、溶劑的生理毒性

有機溶劑大都具有毒性，有些已知具致癌性，應特別注意。急性中毒的毒性標示，常以 LD 值表示，LD_{50} 是指實驗用生體中達 50% 死亡的毒性強度。

23-4、界面活性力

包括界面活力和界面活性劑、界面活性劑的構造、界面活性劑之種類和 H.L.B 等四項說明如下。

23-4-1、界面活力和界面活性劑

界面乃指境界面 (interface)，對於考量，二種以上物質間之物理的、化學的反應時，研究不同物質相互接觸界面的特性是重要的。例如，洗淨時要先知道，存在於媒液之洗液和污垢之間、洗淨體和污垢之間、洗液和洗淨體之間、污垢和污垢之間等，其界面之物理、化學的性質，然後改變界面之相互關係，這就是洗淨本質上的方法。

界面存在於固、液、氣各相之間，雖然氣體和氣體互相擴散成勻相並無界面，可是氣體和固體、氣體和液體之間有界面的存在；而液體和液體間，如果彼此不溶解時就有界面存在。

所謂界面活性力，是指會選擇性地影響界面，具有改變界面物理的、化學的能關係之力。而具有此種力的化學物質稱為界面活性劑(interface active agent)，也有稱為表面活性劑 (surface active agent)略寫為 surfactant。

古代使用的肥皂，也是界面活性劑的一種。最近界面化學進步的結果，合成多種的界面活性劑，在洗淨的領域貢獻很大，如果無界面活性劑，今天幾乎不可能考慮洗淨體系。

用洗淨劑水溶液進行洗淨的過程，界面之移動情形如下：

(1)、污染的金屬表面有空氣和洗淨體、空氣和污垢、污垢和洗淨體、污垢和污垢等四種界面之存在。

(2)、用洗液接觸其表面時，是以洗液替代空氣。

(3)、接著洗液浸透入污垢和洗淨體、污垢和污垢的界面，此時有二種的界面，即洗淨體和洗液、污垢和洗液。

(4)、在洗滌工程，將污垢分散的洗液被清水所取代，所以剩下的界面只有清水和洗淨面的界面。

(5)、乾燥去除清水，最後成為空氣和清淨洗淨體的界面，這就洗淨了。在利
用界面活性劑之界面活性力作為洗淨之主要要素，亦即除作為洗淨劑之
用外，利用降低其表(界)面張力之力、浸透力、濕潤力、乳化力及其他
特性等，即使用其他的洗淨力，作為主要洗淨要素時，以補助力之應用，
亦發揮不少重要的效果。

23-4-2、界面活性劑的構造

界面活性劑分子構造的特色，是由二種完全不同性質的官能基所構成。通常的
界面活性劑，其官能基之一端是親水性，另一基是疏水性，前者的原子團稱為親水
基 (hydrophilic group)或疏油基 (lyophobic group)；而後者則稱為疏水基
(hydrophobic group)或親油基 (lyophilic group)。

表 23-3 活性基種類

疏水性原子團		親水性原子團	
paraffin group	R -	carboxy group	-COOH
alkyl ally group	R- ⬡ -	hydroxy group	-OH
Alkyl phenol group	R- ⬡ - o -	Sulfo sodium group	$-SO_3Na$
fat acid group	R-COO-	Sulfuric acid	
		ester group	$-OSO_3R$
Fat acidamide group	R-CONH-	phosphoric acid group	$-P{\nearrow^{ONa}_{\searrow_{ONa}}}=O$
Paraffinic alcohol group	R-O-	ammonium group	$-N\!\!<$
alkyl amine group	R-NH-	cyanide group	-CN
maleic acid alkyl	R-OOC-CH-	thio group	-SH
ester group	R-OOC-CH_2		
alkyl ketone group	R-COCH-	halogen group	-Cl,Br
Polyoxy prolene group	-O-(CH_3-CH-CH_2-O)n	ethylene oxid group	$-CH_2\text{-}OCH_2-$

(辻)

23-4-2-1、界面活性劑之種類

親油基和親水基(或非極性基和極性基)，共存於一個分子內是界面活性劑之必要條件；不過二種不同的原子團要發揮其特色，則此原子團必須十分大，且兩者的力應保持適當的平衡。這二點是界面活性劑之充分條件。

肥皂雖為強的界面活性劑，其親油基之直鏈烴基之炭數至少須要有 10 個，如果超過 20 個，則相對應的脂肪酸基之親水性，就會相對地減弱，而失去界面活性劑的通性。

適當地組合兩種基，可以得到各種的界面活性劑，組合的結果非但作為洗淨劑，亦廣用於浸透劑、潤劑、表界面張力降低劑、乳化劑、分散劑、起泡劑、消泡劑、殺菌劑、潤滑劑、靜電防止劑及其他工業用途。

依活性劑的水溶液活性基，能否解離成離子，解離後電荷的情形，予以分類如下：

    (a)、陰離子界面活性劑。

    (b)、陽離子界面活性劑。

    (c)、非離子界面活性劑。

    (d)、兩性界面活性劑。

23-4-2-2、H.L.B (hdydrophile-lipophile balance)

已由經驗得知，界面活性劑之親油基和親水基的重量分率，和用途的適宜性之間，有一定的關係。美國 Atlas 公司以實驗，測定各種非離子界面活性劑其乳化力之差異，將此數值予分類，此值和上述之重量分率有關連；計算非離子界面活性劑其構造式的近似值，而求和實驗值之因果關係。

因為此值表示親水物(hydrophile)和親油物(lyophile)的平衡，所以取字頭稱為HLB 數值。此計算法，是求得一近似的計算式，去符合由實驗所得到的經驗事實，嚴格地說並非以理論為根據的方法。不過用這樣的作法，從分子構造和應用範圍之關係，可以作某程度的推定，老實說，這種方法的研究，對界面活性劑有很大的貢

獻。本方法，僅適用於對碳鏈和氫、氧所構成化合物的計算，但非離子系中如果親油基中含有 N、S 時，則不能適用。

HLB 計算值，親油性最大的值為 0，親水性最大的值為 20，其平衡值在 $0\sim20$ 之間。以下為計算式。

(1)、多價醇脂肪酸酯之計算法

$$HLB = 20\left(1 - \frac{S}{A}\right) \qquad (23\text{-}13)$$

s：酯的鹼化價，A：脂肪酸的酸價。

例如，甘油、單硬脂肪酯 S＝161，A＝198

$$HLB = 20\left(1 - \frac{161}{198}\right) = 3.8 \qquad (23\text{-}14)$$

(2)、如脂肪酸酯之聚氧乙烯醚(polyoxy ethylene ether)其鹼化價無法得到明確的數值時，以重量分率的方法計算之。

$$HLB = 20\left(\frac{E + P}{5}\right) \qquad (23\text{-}15)$$

E：氧化乙烯(oxyethylene)基的重量分率，

P：多價醇的重量分率

例如：聚氧化乙烯・山梨糖醇綿羊酯

(polyoxy ethylene・sorbitol lanoline ester)E＝65.1， P＝6.7

$$HLB = 20\left(\frac{65.1 + 6.7}{5}\right) = 14 \qquad (23\text{-}16)$$

(3)、僅含聚氧乙烯(polyoxy ethylene)基(親水基)之脂肪族醇醚(alcohol ether)或脂肪酸酯時之計算方法。

例如，聚氧乙烯・硬脂酸酯 (15 mole 附加物) (polyoxy ethylene・stearate)之 E＝70，其他如 (2)項之計算：

$$HLB = \frac{E}{5} = \frac{70}{5} = 14 \qquad (23\text{-}17)$$

　　這些計算式之外，尚有許多改良的 Atlas 計算式。如果同時使用二種以上，適用於 HLB 計算之界面活性劑時，此混合界面活性劑之 HLB 值，是依混合界面活性劑的混合率，所計算的算術平均值表示之。

　　可適用上記方式之界面活性劑範圍如下圖所示。HLB 值和用途作用間之關連已被確認。

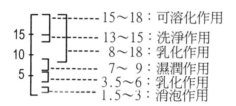

　　15〜18：可溶化作用
　　13〜15：洗淨作用
　　8〜18：乳化作用
　　7〜 9：濕潤作用
　　3.5〜6：乳化作用
　　1.5〜3：消泡作用

圖 23-1 HLB 值和用途性能 (辻)

表 23-8 nonyl phenol polyoxy ethylene ether 的 HLB

Oxye thylene 附加 mole 數	HLB	Oxy ethylene 附加 mole 數	HLB
2	2.9	10	12.8
4	8.9	12	14.0
6	11.0	14	14.6
8	12.0	16	15.0

(辻)

　　工業上廣爲使用的非離子界面活性劑爲壬基酚・聚氧乙烯醚(nonyl phenol・polyoxy ethylene ether)，其氧化乙烯(ethylene)附加的 mole 數和 HLB 間之關係，用上法計算的結果，如表(23-8)所示。嚴格地說，數值須作某種程度的修正，但大致上和實際的性能相當一致。

23-4-2-3、界面活性劑的特性

(1)、降低表面張力，界面張力。

(2)、生成 micell 和 micell 極限濃度。

(3)、濕潤力、浸透力。

(4)、乳化力。

(5)、分散力、懸濁力。

(6)、起泡力、消泡力。

(7)、可溶化力。

(8)、殺菌力。

(9)、對水的溶解度

23-4-2-4、用於洗淨之主要界面活性劑

(1)、陰離子界面活性劑

    (a)、肥皂($RCOO^-Na^+$)包括月桂酸鈉(sodium laurate)、硬脂酸鈉(sodium stearate)、十四酸鈉(sodium myristate)及棕櫚酸鈉(sodium palmitate)、油酸鈉(sodium oleiate)、亞麻仁油酸鈉(sodium linoleate)等。

    (b)、合成洗淨劑，包括枝鏈烷基苯‧硫酸鈉(alkyl benzene‧sodium sulphate)，直鏈烷基苯‧硫酸鈉(alkyl benzene‧Na sulphate)，高級醇硫酸化酯鹽等。

    (c)、聚氧乙烯(polyoxy ethylene)附加物之硫酸化酯鹽。

    (d)、油脂類之硫酸化鹽或硫酸化酯鹽。

    (e)、酯類硫酸鹽。

    (f)、脂肪酸醯胺(amide)之烷基(alkyl)硫酸化鹽。

(2)、陽離子界面活性劑

    陽離子界面活性劑通常具有濕潤、浸透、乳化、分散、起泡等強的性能，不過作為總合的洗淨劑，則缺乏特性。除了原來界面活性劑之用途以外，在工業上亦有不少利用活性原子團帶電陽離子的性質之用途。

如果和陰離子界面活性劑併用，則產生不溶性複鹽而沈澱，而失去界面活性。此系最具特色的性質是，四級氨系有強的殺菌、消毒效果，利用於殺菌洗淨。除了主要的系之外，又可分為 1~3 的各級胺有機無機鹽系、四級氨系等。

(a)、1~3 級胺鹽

1~3 級胺鹽的一般式如下所示。

$$\left[R_1\!-\!\overset{\displaystyle R_2}{\underset{\displaystyle R_3}{X}}\!-\!\right] H^+ \;\; X^-$$

1 級胺時：R_1，R_2 為 H 原子

2 級胺時：只有 R_3 是 H 原子

X：halogen ions

在工業洗淨領域，這一系沒有重要化學合物。

(b)、四級氨鹽

四級氨鹽的一般式如下所示。

$$\left[R_1\!-\!\overset{\displaystyle R_2}{\underset{\displaystyle R_3}{X}}\!-\!R_4 \right] X^-$$

R_1，R_2，R_3，R_4 中的 R_1 常是碳數 8~18 的直鏈烷基，有時候也會含有苯核。 R_2，R_3，R_4 大多是 methyl、ethyl 等低級之烷基，不過也有用其他的基，尤其是 R_3 的位置如果是苯甲基，就成為大家熟知的殺菌劑。

具殺菌性的陽離子界面活性劑，如果配合其他非離子或兩性界面活性劑，就可以製造出以洗淨、殺菌之相乘效果為目的的製品。不過大多為毒性強的物質，依洗淨的用途，必須在調配上要特別注意。

(3)、非離子界面活性劑

　　　　本系的活性劑，具有-OH、-C-O-C-、-CONH$_2$ 等，在水中不解離之親水基，由於是弱親水基，所以分子內如果只有一個弱親水基，則無法表示理想的親水性，必須有多數的弱親水基才能呈示必要的親水力。

　　　　在工業上的用途很廣，不少具有優越洗淨力的界面活性劑，尤其因為不解離成離子，即使在酸性、鹼性媒液中，也能十分發揮洗淨力是其特色，為工業洗淨中重要的一組。

(a)、多價醇之脂肪酸酯。

(b)、氧化乙烯(oxy ethylene)聚合附加物。

(c)、烷醇醯胺(alkylol amide)系界面活性劑。

(4)、兩性界面活性劑

　　代表的型態有三甲銨乙內酯(betaine)型和胺基酸型二種：

$$R - N \overset{\oplus}{\underset{}{<}} \begin{matrix} R_1 \\ R_2 \\ R_3COO^{\ominus} \end{matrix} \qquad R - N \overset{\oplus}{<} \begin{matrix} H \\ CH_2CH_2COO^{\ominus} \end{matrix}$$

betaine type　　　　　　　amino acid type

其特色有：

(a)、具有等電點。

(b)、不受 pH 的限制。

(c)、殺菌洗淨性。

(d)、耐硬水力和金屬離子封閉力。

23-4-3、界面活性劑之使用法

　　包括洗淨劑的使用濃度、洗淨溫度、並用機械的效果、洗淨體、污垢及媒液的性質、二種界面活性劑的混合效果等六項。

(1)、洗淨劑的使用濃度

洗淨力最能發揮的效果,是在微胞(micell)極限濃度的上限附近,因為要分散污垢,則須消耗一部分界面活性劑,所以因污垢量的不同,須適當地增加界面活性劑的量,例如,微胞極限濃度 0.1%(對水量的界面活性劑重量)時,在輕負荷污垢時,最適當的濃度約由 0.2%開始;而重負荷污垢時則可能高達 0.5 %~1 %。

以肥皂為主劑清洗衣服時,添加 0.2%~0.3%之洗淨劑(換算洗淨劑之純分)為基準,要提高洗淨精度時,通常並不增大濃度,而是以此濃度進行二回之洗淨操作。

(2)、洗淨溫度

在工場洗淨要素中,熱是比較便宜的一種。提高溫度,通常可以加速洗淨效果,水之污垢溶解力也可以增大,而高融點的油脂性污垢也須融解後,才能乳化分散,但有其最適當溫度。

飽和脂肪族的烴為疏水基,其構成成分之洗淨劑,通常依炭數之增加須在高溫使用為適當,例如以肥皂為例,炭數十二之飽和脂肪酸用常溫,炭數十四~十六的飽和脂肪酸用中溫,而炭數十八的飽和脂肪酸用高溫為適當。ABS 之合成洗劑適用於比較高的溫度,如在低溫使用則其水溶性差,洗後的吸附膜也容易殘留。在熱源價廉的工廠,如果無特別的理由,而在常溫洗淨時使用多量的洗淨劑,係非常無效率且不經濟的行為。

(3)、並用機械的效果

利用攪拌、刷子、噴射及其他力的加入,可以增加速度使分散更完全。

(4)、洗淨體、污垢及媒液的性質

使用同一種洗淨劑,對不同洗淨面的洗淨,呈示不同的洗淨效果。

用 1 份的碳黑和 2 份的礦油混合的人工污物,附著於金屬和皮璃,然後用肥皂、烷基硫酸酯鹽、陽離子活性劑、非離子活性劑等四種洗淨劑洗淨,其洗淨效果的順位列表如表 23-9 所示。用肥皂洗淨時,玻璃的洗淨體比金屬容易洗淨。

經用前記污垢污染的木綿布,以 0.05% 濃度的各種洗淨劑,在 50 °C洗淨的結果,最適當界面活性劑種類的順位如表 23-10 所示。

表 23-9 不同洗淨面對界面活性的洗淨效果

洗淨面	肥皂	烷基硫酸酯鹽	陽性活性劑	非離子活性劑
金屬	4	2	2	1
玻璃	2	1	4	3

表 23-10 界面活性劑的洗淨力試驗

污垢種類	油狀污垢		乾燥污垢	
活性劑	洗淨效率(%)	順位	洗淨效率(%)	順位
Alkyl phenol, non -ionic	37.1%	3	33.2%	1
Alkyl ether, non- ionic	34.9	4	28.1	2
Laurylsulfating ester sodium salt				
Stearic acid soap	46.1	2	29.2	2
	50.0	1	28.2	2

(R. Wolfrom, 1953)

(5)、二種界面活性劑的混合效果

　　陰離子界面活性劑和陽離子界面活性劑混合使用,將互相作用變成不溶性錯化合物,使效果抵消。因此陰離子系洗淨劑作為殺菌等目的使用時,不可和陽離子界面活性劑調和。

　　通常,混合同一系的洗淨劑,在某一定範圍內確實有相乘效果,例如混合碳數不同的脂肪酸肥皂、烷基的碳數不同之 ABS 系(alkyl benzene sulfonates)合成清潔劑等。非離子界面沽性劑也是一樣。

異種洗淨劑的混合時，會產生下列的結果。

(a)、肥皂和 ABS 系合成清潔劑的混合物，對用人工污染的綿布作實驗結果，所有混合率的洗淨力都有下降的傾向，沒有相乘效果。

(b)、高級醇硫酸酯鈉鹽和烷基酚聚氧化乙烯(alkyl phenol polyoxy ethylene)系洗淨劑相混合，會使洗淨力大為降低。

(c)、ABS 系和烷基酚聚氧化乙烯系洗淨劑相混合，在前者 20% 和後者 80%的混合比率時，洗淨力具有明確的相乘效果。

(d)、ABS 系合成清潔劑和磺醯胺(sulfonic acid amide)的混合物，在全域都有相乘效果。

23-4-4、界面活性的毒性及分解性

界面活性劑當中，有毒性問題的應該是合成的界面活性劑，脂肪酸系的陰離子界面活性劑，也就是肥皂比較沒有毒性。即使經口攝取肥皂，由於胃酸的作用會分解成脂肪酸和食鹽，這種生成物和日常食生活的成分同樣，毫無毒性，殘留在皮膚也同樣，會被皮膚的 pH 分解。甘油脂肪酸酯、山梨糖醇酐脂肪酸酯、砂糖脂肪酸酯等，為無害的物質，原本就是指定的食品添加物，其分解物基本上和食品成分沒有分別。

界面活性劑的一般毒性是溶血作用。強的界面活性劑，一旦干涉到人的生理作用，當然會產生某種的障害，這是不希望的後果。手指長時間浸漬在界活性劑的水溶液中，保護皮膚組織所必要的皮脂，被脫脂而容易傷害到皮膚。界面活性劑直接對人體產生毒性，有下列三種：

(1)、皮膚之障害。

皮膚長時間和高濃度的 ABS 系洗淨劑接觸，會引起刺激粘膜作用和皮膚傷害，不過 0.1% 程度 (洗淨常用的濃度)，雖然沒有產生疾患情形，但是連續脫脂的結果，皮膚變成乾燥，也就是患常說的富貴手。

(2)、急性經口毒性。

　　　　ABS 的經口急性毒性爲 LD_{50}：約 2.2 g/kg，慢性毒一日的最大安全量約爲 300 mg/kg，以身重 60 公斤的人計算，急性 LD_{50} 爲 132g。

(3)、慢性經口毒性。

　　　　ABS 的毒性以慢性毒性爲重點，有關動物實驗的報告指出，連續多量投與合成清潔劑，會引起一般的生活機能障害。廚房所用的合成清潔劑，污染到食品的可能性非常大。Shinlda 在 1962 年報告甘籃菜洗後，每 100g 殘留 0.1~0.2g 的 ABS，以此數值爲基礎計算，由食品進入人體的 ABS 量，最壞的結果是 0.6 mg/kg，約相當於一天最大安全量的 1/500。

23-4-5、界面活性的分解性

　　直鏈 ABS 清潔劑的毒性比分支鏈 ABS 清潔劑強 3~5 倍，不過後者有良好分解性，在環境水域未發揮毒性以前會消滅，所以較分支物安全。當討論清潔劑對環境的影響時，自然分解性比毒性重要，一些陰離子界面活性劑的自然分解性如表 23-11 所示。

23-5、化學反應力

　　所謂洗淨利用化學反應力，係指洗淨時使污垢，必要時連洗淨體表面也發生化學反應，利用化學反應力除離污垢。依污垢和洗淨體的種類，選擇適當的藥品，做完全的管理，就是簡便、效果的、且經濟的洗淨方法。

　　不過使用硫酸、鹽酸、苛性鹼等強酸或強鹼時，不但除離污垢，連洗淨體本身也會損傷，在操作上有不方便和危險性，須特別注意。

23-5-1、用酸之洗淨

　　酸的洗淨作用，是酸和污垢發生化學反應，使污垢對媒液的溶解性或分散性起化。這時希望，酸只和污垢反應，以不損傷到洗淨體爲理想，但以酸洗淨的實例

表 23-7 陰離子界面活性劑的自然分解

陰離子界面活性劑	碳消失率 (%)	SO_4^{-2} 的生成率 (%)	MBAS 達 0ppm 時的日數
$C_{16}H_{33}OSO_3Na$	94	96	2
$C_{16}H_{33}CH_2CH_2OSO_3Na$	95	98	3
$C_{16}H_{33}OCH_2CH(CH_3)OSO_3Na$	82	73	5
$C_{16}H_{33}OCH_2CH(C_2H_5)OSO_3Na$	91	94	5
LAB	89	84	9
$C_{12}H_{25}SO_3Na$	96	100	4
$C_{15}H_{31}CON(CH_3)C_2H_4SO_3Na$	94	94	4
NaO_3SCH_2COONa	100	100	-
$C_{12}H_{25}OOCCH_2SO_3Na$	97	96	3
$C_{16}H_{33}OOCCH(SO_3Na)CH_3$	92	91	3
$C_{14}H_{29}OOCCH(SO_3Na)CH_2CH_3$	58	0	5
$C_{16}H_{33}CH(SO_3Na)COONa$	70	0	-
$C_{16}H_{33}CH(SO_3Na)COOCH_3$	87	48	5
$C_8H_{17}OOCCH_2CH(SO_3Na)COC_8H_{17}$	83	0	10

MBAS：methylene 活性物質 　　　　　　　　　　　　　　　　　　　　(辻)

說，污垢和洗淨體的區分並不十分明確，由於頑固的污垢附著於洗淨體，多少對洗淨體會有些損傷，這是酸洗的特色。為要使損傷降低到最低限度，特別對使用條件的設定，併用腐蝕抑制劑(inhibitor)是必須的考量。酸洗淨中最廣且重要的是金屬洗淨，分別說明如下：

(1)、浸酸(pickling)

用如硫酸、鹽酸、磷酸、硝酸、氟酸等強酸，以激烈條件下溶除金屬表面所生成的皮渣，當然洗淨體之金屬本體也同時受溶解侵蝕的作用。

(2)、酸浸漬

以稀酸短時間內浸漬金屬表面，除去薄的氧化膜、銹、變質層等一般的附著污垢。

(3)、酸洗

　　　與其說酸洗是金屬之表面處理，不如說是去除附著於外部的物質。例如，除離鍋爐水管內之垢石或堆積的銹物等，這些情況洗淨體和污垢的界面都有較明確的區分，因此只要選擇酸的種類、洗淨法，可以使洗淨體表的損傷達到最小的程度。

23-5-2、酸的種類及性質

(1)、硫酸

　　　94～98％水溶液之純硫酸稱爲濃硫酸，洗淨用時常以水稀釋者，稱爲稀硫酸。

(2)、鹽酸

　　　在 15°C時鹽酸最大含量爲 42.7％，市品含 37.2％者稱爲濃鹽酸，溶解鋼鐵時會生氫氣，對水垢的溶解力大，價格較硫酸貴。

(3)、磷酸

　　　磷酸爲較 HCl 弱之酸，溶水垢時以 15～20％以上的濃度，在 40～80°C使用，使鋼鐵表面形成耐蝕性的磷酸鐵皮膜。

(4)、硝酸

　　　強酸在 45～95％濃度中，使鐵表面形成緻密的氧化鐵皮膜，爲鈍態且耐蝕性。

(5)、氟酸

　　　爲較鹽酸弱之酸。

(6)、鉻酸

　　　H_2CrO_4 具有很強氧化力之金屬氧化劑。

(7)、氨基磺酸─$HOSO_3NH_2$(sulphamic acid)

　　　爲比較強的有機酸，對皮膚及毒性較小。

(8)、草酸

酸度比氨基磺酸稍低，具強的氧化力。

(9)、檸檬酸

為弱有機酸，具整合效果，對金屬的腐蝕性低。

23-5-3、用鹼之洗淨力

(1)、在洗淨領域利用鹼的化學反應，為較價廉、使用簡便、用途廣之方法。尤其用於去除油脂污垢，也就是作為脫脂洗淨劑使用。不過在洗淨機作方面，動植物性油脂和礦物性油脂不一樣。

(a)、去除動植物性油脂。

動植物性油脂用一定濃度以上的強鹼處理時，容易發生鹼化作用，變成水溶性脂肪酸鈉和甘油，而溶解、分散於洗液。不過中性油脂，在弱鹼水溶液或低溫的情形下，不會發生皂化作用。

通常的動植物性油脂，多少都含有游離脂肪酸，這時脂肪酸也會立即和弱鹼中和，成為脂肪酸鈉鹽。

在前二例中，所成形的脂肪酸鈉鹽，屬一種肥皂，本身不僅水溶性，且以界面活性劑作用，也會將對殘留鹼不活性的污垢予以乳化、分散。

這樣的反應不僅只發生於動植性油脂，對於分散在礦物性油脂中游離羧酸基或硫酸基，也可以期待同樣的反應。這種現像，廣用於金屬洗淨或食品洗淨。

(b)、分散礦物性中性油脂

前項的方法對礦物性中性油脂完全無效，必須併用強鹼和矽酸鹽、聚合磷酸鹽等膠體性鹼劑，才能洗淨。雖然洗淨的詳細機制不太清楚，不過可以想像為，強鹼先對洗淨體作用，促進污垢分離，分離的污垢受膠體的作用而安定地分散。

(c)、洗淨體表面之反應

鹼具有劇烈的反應性，對鋼鐵的表面會有緩慢之侵蝕作用，促使附著的污垢分離，同時產生的氫氣氣壓，更使污垢容易剝離。

(d)、對油脂以外有機性污垢之反應

強鹼具有使蛋白質或澱粉等的有機高分子加水分解、變成親水性的力量。蛋白質變成聚胜或胺基酸；澱粉變成糊精的性質，也利用於鹼洗淨，在食品工業的除離乳蛋白就是例子。

(e)、其他。

鹼劑的種類很多，評估洗淨力的因素有：水溶液的鹼強度、所含活性鹼的量、水溶液對污垢之物理化學的作用、對洗淨體的損傷度、價格、操作性等種種。

(2)、鹼的種類及性質

(a)、苛性鹼 NaOH

鹼化合物中鹼度為最強，1%水溶液可達 pH 13.04。對動植物性油脂的鹼化力強，也中和游離脂肪酸，使成為親水性，同時以界面活性劑作用，將疏水性污垢分散。在中低溫不會腐蝕鐵，不過在高溫，隨著濃度會緩慢腐蝕。

(b)、Na_2CO_3、$NaHCO_3$、$Na_2CO_3.NaHCO_3.2H_2O$

這些碳酸鹽之中，Na_2CO_3 的 1%水溶液，pH 為 11.2，鹼性僅次於苛性鹼，雖然價廉，但在中和時會產生 CO_2 氣體，是它的缺點。$NaHCO_3$ 的 pH 為 8.4，兩者混合時 pH 為 9.9，無鹼化力，是便宜之弱鹼劑。

(c)、矽酸類

矽酸類有 $2Na_2OSiO_2 \cdot 5H_2O$、$Na_2O \cdot SiO_2 \cdot 5H_2O$、$Na_2O \cdot nSiO_2 \cdot nH_2O$ 等種類很多。前者之 1%水溶液的 pH 為 12.8，和苛性鹼之鹼性相近，因此不僅非金屬，人的皮膚也會受到強烈的作用，須要注意。由於含有矽酸，所以膠體性強，對污垢的分散、保持能力優秀，和

NaOH 並用於鋼鐵等的洗淨。

(d)、磷酸鹽類

聚合磷酸鹽已於界面活性劑的助劑項說明過。

(e)、氰化鈉

氰化鈉的水溶液具強的鹼性，作為除離銅、銅合金等表面薄的氧化物，具有使表面光澤的作用。

23-6、吸附力

粉末的微小粒子，將污垢選擇地吸附於表面的性質，稱為吸附力。例如活性白土，有吸附疏水性有機污垢的能力，將活性白土塗在污染的洗淨體表面，或者浸漬在含污垢的媒液中，污垢會被白土的表面吸附，而達成洗淨的目的。吸附劑有下列之特性。

(1)、吸附現象雖然有化學的吸附和物理吸附之區分，但一般吸附劑大都為物理吸附性，其表面之極性也呈示選擇性的吸附性。

(2)、吸附劑為膠體性，所以其表面積非常大。例如，活性碳之表面積可達 $1000 \sim 2500 \ m^2/g$，故可選擇性地吸附污垢發揮洗淨效果。

23-6-1、吸附劑用於工業洗淨者有下列物質：

(1)、活性碳。

(2)、矽藻土。

(3)、矽凝膠。

(4)、鋁氧凝膠。

(5)、膨脹土。

(6)、酸性白土。

(7)、活性白土。

(8)、澱粉、CMC 等。

23-7、物理力

　　加熱、攪拌、摩擦、加壓、減壓、研磨、超音波等之物理的手段，也是洗淨之大要素，此等要素可單獨使用，如果和其他洗淨要素相配合，則可得相乘效果。

23-8、酵素力

　　自古以來，就有利用微生物的力量洗淨。要取麻纖維，乃將麻皮浸漬於泥水中，使醱酵以去除不須要的部分。酵素本身是蛋白質的一種，也和蛋白一樣，在某一溫度以上會凝固、因強酸或鹼而變質、和重金屬反應成為不溶性而沉澱等特性。因此對於酵素，必須十分注意影響活性的問題，支配酵素反應之條件如下：

　　(1)、溫度。

　　(2)、pH。

　　(3)、基質之作用酵。

　　(4)、反應。

習題

　　(1)、為什麼洗淨非常重要？

　　(2)、工業洗淨之意義為何？

　　(3)、家庭洗淨之基本重點何在？手段是什麼？應用化學之意義為何？

　　(4)、洗淨的基本要素是指什麼？

　　(5)、詳細說明用肥皂洗衣服之洗淨過程。

　　(6)、如何以物質的分子結構形式判斷該物質之溶解力？

　　(7)、水作為溶劑時其優點和缺點為何？

　　(8)、說明硬水、硬度、軟水化之意義。

　　(8)、計算使用 1 公升 0.3％硬脂酸鈉的肥皂水，如果所用水之硬度為 150ppm 時，會消耗掉多少肥皂生成不活性之金屬肥皂？

　　(10)、說明水質如何對工業產品品質之影響？

　　(11)、硬水之軟化方法有幾種？

(12)、界面活性劑必須具備之條件是什麼？

(13)、何謂 H.L.B 值(hydrophile-lyophile balance value)，其用途為何？以應用化學的觀點說明之。

第二十四章 酸鹼度和離子控制之應用

24-1、緒言

　　工業上大量地使用酸或鹼，長久以來測定酸鹼度在水質的檢測上，一直佔非常重要的地位，加以，酸或鹼之濃度，對水生生物有非常大的影響，因此控制流體的污染，尤其在處理工業廢水時，測定次數最多的項目就是酸鹼值。幸好目前已有信賴度高的玻璃電極之 pH 計，可以供使用，利用此技術防止污染，已累積相當多的研究成果。本章以基本原理為主，再佐以實例說明，巧妙地運用 pH，可以在工程上發揮想像不到的功效；學會本章的方法後，實驗室的氰化物廢液自己可以處理。

24-2、活度(activity)之測定

　　所有的極性溶液都含有二種以上的離子，即化合物一旦解離，就成為荷電的陽離子(cation)和陰離子(anion)而分離，例如水解離成為氫離子和氫氧離子。通常的化學反應器，含數種不同的離子，而工廠廢水則含更多的共存離子。

　　控制反應系的第一步工作，必須先找出一組電極，該組電極能夠精準地測出反應的進行狀態。用感應電極，可以測得溶液中，和某種特定離子活度相關的電極電位。活度和濃度有關係，但不是等於濃度，活度和濃度的關係如式(24-1)所示。

$$a = rx$$
$$a：活度, g.ion/l$$
$$r：活度係數 \qquad\qquad (24\text{-}1)$$
$$x：濃度, g.ion/l$$

　　在無限稀釋的溶液中，活度係數(activity coefficient)趨近於 1。稀薄溶液的濃度增加時，離子的移動度會減少，所以活度係數開始減少；濃度再增大時，活度係數常經由極小值再增大，而大於 1。這種現像，係因為發生水合時，表觀的溶劑濃度

減少的緣故。

化學系的測定,大都在活度和濃度相等時的稀薄溶液中進行。即使活度和濃度不相等,我們也應該注意,活度會引起電極電位的發生或化學反應,因此大部分的應用,都以測定和控制活度為對象。

24-2-1、能士特方程式(Nernst equation)

在一個單電極發生的電位稱為半電池(half cell)電位,所以要測定電極的電位,則必須要有,由二個電極所形成的閉電路才行。電極發生反應時,該電位就是各各離子和活度的關係,可以用能士特方程式(Nernst equation)表示,如式(24-2)～(24-4)所示。

$$E = E_0 + (RT/nF) \ln \alpha \qquad (24\text{-}2)$$

R:氣體常數[831 mV-C/(^{0}K-g-mol)],T:對溫度,

F:Faraday const. [96490C/g-ion],E_0:半電池的標準電位,

α:[g-ion/l]

$\alpha = 1$ 時 $E = E_O$

$$E = E_0 + 2.303 (RT/nF) \log \alpha \qquad (24\text{-}3)$$

將 R、F 及 T = 25°C 之值代入式(24-3)得式(24-4):

$$E = E_0 + (59.6/n) \log \alpha \qquad (24\text{-}4)$$

E 和 E_0 以 mV 表之。當離子活度變化一單位時,一價離子的電位變化值為 59.16 mV;而二價離子的電位變化值則為 29.58 mV。陽離子電位增加時,相對地陰離子的電位會減少。

24-2-2、"P" 之表記法

"P" 為 power,即數學上用語之 "冪" 如式(24-5)~(24-6)所示。

$$pH = -\log a_H \qquad (24\text{-}5)$$

$$a_{H^+} = 10^{-pH} \qquad (24\text{-}6)$$

"P" 主要限用於 pH，但也可以用於其他離子，例如

$$pAg = -\log a_{Ag^+}$$

同樣也可以擴大用於多數的平衡常數 K

$$pK = -\log K$$

以 " p " 之表示法用於 Nernst equation 就成為一次式，

pH 和電位呈現直線關係如 (24 - 7) 式所示

$$E = E_o - \frac{59.16}{n} \ P\ Ion \qquad (24\text{-}7)$$

式(24-7)的負號表示活度的增加，和 pIon 的減少。表(24-1) 是 pIon 和活度的關係。

表(24-1) pIon 和活度的關係

pIon	1.0	1.1	1.2	1.3	1.4	1.5	1.6	1.7	1.8	1.9	2.0
aIon	0.100	0.08	0.063	0.05	0.04	0.032	0.025	0.02	0.016	0.013	0.010

(池田等)

24-2-3、不活性電極

要測定溶液中氧化還原反應的狀態，須要用白金及金電極。不活性電極和反應無關，所以表示此狀態之能士特(Nernst)式，乃是二種離子在平衡狀態時之比，也就是表示氧化體和還原體各離子之比值。下式是物質失去電子，也就是氧化反應：

$$Fe^{2+} (還原體) \ - \ e^- \ \xrightarrow{\ \ 氧化\ \ } \ Fe^{3+} (氧化體)$$

不活性電極感應此兩種離子，而產生如式(24-8)所示之半電池：

$$E = E_o + 2.303 \frac{RT}{nF} \log \frac{a_{ox}}{a_{re}} \qquad (24-8)$$

a_{ox}：氧化體的活度

a_{re}：還化體的活度

E_o　：電位是 $Fe^{2+} - e^- \rightarrow Fe^{3+}$ 反應系之固有值

所以，如果氧化體和還原體離子的活度相等時，在 $Fe^{2+} - Fe^{3+}$ 系，E_o 為 +760mV，反應一個離子時有一個電子移動，所以 $n = 1$，在25℃ 時 $Fe^{2+} - Fe^{3+}$ 系半電池之電位是：

$$E = 760 + 59.16 \log \frac{a_{Fe^{3+}}}{a_{Fe^{2+}}} \qquad (24-9)$$

上式以 p 表示，就成為式(24-10)：

$$E = 760 - 59.16\left(pFe^{3+} - pFe^{2+}\right) \qquad (24-10)$$

以上所討論的，是單一反應物和單一生成物的情形，當反應物被氧化時，另一方必定是被還原。對於其他的反應物和生成物，也和 $Fe^{2+} - Fe^{3+}$ 系一樣，由半電池計算電位。

24-3、參考電極(reference electrode)

為什麼須要參考電極呢？因為要測試溶液中離子所產生的電位，必須先將二個導電體和溶液接觸，連結成通路才行。現在，試將一金屬片放入溶液中，溶液內沒有和金屬片相同之離子存在時，或者金屬片不會被溶液離子化時，那麼這個金屬片對於共存的所有離子，將以無差別的感應電極存在。白金、金、碳等的不活性電極，都無法區別 Cl⁻離子和 OH⁻離子。如果第一種電極隨便選用，則第二種電極要用什麼電極才好呢?

列如,兩個電極都用同一種材質,則兩者皆起相同的反應,兩電極間不會產生電位差。設計一種,儘量不會對全體的離子,都能發生感應的參考電極,就能解決這個問題。理想的參考電極,必須不會和測定的溶液發生關係,而電位維持一定,就像將熱電偶之冷接點置於冰水中,或使發生基準電位的方法一樣,測試離子也必須要有一個電位安定的參考電極。重要的參考電極有下列幾種:

(1)、標準氫電極(SHE)。

(2)、氯化銀參考電極。

(3)、固體形參考電極。

(4)、甘汞電極(SCE)。

(5)、氯化鉈電極。

(6)、液間電位差。

由於氯化銀電極的再現性及信賴性良好,加以製作容易,是製造工業上使用便利之參考電極。比起甘汞電極,氯化銀電極的溫度履歷性小,且無毒性,組配同樣以氯化銀作為內部極之感應電極,則所形成的電路呈對稱關係,因此互相抵消內部的電位,所以能將溫度的影響降低到最小程度,同時溫度之補償也容易。

氯化銀電極,係用難溶性氯化銀被覆銀線,將它浸於氯化鉀溶液中而形成。為防止從銀線溶出氯化銀,在氯化鉀溶液中用氯化銀飽和之;電極先端的多孔質部分,作為氯化鉀溶液和測試液之間的電氣接續,也就是通過液絡部進行電導。

氯化銀電極本身屬於選擇性電極,電位和 Nernst 方程式所表示的一樣,是溶液中銀離子之函數。

$$E = E^o_{Ag,Ag^+} + \frac{2.3RT}{F} \log a_{Ag^+} \qquad (24\text{-}11)$$

氯化銀的溶解度積(K_{SP} :溫度如一定,則為一定值) 和溶液中的氯離子活量,可以抑制銀離子的活度。

解出銀離子的活量則：

$$a_{Ag^+} = \frac{K_{sp}}{a_{Cl^-}} \qquad\qquad (24\text{-}13)$$

式(24-13)式入式(24-14)則變為式(24-14)

$$E = E^o_{Ag,Ag^+} + \frac{2.3RT}{F} \log \frac{K_{sp}}{a_{Cl^-}} \qquad\qquad (24\text{-}14)$$

將它整理則成為：

$$E = E^o_{Ag,Ag^+} + \frac{2.3RT}{F} \log K_{sp} - \frac{2.3RT}{F} \log a_{Cl^-} \qquad\qquad (24\text{-}15)$$

右邊之第一項和第二項結合之則成為：

$$E = E^o_{Ag,AgCl} - \frac{2.3RT}{F} \log a_{Cl^-} \qquad\qquad (24\text{-}16)$$

式(24-16) 之 $E^0_{Ag,AgCL}$ 為氯化銀之固有電位。氯化銀電極的電位，成為參考電極內部液的氯離子活量之函數。

飽和甘汞電極(SCE. Saturated calomel electrode)也是工業上常使用的電極，係由水銀和甘汞所形成的泥膏包住水銀層，再和氯化鉀結晶所構成，氯化鉀和甘汞，兩者在飽和內部液中接觸。甘汞電極的電位，係由內部液的氯離子濃度來決定，其電位發生理論和前述的氯化銀電極大致相同；SCE 的電位，當用 SHE 為基準時，在25°C為241 mV；一般實驗室使用的 1N 甘汞電極(NCE) 作為參考電極，其內部液係 1.0N 之 KCl 溶液，在 25°C 可產生 280mV。歐洲也使用甘汞電極，不過西半球則使用氯化銀電極。

參考電極和測定電極所連結的電路，用以測定的電位差則由式(24-17)表示之。

$$E = E_{meas} - E_{ref} + E_j \qquad\qquad (24\text{-}17)$$

E_{MEAS}:為感應電極電位。E_{ref}:為參考電極電位。E_j:為液間電位差。

24-4、離子選擇性電極

離子選擇性電極包括玻璃電極、固體膜電極、離子交換液膜形電極等三種，分別說明如下。

24-4-1、玻璃電極

玻璃電極係由特殊玻璃膜所構成，在膜構造中交換移動性離子，所以感應離子。一般的 pH 電極，其膜電極必須有膜、內部液、內部電極等三種構成要素；膜被熔著於電極的玻璃支持管，膜之外側面和測試液接觸，而內面則和內部液接觸；雖然測試液的氫離子活度為未知，但內部液則含有一定之氫離子活度，膜電位和測試液之 pH 值變化呈比列，只要將內部液和安定的電氣相連接，就可以測試膜的電位。玻璃電極雖然有多種，但幾乎所有的玻璃電極，都是將含氫離子之鹽酸溶液，或具有緩衝性之溶液封入電極內，氯化銀電極浸漬於溶液中，這種構造之電極，對溫度有非常安定之再現性，溫度之滯後性也小。

通常玻璃電極的內部液，也和參考電極的內部液一樣，含有同樣濃度(4M KCl)的氯離子、pH7 的緩衝液。由於測定電極和參考電極的內部極完全一樣，所以內部極的電位差互相抵消，如此一來電路上所呈示之全電位差(測定電位差)，就等於所測定對象離子，在膜內外的二種活度間，所產生的膜電位如式(24-18)所示。

$$E = \frac{2.3RT}{nF} \log \frac{a_{process}}{a_{in}} \qquad (24\text{-}18)$$

此處之 $a_{process}$ 係膜之外側，而 a_{in} 為內側之活度。pH 電極之內部液，如果為 pH7 的緩衝液時，則其電位為如式(24-19)、(24-20)所示。

$$E = \frac{2.3RT}{F} \log \frac{a_{\mu}}{10^{-7}} \qquad (24\text{-}19)$$

如果 P 表示成為：

$$E = \frac{2.3RT}{F}(7 - pH) \qquad (24\text{-}20)$$

24-4-2、固體膜電極

　　所謂固體膜電極，是指利用不溶性導電性化合物、單晶體、多晶體等作爲感應膜的電極。以結晶化合物的性質來說，要使離子能在結晶格子網目內自由移動，離子半徑和電荷就有一定的限制。

　　因此測定的對象不同，格子化合物也就不同。例如氟離子電極，用氟化鑭單結晶作爲感應膜；銀離子和硫離子電極，則用難溶性硫化銀加壓成型的壓片(錠型狀圓板)。硫化銀的溶解度非常小，除了極微量的情形外，銀離子和硫離子幾乎不可能同時存在，因此要測定銀或硫離子時，就用硫化銀壓片。這些電極都用環氧樹脂的支持管，將電極封在裡面。

24-4-3、離子交換液膜型電極

　　在作業程序上測定時，有些離子不能使用玻璃電極或單晶膜電極，幸好可以利用熟知的離子交換或溶劑萃取方法，製作離子活性測定電極。

　　將濾紙、陶瓷、有機膜等，經過處理成爲不活性且疏水性的膜，浸漬於溶有有機離子交換基的有機溶劑中，這樣的電極對特定的離子具有選擇性。電極充填二種溶體，一種是銀-氯化銀電極的內部液；另一種是不會和水混合的非水離子交換液，此液浸透於多孔質膜，膜本身成爲離子交換液的保持體，一旦插入未知的試料中，膜就成爲溶液和內部液的隔離物。例如，離子交換液對鈣離子有選擇性，因爲內部液含一定活度的鈣離子，所以內部液的鈣離子活度和測試液的鈣離子活度之間有差別，兩端就發生電位差。

　　這種離子交換膜電極，由於感應元件的離子交換液，微量地往測試方向流出，因此必須補充離子交換液。再者，如果在非水溶劑中，液膜電極會溶解，所以離子交換液膜型電極，無法使用於非水溶液中。

24-5、離子除離之應用

離子除離之應用包括水硬度之控制、洗滌液、離子之除離(沉澱滴定)、氰離子之氧化等四項分別說明如下。

24-5-1、水硬度之控制

儘量降低水的硬度,不見得就是好事,極端的軟水對某種金屬,尤其是鋁和鋅具有腐蝕性。通常,用離子交換管柱處理過的軟水,硬度並非一致,為要維持一定的硬度,必須和原水相混合,利用硬度測定電極,控制原水之混合條件。

二價離子電極,含有離子交換液,對於溶液中離子的應答感度,以 Ca^{2+}、Mg^{2+}、Ba^{2+} 等離子來說,都是同樣的感度;對於 Ni^{2+} 離子的感度為 1.3 倍;而對 Zn^{2+}、Fe^{2+} 等離子,則有 3.5 倍的高感度。由於水源中,都以前二種的離子較多,所以可以忽略,因高感度離子所引起的誤差。

水硬度的主成分為鈣離子,因此電極的校正,習慣上用 ppm $CaCO_3$ 來表示。通常以 1~100ppm 的二位對數標度範圍表示(標準計器跨距的限制值以下,定為 30 mV 相當於一位數的標度)。

控制水的硬度,是根據嚴格監視、控制 pH 值,而實際操作則包括添加石灰的化學處理,這種方法今後漸漸受重視。其方法,是添加石灰提高 pH 值到 11,使鈣、鎂等離子以碳酸鹽或氫氧化物沉澱,澄清後,用碳酸鹽化再調整 pH 值到 8,以得到硬度一定的高品質水質。

24-5-2、洗滌液(scrubbing liquid)

化學工廠的排煙洗滌脫硫,常以氫氧化鈉中和,產生亞硫酸氫鈉,亞硫酸氫鈉再以氫氧化鈣處理,再生氫氧化鈉重複使用。氫氧化鈉飽和溶液的酸鹼度約 pH12.53,亞硫酸鈣比氫氧化鈣更難溶於水(溶解度:氫氧化鈣為 0.116g/100g H_2O,而亞硫酸鈣為 0.00438g/100g H_2O),所以用亞硫酸鹽之生成,可以自氫氧化鈣奪取鈣離子而游離氫氧離子。再生液中鈣離子濃度僅 10^{-4}M 左右,這是因為亞硫酸根濃度高，而亞硫鈣的濃度小的緣故。將氫氧離子保持在 0.5N 時，鈉離子的濃度，差不多成為 1M。

再生槽的 pH，以加入氫氧化鈣而予以控制，但是如果 pH 值太高時則無法控制，不過洗滌槽液的 pH，必須正確地控制於 pH 6.0；如果 pH 過低則不能吸收二氧化硫，太高時則連同二氧化碳也一併吸收，因此洗滌槽的 pH 變高時，會消費氫氧化鈣，氫氧化鈣的量比煙道氣體中二氧化硫的相對量大。用洗滌槽的 pH 調節計，配合二氧化硫的吸收率，補充洗滌液，洗滌槽水位就會上昇，連動反應吸收液的水位控制器，將等量已反應吸收的液體排出，而石灰也和洗滌液流量成比例地，予以添加。如果 pH 值在適當範圍時，則無須補充洗滌液，也不必添加氫氧化鈣，最後由氫氧化鈣之流量比，決定溶液的氫離子含量。

24-5-3、離子之除離(沉澱滴定)

陽離子和陰離子結合後，生成解離度小的化合物時，在平衡常數和離子活度之間有一定的關係，正如水溶液中氫離子和氫氧離子之量，是由解離常數 K_W 所決定一樣，其關係如式(24-21)~(24-24)所示。

$$[H^+][OH^-] = K_W = 10^{-14} \qquad (24\text{-}21)$$

即 $pH + pOH = pK = 14 \qquad (25^{\circ}C \text{ 時}) \qquad (24\text{-}22)$

以 Ag^+ 和 Br^- 之反應為：

$$[Ag^+][Br^-] \doteqdot K_B \doteqdot 10^{-12} \qquad (25^{\circ}C \text{ 時}) \qquad (24\text{-}23)$$

$$pAg + pBr = pK_B \doteqdot 12 \qquad (24\text{-}24)$$

沉澱反應類似酸-鹼之中和反應。硝酸銀和溴化鈉溶液之反應，有式(24-25)~(24-28)的關係。

$$AgNO_3 + NaBr \rightarrow AG^+ + NO_3^- + Na^+ + Br^- + AgBr \qquad (24\text{-}25)$$

NO_3^- 由 $AgNO_3$，NA^+ 由 $NaBr$ 所產生，其初濃度各為 $X_B = Na^+$，$X_A = NO_3^-$ 時，則電荷平衡為：

$$\left[Ag^+\right] + \left[Na^+\right] = \left[NO_3^-\right] + \left[Br^-\right] \qquad (24\text{-}26)$$

用 X_A，X_B 代入上式得：

$$X_A - X_B = \left[Ag^+\right] - \left[Br^-\right]，$$

由(24-23)算出 $\left[Br^-\right]$ 帶入上式得：

$$X_A - X_B = \left[Ag^+\right] - \frac{10^{-12}}{\left[Ag^+\right]} \qquad (24\text{-}27)$$

(24-27)式用 p 表示，則式(24-27)成為式(24-28)

$$X_A - X_B = 10^{-pAg} - 10^{-pAg-12} \qquad (24\text{-}28)$$

　　用 Ag^+ 滴定 Br^-，也和用強酸滴定強鹼時的滴定曲線相似，當量點在$[Ag^+]=[Br^{-1}]$時，就是 $Pk_W/2$ 或 pAg=6 之點。同樣的規則，也適用於其他溶解度小的鹽。

　　上述溶液中，再加入 NaCl，則生成 AgCl 和 AgBr 的沉澱，其反應如式(24-29)所示。

$$AgNO_3 + NaBr + NaCl \longrightarrow$$

$$Ag^+ + NO_3^- + Br^- + Cl^- + Na^+ + AgBr\downarrow + AgCl\downarrow \qquad (24\text{-}29)$$

　　二種沉澱中 AgCl 的溶解度較大，如以式(24-28)所作成的滴定曲線，在達該 AgBr 之當量點前，AgCl 並不會沉澱，當到達 AgCl 溶解度的極限時，AgCl 之沉澱仍主伴著滴定反應。

添加 NaCl 的濃度 X_C，K_C 為 AgCl 的溶解度積，則 $[Ag^+] < K_C/X_C[Ag^+]$ 之條件成立。當 $[Ag^+]$ 超過此值時，電荷之平衡如式(24-30)~(24-31)所示。

$$[Ag^+] + [Na^+] = [NO_3^-] + [Br^-] + [Cl^-]$$

以 $X_A = [NO_3^-]$ 代入則

$$X_A - X_B - X_C = [Ag] - \frac{K_B}{[Ag^+]} - \frac{K_C}{[Ag^+]} \qquad (24-30)$$

用 P 表示之：

$$X_A - X_B - X_C = 10^{-PAg} - 10^{PAg-PK_B} - 10^{PAg-PK_C} \qquad (24-31)$$

式(24-30)和(24-31)之最後項等於 X_C 時，換言之 X_C 達該項之最大值前，不會產生氯化銀的沉澱。

24-5-4、氰離子之氧化

氰鹽之氧化分解處理反應，可分為二階段：第一階段、是在鹼性條件下，將氰鹽氧化成氰酸鹽；第二階段、是在近中性狀態，再氧化成碳酸鹽和氮氣。氰酸鹽的毒性為氰鹽的千分之一，所以常將第二階段的反應省略。

在第一階段，將氰化鈉氧化成氰酸鹽的全反應，如式(24-32)所示。

$$Cl_2 + 2NaOH + NaCN = NaCNO + 2NaCl + H_2O \qquad (24-32)$$

由反應式計算出，處理一公斤的氰化鈉，所需要的藥品，氯氣的重量為 1.4 公斤，氫氧化鈉為 1.6 公斤。在第二階段，氰酸的氯氣氧化處理，其分解反應如式(24-33)所示。

$$Cl_2 + 6NaOH + 2NaCNO = 2NaHCO_3 + N_2 + 6NaCl + 2H_2O \qquad (24\text{-}33)$$

此二階段反應，分解一公斤的氰化鈉，需要 2.3 公斤的氯氣和 2.5 公斤的氫氧化鈉。

電鍍工程之各種電鍍液，都溶解有不同程度量的金屬，所以電鍍廢液或洗淨水中，不僅含有氰化鈉，也含有鋅、鎘、銅、鎳、銀、鐵等的氰化物。大部分的氰鹽受溶液的 pH、氰離子、金屬離子的濃度等條件之影響，而以錯鹽形態存在，雖然直接不能將錯離子氧化，但錯鹽和氰離子呈平衡狀態，只要氰離子被除離，錯離子就會解離成氰離子，所以大部份皆被氯氧化分解。氯唯一無法分解的氰錯離子，是非常安定的鐵錯鹽，氯只能將亞鐵氰(ferrocyanide)離子，氧化成鐵氰(ferricyanide)離子 $Fe(CN)_6^{3-} + e = Fe(CN)_6^{4-}$ 而已。如果想將 $Fe(CN)_6^{4-}$ 除離，最佳的方法是添加第二鐵鹽，使它沉澱。

電鍍工廠，使用可以分解的氰化鈉，所以和電鍍廢液的成份無關，只要知道電鍍槽中及洗淨液中氰的初期濃度，就可以計算出在氧化分解處理過程中，所必需的氫氧化鈉和氯的使用量。

(1)、氯的加水分解

氯的氧化反應過程，包含了式(24-33) 和(24-33)之內容，也就是，首先氯加水分解成 OCl^-，CN 被氧化成氯化氰(CNCl)，接著加水分解變成氧化氰離子(CNO^-)和 Cl^-。Cl_2 在氣相中像氧一樣，可以進行氧化反應，但在水中無法生成 Cl_2 的形態，而分裂成＋1 價(氧化體)和－1 價(還原體)的原子價形態存在，如式(24-34)所示。

$$Cl_2 + 2OH^- (aq) \rightarrow ClO^- (aq) + ClO^- (aq) + H_2O(l) \qquad (24\text{-}34)$$

(24-34)式並非氧化還原反應，只有氯分子之一半的 ClO^-，才會關係到後述的氧化反應如式(24-35)所示。

$$ClO^-(aq) + H_2O(l) + 2e^- \rightarrow Cl^-(aq) + 2OH(aq) \qquad (24\text{-}35)$$

(24-35)式之二個電子，係由 CN^- 所供給，而次氯酸離子之還原反應，用 Nernst 式表示就如式(24-36)所示。

$$E = 890 + 30\log\frac{[ClO^-]}{[Cl^-][OH^-]} \qquad (24\text{-}36)$$

此式 ClO^-/Cl^- 之比值最大為 1，而且是在 pH9 之條件時，發生氧化反應，則 $[OH]^2 = 10^{-10}$，次亞氯酸之還原電位由式(24-36)得：

$$E = 890 + 30\log 10^{10} = 1190 mV$$

用 4M Ag-AgCl 的參考電極時，從測定的電位差值減去 200 mV 就可以，也就是得到 990 mV。

$$E - E_{ref} = 990 mV$$

在 pH10 時，再減去 60 mV，即 930mV 的測定電位差。如果次亞氯酸離子被消耗掉時，則測定電位差值會變小。

在氧化 CN 時，ClO^- 是活性基，但是如果次亞氯酸鹽溶液的 pH 值非常低時，ClO⁻ 則變成弱酸的 HOCl，在此情形下成爲不解離的狀態，沒有氧化作用如式(24-37)所示。。

$$H^+(aq) \ + \ OCl^-(aq) \ \rightleftharpoons \ HOCl(aq) \qquad (24\text{-}37)$$

HOCl 的 pK 是 7.5，在 pH7.5 以下之酸性時，ClO⁻離子有 50% 以上以 HOCl 形態結合；再者，在 pH8.5 以上時，則 HOCl 只有 10% 以下，可說大部份以 ClO⁻ 的狀態存在。

(2)、氯化氰(CNCl)之生成和加水分解

CN⁻ 氧化時，會產生 CNCl 的中間產物如式(24-38)所示。

$$CN^-(aq) + H_2O(l) \ \rightarrow CNCl(aq) + 2OH^-(aq) \qquad (24\text{-}38)$$

如果將此氧化反應在 pH7 以下進行時，從反應機制上可以知道，必定會抑制 CNCl 變成 CNO⁻ 之加水分解反應如式(24-39)所示。CNCl 和 CN⁻ 的毒性差不多，爲了促進加水分解，所以必須維持在 pH7 以上才行。

$$CNCl(aq) + 2OH^-(aq) \ \rightarrow \ CNO^-(aq) + Cl^-(aq) + H_2O\,(l) \qquad (24\text{-}39)$$

此加水分解反應，只要和 OH⁻ 結合生成 CNO⁻ 就可以，不必像式 (24-32) 那樣，添加多量的氫氧化鈉。

實際上之氧化反應如式(24-38) 所示，是瞬間發生的，不過 (24-39) 之反應速度，受濃度和液的 pH 影響。也就是 CNCl 的濃度，自 10ppm 降低到 0.1ppm，在 pH9 時需要三分鐘的時間，而在 pH8 時，則需要

10 分鐘的時間。在 pH 7.1 以下時,加水分解不能完成,因為 CNCl 和 CNO⁻ 之間產生平衡的現象。

要組合氧化和加水分解之兩種反應時,利用標準還原電位 E。之表示非常方便。

$$CN^-(aq) + 2OH^-(aq) \rightarrow CNO^-(aq) + 2e^- + H_2O(l) \quad (24-40)$$

式(24 - 40) 是表示水中的還原反應之逆方向,即氧化反應之表示,用 Nernst 式表示,則如式(24-32)所示。

$$E = -970 + \frac{2.3RT}{2F} \log \frac{[CNO^-]}{[CN^-][OH^-]} \quad (24\text{-}41)$$

在 pH9 時,[CN⁻] 之一半量被氧化時,其電位值為:

$$E = -970 + 30 \log 10^{10} = -670 \, mV$$

再以 4M Ag - AgCl 參考電極測定電位差時,則電位為:

$$E - E_{ref} = -670 - 200 = -870 \, mV$$

由 ClO⁻ 的還原反應和 CN⁻ 的氧化反應之反應式,計算出的電位之差值相當的大。這樣的情形,則在滴定曲線的當量點附近,有高的感度,而 pH 即使變動,也可以抑制其影響到最小的程度。一單位 pH 之變動,兩反應系的還原電位都有 60mV 的變化,但兩者之電位差值仍然維持在 1860mV 不變。

(3)、氰酸離子之氧化

　　　氯量和 CNO⁻ 之 mole 比，多於 1:1 時，則 CNO⁻ 氧化成氮氣和碳酸氫化物，如式(24-42)所示。

$$2CNO^-(aq) + 4OH^-(aq) - 6^- \rightarrow N_2(g) + 2HCO_3^-(aq) + 2H^+(aq) \quad (24-42)$$

　　　此反應，並未記載於標準氧化還原電位表上。據研究結果，此氧化反應和 HOCl 有關係；當在 pH8.5 以下時，是氯以 HOCl 形態存在的條件，所以在 pH8.5 以下的領域可以促進反應。要使 CNO⁻ 完全分解，必須滯留的時間是:在 pH7.5 時為 7.5 分鐘；在 pH8.4 時為 10 分鐘；在 pH9.2 時為 15 分鐘；而在 pH9.9 時則為 80 分鐘。因此要安定地控制氧化反應，則必須要控制 pH 值。

　　　氧化反應完了後，須視需要而調整排水之 pH 值，將共存金屬離子以氫氧化物予以沉澱。(池田、高尾、富田、山本，1977)

習題

(1)、pH 是什麼? 它和活度之關係為何? 它可用於何處 ?

(2)、溶液中物質之氧化和還原，係電子之失去和獲得之形態，此種狀態下二種離子(還原或氧化)之比值呈平衡時的狀態，為何 ? 以方程式表示之。

(3)、何謂半電池 ?

(4)、作為測試半電池電位之電極，其必要條件是什麼 ?

(5)、為什麼須要參考電極 ? 其必要條件為何 ?

(6)、說明用於 pH 計之電極形態和結構。

(7)、為什麼水之硬度在工業上除了製造純水為目的之外，並非硬度愈小愈好 ?

(8)、煙道排氣用石灰液中和脫硫法，說明為什麼維持在某一 pH 值，是非常重要的 ?

(9)、討論硝酸銀溶液用溴化鈉液滴定後，為何須再用氯化鈉滴定 ?

以 Nernst equation 表示？

(10)、含氰化物廢液為極毒物質，實驗室裡如何去除之？

(11)、氯氣除氰法各階段須維持在某一 pH 值，其目的是為什麼？詳述之。

(12)、含鐵氰錯鹽如果用氯氣處理，會有什麼結果？如何防止？

(13)、氯氣除氰法所應用的化學原理是什麼？

(14)、調節 pH 沈澱重金屬陽離子之化學原理是什麼？

第二十五章 家畜糞尿之處理及利用

25-1、緒言

　　由於多頭數集體飼養技術的迅速發展，國內的畜產事業尤其養豬、養雞業十分興盛，不但是供給全國每日所需的食肉，亦是重要的出口項目。

　　畜產事業發展的結果導致了嚴重的「畜產公害」，要解決畜產公害的辦法，是將家畜糞尿作合理的、經濟的處理並利用。其處理、利用體系如圖 25-1 所示，雖然畜產經營體其立地條件不同而有所差異，從飼養經濟動物的家畜立場看，還是儘量往利用糞尿方向推進才是正確，也是最自然且合理的處理方法。以應用化學的立場著想，世界上並無所謂的『廢棄物』，只有不知道用途之『無知』的『廢棄物』而已。運用化學的智慧，只要將目前的廢棄物改變形態、分離它的成份、開發用途等手段，都能化腐朽為神奇，亦可創造財富。

25-2、家畜糞尿排出量，濃度及負荷量

　　本項分家畜糞尿排出量、糞尿的理化學性狀、家畜屎尿之處理負荷等項目說明。

25-2-1、家畜糞尿排出量

　　在討論處理或利用家畜屎尿的方法時，首先必須確實地，把握屎尿排出量的實際狀態。亦即，由於飼養形態、經營規模的不同，屎尿排出量會有很大的變動，所以在計畫設定屎尿排出量時，應該討論下列的事項，以符合各經營體的實情。

　　(1)、家畜、家禽的種類。

　　(2)、家畜、家禽的數量。

　　(3)、飼料的種類、給與量、給與方法。

　　(4)、家畜的體重別構成。

(5)、給水方法和給水量。

(6)、畜舍的清掃方法。

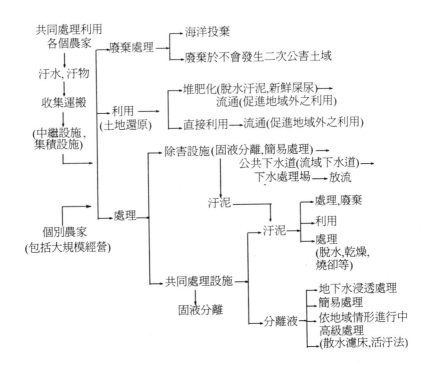

圖 25 - 1 家畜屎尿的處理,利用體系　　(大野)

豬的糞尿排出量特性如下：

    (a)、仔豬(體重 20~50 kg)的排出量是成豬(體重 60~90 kg) 的約二分之一。

    (b)、配合飼料給食時，糞尿排出比約 1：1。

    (c)、配合飼料給食時，糞尿排出量的設計值，成豬是一般　6 ℓ/隻/日。

    (d)、殘飯(餿水)給食時，由於給食品種類不同，加工方法等的差異，則其排出量有大的變動，必須實際測定，通常豬的糞尿是以 10 ℓ/隻/日計算，糞尿的比例是 1：9。牛糞尿排出量是以 25~45 ℓ/隻/日計算，則糞尿的比例為 3：1。家禽之卵雞則以 0.1～0.5 kg/隻/日計算；雞糞乾燥機等之設計值是 0.1 kg/隻/日。

25-2-2、糞尿的理化學的性狀

豬的糞尿其理化的性狀如下：

(1)、調配的飼料給食之糞尿生物需氧量(bacterial oxygen demand, BOD)中央值為 34,000 ppm，浮游物質的中央值為 110,000 ppm。糞單體的 BOD 為 60,000～80,000 ppm，尿單體的 BOD 為 4,000～6,000 ppm。

(2)、調配的飼料給食糞尿 BOD：N：P 之比，濕物值是 34：6：1，C/N 比當有機物中其炭率為 55%時，約為 20。

(3)、殘飯飼料給食時，則濃度變化非常大。

25-2-3、家畜屎尿之處理負荷

屎尿處理計畫時，如果先以家畜一隻一日之負荷量設定之，則可以把握計畫負荷量的概要。例如屎尿排出量(l/隻/日)屎 3，尿 3，合計 6，BOD(g/隻/日)屎 180，尿 20 共計 200。

豬的屎尿其負荷 BOD 是人屎尿之十五人份相當，負荷浮游物量是三十人份相當。

大動物之處理負荷量，則牛的推測值是 BOD 600 g/隻/日，原則是 220 g。

25-3、家畜屎尿的處理方法

家畜屎尿的處理方法包括基本的事項(必須調查事項)、處理計畫上的設定條件、簡單的處理設施、高級處理設施等項。

25-3-1、基本的事項(必須調查事項)

處理家畜屎尿時，在處理計畫上必須考慮的幾個因素，已陳述如前，其他必要的事項如下：

    (1)、用地面積。

    (2)、希釋用水量。

    (3)、污泥的處置方法。

    (4)、放流的水質規制。

    (5)、建設費。

25-3-2、處理計畫上的設定條件

豚舍污水會由於豚舍的清掃方法、飼料等的不同，其負荷條件也不同，在計畫時必須確實調查實態。不過如果無法作實際實態的調查時，可以用下記的設定條件作為尺度。

25-3-2-1、依清掃方式別之豬舍處理負荷量

將屎塊先取出，殘留之屎尿再以水洗之掃除法(取屎方式)和屎尿混合以水洗法二種。取屎法，其收集量愈多，則要處理負荷量減少，尤其浮游物質 100%含於屎中，所以其效果大。取屎之極限，如果考量省力性則70%是最大值。現在以取屎方式進行70%的取屎，和進行水洗方式時，各種方式的負荷量計算如下：

    (1)、取屎方式

      BOD：75g/隻/日

      浮游物質 ：250 g/隻/日

    (2)、水洗方式

      BOD：200g/隻/日

      浮游物質：700 g/隻/日

25-3-2-2、畜舍的清掃用水量

清掃豬舍的用水量有相當大的變動，其變動範圍為 10~60 公升/隻/日。從各個

資料算定清掃用水量的平均值，所設定的清掃後畜舍污水量如下：

 (1)、取屎方式

  屎取出率： 70 %

  屎取出後的屎尿量：5 公升/隻/日

  清掃用水量：20 公升/隻/日

  計畫用水量：25 公升/隻/日

 (2)、水洗方式

  屎尿量：6 公升/隻/日

  清掃用水量：24 公升/隻/日

  計畫用水量：30 公升/隻/日

25-3-2-3、畜舍排出污水的濃度

 依清掃方法別的須處理負荷量，除以計畫污水量的計算數值，就是污水濃度。

 (1)、取屎方式

  BOD：3,000 ppm

  浮游物質 :10,000 ppm

 (2)、水洗方式

  BOD：6,700 ppm

  浮游物質 :23,000 ppm

25-3-3、簡易的處理設施

 這裡所謂的簡易處理方式，係指設施的構造比較簡單、容量也小、維護管理容易、農家普遍使用的處理設施。雖然由設施排放出的水質，要滿足排水的一般基準非常困難，不過作爲暫定基準的數值，今後也可能設置的設施。

 簡易處理方式的流程圖如圖 25-2 所示。

圖 25-2 簡易處理方式的流程

清掃	構造分類	流程
直流方式	No.1	汙水→沉澱槽→貯存槽→消毒槽→放流
	No.2	汙水→浮游物去除裝置→腐化槽→清毒槽→放流
水洗方式	No.3	汙水→浮游物去除裝置→沉澱槽→貯存槽→消毒槽→放流
	No.4	汙水→導入槽→浮游物去除裝置→腐化槽→清毒槽→放流
	No.5	汙水→浮游物去除裝置→放流

(大野)

構成簡易處理設施各單位裝置容量的計算方式

$$V[m^3]: 5\ [m^3] + \left(\frac{N-100}{20}\right) \times 1\ [m^3] \qquad (25\text{-}1)$$

$V[m^3]$：沈澱槽容量

$5[m^3]$：豬 100 隻為基礎容量

N[隻]：處理對象隻數，牛一隻相當於豬八隻份計算。

$1[m^3]$：處理對象隻數超過 100 隻之部分，以 20 隻增加為一單位計算。

　　　計算例：N＝540 隻

$$V[m^3] = 5[m^3] + \left(\frac{540+100}{20}\right) \times 1 = 27[m^3] \qquad (25\text{-}2)$$

　　這裡的簡易處理設施的構造，原則上是根據日本建設省公告第 1726 號，所規定屎尿淨化槽的構造。

　　圖 25-2 簡易處理方式的流程，所表示去除浮游物的裝置，是預先將屎尿中所含浮游物去除的裝置，大都使用振動篩、旋轉篩等。振動篩的網目有效間隔為 0.1~0.3 mm、有效面積為 $0.7\ m^2$ (100 隻以下)、超過 100 隻的部分，以每 100 隻增加 0.1~0.2 m^2 計算。

　　使用旋轉篩時，篩的網目有效間隔為 0.3 mm，在 100 隻以內，有效面積為 2.5 m^2

以上，超過 100 隻的部分，每增加 50 隻則增加 0.05 m^2。

大規模經營時，除離污水中的浮游物，都用離心機等。

25-3-4、高級處理設施

對於新設大規養豚經營的排放水質規制，因立地條件的不同而有嚴格的規範，因此不得不設置高級處理設施。其處理方式大都採用活性污泥法，包括有農林省家畜屎尿處理的實驗設施，和簡易處理設施轉用的高級處理二項。

25-4、家畜屎尿的資源利用

自古以來屎尿是維持土壤肥性的重大資材，到目前為止其功能並未改變，但由現今所見到的現象，是屎尿所引起畜產公害之發生、遠離了土地之畜產專業化、化學肥料之發達、勞力不足等因素，致使吸肥生產的衰退等。

耕地利用頻繁度高的耕作，維持土壤肥沃是必要的。今後，尤其必須將畜產和其他的作物相配合，進而作廣範圍的地域結合，將屎尿還原於土地、利用於農業。

25-4-1、家畜屎尿的肥效成分

屎中含有 N、P、K、各種礦物質成分、多量之有機物等，對土壤改良具有良好效果。通常的屎肥效果屬於遲效性，短期間的速效性差，但有持效性，適用於基肥。雞、馬、牛、豬、羊、人等屎尿所含肥料三要素的量如表 25-1 所示。

從表 25-1 可以看出，雞的屎尿的肥料成份最多，豬的屎尿次之，牛的屎尿最差。不過將這些屎尿大量埋置投棄時，對作物容易造成障害的程度，則以雞屎尿為最大。

表 25-1 雞、馬、牛、豬、羊、人等屎尿所含肥料三要素量(濕物值)

屎尿別	屎			尿		
類別	全氮量	磷酸	鉀	全氮量	磷酸	鉀
雞	60	1.70	0.80	-	-	-
馬	0.50	0.35	0.30	1.2	-	1.5
牛	0.30	0.25	0.10	0.8	-	1.4
豬	60	0.45	0.50	0.3	0.12	0.20
羊	0.75	0.60	0.30	1.4	0.05	2.00
人	1.50	1.1	0.40	0.6	0.05	0.15
新急肥	0.40	0.51	0.51	-	-	-
腐熟急肥	0.44	0.21	0.73	-	-	-

(大野)

飼料別豬屎尿的三要素含有率也有大的不同，如表 25-2 所示。

表 25-2 飼料別豬屎尿的三要素含有率(濕物中%)

飼料	餿水		廚芥		配合飼料	
屎尿別	屎	尿	屎	尿	屎	尿
全氮	0.573	0.126	0.384	0.251	0.466	0.778
磷酸	1.330	0.0323	1.220	0.019	1.680	0.150
鉀	0.170	0.050	0.190	0.180	0.140	6.33

(大野)

表 25-3 飼料別成牛屎尿的三要素含有率(濕物中%)

三要素		全氮	磷酸	鉀
生草期	屎	0.31	0.47	0.17
	尿	0.61	0.04	1.77
乾燥期	屎	0.35	0.50	0.12
	尿	0.51	0.15	1.36

(大野)

由表 25-2、25-3 可以看出，尿含速效性的氮、鉀、磷肥量少。尿中的氮，具有容易揮發的特性。腐熟尿的肥，屬於鹼性肥料，所以適用於酸性土壤或豆科植物。

使用新鮮的尿時，須以水稀釋 4~5 倍才可以施肥，通常尿是適用於追肥。屎中含有氮磷酸鉀三成分和各種礦物質，也含多量的有機物，所以作爲土壤改良材料，非常有效；屎的肥效是遲效性的，短期間的速效性不佳，不過有持續性，適用於基肥。

　　除了以上所述屎尿以外，還有處理工程中所產生的各種污泥。沉澱於收集、沉澱槽的污泥(稱爲活性污泥)，是屎中微細的浮游物質，其化學組成和屎沒有大的差別。一般的活性污泥，氮含量比屎少些，而 C/N 比則稍爲大些。從活性污泥設施產生的剩餘污泥，其主成分是菌體，所以含氮量比屎及活性污泥大二倍，且 C/N 比較小。

　　這些污泥在土壤中分解的情形，活性污泥比生屎多少遲緩，但無太大的差異，由於活性污泥的氮成分，具有高無機化率的特性，因此，在施用剩餘污泥時，必須考量氮的肥效，比屎和活性污泥具有速效性。

　　當施用污泥時，由於污泥在凝聚分離、脫水、乾燥時，所使用藥劑種類的不同，或處理方法的不同，都會明顯地影響肥效，所以必須注意。

　　屎經燒卻所產生的灰碴，含有大量的礦物質，大多呈示鹼性，用於施肥可以補充土壤的礦物成分，並中和酸性土壤。不過和其他化學肥料併用時，要特別注意同氨性氮、含水溶性磷酸肥料等混合後，不可以長時間放置。

　　屎尿中含多量氮化合物，在土中硝化作用變成硝酸性 $N(NO_3-N)$，這種 NO_3-N 作物容易吸收，但容易因雨水而流失。當硝酸性 $N(NO_3-N)$ 流失時，土壤中的 Ca、Mg 等作物的有效鹽類也一起流失，會加速土壤的酸性化。因此對於有機物分解和硝化作用快的暖地，加以透水性好的多雨地帶，如果施用多量的屎尿，必須考量防止酸性化及鹽類之補給。

25-4-2、各種作物之利用

　　(1)、牧草飼料的作物

　　　　　　每 10 英畝可以埋置 50～60t 生屎、污水約 600t。方法是：深 50～60 cm，廣 20～40 cm 的溝中，放入厚 40～50 cm 的生屎，其上覆以 30～

40 cm 的土。

　　屎尿散布於農地時，10 畝地施 10t，上覆以 5～10 cm 土，如果全部散布時儘量和土壤混合。

　　追肥時的尿用量，通常以 4～5 倍希釋後，每 10 畝施用 5～10 t。

(2)、蔬菜

　　施用於蔬菜時，替代原肥氮之量，用牛屎則 30%；用豬屎，雞屎則 60%。此時 N 的利用率之計算是以牛屎 30%，豬屎，雞屎 70%為基準。

　　一般露地栽培用的屎尿量，是以每 10 英畝，施用雞屎 2 t，豬屎 6t，牛屎 10t 程度。

(3)、果樹

　　屎使用的極限量，梨園在秋冬期施用，每 10 英畝用牛屎 5t，生豬屎 3 t，生雞屎 2t。長年作物，10 英畝用生牛屎 10t，生豬屎 5t，生雞屎 3t。

(4)、茶

　　每 10 英畝用牛屎 10t，豬屎 5t，雞屎 2t。

(5)、水稻

　　於收刈後儘早施用，每 10 英畝用牛屎，豬屎都是 2.5t，須將生屎和作土混合妥，以促進硝化作用。

習題

1、農業時代人類或畜產之屎尿都作爲自然肥料，並無屎尿問題，而現在則成嚴重之社會問題，爲什麼？詳述之，如何解決？

2、家畜之屎尿如何處理？

3、爲何多量使用屎尿會使土地酸性化？如何改善？

4、試列舉出屎尿的可能用途。

5、說明簡易處理方式的流程。

6、爲什麼利用屎的焚灰和化學肥料一起混合時，其混合物不能長久放置？

第二十六章 農藥藥害及環境之應用化學

26-1、緒言

農藥的藥害包括植物、動物等，通常說的藥害，大都指施藥後作物所受的災害，也就是施用藥劑後，引起植物生理狀態的惡化或異常現象，有急性症狀和慢性症狀二種情況。藥害的機制很複雜，無機質農藥較有機質的農藥容易發生藥害，其受害的程度，視農藥浸透入植物體，劑量的性質、藥量、細胞的抵抗力、環境的條件等而定。

農藥的確在短期內可以消除蟲害，但從長期的觀點看，藥害最後的受害者不是昆蟲，而是站在食物鏈頂點的人類。理解藥毒後，以應用化學的技術，開發對人無害的農藥，將是非常重要且有意義的工作。

26-2、農藥中毒的原因

農藥的中毒途徑有經口服、經皮膚浸透、經鼻孔呼吸等三種。而農藥中毒原因可分為施藥時中毒、農產品中殘留農藥經飲食而發生中毒、農藥工廠人員中毒、偶然中毒、自殺及環境污染引起之中毒等六種。

經口中毒除了自殺行為以外，最容易被疏忽的，就是農產品中殘留農藥經飲食而發生的中毒。農產品中殘留農藥量不會引起急性中毒，人們經年累月地飲食，連續暴露在慢性中毒的危險，不知不覺中毒了，仍然不清楚什麼原因使身體變壞，因而常來不及預防、治療，這種危險波及的範圍很大，須特別嚴格管理。農藥進入人體後，有些可以經消化分解等而排出，有的則存留在組織器官內，其移行路徑如圖26-1 所示。

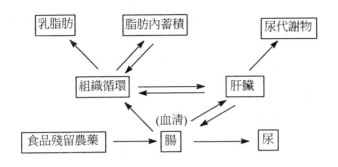

圖 26 - 1 食品殘留農葯移路徑　　(孫,廖)

26-2-1、本省農藥中毒的情形

據省糧食局統計,自民國四十八年起到六十六年止,因有機磷劑中毒案有 25,694 人;其中包括噴藥工作者,24,303 人;自殺者 696 人;誤食者 610 人;其他 85 人。

噴藥時中毒的情形佔絕大多數,其原因是施用劇藥,如巴拉松、美文松時,應該穿帶防護衣具,如口罩、眼鏡、手套、防護衣鞋等,

但爲了貪圖方便、爲了舒服都不願穿帶防護衣具,以及噴過農藥後未能洗淨身體,一不小心就引起中毒。

26-3、農藥中毒之一般治療性

對於化學藥物中毒,很少具有特效解毒劑,一般急救處理及治療要領如下。

(1)、急救法:毒物之排除及防止吸收進行

由口服中毒者,先予洗胃。即令中毒者,飲入溫開水或溫食鹽水 1 ～2 杯後,伸手入咽喉刺激使吐出胃內物,至無藥臭味爲止;加活性炭於洗淨水內,清洗胃可促進吸收毒物;爲沈澱重金屬,可用約 2% 的單寧酸(tannic acid)或濃茶,飲用。濃茶對馬錢子鹼(strychnine)有效但對菸尼古丁(nicotine)之效力差;對金屬鉛有效,而對汞銅、鋅較差;對砷則

無效。用水奶、蛋白可以中和汞鹽、其他金屬鹽、石碳酸系等藥劑。藥液進入腸內後，為抑制體內吸收，應使用鹽類瀉劑及吸收劑。用硫酸鎂時，約 15g 溶於水加一匙活性碳或矽藻土。不可能洗胃時，注射阿朴嗎啡(apomorphine)之催吐劑。

對於接觸中毒，宜先除去藥劑污染之衣物，用水與肥皂清洗皮膚。對於吸入中毒者，應即移至空氣新鮮處。

(2)、對症治療

呼吸系統障礙者，先施以人工呼吸，等待醫師來臨。使用具有刺激呼吸中樞作用之(aminocordinum)或阿托品(atropine)等藥物。對於循環器官障礙者，由醫師使用適當之強心劑注射，如維生樟腦(vitacamphor)、胺基非林(aminophylline)等。處置中毒者的興奮、痙攣，使用巴比特魯佛羅那(barbital)系鎮靜催眠劑予以適當抑制。對於預防中毒性腎炎，則宜予以大量水分，稀釋毒物以利排泄；若發現腎炎症狀時，應限制水分，用靜脈注射葡萄糖液補充之。使用高濃度葡萄糖、維他命丙、蛋氨酸、膽鹼、葡萄糖醛酸等，可以預防中毒性肝炎。常用的解毒劑有硫醇基系解毒劑，如古胱甘縮胺酸(glutathione)、半胱胺酸(cysteine)、甲硫胺酸(methionine)等，甘草糖(glycyrrhizine)、醛糖酸(glucuronic acid)等可以增加解毒的機能。

(3)、皮膚因農藥之障礙

使用氧化鋅橄欖油、硼酸軟膏等治療農藥皮膚炎。

26-4、農藥安全的使用方法

防止病虫害和消除雜草，而利用化學農藥是很經濟且有效的方法，多年來經政府的宣導，在使用的安全方面已大有進步，為達成安全使用農藥、預防發生中毒，必須遵守下列的注意事項。

(1)、確實了解農藥的特性和使用方法

對於農作物的病虫害、雜草，須先認明欲清除對象的種類，因為每種對象都有最適當的藥劑，使用正確的藥劑可以達到期待目的；如果誤用或超量使用，非但無法達成預期效果，反而會發生藥害，甚至影響健康，因此在使用農藥前，務必細讀說明書，遵照指示正確使用。

(2)、了解毒性避免中毒

毒性強的農藥如無充分認識使用法，使用者常會遭受毒害，如美文松、巴拉松等毒性很強的農藥，絕不可以接觸到藥液、吸入、吞食等，才能防止中毒的發生。

(3)、農藥的濃度不可任意變更或混合多種農藥使用

農藥的藥效和使用量，都是經過研究機構長期試驗的結果而定下的，使用時務必遵照說明書的指示使用，絕對不可任意變更，尤其不可提高濃度使用。使用不當的濃度，將使農藥在收穫時尚殘留高度的毒性，使消費者中毒。例如，防治水稻紋枯病時，將有機砷劑的濃度提高，會造成水稻不結穗。

(4)、作物在施用農藥後必須到安全期才可以收穫

作物在噴用農藥後，如未到達安全期而收穫，殘留毒性將危害食用者。像蔬菜類應使用低毒性或易分解的農藥，如撲滅松、馬拉松等；茶葉在收成期時應使用速分解的農藥，以免影響茶質。農藥的不同其分解的時間也不同，如馬拉松用在蔬菜，四天內可以達安全的收穫期；如使用安殺番則須二十一天後方得採收。

(5)、必須放在兒童不易拿得到的地方，也不可和其他物品混合放置

兒童常玩耍的地方如大廳、廚房、床下等處，不可以放置農藥。無知和好奇常招致中毒，因此農藥放在兒童不能拿到的地方，且用專櫃加鎖，更不可和食物靠近。

(6)、施藥時間不可過長

每天噴藥時間不可超過四小時，多作休息，不可連續多天用藥。未

成年人、孕婦、老人、身體衰弱者等最好不要做施藥工作。

(7)、利用安全的施藥工具

　　工作前須檢查使用器材，如有漏水、噴口阻塞、接口不牢固等情形，應確實修理妥當後，始進行作業以免接觸藥液中毒。

(8)、調製藥液時不可接觸原液

　　農藥會直接由皮膚滲透進入人體，尤其是高濃度的原液，絕對不可和皮膚接觸，應帶手套使用。有揮發性農藥的調配時務必戴口罩。

(9)、散佈農藥時要穿防護衣具

　　許多農民在散佈農藥時，為貪方便忽視農藥的毒性，不穿戴防護衣具、如塑膠雨衣、橡皮手套、長統鞋、帽、口罩、眼鏡等而曝露身體，因而容易中毒。

(10)、施藥中不可飲食或吸煙、身體不適時即時中止工作

　　施藥中食物容易受藥液沾著、吸入等而引起中毒。身體不適應中止工作，看醫生。

(11)、散佈農藥務必注意風向

　　噴農藥一定在逆風倒退，不可逆風前進，否則會和藥液接觸。

(12)、不慎和藥液接觸時應立即清洗

　　當噴農藥時不慎接觸到藥液時，應即時用肥皂清洗，如進入眼內則用 100 倍食鹽水沖洗。

(13)、施藥後清洗全身及器材

　　一切沾及農藥的東西，如塑膠雨衣、橡皮手套、長統鞋、帽、口罩、眼鏡等，都須用肥皂水清洗乾淨，休息後再飲食等，但不可飲酒。

(14)、施藥區域應標示

　　農作物經過施藥後，應作警戒標示，七日內禁止人畜進入或採食。

(15)、多餘農藥應妥善加以處理

　　剩餘的農藥須埋入深土中，不可以散露在地面或水源。

(16)、用過容器須集中保管

　　　　農藥容器務必放置在規定的地方，包裝紙張或塑膠袋等應加以燒毀。

26-5、農藥的沈積及殘留

　　農藥經噴射後，最初被覆在動植物體上者稱為沈積(deposits)。農藥無論在動植物表面或內部，由於時間的經過而餘留者稱為殘留(residues)。沈積的農藥除脫離外，其留下的最初沈積農藥將變為有效殘留，然後經轉移進入生物體內而成為滲透殘留。農藥的清除，只限於未滲入植物體內表皮前方始有效，一旦侵入內表皮則無法予以處理。而進入植物內表皮的時間非常短暫，故實際要將沈積的農藥清除，僅僅只有很短的時間。

　　Truhaut 以一般的方法洗滌蔬菜及水果，調查洗滌情形及農藥滲透的程度。他使用馬拉松的三種劑型，每一英畝施用 1.75 磅，發現有效殘留也可用刷除、刮除、洗滌等機械方法予以消除或減少。

　　滲透殘留的農藥無法除去或減少，除非滲透作用限於皮膚、果皮、或外葉可用去皮、刮除及捨棄外葉的方法除去之。一般殘留農藥的消失或分解速度，和最初使用的濃度及沈積的大小無關，而決定於各種農藥的特性。水果蔬菜的洗滌，對於減少或除去殘留農藥是一重要且簡便的方法。

26-6、農藥的公害

　　農藥撒佈於農作物後，農藥不但殘留於作物上，尚且污染土壤、水、大氣等，並且由水的流通污染河川及海洋。在如此環境中，生物和農藥長時間的接觸後，發生農藥被生物濃縮的現象(biomagnification)。農藥對環境的影響如圖 26-2 所示。

　　生物體本來就有能力排泄或分解進入體內的毒物，攝取的毒物如果超過生物體的處理能力範圍，農藥就會殘留體內，長時間累積結果，生物體內農藥的含量濃度遠比環境中的濃度更高。像有機氯劑在生物體內很難分解，容易和脂肪及蛋白質等生物體結合，累積在體內的農藥再被其他生物吃食時，農藥就移轉到其他物。如微生物累積的農藥被小魚吃後，小魚被人魚吃，人再吃大魚，經過食物鏈(food chain)後，農藥的濃度更為驚人，由下列 DDT 數據(Metcalf, 1972)可以明白，最後的生體受害最大。

湖水　　　　0.000002 ppm
淤積泥　　　0.14 ppm
蝦類　　　　0.41 ppm
魚類　　　　2 ～6 ppm
海鷗　　　　9 9 ppm

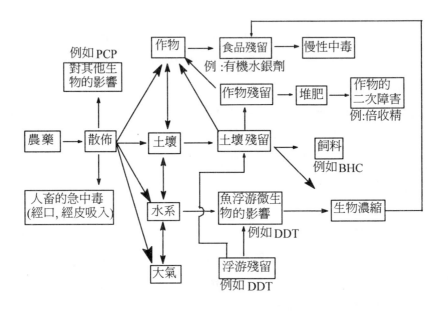

圖 26 - 2 農藥對環境的影響　　　(孫, 廖)

26-7、鳥類的受害

　　大家都有感覺，現在的小動物如昆蟲、鳥類的數量都減少了。減少的原因雖然有種種，但農藥是最主要的原因，這一個歸咎的理由，雖然不十分也不離八九。目前，所有的田野農作，完完全全一年四季散布農藥驅除昆虫，讓昆虫已無生存的空間，當然了以昆虫爲生的鳥類也就難以生存。常在馬路上看到鳥的屍體，不難想像小鳥係覓不到昆虫果腹而餓死，或吃已中毒的昆虫自身亦中毒而死。小動物對農藥的毒較比大動物敏感，其理由是體積小的動物，單位體重的農藥攝取量較大的緣故，主要農藥對鳥類的毒性如表 26-1 所示。

表 26-1　主要農藥對鳥類的毒性

農　藥	鳥　類			
	鵪	眞鴨	白頭翁	鶉
納乃得(Lanate)		15.9	42	10
安丹(Unden)		18.0	15	3.8
加保利(Sevin)	>2000	>2000		56
靈丹(γ-BHC)		>2000	100	75
安特靈(Edrin)		5.6	2.4	2.4
地特靈(Aldrin)		520	7.2	
安殺番(Thiodan)		33	35	
三氯松(Dipterex)			47	40
一品松(EPN)	5.2	3.1	7.5	3.2
二氯松(DDVP)		7.8	12	17
大滅松(Dimethoate)		41.7	32	6.6
大利松(Diazinon)		3.5	110	2.0
巴拉松(Parathion)	610.6	2.0	5.6	2.4
芬殺松(Lebaycid)		5.9	5.3	1.8
撲滅松(Sumithion)				25
乃力松(Dibron)	841	52.2		
滴滴涕(DDT)		>2240		

(孫,廖)

　　鳥類受農藥爲害的途徑，有鳥類攝食以農藥爲粉衣的種子而中毒；由於充當作食餌的昆蟲、小形動物、植物等因農藥死去或枯死，不得不遠離覓餌，尤其抱有小鳥的母鳥無法充分供應幼鳥的餌量；使用殺草劑後，將作巢的材料枯死或營巢場所被奪去而失去隱蔽處；攝食已具中毒的食物，易因體內積毒而引起慢性中毒後，生活力減退最後生命受威脅等。

　　不同種類的鳥對同一種農藥的半致死濃度有極大的差異，慢性毒性也有種類間的差異，如以施力松(Surecide)100 ppm 飼餵鴿鶉高麗雉等經二十八天，並無有機中毒的症狀，但以陶斯松或其代謝物飼育三十星期後，從外觀上看並無異狀，可是雞的膽鹼脂酵活性值就會降低，而且肝的重量增加，雖然在致死量以下也會有不良影響，因此有機磷劑或氨基甲酸鹽劑的慢性中毒問題，尚不十分清楚。

26-8、不污染環境的農藥

　　不污染環境的農藥有二個方向可以遵循：(1)、是要在環境中可以分解的農藥；(2)、是新農藥之開發。

26-8-1、在環境中的分解性農藥

　　農藥不污染環境中的水質、空氣、土壤、生態系等的條件是，農藥必須容易在水質、空氣、土壤、生態系等的環境中容易分解。但是如果農藥容易在水質、空氣中分解，則將失去農藥的實用性，所以我們不能盼望在水和空氣中容易分解，只能要求在土壤中和生體內容易分解，這是作為農藥的條件。

　　農藥分解的形態有：化學的(加水分解和氧化)；生物的(由根部吸收、微生物分解)；物理的(光分解、蒸發、溶離)等三種。其中蒸發、溶離二種方式，只是農藥移動它的位置而已，並未分解，所以我們重視的是光分解、微生物分解、植物的生物分解等。

　　農藥分解的速度受到種類的不同而有很大的差異，有機磷劑分解較快，但有機氯劑則可殘留數年。即使同一種農藥，也因使用地點、作物種類、使用方法、製劑形態、土壤種類等因素的影響，會有不同的分解速度。

26-8-2、新農藥的開發

　　植物性農藥有：

(1)、害蟲防除

　　　　利用植物體中含有殺虫成份，如除蟲菊、尼古丁、魚藤等，由於為速效且易分解，不會污染環境，無殘留的危險所以重新受重視。

(2)、病害防除

　　　　健全植物中含有抗菌性物質，以及罹病植物中含有新的抵抗性質，如菊之卡巴森(cabbason)、洋蔥之兒茶酚(catechol)、馬鈴薯(Chlorogenic acid)、蕃茄(Tomatin)等，中藥就是利用此特性。胡蘿蔔(Isocaumarine)、甘藷(Ipomeamaron)、豌豆(Pysatin)等，不是植物體中具有抗菌性物質，而是具有類似殺虫成分構造的殺菌劑。從蘑菇的殺蠅成分 Ibotenic acid 等類似構造的殺菌劑被開發後，導致加福松殺劑的開發。

(3)、雜草防除

　　　　植物之間有由植物體放出的化學物質，促進同種或變種的植物生育或者抑制的現象，稱為"他感作用"，如苦艾葉的毛腺排出配糖體，或自多種植物體葉或根部排出各不同的物質，該物質會作用於他種植物。利用這樣的方法防除雜草，為當前研究除雜草方法之一。

(4)、植物的生長調節

　　　　未熟蘋果和熟蘋果放在一起，熟蘋果放出微量乙烯，會促進未熟的果實成熟。乙烯可以促進棉花或菜豆幼葉落葉、促進鳳梨開花、打破某種種子或球根休眠、促進葉綠素分解、阻礙莖伸長或膨大、促進側根的形成等用途。現在已知植物賀爾蒙大多都由乙烯作用的，理解此現象乃開發了益收生長素(Ethrel)。微量分析的進步將可發現其他植物的生長素等物質。

26-8-3、從昆蟲得來的農藥

(1)、性費洛蒙

　　　　布提南博士發現雌蛾性費洛蒙能引誘雄蛾後，繼續發現支配昆虫的各種費洛蒙,例如警戒費洛蒙(alarm pheromone),路標費洛蒙、聚集費洛蒙,可以利用防除害蟲的是性費洛蒙和聚集費洛蒙。

(2)、變態賀爾蒙

變態賀爾蒙是支配昆虫由卵變為幼虫、幼虫變為成虫的賀爾蒙。已經知道由昆虫的腦分泌刺激前胸腺,再由前胸腺賀爾蒙誘致化蛹、羽化;同時知道前胸腺賀爾蒙和青春賀爾蒙可促使幼虫脫皮。利用昆虫的變態賀爾蒙可以抑制昆虫的生育,必定不會影響其他的生物。

26-8-4、以生物體原材料作成的農藥

以氨基酸、脂肪酸、糖、核酸等互相組合可以作為農藥,因為抗生素物質,係由天然的生理活性物質所生成的比較多,如此物質其分解物為氨基酸、脂肪酸,所以對毒性並無顧慮,因為氨基酸、脂肪酸一定會被土壤微生物利用或分解。

美國孟山都公司的氨基酸農藥之除草劑嘉磷塞(Glyphosate)有良好的殺草效果。此外,使用食品添加劑,如蛋黃素、孔酸鐵、酒石酸、菸鹼醯胺、藻朊酸等也有好的放果。

氨基酸農藥和天然物農藥,對環境不會污染,對人畜無毒之外,可能會促進植物體內抵抗病害性質物的生成。

26-8-5、天敵微生物農藥

防除病害,利用微生物互相之間的拮抗現象,來防除植物病害。例如利用Trichoderma 菌防除菸草土壤病害的白絹病、也可以抑制蒟蒻的白絹病。

防除害蟲,應用自然界的昆蟲病原菌,如黴菌、細菌、毒素等,抑制害蟲的發生,這些早已被應用,例如細菌劑核多角體病毒素、蘇力菌等。

在毒防治害蟲方面,用松毛蟲的細胞質多角體病毒素,和菸草蛾類的多角體病毒素,都已達到實用的階段。

26-8-6、天敵昆蟲農藥

　　利用天敵昆蟲來防除害蟲，已在各方面收到良好的成果。美國早在 1888 年爲了防加州柑桔園棉介蟲，自澳洲引進瓢蟲收效後，各國利用天敵昆蟲來防治蟲害的行動更加活躍。日本於 1946 年發現蠟蟲寄生蜂能防除紅蠟介殼蟲，乃用人工大量飼養天敵昆蟲，在害蟲發生期放出，以防除害蟲。1968 年武田公司以天敵昆蟲農藥飼養桑粉寄生蜂出售，用以防除桑粉介殼。天敵昆蟲做爲農藥的特色爲對人無害、不污染環境、害蟲不生抵抗性等；缺點爲因生活史和季節的限制、費用較高等，較難和傳統農藥競爭。

26-8-7、選擇性農藥

　　人類、昆蟲、植物以及病原菌等生物，均由多數細胞集合而成，但微生物或植物的細胞壁，係由纖維素(cellulose)組成的單位膜(小胞體、粒腺體、細胞膜)、核酸顆粒(細胞核、內質網)、細胞內溶液所組成；黴菌則爲幾丁質(chitin)所組成；細菌爲黏縮胺酸(mucopeptide)所組成；人體與昆蟲無細胞壁。藥劑對細胞的作用，可以依其不同而加以運用。

　　(1)、細胞壁合成阻礙劑

　　　　　　僅對植物、微生物的細胞壁有作用的藥劑，但對動物細胞不會有毒害發生，例如青黴素、保粒黴素等。保粒黴素作用於黴菌時，黴菌的菌絲先端會變成膨脹而生長停止，其原因是，藥劑阻礙了細胞壁的合成機能。

　　(2)、光合成阻礙劑

　　　　　　對人類無害但能阻害植物光合作用的藥物，在殺草劑中有的是利用阻害光合作用，或者必須藉光線始能發生殺草性質的藥劑，這種藥劑對動物的毒性比較低

　　(3)、昆蟲不孕劑

　　　　　　用放射線處理螺旋蛆蠅以達消滅的效果，這種方法有些問題須克

服，如須飼養大量的害蟲、如何照射大量的害蟲、放射線設施、輸送等；再者放走量要比自然界害蟲多出十倍量的害蟲，常常招致增加農作物、家畜的受害。以本省對果蠅除害來說，用放射線照果蠅使不妊，有良好的效果，由於上述理由，如能開發化學不妊劑，利用化學藥劑使昆蟲失去生殖能力，確爲一種良好的方法。

(4)、抗植物病毒劑

目前已知，野草覆液汁有阻害植物病毒感染作用外；海藻成分藻朊酸撒布菸草後，可阻止菸草嵌絞病的感染；食物添加劑中的乳酸鐵、反丁烯二酸、山梨酸等亦有阻止病毒感染的作用；氨基酸的 N-月桂醯-L-蛋胺酸(N-lauroyl-L-methionine)也有抗病毒的作用。據研究結果，具有抗植物病毒的活性物質有：代謝拮抗物質之 Asaguaniline 和 2-thiola；微生物生產物質之 Bla-S；植物生產物質之酚性物質、植物賀爾蒙；生物體素材之卵蛋白等。

習題

1、農業的藥害是指什麼？

2、農藥中毒時一般的急救方法爲何？

3、農藥殘留之可能性爲何？試以微觀立場討論之。

4、殘留農藥如何去除？

5、今後不污染環境農藥之開發目標爲何？

6、選擇性農藥係利用細胞壁特性，可以考慮到什麼？

7、農藥之沈積和殘留如何區別？而滲透殘留能否去除？

8、植物性農藥有那些？

9、以生物體原材料作成的農藥有何好處？

10、從昆虫可得到何種農藥？

11、使用農藥時須注意那些事項？

第二十七章 防蝕技術

27-1、緒言

　　理解金屬腐蝕相關的知識及防止腐蝕的方法，在工業及日常生活上的重要性，大家都知道不必多作強調。不管腐蝕反應是由物理化學的平衡關係，或由反應速度的關係所導致的，從金屬的立場看，在處理腐蝕時，都應具備金屬物理及物理冶金的知識才行；如果以防止腐蝕的觀點看，則不僅要有金屬製鍊、加工、熱處理，表面處理等金屬工程的知識，更須要廣泛具備，諸如機械、電氣、化學等一般工程領域的知識。儘管腐蝕是範圍廣泛的境界領域學問，但總括而言，腐蝕反應是化學反應之一種，因此只要能完全地了解腐蝕反應之一切機制，則利用應用化學的智慧必然可以達成防止腐蝕的目的。

27-2、金屬腐蝕及其重要性

　　所謂腐蝕(corrosion)，是指材料受環境媒質的化學侵蝕作用，所以『腐蝕』一詞的含義是一種程序或由一種程序所引起的損害。基於這種廣泛的定義，除金屬以外，陶瓷、塑膠、混凝土等也會受腐蝕，不過如果無特別指明材料，則通常是認為金屬的腐蝕。

　　我們應該將金屬的腐蝕和其他材料的劣化 (decay)、變壞作用(deteriation)區別，因為金屬具高的導電性，其腐蝕通常是一種電化學反應(electrochemical reaction)；相反地，非導電性陶瓷、塑膠材料的腐蝕，主要係由其他物理-化學原理(physico-chemical principle)為主因所引起的。當前應該更重視金屬的腐蝕，原因是：

　　(1)、在各種技術領域的金屬利用量日增。

　　(2)、對於在原子能場(atomic energy field)作特殊用途的稀有和昂貴金屬，必須特別予以防腐。

(3) 因日愈嚴重的水質和空氣汙染,導致產生更容易腐蝕的環境。

(4)、較細長的金屬結構因受腐蝕的關係,已經無法承受和往昔一樣的結構重量。

　　金屬和它放置環境的成分起化學反應,變成化合物而消耗,降低金屬製品的性能,最後變成不能使用的現象。大部份的金屬,在地球上都以安定之礦石形態存在,而金屬係人類使用很多的能源,把安定形態的礦石,還原成不安定形態的金屬。從物質往最低自由能方向變化的原理,我們就會知道,金屬藉著腐蝕作用,要恢復安定的狀態是自然的道理,可是對人類來說這是非常不好的結果。

　　發生腐蝕的環境有液體和氣體二種,在水溶中的腐蝕是腐蝕損傷最大的部份,稱此為水溶液腐蝕(aqueous corrosion),或濕蝕(wet corrosion);而和氣體反應的腐蝕則稱為氣體腐蝕(gaseous corrosion)或乾蝕(dry corrosion),前者有液體水的存在,而後者則無液體水之存在,其腐蝕的主要原因是在高溫發生的反應。

　　將鐵浸於酸雖然不生銹,但是鐵會溶解而消耗,所以腐蝕一詞應該包括固體之生銹,及溶解(dissolution)而消耗的兩種現象。

　　在所有生產及消費的領域,都有腐蝕現象產生,戶外構造物、船體、地下埋設物、化學裝置、內燃機、鍋爐、飛機等,所有的工業製品無一樣不和腐蝕發生關係。據估計約鐵生產量之 $10\sim20\%$ 由於腐蝕而消失;美國每年因腐蝕所造成的損失達 9×10^9 美元,英國則有 6×10^8 英磅(1960),全世界的損失達 3×10^{10} 美元。

　　腐蝕不僅是經濟上之損失,因為腐蝕作用而降低機械裝置的信賴性,甚至因腐蝕而使儀器的系統停頓所造成的間接損失,當然也是屬於經濟的。但更重要的是,它降低人類社會的活動效率,尤其是直接影響到安全性的問題;壓力容器之破壞、瓦斯管破裂所引起之火災等等都是腐蝕原因所引起的。再者金屬之消失,也就是使製煉金屬所必要的資源和能源，以無法回收的形態永久消失，因此在地球上可利用的有限資源並能源，每年以幾個百分點因腐蝕而浪費掉，這是全人類社會的損失。

27-3、窩蝕科學和防蝕技術

金屬原子因腐蝕，而離開了金屬的結晶格子，廣義地說金屬是變成氧化狀態。知道了腐蝕過程的驅動力和變化速度，探求其變化的律速因素，可以確立支配金屬結晶格子損耗的法則，最後謀求防止腐蝕變化的方法。追求防止腐蝕方法為目的領城，稱為腐蝕科學(corrosion science)。

有關腐蝕科學的發展如下：1819 年法國的 Thenard 以電化學考察腐蝕現象；1830 年 Rivl 發現鋅的腐蝕，係由於不純物存在而加速，因而主張說腐蝕為『電氣的影響』；1835 年 Faraday 發表了，電流和腐蝕量的關係，以及鐵在濃硝酸中不溶之鈍態(passivity)現象；1900 年初 Arrhenius 以局部電池(local cell)定量酸中之腐蝕；1919 年 Heyn 測試腐蝕的速度，發現不純物所引起之腐蝕電流；Tommann 發現在環境中，水中溶存的氧氣是金屬腐蝕的原因等等，這些研究使腐蝕的理論基礎趨於成熟。

腐蝕科學之重要性，在於對防止腐蝕的貢獻。在各種使用環境中，有效、且經濟的防止金屬製品腐蝕的方法，使其實用化的就是防蝕技術(corrosion engineering)。

據說，古希臘曾用錫防止鐵的腐蝕，但真正發展成為工業的事實是在 1824 年，Davy 用鋅保護銅的實驗；1820 年 Faraday 添加各種成分於鋼，研究其耐蝕性，可惜並未發展到不銹鋼(stainless steel)的發明。

27-4、金屬為什麼會生銹

金屬原子在電場中，其價電子容易被勵起，而呈導電性是它的特徵。也就是因為這樣特性的緣故，作為結晶結合力的價電子就容易被奪離，頓然失去連絡各原子的力量，便讓各原子可以自由地，和外界其他物質的原子互相反應；換言之，由於金屬為良導體，所以容易腐蝕。例如，在環境中有局部的電位差異，導致金屬面產生電場的結果，就會引起電子配置的不均衡，依據 faraday 法則，必然和電流成比例量的金屬元素，自結晶脫離而腐蝕。

自正規狀態的原子，取出電子必須要做一定量的功，原子失去電子的結果，就變成帶正電的陽離子(cation)，這種生成陽離子所需要的能，稱為游離能(ionization energy)。通常金屬元素的價電子數少，所以游離能低，失去電子後就成為陽離子；但是非金屬之原子其價電子數多，故所需的游離能大，不容易失去電子，因此會捕捉電子，變成為陰離子。這個現象告訴我們，游離能的大小，是原子失去電子或是捕捉電子傾向的最佳指標。由 French 的簡略週期表可以看出，自左向右漸增大游離能；同表自上而下，因為電子層數的增加，而使原子的體積增大；隨著原子體積的增大，外殼的價電子受束縛的力量就減少，所以游離能減少。

27-4-1、金屬的活性系列(activity series)

考察金屬和酸互相反應的情形，具離子化能比氫較小的金屬，一旦和酸反應則產生氫氣，該反應的強度是和游離能呈示負之相關性。將金屬和氫的關連性，依活性程度順序排列成表，該表稱為金屬的活性系列(activity series)。位於表上方的金屬，通常是活性(容易生銹)的金屬，和酸反應會產生氫氣；但是銅以下的金屬，只有氧化劑存在時才能起反應；再者鉑以下的金屬，即使有氧化劑存在，通常也不會和酸起反應。活性金屬非但自酸中趕出氫而取代之，同樣地也會將較不活性的金屬趕出而取代之，如表 27-1 所示。

27-4-2、金屬的做功函數

判斷金屬腐蝕性的另外一種指標，就是功函數(work function)值。所謂功函數，乃是將金屬結晶內原子的電子，拉出來所必需的做功量。功函數，除關係到外部環境的溫度、壓力等之外，也受金屬表面的狀態所影響；在真空時之標準值，如 Landolt 的表所示(表 27-2)，相似於游離能的值序，所以比較金屬腐蝕性的大小，依據此表大略可以明白。

27-4-3、金屬的安定順序

　　金屬腐蝕是金屬和環境之間反應的結果，所以如果環境變化了，則金屬的安定性當然也就有差異。現在我們以身邊最容易發生的情況為例說明，將金屬對水的安定性，依熱力學求得的結果，即 pourbaix 的金屬熱力學的安定順序，如圖 27-1 之左列所示。不過此數據是金屬表面完全清潔的條件下之數值，當金屬表面有氧化物或氫氧化物等表面皮膜(或吸附層)時，以相當廣範圍的環境條件下，呈現出很安定

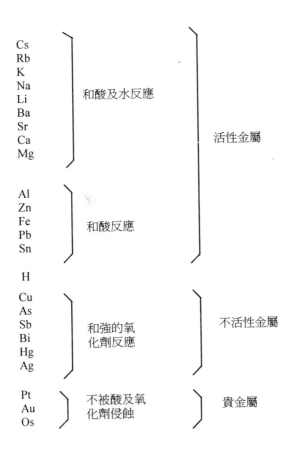

表 27-1 金屬的活性系列

表 27-2 金屬的功函數　(eV)

金屬	(eV)	金屬	(eV)	金屬	(eV)	金屬	(eV)	金屬	(eV)
Li	2.46	Al	4.20	Ag	4.70	Th	3.47	Sn	4.39
Na	2.28	Co	4.25	Au	4.71	V	4.11	Pb	4.04
K	2.25	Ni	4.91	Zn	4.27	Nb	3.99	Bi	4.34
Rb	2.13	Ru	4.52	Cd	4.04	Ta	4.13	Se	4.87
Cs	1.49	Rh	4.65	Hg	4.53	Cr	4.45	Te	4.73
Be	3.92	Pd	4.98	Tl	4.05	Mo	4.24	As	4.79
Mg	3.70	Os	4.55	Ge	4.62	W	4.53	Sb	4.56
Ca	3.20	Ir	4.57	Ti	4.16	Mn	3.95	C	4.36
Sr	2.74	Pt	5.36	Zr	3.93	Re	4.97	Si	3.59
Ba	2.52	Cu	4.48	Hf	3.53	Fe	4.63	B	4.60

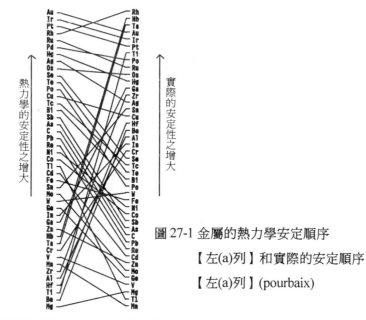

圖 27-1 金屬的熱力學安定順序

【左(a)列】和實際的安定順序

【左(a)列】(pourbaix)

的狀態，這種狀態的安定性稱爲實際的安定性，依順序列於同表之右側。兩端之同一金屬以線連結，如果連結線明顯地在右邊向上者，則其安定性的主要原因，是由於表面氧化層的緣故，屬於此種的金屬有 Nb、Ta、Ga、Zr、Hf、Be、Al、Ti 及 Cr 等。

27-5、腐蝕的防止

　　腐蝕的防止方法，可以從腐蝕防止法的考量、耐腐蝕性金屬材料之選用、裝置設備和組配之問題點、以環境處理之防蝕法、電化學的防蝕法、金屬被覆、非金屬被覆、氣相沉積 (vapor deposition)等項目來說明。

27-5-1、腐蝕防止法的考量

　　(1)、增加熱力學安定性之方法

　　　　　以 pourbaix 的腐蝕圖為依據，使用在定域的金屬，或者使合金化讓它進入安定的範圍內。

　　(2)、提高反應電阻的方法

　　　　　提高反應電阻，以抑制陰極反應或陽極反應，也可以提高電路的電阻。

　　(3)、防蝕方法的選擇

　　　　　在目的環境中最有效的防蝕方法，就是抑制腐蝕主反應的速率。換言之，當支配防蝕方法的因子，和腐蝕反應的支配因子，互相一致時最為有效。例如鋅在酸中，產生氫氣是支配腐蝕因子，如果降低鋅所含的不純物雖然有效，但是在中性溶液中的腐蝕，係以氧擴散支配效果為最大的腐蝕因子，只降低鋅的不純物對於防止腐蝕則無效果，這時除離氧氣的方法為最有效。

27-5-2、耐腐蝕性金屬材料之選用

　　工業裝置選擇使用的材料，並非只注重耐蝕性，同時必須符合使用條件之強度(高溫或低溫的)、潛變、延性等的機械性質；展伸成形及大熔接等之加工性；熱膨漲、熱傳導等的熱性質；及價格等等。能符合全部條件的材料，通常是不存在的，所以要依最重要的條件為先而選定。

27-5-3、裝置設備和組配之問題點

從腐蝕的觀點看，在機械裝置構成設計時，最能引起的問題點是間隙的生成、液體濃淡部的生成、局部加熱及亂流的生成等部位。

27-5-4、以環境處理之防蝕法

為了減輕環境的腐蝕，有二種方法可以利用：第一種、是去除環境中具腐蝕性成分的方法；第二種、是添加抑制藥物，抑制環境中腐蝕功能成分之方法。前者是除濕以防止屋內之大氣腐蝕，及脫氧處理防止水中腐蝕等；後者則是加入特殊之藥劑，即添加腐蝕抑制劑(inhibitor)之防蝕方法。

27-5-5、電化學的防蝕法

以鐵為例，依 pourbaix 的腐蝕圖所示，在＞pH2 的水溶液中，防止鐵的腐蝕法有：

　　(1)、陰極分極而將鐵帶入安定的領域。

　　(2)、陽極分極而使鐵進入鈍態領域。

任何一手段都可以達成防蝕的目的。(1) 法稱為陰極防蝕方法(cathodic protection)；(2) 法稱為陽極防蝕方法(anodic protection)，二種方法，總稱為電化學的防蝕方法。

目的物，諸如管線(pipe line)、港灣設施、建築物基礎、化學裝置、鍋爐等，要予用陰極分極防蝕時，其電源可以由外部的直流電源供給，或是和低電位的金屬相組合，構成電池的形態而得到電流。前者稱為外部電源方式或通電方式(impressed current method)；後者稱為電流陽極方式(galvanic anode method)或犧牲陽極方式(sacrificial anode method)。

以陽極分極達成鈍化的防蝕法，以往主要是施用於低鈍化電壓，而且保持鈍態電流比較小的不銹鋼，以利在酸液中具有防蝕的功能，以後擴展應用到鈦、鎳合金及鋼。適用於陽極防蝕之問題有三點：即所需要的最大電流、鈍態電壓範圍和鈍態

維持電流值等。

27-5-6、金屬被覆

在金屬表面被覆以較耐腐蝕性的其他金屬或合金之防蝕方法，其主要的對象是鋼。有電鍍、熔射、擴散浸透及貼皮等方法。

(1)、電鍍

鋼的電鍍最多，其問題點是，電鍍膜薄時則無法完全被覆鋼的表面，所以必須電鍍上某種程度的厚度；再者鍍膜和鋼的電壓關係也是問題之一。通常厚度的鍍銅，會呈示多孔性對防蝕無功效，改善的方法是先鍍鎳後，再鍍銅就可以改善此缺點。

電鍍膜的材質都較基材惰性(noble)，所以鍍膜必須完全緻密，否則一旦有細孔或刮傷，在細孔處生成膜(陰極)-鋼(陽極)的電池，而發生孔蝕的危險。

鎳電鍍於鋼的應用最多，但也用於黃銅、鋅合金等。鎳電鍍其表面無光澤，以往都利用拋光處理使產生光澤，其後電鍍浴中加入光澤劑，可進行光澤電鍍。不過光澤電鍍，其電鍍層會產生應變，容易產生孔蝕，其改善的方法是先進行無光澤鍍鎳後，再鍍上一層光澤鍍鎳；或者光澤鍍鎳後，再鍍上一層 0.5μ 程度的鉻。

鍍鉻，如果薄了則呈示多孔性。對於大氣腐蝕鍍膜的厚度至少須要 20～30μ，對於化學藥品的腐蝕則須要 50μ 以上的厚度，才能具有防蝕功能。鍍鎳後再鍍鉻時，暴露出的鎳基材，則成為陽極，所以與其鍍細孔較少的鉻層，不如鍍有裂縫的鉻較理想。對於細孔或無裂縫的鍍鉻也都有研究，結果也能得到相當好的耐蝕性能，不過鉻鍍厚了，容易產生破裂而且鉻膜的硬度低，平常進行厚度約 3～5μ 程度的鍍鉻。

此外也有鍍鋅或鍍錫，這些主要的用途都是用於熔融電鍍之鍍鋅板，或是製罐用鋼板。

(2)、化學電鍍

　　化學電鍍不同於以陰極還原，使金屬析出之電鍍法。利用還原劑讓金屬面作為觸媒，而進行的電鍍法，稱為化學電鍍或是無電解電鍍 (electroless plating)。雖然銀鏡反應也是一種化學電鍍，可是用普通的還原劑，除了像金、銀等貴金屬以外是無法還原的。自 1946 年美國之 Brenner，發現用 NaH_2PO_2 可以還原鎳之後，使鎳的化學電鍍變成了可能。鎳之化學電鍍，現在以 Kanigen 之商品名實用化。

　　Pb、Sn 等的合金以外之金屬，及非金屬都可以作鎳的化學電鍍。化學電鍍之特徵，是電鍍品的附著性非常良好，多孔性的情形也非常少等。鎳化學電鍍的析出物，並非純粹的鎳，而是含有約 10 %P 之 Ni-P 合金。這種合金比電著的鎳更具耐蝕性，其硬度也大，尤其在 400°C熱處理後其硬度可高達 Vic 1000 程度，這種硬度和硬質鉻相匹敵，且兼具耐摩耗性及耐蝕性之特色。

　　鈷、銅、鉻、鋅等之化學電鍍也研究著。

(3)、熔融電鍍

　　將低融點金屬予以熔融，使欲被覆的金屬浸漬其中，在表面生成合金層之被覆方法，稱為熔融電鍍方法。

　　鋅在大氣及淡水中有良好的耐蝕性，且對鋼鐵是陽極的作用，所以熔融鋅電鍍法(hot galvanizing)是鋼鐵最重要的防蝕法。Fe-Zn 層(主要為約 6 %Fe 的 FeZn13)，其他側是鋅層，合金層較鋅更耐蝕性，所以電鍍後予以燒鈍，使被覆全體變成合金，如此電鍍層的壽命增長。鋅在空氣中和 CO_2 及 H_2O 反應生成 $Zn(ZnCO_3 \cdot Zn(OH)_2)$皮膜，具有良好緻密的密著性且耐腐蝕，其壽命和鍍膜的厚度成比例。

　　低碳鋼經鍍錫就成為鍍錫鋼板(tin plate)，具良好的加工性、焊接性及外觀，其用途廣，以罐頭用的製罐工業為最。在溶有氧的水溶液中錫對鐵是呈示陰極作用，但是罐內係無氧的有機酸溶液，錫以錯離子存在而降低了電位，對鐵則呈陽極的作用。

　　熔融錫電鍍之皮覆層是以 $FeSn_2$ 為主，此層對錫或對鐵都是以陰極作用，所以未像鋅那樣有保護性，可是它的氫過電壓比鐵高。罐內在陰極產生氫具有控制反應速率的作用，由於有氫過電壓高的合金層，使錫或鐵的腐蝕速度都不會加速。

(4)、其他的方法：有金屬熔射法、擴散浸透法及貼金法等。

27-5-7、非金屬被覆

非金屬的被覆可分為化成的被覆和金屬氧化物的被覆二種。

(1)、化成的被覆

　　在金屬表面以化學反應的手段，生成不溶於水之化合物被覆，稱為化成(chemical conversion)。

　　磷酸鹽的被覆也是化成的被覆的一種，用於鐵、鋅、鋁、鎂等金屬，但主要用於處理鋼鐵之磷酸防蝕法(parkerizing)，本方法已經實用化，與其說是防蝕的方法，倒不如說是塗裝之打底法較為妥當。鋼在錳或鋅的酸性正磷酸鹽水溶液中煮，在鋼表面生成鐵和錳或鋅的磷酸鹽，就是此法。

(2)、金屬氧化物的被覆

　　在鐵表面生成氧化物以提高耐腐蝕性的方法，有在空氣中 400°C附近加熱之青燒法(blueing)及在鹼水溶液中煮之黑染法等方法，經金屬氧化物的被覆材料，在室內對大氣的腐蝕絕對有效果。鋁表面之氧化物製造法，係在酸性浴中用鋁作陽極，而電解之陽極氧化法(anodic oxidation process)，事後在高溫水蒸氣中加熱進行封口處理，生成緻密的化成皮膜，具有非常良好的耐腐蝕性表面。

　　鉻酸鹽皮膜生成法也用於鋅、鎂等金屬，對於室內大氣腐蝕具有良好的效果。

上述之外的方法是用塗料防蝕。

27-5-8、氣相沉積 (vapor deposition)

(1)、氣相沉積之種類

氣相沉積又可分爲化學氣相沉積(chemical vapor deposition, CVD)和物理氣相沉積(physical vapor deposition, PVD)二大類。

(a)、化學氣相沉積可爲氣相磊晶(vapor phase epitaxy, VPE)、原子層磊晶(atomic-layer epitaxy, ALE)、化學束磊晶(chemical-beam epitaxy, CBE)[或稱有機金屬分子束磊晶(metal-organic molecular-beam epitaxy (MOMBE))、有機金屬分子束磊晶(metal-organic beam epitaxy, MOBE)、電漿加強化學氣相沉積(plasma-assisted chemical vapor deposition, PACVD)、遙控雷射化學氣相沉積(remote-plasma chemical vapor deposition, RPCVD)、雷射輔助化學氣相沉積(laser-assisted chemical vapor deposition, LCVD)等六種。這些方法其重要的用途在於精密之半導體工業。

(b)、物理氣相沉積可分爲:分子束磊晶(molecular beam epitaxy, MOB)、蒸發(evaporation) 和濺射(sputtering)等。

(2)、氣相沉積之用途

氣相沉積之用途非常之廣,除了通常之表面防蝕之外,最大且最有附加價值的用途爲半導體工業和日常生活相關的工業。

在各種基材表面沉積各種材料的薄膜,由於薄膜之被覆可以使基材產生不同化學的和物理的性質。妥善地處理並排列被覆膜和基材,可以在基材上製成結構錯綜複雜,而具特殊性質的半導體元件。這種奇特的功能,可以從當前電腦之微小電子元件,得以理解。

化學氣相沉積廣用於微電子工業,也用於家庭和汽車之玻璃被覆、保護塗裝、製造光纖、多層生成於太陽電池、在觸媒及膜上之塗裝、以及其他許多之應用。

　　在微電子領域裡CVD，主要用於須要磊晶和對稱膜之應用，其材料包括矽、二氧化矽、氮化鈦、鎢和砷化鎵等，都可容易地以 CVD 予以沉積，此技術已開發應用於如銅、鋁等之其他材料，且積極地進行使用。通常在未沉積任何金屬或介電層之前，其沉積溫度在 500~1000°C之間，一旦已沉積了金屬層或介電層後，則沉積的溫度必須小於 500°C，此時所利用的是熱壁和冷壁之系統。化學沉積使用的前驅物品質之不同，會產生不同程度的沉積狀態，因此性能之好壞和價格成比例，爲要避免和其他大多數較低狀態用前驅物相比較，對價格有爭議時，常以沉積之純度、揮發度、沉積率作爲評估的項目。

　　以玻璃工業爲例，化學沉積法用來塗裝二氧化矽、氮化鈦、二氧化錫等之金屬氧化物於大面積之玻璃板。在浮流法(floating process)中，熔融玻璃生成於熔融錫上面，它流經幾道 CVD 程序，CVD 的反應物質就直接沉積在熱的玻璃表面上，此時的溫度在 600°C左右。玻璃則在反應系後端，完成塗裝而取出。由於價格不高的玻璃且面積大，也只能使用價廉的前驅物才符合經濟，像單純的前驅物，例如鹵化金屬和鹵化烷化合物等。有很多種保護表面的處理，是用化學沉積法生成的，包括工具之硬化塗裝，其中碳化金屬材料最爲大家所重視的。

　　玻璃光纖之製造是化學沉積法之改良，也就是都在熱壁反應器 (hot-wall reactor)中製造。其製法之一，是將 $SiCl_4$、$GeCl_4$ 和其他鹵化金屬以氣相態在 1000°C和氧反應，氣相反應的結果產生金屬氧化物的粒子，而沉積在管中生成多孔性塗裝，此管最後被固化而抽成光纖。

習題

1、說明腐蝕工程(corrosion engineering)和腐蝕科學(corrosion science) 有何不同？

2、腐蝕對人類社會有何影響？

3、為什麼導電性物質會腐蝕而非導電性物質不會腐蝕？

4、金屬的活性系列為什麼和金屬的安定性系列不一致？

5、腐蝕防止法須考量的手段是什麼？

6、說明氣相沉積可分為幾種？其應用領域為何？

7、利用電化學的防蝕方法有那幾種？說明之。

8、何謂無電解電鍍？係利用何種化學原理？舉例說明之。

9、說明金屬濺射之用途。

10、Pourbaix 的腐蝕圖有何用途？用舉例說明之。

11、金屬的功函數和金屬之腐蝕有何關係？

第二十八章 紙漿(pulp)廢液之有效利用

28-1、緒言

所謂紙漿(pulp)，乃是指用機械的或化學的方法處理植物原料，將纖維素(cellulose)分散而取出之集合物，作為製造紙張或人造纖維的中間製品。用機械處理而製得的紙漿，其代表物有碎木紙漿；用化學藥品處理而製得的紙漿稱為化學紙漿(chemical pulp)，依使用藥品之不同，又可分為亞硫酸鹽紙漿(sulfite pulp)、鈉鹼紙漿(sodium pulp)、硫酸鹽紙漿(sulfate pulp)又稱牛皮紙漿(Kraft pulp, KP)、硝酸鹽紙漿(nitrate pulp)、氯鹽紙漿(chloride pulp)等，其中以前三種紙漿在工業上較為重要。經藥品併用機械處理之紙漿稱為半化學紙漿(semi chemical pulp)。

木材係由纖維素(cellulose)、半纖維素(semicellulose)和木質素(lignin)三種為主要成分所構成，其他還有許多的有機成份，因此在取出紙漿的過程中，其他部分都溶存於紙漿廢液中，所以排放紙漿廢液將造成嚴重之公害問題。以應用化學的方法從紙漿廢液中，可以獲得許多寶貴的製品。

紙漿廢液之用途概略可分為：廢液中特定成分之分離回收；以化學的、物理的方法，製造有用的化學藥品、發酵等製品；利用紙漿廢液優越的分散性、黏結性、整合(chelating)性；活用主成分木質素衍生物之高分子電解質的特性；酚(phenol)物質其性質之活用；木質素製品等。以下之紙漿廢液量皆以固形分換算。

28-2、醱酵製品及化學藥品之製造

醱酵製品及化學藥品之製造包括：乙醇(ethanol)、酵母、核酸相關物質、其他醱酵製品、木糖(xylose)、糖醛(furfural)及其衍生物、香草精(vanillin)及其衍生物、醋酸、蟻酸、草酸、活性炭、其他之化學藥品等項。

28-2-1、乙醇(ethanol)

亞硫酸紙漿廢液(SP 廢液)，尤其是針葉樹材 SP 廢液含有多量的己糖(hexose)，以己糖為原料製造乙醇(ethanol)。1960 年日本用 SP 廢液生產 9000kl 乙醇，佔其國內全乙醇產量之 30％；不過紙漿原木由針葉樹轉變為廣葉樹及 SP 工場之減少，使乙醇產量降至 2000kl (3%)。1969 年在美國用 SP 廢液生產乙醇量達 11700 kl。

利用 SP 廢液生產乙醇，其義意並非單純地將未利用資源作有效的利用而已；紙漿工廠因 SP 廢液所引起的 BOD(bacterial oxygen demand)問題，係 SP 廢液中含有己糖的緣故。再者用 SP 廢液醱酵製造乙醇後，其殘渣液之用途，遠較未經醱酵的SP 廢液多，故在防止因 SP 廢液所造成的污濁上，有其極為重要的意義，所以必須提高利用 SP 廢液生產乙醇的量。

28-2-2、酵母、核酸相關物質

利用廣葉樹材 SP 廢液中的糖份，生產溶組織(torulopers)酵母，每年有數萬噸的產量。這種酵母之蛋白質或維生素(vitamine)源，不僅供給飼料及人食用，同時亦可活用作為生產核酸、肌甘酸(inosinic acid)、乃至其相關物質，例如腺嘌呤核甘(adenosine)、膽鹼(choline)、樹膠糖基胞嘧啶(arabinosyl cytosine)等之原料。以有效利用 BOD 成分的立場，用 SP 廢液生產的酵母，希望市場增加需求量，因此必須提高用 SP 廢液生產酵母的生產性，其手段之一，是開發使用高濃度 SP 廢液(例如濃度30％)之技術。

28-2-3、其他醱酵製品

利用 SP 廢液或 KP 廢液作為原料，積極研究生產酵母以外的製品，有微生物蛋白、乳酸、反丁烯二酸(fumaric acid)、丙酮、丁醇醱酵等。

污濁防止方法之一，是濃縮燒燃 SP 廢液，在此過程中生成龐大的凝聚水，此疑聚水中溶存的醋酸，是 COD(chemical oxygen demand)的主成分(約含 1～2%)。其處理方法，是利用醋酸資化性菌醱酵製麩胺醯胺酸(glutamine acid)和離胺酸

(lysine)。以日本生產的 SP 廢液量，換算成固形成分則有 110 萬噸，其 95%以蒸發濃縮處理時，凝聚水中的醋酸量，每年可達 70,000 t。

28-2-4、木糖(xylose),糖醛(furfural)及其衍生物

從 SP 廢液回收木糖(xylose)尚未工業化。廣葉樹材的 SP 廢液中，固形分含有約 15%的木糖(xylose)，年產量可達 90,000t，其利用可以期待。未工業化原因之一，是木糖和木糖醇(xylitol)的需求量少；另一原因是經濟的回收法尚未確立。但今後，甜味劑、醫藥原料等，將需要木糖和木糖醇，不管其價格如何都十分可以期待的。近年歐美諸國皆活躍地研究著，用溶劑抽取木糖之回收方法。美國之 pulp manufacturer's research league(PMRL)，已經確立了自廣葉樹材的 SP 排液中回收木糖和醋酸之技術，已進入了企業化；而 PMRL 也開發了製造醛縮酸(aldonic acid)的技術。另一方面 SP 廢液也是製造糖醛(furfural)之原料，期待開發突破性的製造方法。

28-2-5、香草精(vanillin)及其衍生物

市面上售販之香草精(vanillin)除了一部分是丁香香草精(clove vanillin)和黃樟香草精(safrol vanillin)之外，幾乎全部是由針葉樹材的 SP 廢液為原料所製成的。到現在為止，香草精或乙基香草精(ethyl vanillin)的大部份用於食品香料，僅有少部份用於食物保存劑及醫藥的原料。最近開發了 L-Dopa(L.3.4. dihydroxy phenyl alanine，抗巴金森病藥)、α-methyl dopa(降血壓劑)、香草酸二乙醯(vanillin acid diethyl amide)、香草酸乙酯(vanillin acid ethyl ester)等醫藥，都是以香草精為主原料，因此香草精之需要將會增加。

28-2-6、醋酸、蟻酸、草酸

在 SP 廢液中，含有相當量的醋酸或蟻酸，1963 年美國的 Sonoco Products Co.，自 SCP 廢液回收醋酸和蟻酸技術予以企業化，每年生產約 3600t　醋酸和 700t 90％的蟻酸；1966 年 Weyerhaeuser Co.，也建設了年產 3000t 工廠生產醋酸；而加拿大

的 Ontario Paper Co.，以香草精製造副產物之阜酸，每年生產 700t。

28-2-7、活性碳

由於防止大氣污染，水質污濁防止，需用到爲數龐大的活性炭，其原料木炭皆仰賴國外，其實可以從紙漿廢液製造活性炭。

美國 Westvaco Co.、St. Regis Paper Co.等都已企業化生產活性炭；加拿大之 P.P.RIC 開發了，噴霧空氣熱分解法，製造活性炭；日本之興人也確立了，用 $CaCl_2$ 爲賦活劑，自 SP 廢液製造活性炭。

自紙漿廢液製造價廉的活性炭，其技術之確立，非僅解決紙漿工場本身廢水污濁的問題，在防止大氣污染及防止水質污染的領域上，都極具價值。希望由國家、地方公共體、活性炭製造商、紙漿製造商等四者協力，共同展開研究。

28-2-8、其他之化學藥品

以上所述的化學品之外，自 KP 廢液製造甲苯(toluene)等在日本已施行，而美國之 croun Zellerbach Corp 也自 KP 廢液製二甲基化硫(dimethyl sulfide)及其衍生體。

再者，自廢液積極製造水性瓦斯、SO_2 之回收，各種酚(phenol)物質、二甲基胺(dimethyl amine)、氨、CS_2 等之開發亦可以檢討。

28-3、木質素製品及其利用

上項所述用紙漿廢液製造發酵製品、化學藥品等的生產，所用到的紙漿廢液量非常之少，目前紙漿廢液的絕大部分的用途，是直接利用紙漿廢液乃至其成分物質，把這些用途總稱爲木質素製品(lignin product)。

28-3-1、紙漿廢液的物質

紙漿廢液可資利用的物性，可分爲分散性、黏結性及整合性三種。當然了，各別物性的用途之外，可以再和其他二種物性之中的任何一種性質相關連，在實際的用途上，由二種物性、或三種物性相關連的利用情形較多。

(1)、分散性

　　　紙漿廢液，尤其是 SP 廢液對於種種粉體，都具有優秀的分散性。亦即 SP 廢液中，其主成分木質素的磺酸鹽(lignin sulfonate)，具有碸基(sulfonyl)、羧基(carboxyl)、酚性氫氧基(phenolic hydroxy)等官能基，為陰離子(anion)高分子電解質，對水泥、黏土、染料粒子等種種粉體，能產生化學的乃至物理的吸附；因具有強親水性及帶負電，而能使各粒子在水中獲得分散、安定之懸濁狀態。

　　　這種 SP 廢液的分散性，完全是木質素磺酸鹽(lignin sulfonate)的功效。基於此觀點，有許多嘗試用工業的規模分離木質素磺酸鹽，現在工業化的分離方法，有 pawordl 法。用此法分離木質素磺酸(lignin sulfonic acid)，對於廣葉樹材的 SP 廢液幾乎無效，而對於針葉樹材也無法獲得十分高純度的木質素磺酸。前記自 SP 廢液製造香草醛(vanillin)時，所副產的殘留液中，存在著部分脫碸木質素磺酸鹽(desulfone lignin sulfonate)，這種物質用無機酸可容易地分離回收，其分散性比單純之木質素磺酸鹽優秀，美國 American Can Co.、挪威的 Borregard A. B.、日本之山陽國策紙漿公司等都已將它商品化。

　　　木質素磺酸鹽之分散性，當然受它的官能基種類、量、分子量、基材的種類、pH 的差異等因素所左右。再者，SP 廢液其分散性之用途，不僅是木質素磺酸鹽的關係而已，其他如製造磺酸(sulfonic acid)、糖醛酸(aldonic acid)等的貢獻也不可忽略。

　　　亞硫酸鹽法的 SCP 廢液，其主成分也是木質素磺酸鹽，當然具有分散性，可是由於它是鈉基質，要將廢液任意轉變成其他的基質困難，而且有其限度；另一個問題就是無機成分太多，它不僅是有效成分少而已，無機成分太多是意味著在低溫容易析出結晶，假使想增大 SCP 廢液在分散劑方面之利用，這些問題都須先解決之。

硫代木質素是 KP 廢液之主成分，無法期待它的分散劑性能，如果將硫代木質素(thiolignin)變爲碸 (sulfone)體，則呈示優秀的分散性。美國之 Westvaco Co.將硫代木質素磺酸(thiolignin sulfonic acid)一系列之木質素製品商品化；日本東海公司以 Lignin BL、Lignin BM、Lignin BH 之商品出售，其缺點是製造的原價高，而且性能也沒有比木質素磺酸優越，故需求量增加的可能性不大。

(2)、黏結性

SP 廢液之黏結性，係由木質素磺酸鹽、糖和其衍生體三者之相乘效果所致，另外基質及 pH 都有影響。從糖的含量看，未醱酵廢液較乙醇醱酵的殘渣液，或酵母醱酵殘渣液的黏結性高，而其酸鹼度 Ca 基質品爲 pH3～5，鈉基質品爲 pH7～9 時，都具有最高的黏結性。

(3)、整合性

SP 廢液、SCP 廢液中的木質素磺酸鹽或糖衍生體，具有整合的效果，能補捉重金屬離子而成爲親水性之安定整合化合物、生成含水凝膠 (gel)、和蛋白反應而生成黏結性強的蛋白木質素磺酸複合體；也可以將木質素磺酸變性，使和重金屬離子整合之物質，變成水難溶性。

這種型態之物質如果可以得到，則可以開發作爲排水重金屬之凝聚劑。整合的性能，和官能基的種類、量有很大的關係，通常將 SP 廢液在高溫，以鹼、空氣氧化處理，可增大其整合性能。

28-3-2、木質素(Lignin)製品之製造

由紙漿槽排出的 SP 廢液，其濃度約在 8～12 ％及 pH2 左右，除了特殊用途外，都先予以中和或濃縮之後再使用。依用途，也有直接使用濃縮液(濃度 40～55 ％)乃至其粗製的粉末，但通常都施以種種化學處理後，以最適合使用之狀態供給。用 SCP 廢液生產木質素製品之情形，遠不如 SP 廢液有用，故僅能期望 SCP 廢液的木質素往藥品回收方面發展。

至於 KP 廢液，通常係加入無機酸，使所含有硫代木質素(thiolignin)的 50～70％
分離，進而磺酸化(sulfonation)，最後製成木質素製品。硫代木質素系木質素製品的
特性不同於 SP 廢液的製品，不過其利用領域狹小，在日本只有東海紙漿公司生產。
其他 AP 廢液的生產量小，用於小煤球之黏結劑。

28-3-3、木質素(lignin)製品之用途

(1)、建設資材關係

在美國年間約 60000t 之 SP 廢液，用於防塵或防凍爲目的之土質安
定劑；日本則用於防止地下水漏水、路盤強化、表層安定等，年間採用
約 600t 的 SP 廢液系木質素製品，今後可以期待，在植生綠化工程之黏
結劑、生長促進劑等之使用。有關瀝青乳化劑、乳劑的分散安定劑、瀝
青剝離防止劑等，廢液利用研究的報告很多，不過胺基化之硫代木質
素，僅有一小部分的量，被用於乳化分散劑而已，這方面利用的基礎研
究，有待進一步的推展。

在日本紙漿廢液最大的用途之一，是在製造濕式法水泥時，爲減少
燃料或節省動力的目的，用 SP 廢液系製品，作爲水泥原料之分散劑，
年間約使用 10,000t，最近由於製造水泥已由濕式改爲乾式，故增加需求
量之期待是不可能的。

SP 廢液系木質素製品，可以作爲乾式水泥原料之粉碎助劑或成型時
之黏結劑，也可以作爲石棉水泥、鋁氧水泥(alumina cement)等特殊水
泥，或者水泥二次製品製造時的分散劑或黏結劑等，不過實際上尚未成
熟，有待今後之研究。日本在粉碎燒成水泥熟料(cement clinker)時，並
不使用粉碎助劑，而美國很早就使用 SP 廢液系的木質素製品。該粉碎
助劑能使水泥的動力原單位提高，同時也能防止水泥之袋中硬化(pack
set)，雖然其添加量僅約爲 0.03～0.06％，但從水泥的生產量計算，其潛
在需求量可達 2~40,000t，這方面的利用頗有前途。

在水泥施工時，添加少量的減水劑，可以改善作業性，減少水的用量，由於水灰比的降低，可以改善混凝土的品質。現在市面上，賣混凝土減水劑的廠牌有數十家，其中以採用 SP 廢液作爲原料之木質素系製品，性能最爲優越。用 SP 廢液作爲原料，製造混凝土減水劑的技術，最先是由國外引進，目前大多用自行研發技術製造，紙漿公司自己也製造販賣，例如山陽國策紙漿的『sunflow』、福井化學的『lignon』等。日本目前的使用量已超過美國，如果製品能並兼粉碎助劑和減水劑之功能，則可一舉兩得。

任何木質素產品都是一樣，各種用途其商品的品質、性能都須細膩的控制，不只是將紙漿廢液濃縮、利用而已，仍須經過高度的化學處理，才能成爲優良的商品。以『sunflow』爲例來說，其製品共分成 S、R、A、AK、PS、PA、H、RJ、RM、OW 等不同的規格，樣樣都是從原料廢液品質的檢查，到製品的品質、性能的測試，都經歷嚴格的徹底管理。

作爲混凝土減水劑使用時，紙漿廢液對水泥之標準添加量是 0.25%，通常的使用方法是在混凝土施工時添加，不過最好是在水泥製造時，當作粉碎助劑而添加，這樣可以一舉兩得。

其他爲提高石膏板、灰泥(plaster)、墁料(mortar)等製作性或調節凝結的時間，而使用 SP 廢液。墁料、水泥的凝結遲延劑之外，紙漿廢液也作爲油井壁的水泥凝結遲延劑，油井壁水泥凝結遲延劑的使用量美國大於日。油井壁水泥凝結遲延劑必須有耐海水、高溫的性能，以適合海中工程的操作，因爲由於海洋開發的進展，今後的需求將廣大。

石油鑽井、建築工程施工時使用泥水工法。此工法使用泥水，泥水中添加少量的水調整劑，以改善泥水的流動性和凝膠應力強度；水調整劑是由 SP 廢液爲基質的鉻木質素(chrome lignin)或鐵鉻木質素(ferro-chrome lignin)等所構成；水調整劑除了前記之鐵、鉻等的木質素之外，還有鈷、鐵鈷等木質素，也被使用。從發明專利的公告可以看到，經發明了木質素磺酸的第四級氨鹽、胺鹽、醯和非重金屬系的水調整劑等。

(2)、窯業冶金及金屬工業關係

　　　為了使耐火物、磁磚、陶磁器等窯業製品在製造時，提高作業性、減水、增強、防止龜裂或損傷等為目的，乃使用 Ca 基質或 NH$_4$ 基質之 SP 廢液，作為分散劑或黏結劑。

　　　鑄造關係方面，以往使用 SP 廢液作為生砂模之補助黏結劑，最近不僅是黏結劑，而且開發了種種鑄造物的缺陷防止劑、殼模型(shell mode)、氣體模崩壞劑、提高砂的流動性劑等也都用紙漿廢液。

(3)、炸藥、消防劑關係

　　　Canadian Industries ltd.利用 NH$_4$ 基質之 SP 廢液系木質素製品作為發泡劑，製造泥漿(slurry)炸藥，進而開發，完全不用銳感劑之木質素炸藥；也開發了，用木質素磺酸鹽的高感度溶融炸藥，開拓了紙漿廢液在火藥工業方面的有效利用。自古就有研究，用紙漿廢液製造粉末消火劑，但尚未實用化。

(4)、燃料關係

　　利用 SP 廢液或 SCP 廢液、AP 廢液之黏結性，作為煤球等之黏結劑、助燃劑。

(5)、碳製品關係

　　　用 SP 廢液和 Ca(OH)$_2$ 等混合物作為製造活性碳的原料、焦碳(cokes)時之黏結劑、防止焦碳時融著劑等，頗為有效。以往使用亞克力或螺縈製造炭纖維，日本化藥開發了硫代木質素和聚乙烯醇(ploy vinyl alcohol)為原料製造新纖維；德國之 Bayer 也發表了用木質素磺酸銨(ammonium lignin sulfonate)和聚乙烯氧(poly ethylene oxide)之製法。

(6)、電化學關係

　　　鉛蓄電池或鹼電池的陰極板防縮劑使用木質素後，可以提高電池在低溫，急速放電的容量及壽命。木質素苯乙烯(lignin styrene)共聚物，可作為半導體、良導體，但尚未實用化。利用 SP 廢液之導電性、生成含水凝膠性之木質素系，作為接地電阻減劑，每年也使用千噸以上。

(7)、醱酵、酵素關係

除了前述用 SP 廢液為原料，製造醱酵製品以外，例如石油醱酵時作為乳化劑，以促進酵母之增殖，提高酵素之活性，以及防菌為目的等都可以利用木質素。

(8)、醫藥、農藥關係

木質素磺酸或硫代木質素具有制癌、抗潰瘍、抗血液凝固、抑汗劑等效果，這是木質素直接使用之報告，這方面的利用，有待更進一步的資訊累積。各種農藥的乳化劑、分散劑、造粉劑、藥效增進劑等，使用 SP 廢液系木質素製品，年間需求數千噸。由文獻可以發現，SP 廢液系木質素製品不僅只作為農藥的助劑使用，也可以製造農藥，例如用木質素和三氮雜苯或氯的衍生物作用，製造低毒性農藥。再者，使用 SP 廢液可以防止，農藥會因為重金屬而失效，尤其製造香草精時的殘渣液，最為有效。

(9)、農業畜產關係

肥料關係每年使用數千噸的 SP 廢液系木質素製品，應用於肥料製造時之粒劑、微量元素肥料之荷載劑、磷酸固定防止劑等之使用；亦有研究作為植物生長促進劑或土壤改良劑、硝酸化成抑制劑、植物保護皮膜劑等。

在美國每年使用數萬頓之 SP 廢液，作為飼料顆粒化之造粒劑；使用 SP 廢液，不但可以降低造粒時的粉化率，同時可以抑制擠出成型模具的磨耗、提高單位能源的效率。美國法律許可飼料中，可以添加 4%的 SP 廢液。

魚肉加工廢液中含有蛋白，加入 SP 廢液可得木質素-蛋白複合體，具有大的使用價值。

(10)、染料、顏料塗料、墨水關係

　　針葉樹材的 SP 廢液、乙醇酸酵酵殘渣、部分脫碸木質素磺酸(desulfone lignin sulfonic acid)、硫代木質素之磺化(sulfonation of thiolignin)化合物等，使用於染料之分散或均染劑，呈示優秀的性能，故廣用於製造染料及染色。聚酯(polyester)用分散染料，特別要求高溫分散安定性，以往都使用合成的芳香族磺酸系，最近開發的部分脫碸木質素系製品，性能更佳。

(11)、皮革、合成樹脂、接著劑關係

　　從前就曉得木質素磺酸鹽，能和膠原蛋白(collagen)作用的性質，故用 SP 廢液作為鞣革劑，這方面的使用，不僅是鈉基之 SP 廢液而已，甚至再進一步，也使用增加酚性氫氧基或羧基(carboxyl)等的物質，或鋁基的製品。木質素製品，尤其是添加硫代木質素，作為酚樹脂(phenol resin)或胺基樹脂(amino resin)的作業性、物性等之改良劑、增量劑；橡膠的補強劑或分散劑；乳膠之增黏劑等用途，其年需求量約 1,200T。

(12)、木製品、紙、紙漿關係

　　將硫代木質素或 SP 廢液，和尿素甲醛樹脂等一部份併用，而作為合板或硬板(hardboard)之接著劑的成分，這些都和前述的木質素胺樹脂有關，其例子有 Ambros A.G.之木質素製品(solvical)等。

利用這些特性，可以增加板紙之濕潤強度，或提高上漿(sizing)時的保持量，也增加塗工劑分散性，這種製品的代表例，有西德 Schwalische Zellstoff A.G. 以 lignosol AK 商品名出售，是屬於木質素胺樹脂。

(13)、公害處理關係

　　前述含蛋白質廢水中，加入 SP 廢液可以使蛋白質凝聚而沈澱，這是將 SP 廢液作為沈澱劑的用途，除此之外，粉體在輸送或貯藏時，添加紙漿廢液可以防止粉塵的飛散。

利用 KP 廢液可以自廢排氣中，除離硫醇(mercaptan)或 SO_2 氣體，最近也研究利用氧化木質素、硝化木質素(nitrolignin)、二甲基木質素(dimethyl lignin)之硝基化物等，除離廢氣中之 H_2S。(岡部,1973)

習題

1、紙漿工業排出之廢水中，可能含有何種物質說明之。

2、目前自紙漿廢液中可以製造出何種產品？

3、木質素製品有那幾種？

4、木質素磺酸鹽有何特性及功能，舉例說明之。

5、依使用藥品之不同，紙漿可分為幾種？

6、以化學立場說明，木質素在大地工程上之用途，以及利用何種原理？

7、窯業冶金及金屬工業關係，使用紙漿廢液之情形為何？

8、紙漿廢液本身為公害物質，但是利用紙漿廢液卻可以作為公害處理劑，舉例說明之。

9、農業及畜業關係如何利用紙漿廢液，詳細說明之。

第二十九章 工業廢水之處理及利用

29-1、緒言

　　工業廢水常含有重金屬，對人體的影響如表 29-1 所示。重金屬對人體會造成很大的傷害，目前成爲經濟社會嚴重的問題，由於任意排放工業廢水，不但使環境受到嚴重污染，亦使農作物生產受害、民生用水亦遭污染、危及到人類身體健康等。

　　工業廢水之處理技術，以化學立場而言，已經是非常成熟的領域，只要有心予以處理，都可以使工業廢水變成爲無害的排水。本章以電鍍廢水之處理、重金屬之回收、氰化物之處理等爲中心說明，並介紹通用之一般水處理技術。本章所用的技術都是利用我們所學到的簡單原理。

表 29-1 重金屬其對人體影響的概況

重金屬種類	直接影響	慢性影響
氰	由氰的作用使生體組織產生窒息狀態而死亡。在數秒乃至數分鐘之內出現頭痛、頭暈、意識障害、痙攣、體溫下降等中毒症狀而死。如果量少時，開始時頭暈、頭痛、耳鳴、嘔吐、呼吸加速、脈搏增加、進而意識障害、痙攣、然後死亡。 致死量　以 KCN　150~ 300 mg	長期攝取少量會引起慢性中毒。產生頭痛、嘔吐感、在胸部、腹部有重壓感。
甲基水銀	攝取大量有噁心、嘔吐、腹痛、下痢、口內炎、手顫等症狀。	長期攝取則記憶不良、意志不能集中、頭痛、不眠、異常口臭、神經痛、流產、總體的神經衰弱症狀等中樞神經障害。
總水銀	大量攝取則齒齦腐爛血便(無機水銀中毒)	
有機磷	輕症(全身倦怠頭痛頭暈大量出汗噁心嘔吐) 中症(異常的流涎、瞳孔縮小、筋線纖維萎縮、語障害、視力減退) 重症(出現意識嚴重受害、全身痙攣、屎尿失禁而死亡)	

鎘	腎尿細胞的再吸收機能受阻害，失去鈣固而體內鈣不均衡，最後起骨軟化症。(妊娠或哺乳、因更年期或老化而內分泌失調，是鈣不均衡的不利條件，加以因老化而使骨變化，及因鈣或蛋白質不足為誘因，引發骨骼的惡化)	
鉛	大量鉛進入人體會引起急性中毒，產生腹痛、嘔吐、下痢、閉尿等，因激烈胃腸炎導致休克而死亡。	少量長期進入人體後會發生食慾不振、便秘、疲勞、頭痛、全身倦怠、貧血、關節痛、腹痛、四肢麻痺、視力減退、痙攣、昏睡等症狀。
鉻	大量攝取則引起嘔吐、腹痛、尿量減少、閉尿、休克、痙攣、昏睡、尿毒症等而死亡。接觸到皮膚則起皮膚炎、浮腫、潰瘍等。100 ppm 以上的濃度對皮膚就有影響。經口的量超過 0.1 ppm 就會起嘔吐症狀。致死量為 5 g。	
砷	大量攝取砷會起急性中毒。大多在攝取一小時內，引起噁心、嘔吐、下痢、脫水症狀，進而會腹痛、呼氣有蒜味、流涎、渴尿量減少等症狀。再大量則會有激烈的胃腸炎症狀、血便、體溫下降、血壓下降、痙攣、昏睡、循環障害、而死亡。致死量約為 120 mg，不過 20 mg 也有危險。	少量長期攝取，手足會起障害、皮膚成青銅色而浮腫、手和足的背面角質化。產生噁心、嘔吐、腹痛、流涎、肝腫、腎炎、循環障害，最後死亡。慢性中毒量，在飲料約 0.2~0.4 ppm。

(阪上)

29-2、電鍍廢水的處理

電鍍廢水通常可分為氰系、鉻系、酸鹼系等三系統，這裡面溶解的金屬、油分、界面活性劑等也是問題之一。電鍍廢水排出的狀態，可分為：

(1)、常時地排出濃度稀薄的水洗廢水。

(2)、電鍍時使用的各種老化藥液、更新時所排放的濃廢液。

29-2-1、水洗廢水處理(氰系)

電鍍液使用的氰化合物有 NaCN、KCN、ZnCN、CuCN 及 CdCN 等，其他也會

產生 $Ni(CN)_2$、$Fe(CN)_2$，這些氰基和其他金屬類相結合，也和鹵一樣有三種的結合型態：即離子結合如 $NaCN$、$Ca(CN)_2$ 等；共有結合如 $AuCN$、$CuCN$ 等；配位結合如 $Ag(CN)_2^-$、$Fe(CN)_6^{-4}$ 等錯離子。

氰錯化物之安定度，係取決於錯離子的電離常數，錯化合物其氧化分解之難易，也由此常數可以判斷。重金屬的氰錯化合物的解離常數，如表 29-2 所示，離解常數小的化合物，非常安定不易分解；鋅鎘銅等氰的錯鹽比較容易可以分解，可是像鎳、鐵的氰錯鹽，其解離常數非常小，要分解處理困難。因此，一般鎳、鐵的錯鹽不可混入氰系排水中，在廢水的發生源就地處理。如用次亞氯酸鈉處理氰化合物時，鋅、鎘可以很容易地氧化分解，銀、鎳雖可以氧化分解但反應延遲，至於金、鐵、鈷則無法分解。

水洗廢水中，氰的濃度普通為 $20\sim100$ ppm，其處理法有鹼氯法、藍青法、電解氧化法等，其中使用鹼氯法最為普遍。最近也檢討使用臭氧法及活性污泥法。

表 29-2　重金屬的氰錯化合物的解離常數

化學式	錯離子	解離常數
$Na_2Zn(CN)_4$	$Zn(CN)_4^{-2}$	1.3×10^{-17}
$Na_2Cd(CN)_4$	$Cd(CN)_4^{-2}$	1.4×10^{-19}
$Na_3Ag(CN)_4$	$Ag(CN)_4^{-3}$	2.1×10^{-21}
$Na_2Ni(CN)_4$	$Ni(CN)_4^{-2}$	1.0×10^{-22}
$Na_3Cu(CN)_4$	$Cu(CN)_4^{-3}$	5.0×10^{-28}
$Na\,Au(CN)_4$	$Au(CN)_4^{-1}$	5.0×10^{-39}
$K_4Fe(CN)_4$	$Fe(CN)_4^{-4}$	1.0×10^{-35}
$K_3Fe(CN)_4$	$Fe(CN)_4^{-3}$	1.0×10^{-42}

(阪上)

(1)、鹼氯法(電鍍工廠幾乎使用本法)

反應原理如下：

$$NaCN + 2NaOH + Cl_2 \rightarrow NaCNO + 2NaCl + H_2O \qquad (29\text{-}1)$$

$$2NaCNO + 4NaOH + 3Cl_2 \rightarrow 2CO_2 + 6NaCl + N_2 + 2H_2O \qquad (29\text{-}2)$$

(29-1)及(29-2)式的反應條件並不相同，(29-1)式在 ＞pH10 條件下，快速進行，而(29-2)式反應則在 pH8＜pH＜pH9 條件下操作，其最大的反應速度也須要 30～40 分鐘。

(2)、藍青法

含鐵之氰廢水，不能利用鹼氯法，這時須將它變成正鐵氰化物 (Ferriferro cyanide) 而分離。

$$6NaCN + FeSO_4 \rightarrow Na_2SO_4 + Na_4Fe(CN)_6 \qquad (29\text{-}3)$$

$$3Na_4Fe(CN)_6 + 2Fe_2(SO_4)_3 \rightarrow Fe_4[Fe(CN)_6]_3 + 6Na_2SO_4 \qquad (29\text{-}4)$$

本法須注意的是，藍青的溶解度隨著 pH 而增加，如在 pH6 以上處理，即使固液分離後，處理水中仍然有著色，因此必須在酸性條件下，固液分離及脫水。

29-2-2、水洗廢水處理(鉻系)

水洗廢水中的鉻，是以毒性很強的 Cr^{6+} 存在，其處理方法是先將六價變成三價，再中和，以 $Cr(OH)_3$ 沈澱而除離，為一般之處理方法，還原劑用亞硫酸鹽、硫酸亞鐵等。硫酸亞鐵法的特色是污泥的產量多，故除了含有硫酸亞鐵廢液，可以容易利用之外，沒有其他的好處，不算為理想的方法。如以操作簡便、價格低廉的觀點，則間-亞硫酸氫鈉法較為優越，其反應如下：

$$2H_2Cr_2O_7 + 3Na_2S_2O_5 + 3H_2SO_4 \longrightarrow 2Cr_2(SO_4)_3 + 3Na_2SO_4 + 5H_2O \qquad (29\text{-}5)$$

$$Cr_2(SO_4)_3 + 3Ca(OH)_2 \longrightarrow 2Cr(OH)_3 + 3CaSO_4 \qquad (29\text{-}6)$$

29-2-3、濃度廢液的處理(氰系)

(1)、電解法

　　氰的金屬錯化合物電解時在陰極電析出金屬，在陽極則氰離子氧化成氰酸離子。氰酸則一部分經加水分解變成氨離子，而一部分在陽極氧化。

陽極　$CN^-(aq) + 2OH^-(aq) - 2e^- \rightarrow CNO^-(aq) + H_2O(\ell)$ 　　　(29-7)

$2CNO^-(aq) + 4H_2O(\ell) - 2e^- \rightarrow 2CO_2(g) + N_2(g) + 2H_2O(\ell)$ (29-8)

$CNO^-(aq) + 2H_2O(\ell) \rightarrow NH_4^+(aq) + CO_3^{2-}(aq)$ 　　　　　　(29-9)

　　安定度乃決定電解的難易，對於鎳的分解有其限度，而對於鐵的分解則困難。電解的條件：電流密度為 $2\sim10$ A/dm^2、極間距離為 $4\sim10$ cm，電解初期濃度為 CN 13000 ppm、Cu 6420 ppm，電解九小時後各降到 156 ppm 和 35.7 ppm。以後 $Cu^{2+}(aq)$ 可以減少，但 CN^- 則不變，這樣到達某種數值之後，其效率則急速降下，因此濃氰廢液的電解處理，$CN^-(aq)$ 濃度到達 500 ppm 程度後，就改用藥品處理，在效率上及經濟上較為有利。

(2)、通氣法或衝擊法

　　添加酸降低含氰廢液的 pH，使全部的 $CN^-(aq)$ 以 HCN 存在於液中。通氣法，係以氮氣或空氣曝氣；而衝擊法則以高速回轉板運動衝擊液體，將液中 HCN 氣體分離放出，進而使用吸收液，例如和苛性鈉接觸，將 HCN 氣吸收成為 NaCN 再利用。

　　HCN 氣之外，也有加熱燃燒、氧化分解，其熱源可用丙烷、重油，在 $700\sim1,000°C$ 反應成 CO_2 及 N_2。

$4HCN + 5O_2 \rightarrow 2H_2O + 4CO_2 + 2N_2$ 　　　　(29-10)

29-2-4 濃廢液水處理(鉻系)

　　鉻系濃廢液的處理方法，除了稀釋處理以外，通常是使用蒸發濃縮處理，也有常壓蒸發的情形，但大多使用減壓低溫蒸發。例子，是將鉻濃廢液送入真空蒸發罐，約在 100 Torr 的眞空中、50℃前後蒸發到 1/10 倍量，回收鉻酸。

29-3、電鍍廢水的再生利用

電鍍廢水再利用時最重要的事項是：

(1)、把握各程序所使用的水量及所要求的水質，這時對於水質要求之安全有過猶不及的情形，就是要降低再使用率，或是將設備投資增大。爲了防止這些情形，就必須預先試驗並確認各階段的處理水，可以使用與否？

(2)、必須考量當循環再利用時，溶存鹽類蓄積後，超過了要求的水質，以及因此所引起之配管、閥產生水垢(scaling)的問題。

廢水再利用要執行時，其單元操作，須依廢水所含成分的濃度及各作業的用水條件，而有種種之考案，其代表性的有離子交換樹脂，另外的是離子交換膜電透析法、活性碳吸著法、逆滲透法及蒸發法等。

29-3-1、用離子交換樹脂之再利用

用離子交換法處理廢水，除了再生水以外，大部分的廢水(約 95%)都可以再利用。將陽離子(K^+)或陰離子(A⁻)含有之溶液，通過離子交換樹脂塔，一般有下列之離子交換作用。

$$在陽離子交換樹脂\quad R\text{-}H + K^+ \rightarrow R\text{-}K + H^+ \qquad (29\text{-}11)$$
$$在陰離子交換樹脂\quad R\text{-}OH + A^- \rightarrow R\text{-}A + OH^- \qquad (29\text{-}12)$$

兩離子交換塔之液體，K^+及 A⁻被除離，而得到 H^+及 OH⁻即純水。

對於電鍍廢水，可以下列之模式表示：

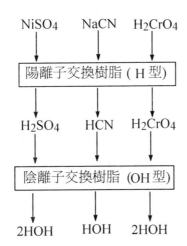

$$NiSO_4 \qquad NaCN \qquad H_2CrO_4$$

陽離子交換樹脂（H型）

$$H_2SO_4 \qquad HCN \qquad H_2CrO_4$$

陰離子交換樹脂（OH型）

$$2HOH \qquad HOH \qquad 2HOH$$

　　廢水之處理，在使用強酸性陽離子交換樹脂處理後，繼用弱鹼性陰離子交換樹脂處理；如果要求高純度的水質，則用強鹼性陰離子交換樹脂。各種離子交換樹脂列如下：

(1)、強酸性陽離子交換樹脂

　　　　可交換的陽離子有 Na^+、K^+、Ag^+、Mg^+、Ca^{2+}、Ni^{2+}、Cu^{2+}、Zn^{2+}、Cd^{2+}、Al^{3+}、Fe^{3+}、Cr^{3+} 等。氰錯化合物之中，不安定的 $[Zn(CN)_4]^{2-}$, $[Cd(CN)_4]^{2-}$ 等解離成 Zn^{2+}、Cd^{2+} 而交換，但安定之 $[Ni(CN)_4]^{2-}$ 和 $[Fe(CN)_6]^{4-}$ 則不能交換。

(2)、強鹼基性陰離子交換樹脂

　　　　可交換的離子有 Cl^-、SO_4^{2-}、NO_3^-、CrO_4^{2-}、PO_4^{3-}、CN^-、HCO_3^-、BO_3^{2-}、SiO_3^{2-} 等。這種離子交換樹脂，通常置於弱鹼性陰離子交換樹脂塔之後，用以吸附弱酸可得高純度之脫離子水。強鹼基性陰離子交換樹脂對於氧化性物質，例如鉻酸，很脆弱，而且其交換容量也僅弱鹼性樹脂之1/2 而已。其再生須用大量過剩的鹼，所以置於弱鹼性陰離子交換樹脂之後。

(3)、弱鹼性陰離子交換樹脂

　　　　弱鹼性陰離子交換樹脂可以吸附的離子，有鉻酸離子、重金屬錯離子、Cl^-、SO_4^{2-}、NO_3^-、PO_4^{3--}等之礦酸離子；弱酸之陰離子不被吸附，可是陰離子界面活性劑等之有機物也會吸附。

29-3-2、電透析法

　　只讓陰離子通過之陽離子離子交換膜，和只讓陽離子通過之陰離子交換膜交互排列，兩側通以直流電，則脫鹽水和濃縮液在槽(cell)中交互生成；也就是進行除去溶存的鹽及濃縮，其所需電量和鹽分濃度成正比，故用含鹽分較少的水，進行脫鹽比較有利。

　　本方法可用於下水的再生，但是日本神奈縣某公司，則應用於電鍍廢水處理，其目的是為對付規制嚴苛的 CN 問題。方法是，先將 CN 廢水，用 NaOCl 使 CN 成分解狀態，而鋅等金屬物以氫氧化物除離，再以電透析法脫鹽後，流回工場使用。

29-3-3、適用於再生的其他處理法

(1)、逆滲透壓法

　　　　濃廢液施以浸透壓以上之壓力，水則通過半透膜到達稀薄溶液槽而脫鹽，本法不僅電解質，連溶存之有機物也同時分離除去，亦適用於電鍍廢水。

(2)、蒸發法

　　　　蒸發須用大的熱量，適用於鹽濃度大，即 20,000 ppm 以上廢水。本法之使用範圍，是離子交換法之再生液、電透析法或逆滲透法之濃縮液等，須再進一步由此得再生水；或者那些濃縮液之處理困難時；或者工場內有能源可利用等條件時使用。蒸發，分成常壓蒸發和減壓二種，後者都用急驟蒸發器(flash evaporator)法。

(3)、活性碳吸附法

活性碳用於下水的三次處理，或者再生後尚含有色、臭氣、微量有機物等須除離時使用。電鍍水之不純物幾乎是無機鹽類，不過在脫脂工程所排出的油分、界面活性劑、添加入電鍍液中之抑制劑(inhibitor)中混有界面活性劑及其他有機物等物質之除離，乃須用活性碳。活性碳對無機物幾乎沒有吸附能，不過有些活性碳具有離子交換能，可以對水銀(Hg)等某種無機物作選擇的吸附。

利用以上的作用，廢水經處理後之處理水，再經活性碳塔後之再生水，可以流回電鍍槽之第一水洗工程使用，因為第一水洗工程不大受鹽類的影響。

29-4、廢水中回收有價物質

廢液處理乃是減少廢液中的各種成分含量，因此由廢液中取得的成分，必須盡量考慮其用途，其中以 CN、Cr、其他重金屬等都可以回收，從經濟面看仍以後者為主。

29-4-1、CN 之回收

以 NaCN 之回收敘述於前。

29-4-2、Cr 之回收

鉻有二種情形可以回收，其一是鉻濃度低之廢水，及從鉻濃度高之廢水，前者適用於離子交換法，後者適用於濃縮法。

使用的六價Cr^{6+}，係以CrO_3的各種濃度溶解，和硫酸及其他添加劑並存；CrO_3的濃度約 100 ppm，廢水中的Cr^{6+}通常以CrO_4^{2-}存在，其他之 Cr^{3+}、Fe^{3+}、Zn^{2+}及Cu^{2+}等也存在。如果直接導入 OH 型陰離子交換樹脂，則將污染交換樹脂，因此必須先將它除離。其除離的步驟是先以 NaOH 中和，用過濾機將氫氧化物除離，再以陽離子交換樹脂除離所添加的 Na^+，接著以陰離子交換樹脂除離CrO_4^{2-}、SO_4^{2-}等，使成為純水而循環再使用。

$$2R\text{-}H^+ + Na_2CrO_4 \rightarrow 2R\text{-}Na^+ + H_2Cr_2O_4 \qquad (29\text{-}3)$$

$$2R\text{-}OH^- + H_2CrO_4 \rightarrow R_2\text{-}CrO_4^- + 2H_2O \qquad (29\text{-}14)$$

離子交換樹脂飽和後，分別注入 NaOH 或 Na_2CrO_4 再生。

$$R_2\text{-}CrO_4^{-2} + 2NaOH \rightarrow 2R\text{-}OH^- + Na_2CrO_4(\text{回收}) \qquad (29\text{-}15)$$
$$2R\text{-}Na^+ + H_2SO_4 \rightarrow 2R\text{-}H^+ + Na_2SO_4 \qquad (29\text{-}16)$$

此時回收液 CrO_3 之濃度為 40～46 g/L，經蒸發濃縮成 300 g/L 後，工廠自己使用或賣給其他廠商。如果係由工廠再使用，則液中之 Na^+ 必須除離，仍以通過陽離子樹脂塔除 Na+；回收的鉻酸液，可以直接作為電鍍槽的補充液使用、樹脂再生仍使用 H_2SO_4。

吸附反應：

$$4R\text{-}H^+ + 2Na_2CrO_4 \rightarrow 4R\text{-}Na^+ + H_2CrO_7 + H_2O \qquad (29\text{-}17)$$

再生反應：

$$2R\text{-}Na^+ + H_2SO_4 \rightarrow 2R\text{-}H^+ + Na2SO_4 \qquad (29\text{-}18)$$

29-4-3、回收重金屬

如前述的回收鉻一樣，以離子交換法自電鍍的水洗廢水中，能回收金、銀及各種重金屬。除離子交換法外，利用離子交換膜電透析法、逆滲透法、蒸發法等濃縮回收。也有研究利用 pH 域差，將特定金屬選擇沈澱分離，或使特定金屬形成金屬錯離子，和其他金屬類分離而回收等方法，其中之離子浮選技術，是頗受期待的金屬回收技術。

29-5、污泥處理

　　廢水處理、回收、再生裝置等過程中，多少都會產生污泥。污泥的處理，第一步就是機械脫水，使用的機械有加壓過濾之壓濾機(press filter)、輥壓(roll press)、真空過濾之奧力否濾機(Oliver filter)、帶濾機(belt filter)、離心分離機等。機械脫水脫水的限度是 70～80 %的含水量，這種濾餅無法作為回填用，欲進一步去除水分，必須利用熱處理或冷凍方法。

　　熱處理法，可分為乾燥及燒卻二種。乾燥法，操作到水分 50 %前後的含水量比較經濟，一旦水分過份除離後，必須要考慮到飛塵的除離問題；有時也以更高的溫度處理-燒卻，這是氰廢水以藍青法等處理後，污泥中含有 CN 錯鹽時，必須完全分解使成為金屬氧化物。這種熱處理應注意的是，原本將鉻變成毒性較低 Cr^{3+} 物質，結果經熱處理卻又使它變成高毒性的 Cr^{6+} 物質。

　　冷凍法是用冷凍機將 2～3 %之濃縮泥漿冷凍，再解凍時則金屬氫氧化物的結晶水變少，這是利用結晶形態的變化。

29-6、工場廢水的分析

　　本項包括水質的定義、工場廢水的水質分析、定量分析法等項。

29-6-1、水質的定義

　　在水的所有性質中，除去存在狀態的性質之外，其他有關化學的、物理學的、生物學的性質稱為水質。所以水量的多少、水是動態的或靜態的、在高處的水或在低處的水等都不稱為水質；相對地，染色的水或有臭味等的特徵才叫做水質。基於此，一般水質所指的項目有水的溫度、密度、色、臭、氣味、各種溶存物質、氫離子濃度、氧化還原電位、屈折率、細菌等。

29-6-2、工場廢水的水質分析

　　為有效率地利用水，必須先把握水質，也就是水質分析為不可或缺的要素。尤其考量，水是不斷循環作爲各種目的使用的物質，即使在某一種目的利用之後的排放水，當然也必須要有一定的水質規範，所以法律規定要維持一定的排放水質。其相關的項目，有基準值(最高值、日間平均值)和測定方法；測定方法大都使用物理的、化學的操作方法，包括 CNS、JIS ASTM 等等。

29-6-3、定量分析法

排放水水質的定量分析法，其種類如表 29-3 所示。表中，水質的分析最常用的是比色法，原因是比色法的感度佳、操作簡單、多項試料可以同時進行等爲其特色，而缺點爲精度不如重量法或容量法；重量法精度雖高，但只能適用於成分含量較多的試料，分析也費時間；容量法和重量法一樣，精度高、操作簡單、適合多量試等的好處，但對微量成分的分析困難；原子吸收光譜法的精度高且快速，但設備費貴；氣體層析法，爲有機化合物等的分析不可或缺的方法；離子電極法，是最簡便的方法，最近開發了許多特定離子的分析電極，可以在現場操作非常方便，不過不能分析到很微量是其缺點。(岡部,1983)

表 29-3 分析法分類

分析法	項　　目
比色法	六價鉻、全鉻、氰、有機磷、砷、鉛、鎘、銅、鋅總水銀、酚類、鐵、錳、氟
重量法	浮遊物質(SS)、正己烷萃取物質(油分)
容量法	生物化學的氧需求量(BOD) 化學的氧需求量(COD)
原子吸收光譜法	鉛鎘銅鋅錳
氣體層析法	烷基水銀
離子電極法	氫離子濃度度(pH)

(岡部)

習題

1、電鍍廢水為害之現況為何，詳述之。

2、含鉻之電解廢液如何處理？

3、何謂〔藍青法〕？

4、離子交換樹脂之種類有幾種？其使用之操作法為何？

5、何謂電透析？其原理為何？

6、逆滲透壓法製造純水之基本化學原理是什麼？

7、說明如何回收電解廢液中之有價成分。

8、活性碳作為電鍍廢處理劑之條件為何，說明之。

9、廢水害處理後所副生之污泥亦屬公害物，如何處理說明之。

第三十章　廢水之利用

(下水之三次處理而回收清水)

30-1、緒言

下水的第三次處理，是結合公害防止和資源再生二種機能的實際例，它是社會全體所需求的。水和土地及空氣一樣係不能進口物質之一，即使在同一國內，也不適於遠距離的運輸，基於這種道理，像資源豐富、國土廣大之美國，也重視將海水淡化的問題，並在各地進行試驗大規模的再生水利用技術；而英、荷、南非、墨西哥、智利也進行檢討，尤其南非之 Windhoek 市將都市下水予以再生處理後，送入上水水道系統，這樣可負擔上水道供給量之 30 ％。該市自 1969 年以後就開始運作，當時的處理能力雖然只有 3790 噸/日，為很小的規模，但如果以將都市下水再生為自來水使用，其本身所代表『榜樣』的意義就非常不凡。試看，即使 2001 年代的今天，絕大多數的大都市，每日尚在為大量下水的排水、每日民生用水的供應苦腦，不免感慨無量。

Advanced Waste Treatment (AWT，高等處理，以別於下水的二次處理稱為高等處理)，今日僅以 BOD(bacterial oxygen demand)、懸浮固體(suspension solid, SS)、大腸菌指標等測試已屬不適當，而必須同時關心到其他形態的要素，亦即對生物處理具有抵抗性的有機物(其例之一是清潔劑)、放射性物質、營養物氮(N)、磷(P)…紅潮之原因、病菌、無機鹽類、及熱(高溫水的原因)等，予以關心。基於這種理由，以往普遍使用的下水處理技術，已經到達技術的極限，現在希望出現不拘於形式、以新觀念為出發點的新處理技術、並以此技術提高處理效果，大幅地降低處理的成本，要滿足這些條件的處理技術，就稱為高等處理技術(AWT technique)。

高等處理技術大略可分為，廢水的淨化，即自廢水分離將污濁物質(contaminant)部分和分離污濁物質的終極處置(ultimate disposal) 二部分。現在只就前者的都市下水三次處理(tertiary treatment)予以說明。

30-2、三次處理的必要性及其效果

在 1960 年，當時美國對下水二次處理的定義，其公稱能力規範是除去 BOD 90％、全有機物 80％、浮遊物 90％、硬性清潔劑 50％等，如表 30-1 所示，這些規範也能滿足現在的基準。經過二次處理後下水的平均組成，再和自來水的組成相比較，所增加的濃度數，列如表 30-2 所示，還是有段距離。

但是預測將來的經濟成長、人口增加，所造成污濁負荷量之增大等因素，則僅考量到殘留的污濁物質，其濃度作為基準之想法，是不符合現實的需要，將來必須會要求提高去除率才行。如果從個別污濁種類的性質方面思考，在排水中尚殘留有相當量的氮或磷成分，對水質並非無影響。其實，氮或磷成分會對後端流入的湖泊、海域會造成富營養化現象；殘留在河川中的硬性清潔劑，也會引起河川產生泡沫的困擾；水質著色的問題等，這些都是二次處理無能為力的。

這些不理想的結果，其補救方法，是將高等處理技術之一種或數種組合，接於二次處理之後，提高污濁物質的去除率，而得到高純度的水，可以作為放流、上水道(可飲用)、中水道等種種的目的再利用。也就是首先分離泡沫，除離大部分的硬性清潔劑，並且用凝聚沈澱法，幾乎完全地將懸浮固體除離，接著用活性碳處理除去 BOD 主因之有機物質，最後用電解透析(最近也有用弱酸性及弱鹼性離子交換樹脂處理法)除離無機離子。各種處理方法的除離能力比較如表 30-3 所示，用活性炭吸附處理，除離 BOD、全有機物、浮游物等的能力和電透析法相等，可以獲得高度的水質。

這樣的三次處理後，水質提高很多，即 BOD 去除率是二次處理的 10 倍(二次處理 BOD 去除率為 90％，而三次處理 BOD 去除率為 99%)。

表 30-1 下水二次處理的公稱能力

除離 BOD	90%
除離全有機物	805
除離浮游物	90
除離硬性清潔	50%

(生源寺,1973)

如表 30-2 二次處理後的下水的平均組成

成分	平均濃度 (mg/l)	比自來水增加的濃度 (mg/l)
全有機物	55	53
BOD 物質	25	25
甲基苯磺酸	6	6
活性物質		
Na^+	135	70
K^+	15	10
NH_4^+	20	20
Ca^{2+}	60	15
Mg^{2+}	25	7
Cl^-	130	75
NO_3^-	15	10
NO_2^-	1	1
HCO_3^-	300	100
CO_3^{2-}	0	0
SO_4^{2-}	100	30
SiO_3^-	50	15
PO_4^{3-}	25	25
硬度($CaCO_3$)	270	70
鹼度($CaCO_3$)	250	85
全固形物	730	320

(生源寺,1973)

表 30-3 各種處理方法的除離能力比較

除離項目	泡沫分離法	凝聚沉澱法	吸附法	電透析法
除離 BOD(%)	93	93	99	99
除離全有機物(%)	85	85	99	99
除離浮遊物(%)	92	99	99	99
除離硬性清潔(%)	85	55	95	98
除離全磷酸(%)	30	95	95	97
除離全氮(%)	50	50	55	75
除離溶解性無機物(%)	5	10	15	50

(生源寺)

30-3、在美國高等處理技術(AWT technique)的研究狀況

在美國各州進行的大規模驗試中,其效率和價格受到評價的有:活性污泥法、粒狀活性碳吸收法、生物的磷酸鹽除去法、凝聚沈澱法、化學的一生物的併用處理法、砂層或多層急速過濾法、微清淨(microcleaning)法等。而新的方法有化學的脫氮、電化學的凝聚、NH_3 的電氧化、NH_3、 HNO_3、H_3PO_4 等各種離子選擇的離子交換、限外過濾、逆滲透法、光化學氧化、電弧(plasma arc)回轉式生物接觸(biological contact)法、藥品添加之散水床法及使用純氧(替代空氣)之活性污泥法等等。

30-4、三次處理例及費用

美國最大規模且早期之三次處理,是在加州之 South Lake Tahoe 進行,規模達 5.8 mgd (28,400 m^3/day),處理水以再生(recreation)用流入湖泊。其程序,是受二次處理過(污泥處理)的水,首先在第一工程進行化學處理及磷酸鹽處理,它是在急速混合槽中和 CaO 反應,吸附有機物(或者是有機物和 Ca 成分之化學反應),及將磷酸成分以不溶性 Ca 鹽析出,在凝聚槽中將此沈澱粒子粗大化,使易於沈降,將清淨槽中上澄液分離,分離出的 Ca 成分用離心分離濃縮後,送入焚化爐燒掉有機物,而再生 CaO,循環使用。

一方面將相當鹼性約(pH11)的上層液,由上而下送入第二工程之氨汽提塔(ammonia stripping tower),自下吹入空氣以分散 NH_3。塔下部為中和槽兼沈澱槽,

吹入由燒卻焚化爐出來的廢氣，用其中之 CO_2 中和，Ca 則以 $CaCO_3$ 沈澱，由底部取出。上澄液中之微細 $CaCO_3$ 則在第三工程，以急速多層過濾器，完全除離懸浮固體後，送入第四工程，用活性碳吸附除離殘留的有機物質，最後進入第五工程，用 Cl_2 殺菌、放流。這時各種污濁指標的除離率，如表 30-4 所示，最終水質有相當的理想成果，在當時試算結果，所需費用是$212/mil gal。(生源寺 廷,1983)

表 30-4 三次處理工廠的成果

項　目	除離率(%)
BOD	99.4
COD	96.4
界面活劑	97.9
磷酸鹽類	99.1
浮游固體	100
色度	100
濁度	99.9
Coliform bacteria	100

(生源寺)

習題

1、何謂 [COD]？

2、何謂 [BOD]？

3、水之三次處理是指什麼？

4、從屎尿的廢水製造可飲用的水，你敢喝嗎？為什麼？

5、說明利用石灰除離污水中的磷酸反應、石灰再生的原理。

6、從都市下水道的水處理利用再生水之外，還可以得到何種資源？

第三十一章 廢油之回收及利用

31-1、緒言

隨著經濟的生長，石油的使用量也急速地增加，大企業從電力公司、鋼鐵、造船、化學工廠等，到中小企業之各種工廠，都排出廢油。加以汽車車輛數的快速成長，所用過的潤滑油也以廢油排放，其數量非常可觀。這些廢油，除一小部份經再生業者處理以外，其餘都是任意排放於河川、海洋、陸地等，造成非常嚴重的污染，確實是社會的重大環境問題。

目前，國內的廢油再生處理業者，都是零星的小規模個人公司，不但談不上再生技術，就連設備、立地條件，都不符合最基本的需求，因此處理廢油時就造成新的公害。例如，任意丟棄廢油再生所副生的油渣(硫酸瀝清)等，到處造成二次公害。

以環保的立場，廢油不可以隨意丟棄，所以廢油應該設法往再生利用方面推進，有些則轉申為燃料。當然了，有些廢油除了燃燒以外，別無用處，但是不管如何，必須特別注意的，在處理過程不可以再對大氣、水質造成污染源。

為了不因為處理廢油而產生二次公害，所以需要特別的設備和高度的處理技術。在一個狹窄的學問領域裡內，常有不能解決的問題，但如果由許多領域互相協力，以基礎為立點的技術、將人和環境為一體的考量、以及以開創性的想法等去面對，問題終究是可以克服的。

對於工業以廢棄物排放的廢油，期望廢油的回收、再生用的廢油，都必須有明確的來歷，其量也都能集中，以減少經濟成本。

31-2、廢油之種類

由汽油加油站、計程車業者、巴士大公司、汽車修理廠等所產生的廢油，有潤滑油、剎車油等；由鐵路軌道車輛產生的有潤滑油、剎車油、機械油、洗油等；由各工廠所產生的，有機械油和工作油等。由業種別生產的廢油列如表 31-1 所示。

表 31-1 種別生產的廢油

業　種	廢油的種類
汽油加油站、計程車業者、大型遊覽車業者、汽車修理廠	潤滑油、刹車油
鐵路局、公共交通事業機構	潤滑油、機械油、刹車油、洗油
各種工廠	機械油、工作油

(石橋)

31-3、汽油加油站等之廢油

　　轎車在行駛 5,000 公里後，就得在汽車修理廠換油(潤滑油)。小型車一次換油約需 3 公升、大型車一次換油約須 5 公升、而卡車或巴士車則一次換油約需 10 公升，所以產生和換油量相等的廢油。

　　回收汽油加油站或汽車修理廠的廢油時，要確保品質安定之廢油量。如果廢油中進入多量的水分、混入了多量的清洗油(輕油)等，則將使廢油的脫水工程、蒸餾工程操作等，發生不均衡狀況，而影響製品的收率。尤其，如果混入多量的 B 級重油、C 級重油、動植物油系的廢油等，將使製品的品質惡化，因爲異種廢油在外觀上和汽車的潤滑廢油無法分別，在回收時應特別注意。

表 31-1　回收汽油加油站廢油的性狀例

廢油種	性　質					反應	色調
	比重	粘度(50°C)	引火點	灰分	水分		
	15/4°C	C.st	°C	t%	Vol%		
1	0.8901	30.5	106	0.3	0.15	中性	黑褐色
2	0.8574	7.57	58	0.6	0.25	中性	黑褐色
3	0.8933	44.5	112	0.6	2.0	中性	黑褐色
4	0.8914	40.3	132	0.5	5.6	中性	黑褐色

粘度依 JIS K 2283　測試　　　　　　　　　　　(石橋)

　　表 31-1 是回收汽油加油站廢油的性狀例。由表中的粘度、引火點可以看出，第 2 種廢油中含有洗淨油，粘度才變低，而引火點下降。廢油在貯存中或運輸中，有可能混入雨水。用汽油加油站的廢油作為提煉潤滑油的原料時，必須掌握廢油的巨觀性狀，因為各種不同性狀的廢油，都有不同的設備和不同的精製方法。回收汽油加油站廢油的平均性質如表 31-2 所示

表 31-2 回收汽油加油站廢油的平均性質

水分	比重	粘度 15°C	引火點	灰分	殘留碳	總發熱量	硫分
Vol%	15/4°C	C.st	°C	wt%	wt%	Kcal/kg	%
4.5	0.8931	40.2	130	0.6	1.5	10,780	0.88

(石橋)

31-4、廢油之精製

　　潤滑廢油自油缸車御入油槽前，須先除去夾雜物，在貯槽間加熱靜置，儘量使淤泥(sludge)和水分沈澱分離。精製法，自古有硫酸洗淨和白土處理法，以及岩谷製程(Iwatani Process)之精製法等二種。

31-4-1、硫酸洗淨、白土處理法

　　本方法是利用濃硫酸，以硫酸瀝青形態，除離油劣化所生成的物質，最後再以白土處理而成為精製廢油。

　　每 1kl 的廢油，添加 50～100 kg 濃硫酸，以氣煉(air blow)方式激烈攪拌 1 小時，再慢煉 30 分鐘後，靜置 8～10 小時，由於接觸反應所生成的硫酸瀝青，因重力而下沈底部，為促進硫酸瀝青沈降，必要時可添加石灰或白土。

　　攪拌槽內，要和濃硫酸反應的廢油，必須先除去水分，如果有水分，則會妨礙濃硫酸和廢油中之物質反應，即阻害瀝青(pitch)的生成。再者，水分之存在，將使濃硫酸變成希硫酸而損耗鐵製容器，所以在脫水塔，須降低廢油之水分含量小於 0.1%。

除去瀝青之油稱為酸油(sour oil)，其中尚含有未反應的硫酸、硫酸酯、硫磺酸、遊離炭及微量水分等物質，呈淡褐色。酸油之酸價通常為 0.3 mg KOH/g 程度，添加白土，利用白土的吸附力、中和力及脫色力，使油精製。

如果酸價達 0.7～0.8 mgKOH/g 時，將空氣導入酸油內，用氣煉(air blow)效果使酸價下降後，再導入白土混合槽，混合攪拌且加熱以提高白土的活性後，導入蒸餾塔分離輕質油。

在蒸餾塔內，高溫白土和酸油接觸，促進白土的脫色、中和、吸附等反應；輕質油和加熱用水蒸氣，一起經過多段(plate)之分離塔，自上端排出系外，將它冷卻而分離水和輕質油。

除去輕質油之殘油，則導進奧力否濾機(Oliver filter)除離白土，油則送進減壓脫臭裝置，以去除臭味，最後以壓濾機(press filter)除離微量之固形分。

31-4-2、岩谷法(Iwatani process)

本法是將不易過濾的廢油中的微粒子，利用火花放電的作用而產生凝聚，變成容易過濾的狀態，再經各種精製處理之方法。

(1)、火花放電的使用

空中火花放電之雷電，其放電時間極為短暫，約 0.01～0.001 秒。雷擊的強力破壞力，係將能量在短暫時間內釋放出，這種方法是雷電的主要秘密之一雷電。1964 年開始岩谷公司(Iwatani songyo Co.) 利用此效果於工業，作為工業的生產手段，確立了利用空中火花放電，精製潤滑油廢油，以及製造超微粉末和高純度金屬氧化物等的工業方法。

利用此方法不僅精製廢油，同時使廢油中微粒子(炭質、金屬類、其他等)受放電處理而凝聚，成為容易過濾狀態，其後製程，再依以往的廢油處理法進行。

精製之廢油具有特異臭味，而且在奧力否濾機(Oliver filter)吸引過程中，包含了微量氣泡，而使油的潤滑性或光澤受影響，為提高商品價值，須脫臭氣，其普通的方法是：

(a)、在油槽內以眞空泵除去氣泡及臭氣。

(b)、爲提高脫臭效果，在減壓下將臭氣成分和水分一起除離。

　　　(a)的方法僅能除去氣液境界面的氣泡、臭氣而已，其脫臭、脫氣效果小。(b)的方是將加熱水蒸氣直接吹入油中，使氣泡和臭氣隨伴著蒸氣在減壓下除離，效率遠比(a)法佳。不過此脫臭作用，主要是在油和水蒸氣接觸部分進行，所以除去率乃受水蒸氣量及接觸時間的影響。

(2)、問題點及今後課題

　　　Iwatani process 不用濃硫酸，在實際操作時，淤泥類的自然沈降需較長的時間，不符合生產之經濟性，爲促進淤泥類沈澱加速，乃加入少量的濃硫酸，使用量爲每 1kl 廢油，使用 30kg 的濃硫酸。今後研究開發的重點，是建立不副生硫酸淤渣、廢白土等的技術。

　　　精製油的性狀 Iwatani proces 所得到的精製油其性狀、外觀、臭氣及其他品質等，都較以往的其他精製法好。

31-5、工廠廢油等輕質系廢油之再生利用

　　輕質系廢油含硫較少，故可再生而作爲燃料油用。原料廢油盡量勿加入如 CCl_4 等含 Cl 之溶劑，由油缸車回收來的輕質系廢油，先去除夾雜物後，存於缸中，用蒸餾塔蒸餾廢油。如果廢油中含有水分，則在加熱蒸餾時，會發生突沸現象而損害裝置，故廢油中的水分須低於 0.1%。除水的方法，是先用離心機進行粗分離，使水分降低於 5～6％以下，然後在脫水塔中脫水，使水分低於 0.1％。

　　蒸餾工程，依溫度高低餾出餾分，其順序是輕質油、A 級重油、B 級重油及 C 級重油等四種，分別貯存於槽內。由於含硫量少，發熱量也在 10000 kcal/kg 以上，可作爲中小企業鍋爐用燃料、建物暖氣燃料等使用，這是防止空氣污染最好的方法。

31-6、乳化廢油之處理

油運輸船的壓艙水(ballast)、船舶排出的船舶廢油、鐵工關係的壓延廢油、切削廢油等的廢油，都是呈乳化狀態。

油和水之乳化狀態，是依水分含量、油的性狀、混作狀況、混入後經過的時間等因素之不同而所有差異。有的粒子以 μ 單位分散之水滴、有的以膠體狀物，或是生成含水淤泥，而堆積於槽底等，形態很多，燃料油之性狀粗劣者，呈強固的乳化狀態，水分的除離困難。

油水分離的手段有物理方法、化學方法及兩者併用之處理方法。

31-6-1、靜置分離法

利用油水比重的差異，使油分浮上而分離之方法，最爲便宜的方法。頑固的乳化物僅靜置是難以分離的，本方法的分離效率差，設置面積大爲其缺點。

31-6-2、機械分離法

利用離心機之離心力或衝擊擋板之衝擊力而分離。本方法再配合吸附、過濾等之代表例是 coalesa method，此法對乳化的分離性能十分優秀，不過如果有夾雜物等閉塞物混入時，容易起故障，須特別注意。

31-6-3、過濾分離法

將油分通過用砂、細石、鋸屑等之充填層，或用濾布過濾而分離之方法，本方法容易閉塞，過濾效率差，僅在必要時作爲最終處理使用。

31-6-4、化學的凝聚法

依據乳化的種類，單獨或是併用，添加入 $CaCl_2$、$FeCl_3$、sulfate、海藻酸鈉 (sodium aliginate)，使生成凝絮(flock)，並在沈降過程中使凝絮含油而分離。

再者化學的處理，亦有添加界面活性劑，破壞乳化以分離回收油。界面活性劑的添加量，是廢油量的 1/1000～1/2000，採用界面活性劑時，選定界面活性劑是關鍵所在。其他廣被使用的有微生物處理法，不過本法所副生的產物是污泥，故無法回收油分。

31-6-5、燃料之直接利用

將汽車加油站之廢油直接用於燃料時，須注意下列事項：

(1)、汽車加油站之廢油為高沸點廢油，其燃燒性差，易生黑煙。

(2)、汽車加油站之廢油含較多的灰分，必須考量燃燒廢氣之脫塵處理，飛塵裡含有多量的鉛等有害物質。

(3)、廢油中容易混合入，如 CCl_4、$CHCl=CCl_2$ 等物質，分解時會產生氯系的有害體氣。

(4)、廢油中含有引火點低的揮發質廢油時，須特別注意有引火性的危險。

使用廢油於燃料、廢油之焚燒，必須符合公害防止的法規。例如大阪府規定要焚燒 500～2000 kg/hr 時，必須有旋風集塵器(cyclone)或者和它相等能力的集塵器及排氣洗滌塔之設備。同樣處理 2000 kg/hr 以上時，則該焚化爐必須有電集塵器及排氣洗滌塔之設備。

從環保立場及企業存續的立場，對於廢油之直接使用於燃料，或焚化廢油都必須予以採取強的規制態度。(石橋 渡,1983)

習題

1、以化學技術之立場而言，汽車廢油之處理是簡單的工作，工業化最為困難的地方在何處，說明之。

2、廢油如何精製？

3、說明 [IWATANI process]。

4、IWATANI process 所利用之基本原理是什麼？

5、汽車廢油之直接利用最為簡便，但須注意那些事項？

6、工廠廢油等輕質系廢油如何再生利用？

第三十二章 廢油精製處理及公害

32-1、緒言

在第三十一章有關廢油處理的過程中，會產生硫酸瀝青(pitch)的副產物。潤滑廢油精製時，副生之硫酸瀝青，爲黑色黏稠之半固形物，其性質如表 32-1 所示，該廢油處理過程所副生的廢棄物，如果直接投棄，會導致成爲二次公害源，是不可以的；在處理精製變壓器廢油，製成環脂烴(naphthene)系油時，副生的硫酸瀝青中，含有 60～70 %的硫酸；而一般石腊(paraffin)系廢油精製時，副生的硫酸瀝青也含有 20～40 %的硫酸。

硫酸瀝青含有多量的濃硫酸，用瀝青還原時，會不斷地產生硫氧化物(SOx)。硫酸瀝青爲黏稠之半固形物，燃燒困難且產生大量濃煙及硫氧化物，目前已完全禁止海洋投棄，如果棄置於陸上，硫酸瀝青和土壤反應而產生氣體，滲雜有硫酸瀝青的地盤永遠不安定，下雨時，流出硫酸水會腐蝕植物及附近的建築物基礎。這種瀝青不僅在精製廢油時會副生，當製造新潤滑油時也會副生，故排出量一直在增加。

本章所利用的技術原理，是結合熵、比表面積和酸鹼等的特性。

表 32-1 硫酸瀝青的性質

項目	性質
比重(15/4°C)	2~1.3
動粘度(B 形粘度計)	30°C9,600C.St~14,000 C.St
	50°C6,000C.St~ 8,000 C.St
組成	S 分 8~13%(25~40% 的 H_2SO_4)
	灰分　6~10%
	油分 40~50%

(石橋)

32-2、硫酸瀝青的燃燒裝置

要使黏稠半固形的硫酸瀝青完全燃燒,基本的原則是充分攪拌瀝青,不斷地供給空氣,不使油分或未燃之炭質殘留。

硫酸瀝青的燃燒裝置,長久以來由岩谷化學工業公司所開發。燃燒裝置係由直立型多段燃燒爐改良的,並利用硫酸瀝青的特性而設計,為直立圓筒狀燃燒室,在爐床面堆積硫酸瀝青,用耙狀體不斷攪拌,原料之硫酸瀝青則由爐頂進料,沿著螺旋狀下降送料道,緩慢旋轉往爐底飼料。燃燒用空氣由靠爐床的爐壁,經由前記攪拌耙和旋轉進料臂的多口向下噴射送氣。

32-3、燃燒排氣淨化對策

硫酸瀝青之燃燒排氣,含有高濃度之 SOx 不可以隨意排出,必須先經過苛性鹼溶液之濕式法吸收、洗淨除離。排氣中 Sox 的含量高達 7,000～10,000 ppm,如果要中和它,需要相當多量的苛性鹼,從經濟性考量,硫酸瀝青在燃燒之前,先以石灰中和後再焚燒,這樣可以獲得理想的效果。經由實際測試的結果得知,先用石灰中和後再燃燒,和未中和而直接燃燒二種方法相比較,空氣中的SOx 量,前者減少了 90％。即加入 30％的 CaO 混合,中和後再燃燒之 SOx 濃度,約為原來的 1/10,僅 700～1,000 ppm 而已。

瀝青加入 CaO 後,85％的硫分和 CaO 反應,生成 $CaSO_4$ 而被固定。這些被固定的硫分,在加熱溫度高於 800°C時,$CaSO_4$ 則開始分解而放出 SOx。據實際測試結果得知,在 900°C燃燒會放出 13.4％的 S 分子;加熱到 1000°C時,放出 36％的 S 分子,因此燃燒爐內的溫度應保持在 800°C以下,以免固定的 S 又被釋放出來。

32-4、CaO 添加對硫酸瀝青燃燒的影響

燃燒時硫酸瀝青中的硫酸成分被分解,此時奪取分解熱。H_2SO_4 之分解熱 $(H_2SO_4 \rightarrow 2H + 1/2O_2 + SO_2 \cdots\cdots 763$ kcal/kg)是 763 kcal/kg。而水的蒸發熱是 539 kcal/kg,故 H_2SO_4 分解時,需要比水的蒸發熱更大的熱能。硫酸成分的含量,不管

是 30～40 %或 60～70 %的硫酸瀝青，都難予燃燒之事實，由此可以理解。

如果 CaO 和 H_2SO_4 反應生成 $CaSO_4$ 後，燃燒時 $CaSO_4$ 不會奪取反應熱，因此容易燃燒。不過，由於硫酸瀝青中的硫酸成分增加之後，油分相對地變少，所以要燃燒硫酸成分多的硫酸瀝青，必須補充廢油，作為燃燒的補助燃料。

32-5、廢白土之處理

廢油精製過程之副生廢白土，含有約 4 %前後的油分，投棄時必須先除掉油分，其方法有：

(1)、用溶劑抽出油分，再生白土及回收油分。

(2)、焚燒含油白土中的油分。

(1)的方法之設備費及各項經常維持費大，須考量回收油的附加價值，然後決定採用與否。此法之再生白土，雖然可以重複使用，但是白土的活性如果失效，則須作廢。(2)的方法，白土是含油物，能予以焚化，也是(1)的方法是白土最後作廢時之必要處置的方法。

含油白土不含水分，發熱量達 3000 kcal/kg，故可以自燃。白土的粒小於 100 μ，比起石炭系之粉體燃料，其流動性差得多，須使用旋窯(rotary kiln)或直立式多段焚燒爐處理。這種爐的設備費不但大，而且須長時間的燃燒，也有和廢油混合成為泥漿(slurry)狀，再利用高壓噴霧法，使成為微粒化後焚燒。

廢白土焚燃時特別須注意的是，白土塵粒之飛揚問題，必須考慮排氣的塵粒除離。

32-6、硫酸瀝青加生石灰加廢白土之焚化

要防止廢白土焚化時塵粒飛揚問題，以添加硫酸瀝青混燒最為有效，即硫酸瀝青和 CaO 中和後，加入廢白土焚化，白土粉飛揚量，可以降低到原來的 1/10 以下。

32-7、廢油的焚化爐

　　焚化含水的廢油時，不必徒然先行水和油的分離，因為分離後的水，其處理在技術上會有困難。焚化含水的廢油，由於處於可自燃程度的狀態，以低熱量焚化，反而可以維護爐的壽命。在燃燒後的排氣，也要處理，以免造成空氣污染。

　　含水量 10 ％以下的廢油，有利於比較簡單的爐具(burner)的使用，例如用噴霧燃燒、點滴燃燒、爐床燃燒等通常的焚化裝置焚化。有關含水量，高達 10 ％以上廢油之焚化，則利用最近開發的技術，介紹如下。

　　廢油的含水量提高之後，廢油愈難連續燃燒。例如，在燃燒室內的爐床部滯積了廢油，當從爐外送進的燃燒用空氣，要在爐床燃燒廢油時，由於廢油中的水分，受熱變成蒸氣而飛散，廢油表面被水蒸氣所被覆，阻礙了空氣和廢油之接觸，因而要繼續燃燒比較困難。這種現象，水分愈多愈明顯，而使火無法著燃。

　　使用通常的重油焚化爐，在爐壁設置燃燒器燃燒含水廢油是非常困難的。也就是說，燃燒器燃燒時，油和水以斷層而噴霧，燃燒呈斷續或停止狀態，如果將含水廢油在燃燒前予以加熱時，這種傾向會更為明顯。水分均勻地分散之含水廢油，比水分不均勻分散物較易燃燒，但僅以爐之噴霧程度，要維持連續燃燒是困難的；最近開發了高速旋轉爐(high speed rotary burner)，可以使含水的廢油，呈微細粒子狀噴霧而燃燒。

　　其特色是在燃燒室的中心部，將含水廢油噴霧燃燒，即由燃燒室之爐床面上，由多處的噴出喞筒所噴出的一次空氣，使油變成微細狀油滴；一次空氣的噴出力，使油滴和爐壁衝擊，藉衝擊力使油滴更微細化而成為霧狀，隨著從爐壁進來的二次空氣，促使火炎以螺旋狀旋轉，因此提高了廢油和空氣的接觸機會、廢油微細化、水分的蒸發，最後促進燃燒反應的效果。廢油在中心部呈霧狀而細分散化，及廢油各粒子急速地自周圍吸收熱量，放出水分變成容易著火狀態。再者，單位重量油的表面積變大，有效且適切地使油和空氣接觸，而維持了連續且安定的燃燒。

32-8、燃燒排氣之洗淨

在 1000～1200°C燃燒廢油，幾乎可達反應的熱平衡，不會殘留有機物質、碳黑等，可以達到無煙、無臭之完全燃燒；但是廢油中，由於灰分而引起排氣塵粒的問題，以及 SOx、Cl、HCl 等有害氣體之產生，須予以洗淨。

塵粒可用旋風(cyclone)或電集塵器處理，而 SOx、Cl、HCl，則用 NaOH 溶液等洗淨。(石橋 廷,1983)

習題

1、廢油處理過程所副生之硫酸瀝青係公害物質，要如何處置？
2、硫酸瀝青為什麼不能用燃燒法處理？
3、硫酸瀝青為有機物，為何比水更難燃燒？
4、硫酸瀝青要焚化時，其前處理要怎麼做？

第三十三章 廢酸、廢鹼資源化之展望

33-1、緒言

酸和鹼的消費量隨著工業的發達而增大，這些物質使用後的廢棄和處置已成為問題。廢酸、廢鹼不像屎尿、垃圾、汙泥、廢油、廢塑膠等類之廢棄物，它是種高危險性物質，同時也是回收可能的物質，非但在公害防止上，即使以消費者立場而言，如果予以回收再利用，都是十分合算的。

大的公司如鋼鐵公司等，早已在做廢酸回收、利用的工作，其經濟效益也都十分合算。業者必須先把目標的廢酸，要還原到何種濃度、何種純度，做通盤的研究，然後才決定採購所必要的設備，進行回收。酸、廢鹼資源化的工作在經濟上絕對是合算的，同時可以兼顧公害防止的目的。

33-2、以組合廢酸、廢鹼之廢液處理

用化學的方法處理廢水時，一般使用的凝聚劑有無機鹽之硫酸鋁、$FeCl_3$、$FeSO_4$、$Fe_2(SO_4)_3$、Na_3AlO_3、$(AlCl_3)n$ 等，而鹼則使用 Na_2CO_3、$NaOH$、$Ca(OH)_2$ 等，然而目前有不少的例子利用廢酸、廢鹼，作為廢水處理時的凝聚劑、中和劑、氧化還原劑等使用。

例如，不久以前製造乙炔氣的電石工廠，副生大量的電石礦渣無法丟棄，有腦筋動得快的人將它收購，然後賣給產生廢酸的業者使用，作為酸洗廢液的中和劑，賺了不少錢；再者，在酸洗工程中排出的廢棄鹽酸($HCl + FeCl_2$)，被氯化亞鐵的業者收購，作為製造磁鐵粉的原料。現在已經知道，各種錄音、錄影帶所需要的磁鐵粉，以酸洗廢液所製造的磁性氧化鐵粉，具有最佳的性能。使用酸洗廢液($H_2SO_4 + FeSO_4$)於電鍍工廠，作為還原鉻酸廢水或是氧化分解氰廢液；利用電石廢渣作為凝聚劑的例子非常多。

廢酸、廢鹼似乎已以某種的型態回收使用，其實從整體上看，只是一小部分而已，就資源化和公害防止的立場，必須積極推動回收利用。

33-3、廢酸的回收

原材料及間接材料在製造過程中，多少會有損失、減少，這些損失的材料如果混入排放的水中，則成為公害源，同時也對製造業者造成經濟上大的損失。

尤其是廢酸、廢鹼，因公害問題而作中和處理再放流，在經濟的觀點上，確實是負面的作用，加以目前回收廢酸、廢鹼的裝置已經實用化的情況下，回收原材料再利用，必須是首要的考量，因為這是資源化及公害防止之最佳手段。廢酸回收法有下列之處理法。

33-3-1、用冷卻法回收廢酸

自酸洗槽排出 $30 \sim 50°C$ 的廢硫酸，予以冷卻到所要的溫度($0 \sim 5°C$)，使 $FeSO_4$ 析出。冷卻時將低溫的回收硫酸和廢硫酸進行熱交換，而用水及濃硫酸調整回收硫酸的濃度，再還原到酸洗工程使用。

33-3-2、以蒸發濃縮法回收廢酸

利用真空蒸發裝置是廢酸、廢鹼的回收方法之一。利用蒸發加熱的真空蒸發，是今日一般使用的化學工業設備，為有效的蒸發濃縮方法。

真空蒸發係在減壓條件下蒸發的意思，不過蒸發濃縮法真正的好處，是降低蒸發液的沸點，提高蒸發液和加熱蒸氣間的溫度差；另一方面可以使用低壓蒸氣，作為加熱蒸氣。這樣的構想是開發真空蒸發裝置之基礎。

真空蒸發裝置，由於蒸發缸的段數及循環方式之不同，有單效用蒸發裝置、自然循環式多重效用蒸發裝置、強制循環式多重效蒸發裝置、自己蒸發壓縮式二重效用蒸發裝置等之區分。從熱的重復使用的經濟觀點上說，多段式蒸發裝置有它的利點，即從第一蒸發缸除離的蒸氣，用來加熱第二蒸發缸，這樣可以使用到第四個蒸發缸；為使各蒸發缸得到必要的溫度差，則必須順序提高各蒸發缸的真空度。

多段式蒸發缸的建設費，差不多和段數呈正比，而運轉操作經費則和段數成比例減少。

33-3-3、利用熱分解爐回收廢硫酸法

在石油精製、潤滑油製造工程、2-甲基丙酸甲酯(methyl methacrylate)製造工程、及其他化學製品製程所排出的廢硫酸裡，含有氨鹽及若干的有機物。利用熱分解爐，回收硫酸的回收工程，是用熱將 H_2SO_4 及氨鹽，熱分解成 N_2、H_2O、SO_2 氣體；再將 SO_2 氧化成 SO_3，繼用水或硫酸吸收 SO_3，而製造濃硫酸或發煙硫酸。正確地控制由分解爐排出的氣體溫度、滯留時間、氧量等，可使氨含有量之98%以上，分解成 N_2 及水，這是新的製程方法。

(1)、製造異丁烯酸甲酯 (methyl methacrylate) 時廢硫酸之回收利用法。

  (a)、處理的方法

      現在用丙酮合氰化氫法(Acetone cyanohydrin method)製造異丁烯酸甲酯(methyl methacrylate)的方法已經工業化，其步驟是經合成丙酮合氰化氫工程、醯胺化工程及酯化(esterification)工程等程序，然後分離精製。

      在醯胺化工程，使用多量的濃硫酸，以致廢液中含有 10～20 %的硫酸、35～40 %的酸性硫氨 NH_4HSO_4、約 10%的丙酮二磺硫銨 (ammonium acetone disulfonate $(NH_4SO_3H_2C)_2CO$)、數%的高沸點有機聚合物及其他有機物等。在分解爐和燃料一起燃燒，而分離之廢硫酸，有下列之反應：

$$H_2SO_4 \;\rightarrow\; H_2O + SO_3 \qquad\quad -\triangle H_1 \qquad\qquad (33\text{-}1)$$

$$SO_3 + C + O_2 \;\rightarrow\; SO_2 + CO \qquad\quad \pm\triangle H_2 \qquad\qquad (33\text{-}2)$$

$$NH_4HSO_4 \rightarrow NH_3 + H_2O + SO_3 \qquad \triangle H_3 \qquad (33\text{-}3)$$

$$NH_3 + O_2 \rightarrow N_2 + H_2O \qquad + \triangle H_4 \qquad (33\text{-}4)$$

$$(NH_4SO_3H_2C)_2CO + O_2 \rightarrow N_2 + H_2O + SO_2 + CO_2 + CO_2 \quad \pm \triangle H_5 \qquad (33\text{-}5)$$

$$C(炭化物) + O_2 \rightarrow CO_2 \qquad + \triangle H_6 \qquad (33\text{-}6)$$

$$CnHm(燃料) + O_2 \rightarrow CO_2 + H_2O \qquad + \triangle H_7 \qquad (33\text{-}8)$$

$$air(O_2\ 21\ \%,N_2\ 79\ \%) - O_2 \rightarrow N_2 \qquad (33\text{-}9)$$

　　　經此反應的結果，廢硫酸分解生成 SO_2、CO_2、H_2O、N_2 及在爐溫呈平衡之微量 SO_3；在分解還原時，管理溫度、O_2 量、滯留時間等因素，可抑制未分解的 NH_3 及 NOx 之生成；最後將分解的氣體導入硫酸製造工程。這時除了氣體或液體燃料之外，如果同時使用硫化氫、硫則可得更好的結果。

　　　利用回收鍋爐的廢熱，產生工廠用蒸氣，也可以替代既存的鍋爐。利用廢熱鍋爐，回收分解的高溫氣體的熱能後，再經冷卻、洗滌、去除微塵及乾燥、導入轉化器，將 SO_2 氧化變成 SO_3，最後是加水製造發煙硫酸、濃硫酸等的工程。

　　　硫酸的製造工程中，所排出之廢氣，尚含有微量 SO_2、SO_3 及 H_2SO_4 微粒等，它的處理方法，是用氨洗滌，使 SOx 濃度低於 200 ppm 後 由煙囪排放。

(b)、回收裝置的構成

　　　本裝置由分解爐、廢熱回收鍋爐、氣體冷卻塔、洗滌設備、硫酸製造設備、廢氣體洗滌設備等所構成。

(2)、以分解硫氨製造硫酸的方法

　　　用熱分解爐法，將硫氨和廢酸兩者同時，或者單獨分解硫氨，可以回收新的硫酸。在 1000°C的條件下進行下面之反應。

$$(NH_4)_2SO_4 + O_2\ -21.8\ Kcal = 4H_2O + N_2 + SO_2 \qquad (33\text{-}10)$$

分解所需的燃料,除了含有多量灰分的煤之外,重油、天然氣、H_2S 等都可以使用。

33-3-4、以熱分解爐、回收廢鹽酸之方法

將廢酸以噴霧狀送入熱分解爐,由熱風爐送來的高溫熱風($1100°C$),以流動渦流狀態相接觸,使 $FeCl_2$ 分解成 Fe_2O_3 如下式的反應。

$$2FeCl_2 \ + \ 2H_2O \ +1/2\ O_2 \ \rightarrow \ Fe_2O_3 \ + \ 4HCl \qquad\qquad (33\text{-}11)$$

所生成之 Fe_2O_3 微塵以旋風(cyclone)及柯缺爾(cotrell)集塵器收集,並將 HCl 氣體導入吸收塔,和水接觸直接冷卻吸收反應,而回收鹽酸;在回收過程所發生的排氣,則用洗滌塔洗滌使成無害化。

33-3-5、以離子交換膜回收廢酸

透析法是利用濃度差的分離製程,它的歷史已經很久,例如利用膀胱膜精製膠體、利用玻璃紙精製疫苗等,都是以流水透析法為主流,分離膠體和低分子化合物,而離子交換膜的透析,則可以分離酸和鹽類。

處理的原理是將離子交換膜垂直排列,交換膜之間則交互流通水和酸液,酸透過膜而移動,最後回收酸。

33-4、鹼廢液其處理及回收技術

鹼廢液的範圍非常廣,各種廢水的成分也都不相同,各有各的處理方法,無法用一般的處理方法涵蓋說明,所以這裡選擇,工業上產量最為大宗的尼龍製造工程為例,說明有關鹼廢液的處理和回收技術。

33-4-1、鹼廢液的處理方法

當考量處理鹼廢液時，由於處理目的或其工廠的立地條件，有種種方法可供選擇。

以防止公共用水污濁為主要目的，或是為確保水源而再生循環使用為目的，其處理方法將有很大的變化；如果再考慮到，回收廢液中物質的價值問題，則方法更是變化多端。

當考量內醯胺製程所排出鹼廢液的處理時，由於量並不很多，對於用水的再生利用，可以不必考慮，所以通常首要的目的，是把重心放在如何防止公共用水的污染，進而著眼經濟性有價值物質的回收。想到回收有價值的物質，則殘留廢棄物必定是非污染物質，所以應當特別小心，不要有二次公害的產生。回收的物質價格有時會變動，會和當初預期的不一致，所投資的金額無法回收的情形也有可能。既然已定名為廢液，則用簡單方法可以回收的有價值物質，早已分離出，進一步重復回收時，必須使用特殊的技術，或者投資相當的設備。

如果要除離目標物質的濃度相當高，而且具可燃性，其燃燒時不會產生二次公害，回收時則當然考慮，用燃燒回收熱能。

由環己烷(cyclohexane)經環己酮(cyclohexanone)、(oxime oxidation)、具克曼重排作用(Beckmann rearrangement)最後得內醯胺的方法，為全世界製造內醯胺技術的主流。其中將環己烷以空氣氧化，成為環己酮(cyclohexanone)的所謂『直接氧化法』，會產生鹼廢液。此外，己二酸(adipic acid)是製造66尼龍單體或可塑劑的原料，它的製造中間體環己醇、環己酮混合物也是用『直接氧化法』。這些製程的鹼廢液，係含焦碳狀物質濃度比較高，如果直接排放會導致提升水質的氧需求量和pH；同時焦碳物質為懸濁、褐色、不透明，在水質中也有妨礙陽光透過等性質，因此這種廢液必需進行處理。

『直接氧化法』的反應過程裡，想選擇地只得到環己醇、環己酮的目的物是困難的，因為受高次元的氧化作用，主鏈切斷後會產生各種酸類的氧化物，副生的酸再和環己醇生成酯(ester)類。

前述內醯胺之製造，主要經由氧化環己烷，而得環己醇(cyclohexanol)和環己酮

(cyclohexanone)混合物，副生的酸則和目的物之環己醇(cyclohexanol)結合生成酯。為提高酯的加水分解以利收率、容易精製起見，通常用 NaOH 或 Na_2CO_3 將反應液鹼化；鹼化後，反應液變成油相之環己酮，導往製造工程，而水相則是現在要討論之鹼廢液。

生成的鹼廢液，除了水和少量氫氧化鈉之外，還含有己二酸、戊二酸(glutaric acid)、己酸(caproic acid)、吉草酸(valeric acid)、含氧酸(oxy acid)、氧代酸(oxo acid)等多種類有機酸的鹽類，其他也含若干鹼化的酯類、內酯(lactone)類等，其組成如表 33-1 所示。

像這些組成的鹼廢液，雖然沒有什麼毒性，不過由於極高的 COD、BOD、強鹼性、褐色、且含有懸濁物，必須做適當的處理。

表 33-1 鹼廢液的組成

成分	組成 (%)
有機物	15~35
氫氧化鈉(換算)	10~15
水分	50~75

(關谷,1973)

33-4-2、內醯胺(lactam)鹼廢液處理的可能性

要處理鹼廢液，有二個方向可以考慮，(1)、是用中和法、過濾法、活性污泥法等方法，經處理後廢棄；(2)、是用濃縮、燃燒、回收等操作，將液狀或固形廢棄物消除之方法。前者的方法，其消除公害的目標是：

(1)、pH 之調整。

(2)、去除須氧物質之有機化合物。

(3)、去除色及濁物。

這三個項目互相關連，必須以整體考量，比如，用無機酸中和鹼時，有機酸會以臭氣釋出，必須設法防止臭氣公害。防止臭氣公害，要用某種方法除離有機酸，如果能將大部分的有機酸去除，則 COD、BOD 會降低，同時也會解決色和懸濁物

的問題。去除有機物，最有效的方法，是利用活性污泥法等微生物的方法，不過由於廢液的氧需求量非常大，需要龐大的設備；同時產生，污水處理、淨化後累積的剩餘污泥，會成為二次公害。基於這樣的結果，下水處理的方法，並不算是理想的方法。

另一種的方法，為長久以來作為有價物質的回收、燃燒回收熱能、將液體或固體消除等的方法，在紙漿工業已實施多年。內醯胺鹼廢液的情形，有很多地方和紙漿工業所用的方法類似，所差異的是廢液的性狀、內醯胺製程之不同回收質也不一樣而已。

內醯胺鹼廢液之特色，是不含硫或氮化合物，無機化合物僅鈉而已，其他全部是炭氫化物的氧化物，所以一旦回收了鈉化合物，則除了燃燒排氣之外，幾乎無其他的廢棄物。當然了，排氣中由於無 SO_2 或 NOx，所以無大的空污染問題。另外之特徵，是廢液含有六炭以下之有機化合物。

基於這些的特徵，廢液可以全部燃燒，也可以先回收有價值的物質後，再將殘留物燃燒。這樣非但可以解決公共用水的污濁問題，同時也可以有效地，利用有價值物質或熱能，分別說明如下。

33-4-3、 廢液燃燒法

內醯胺鹼廢液為含數拾百分點的有機物，比較濃的水溶液，要直接作穩定繼續之燃燒比較困難，通常濃縮到固形物析出的程度，以利燃燒，或者燃燒爐中送入若干的補助燃料。由爐出來的高溫氣體，用鍋爐將其熱能轉變成蒸氣，減溫之氣體經除塵後，由煙囪排放於大氣。自爐底回收含有若干 Na_2O 之 Na_2CO_3，將它燃燒或苛性化，變成 Na_2O 也可以直接使用。

33-4-4、 有機化合物之回收法

前記內醯胺鹼廢液，含有許多環己烷之高次氧化物，如己二酸、戊二酸、己酸、氧代酸、含氧酸等多種類之有機酸、鹽類、內酯類等等，自此廢液分離出 ε -含氧己

酸(ε-oxycaproic acid)或己內酯(caprolactone)為主要目的，而副產物則可以得到己二酸。回收方法，有許多的提案，不過這些方法對於己二酸之收率不佳，或是說它所得到的結晶純度低，缺乏實用的價值。

宇部興產(株)開發了，自鹼廢液回收芒硝及己二酸。本法是巧妙地利用物性之微妙差異性，即以希硫酸中和鹼廢液，使含芒硝之水相和焦油(tar)相分離；而在芒硝水溶液中之己二酸或其他之有機物，則以有機溶劑萃取，再將萃取液經濃縮、晶析等手續而得到己二酸；將母液之溶劑蒸餾後，可以回收ω-連氧基(ω-oxy)酸成分。由此衍生種種的有機化合物，例如加氫精製成 1,6-己二醇(1.6-hexanediol)。另一方面，自芒硝水中晶析無水芒硝，而焦油相有 7000 kcal/kg 之燃燒熱，可以作為燃料油使用，也可以再回收，其他有價的物質。(橫山、關谷,1973)

習題

1、廢酸、廢鹼之收集時必須分別而不可摻混於一處，說明其理由？

2、用中和法處理廢酸或廢鹼，最常用的藥品有那些，列出說明之。

3、用溫度之調節可以回收廢酸的例子有那些，說明之。

4、蒸發濃縮法回收廢酸時，為什麼要利用真空及多段式蒸發缸，詳細說明之。

5、在什麼狀態條件下，利用加熱分解法有利於廢酸之回收？舉例說明之。

6、製造尼龍合成 lactam 時之鹼廢液含有許多有機化合物，試考量各種條件討論其處理的方向。

7、有關 lactam 鹼廢液之回收有價成份，宇部興產開發的方法為何？

第三十四章 電池

34-1、緒言

電力在今日經濟社會裡是不可或缺的重要能源。電力的來源，除了利用位能的水力發電、燃燒的火力發電、核分裂的核能發電等固定電源供給電力之外，尚有利用化學能的電池，也就是可攜帶式的電力能源。

由於電子產品日益發達，尤其通訊器材和筆記型電腦的普及；利用化石能源作為動力的汽車，由於環境污染和化石能源將枯竭的問題，更換成無公害電動汽車乃必然的趨勢，使電池的需求將更加殷切。如此一來，不但電池的需求量直線上升，同時對輕、薄、短、小和高性能化的要求，更是迫切。換言之，隨著時間的推移，電池的重要性將與日俱增，應用化學家可以研究開發的發揮空間，也就相對地變大。

化學電池係由兩個半電池(即一個氧化半電池和一個還原半電池)所構成。這種概念已經說明過，例如在第二十四章的 pH 和離子控制之應用，檢測溶液的 pH 時，須用測試電極和參考電極，構成一電池的迴路才能執行；在第二十七章的防蝕技術，也明白地指出腐蝕現象是電池的一種(取出電子的負極和注入電子的正極所構成)。

本章將就一次電池(primary battery)、二次電池(secondary battery)、燃料電池(fuel cell)和太陽電池(solar cell)等四項，予以說明。

34-2、電池的分類

從電池的發電原理，可分為物理電池和化學電池；以電解質的形態可分為乾電池、濕電池、注液式電池等三種。

構成化學電池的兩個半電池有二種情形，由二種不同的電極和一種電解質所構成，或者由二種同樣的電極和二種不同的電解質所構成，所以電解質在化學電池裡扮演著重要的角色。電極和電解質之間進行化學變化，這種形態的變化使化學能和電能往一方向、或能互相交換的系稱為電池(battery or cell)。化學能和電能可以互相變化的電池稱為可逆電池,又稱為二次電池;而化學能只能單向變為電能的電池,稱為不可逆電池,又稱為一次電池。電解質通常屬於腐蝕性化學物質,為便於攜帶及安全,將電解質用其他物質吸收,或製造成糊狀的固定狀態,可以避免電解質濺漏流出,這種電池稱為乾電池(dry cell)。一次電池最為代表性的是錳乾電池(zinc-carbon cell,或稱為 Leclanche cell),而二次電池之鉛硫酸電池,廣用於汽車、機車,也稱為蓄電池(accumulator storage battery)。

　　電池的性能好壞常以能量密度表示,每單位重量的電池能輸出多少電力,即用每公斤多少瓦特小時 (Wh/kg)表示。電池的總能量則以安培小時(Ah)表示。

　　各種電池的能量密度的比較如表 34-1 所示。

表 34-1 各種電池的重量能率的比較

電池名稱	能量密度(Wh/kg)	電壓 (V)
燃料電池(氧氫)	1207~1452	1.23
燃料電池(聯胺)	283~353	1.56
水銀電池	91~100	
錳乾電池	20~52	1.5
鹼性乾電池		1.5
鉛蓄電池(可充放電數百次)	32~52	2
鎳鎘蓄電池(可充放電數千次)	15~40	1.2
鎳氫電池		1.2
鋅空氣電池	180~230	
鋰電池(可充放電)	30~80	3.7
太陽能電池		4.2
放射性同位素電池	0.42~170W/g	

(齊藤)

　　市面上販賣的一次電池,有錳乾電池、錳鹼性電池、氧化銀電、鋰一次電池、水銀電池等五種,用完就丟棄,這種電池價格便宜但市場大。全球的一次電池市場幾乎由日本獨佔。

由於高科技產業的發展及環保意識的抬頭,具有回收重覆使用、高效率、高穩定性、高能量密度特性的二次電池,將是潛力無窮的產品。

34-3、一次電池

一次電池,以錳乾電池(carbon-zinc primary battery)、水銀電池(mercury battery)和鹼性乾電池(alkaline primary battery)為例,說明如下。

34-3-1、錳乾電池(carbon-zinc primary battery)

乾電池的構造如圖 34-1 所示,電池的中央有一根碳棒的陽極,在碳棒的四周充填有減極劑。減極劑,係由二氧化錳和碳黑的混合物所構成,此混合物用電解質濕潤;碳黑的功能是降低二氧化錳的內部電阻;在減極劑的外週,有由糊化劑和電解質所形成,像澱粉糊的泥膏狀電解質,該電解質和以鋅為主成分的鋅罐接觸。

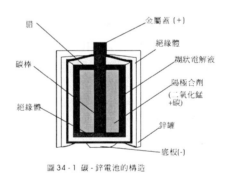

圖 34-1 碳-鋅電池的構造

電池的機制差不多和伏特電池一樣,鋅原子溶於氯化氨溶液而變成二價鋅離子,將二個電子給了鋅極,如式(34-1)示。溶於氯化氨的鋅離子和氯化氨結合變成 $[Zn(NH_3)_2]Cl_2$ 而產生二個氫離子 H^+;這樣的氫離子就和負極傳來的二個電子作用後,原本應該變成氫氣使正極帶正電,但是由於被氧化劑的二氧化錳氧化,因此變成水分子,完全抑制分極的作用。其反應式如式(34-2)所示。

$$負極 \quad Zn \longrightarrow Zn^{++} + 2\,e^- \qquad (34\text{-}1)$$

$$正極 \quad 2H^+ + 2MnO_2 + 2\,e^- \longrightarrow Mn_2O_3 \cdot H_2O \quad (34\text{-}2)$$

一個乾電池的出力電壓,約 1.5 伏特。不同於鉛蓄電池,乾電池不適於輸出大於一安培以上的電流。如果以大電流輸出時,電池的化學能不但無法全部取出,反而會提早結束電池的壽命。稍為變暗的手電筒隔夜放置,翌日可變為明亮的經驗告訴我們,乾電池有復活力的特性。因此乾電池是適用於偶而使用,而且不需要大電流的機器。

最近電池改良的地方有:用活性度優秀的電解二氧化錳替代天然的產品;為使二氧化錳的充填量增大,改良內部構造;以及防止漏液的措施。

乾電池即使放著不用,由於自己放電,經過長時間後也會失效。在保存時,須特別避開高溫或濕度高的地方,通常可保存 1~2 年,高性能的電池甚至可以保證存放三年。

34-3-2、水銀電池(mercury battery)

水銀電池係於 1884 年由美國的克拉克所發明。其構造是用氧化第二水銀作為陽極,以鋅作為陰極,電解液使用苛性鉀溶液。

水銀電池最初的用途,是作為第二次世界大戰軍用通信機的電源,最近以小型的特徵,廣用於助聽器、手錶、照相機等。水銀電池可以長時間連續使用,其電壓可以維持一定不變。水銀電池因為使用水銀化合物,所以價格稍為貴些。

鈕扣型水銀電池的構造如圖 34-2 所示,中央凸出蓋部分的下方是鋅負極,此部分只加入些微的水銀和鋅粉,擠壓成型;在其下方,使用能耐強鹼的纖維吸收苛性鉀溶液,或者將電解液製成果凍狀置於此處;其下方,用一張多孔性隔離膜和正極混合劑相隔離,正極混合材係由碳粉和氧化水銀的混合物所構成。碳粉能提高導電性,而氧化水銀的功能是作為減極材。全體用鋼容器密封,蓋的部分為負極,而容器本體就成為正極,這種構造的水銀電池和錳電池相比較,其正負極剛好相反,使用時須特別注意。

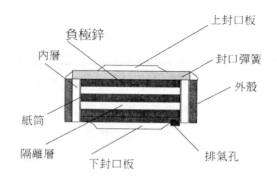

圖 34 - 2 鈕扣型水銀電池的構造　(D. Lind)

隨著電流的流動，在陰極的鋅氧化成為氧化鋅，其體積會稍為膨脹，但對內部電阻的增加並不明顯；在陽極的氧化水銀還原成水銀，體積會收縮，生成的水銀有導電性，可以使部分的電阻降低。全部的反應如式(34-3)和(34-4)所示。

$$負極 \qquad Zn + 2OH^- \longrightarrow ZnO + H_2O + 2e^- \qquad (34\text{-}3)$$

$$正極 \qquad HgO + H_2O + 2e^- \longrightarrow Hg + 2OH^- \qquad (34\text{-}4)$$

從反應式可知，在負極消耗氫氧離子，但在正極再形成氫氧離子，結果苛性鉀的電解質並無變化。這種電池比普通的乾電池更能耐低溫、高溫。

鋅和氧化水銀的量依反應式的比例封入電池內。鋅和苛性鉀反應會產生氫氣，其防止的方法是填加些微的水銀於陰極的鋅。更進一步防止氫氣的方法，是預先將氧化鋅溶解於電解液使達飽和；設置排氣孔可以排出氣體。

電池的排氣孔，只能對緩慢產生的氣體有效，所以使用過的電池，如果丟入火中將會爆炸。加以，苛性鉀的電解液為危險藥品，水銀也是毒物，不可讓小孩分解電池。

34-3-3、鹼性乾電池(alkaline manganese primary battery)

　　水銀電池有種種的好處，唯一的缺點，是使用水銀化合物，所以價格昂貴。將正極材料的氧化水銀，用二氧化錳取代的電池，就是鹼性乾電池。鹼性乾電池的特徵有：保存性良好、電容量為錳乾電池的數倍、可連續放電但電壓不會降低、有的可以充電、在最初的輸出電壓(約 1.5 安培)降至 1.1 安培以前充電，都可以恢復到原來的電壓等等。鹼性乾電池的價格，介於錳乾電池和水銀電池之間，是目前最有人氣的乾電池。

34-4、二次電池(secondary battery)

　　二次電池，以鉛酸蓄電池(lead-acid battery)、鋅空氣電池(zinc-air secondary battery)、鎳鎘蓄電池(nickel-cadmium secondary battery)、鎳氫電池(nickel-hydrogen secondary battery)、鋰電池(lithium battery)等五種為例，說明如下。

34-4-1、鉛酸蓄電池 (lead-acid battery)

　　自 1859 年發明鉛酸電池以來，雖然開發了許多種類的電池，在全世界所生產的各種電池的總生產金額中，鉛酸電池獨佔了百分六十，鉛酸電池可以說是電池界之王。凡是須要大電流的地方，都要用到鉛酸電池，尤其每部汽車都必須配裝鉛酸電池，因此鉛酸電池最大市場是在美國。

　　鉛酸電池由正極(二氧化鉛)、負極(鉛)、電解液(硫酸)等三要素所構成。硫酸中放入鉛，鉛和硫酸反應變成硫酸鉛，此時對外送出二個電子。另外，在硫酸中的二氧化鉛獲得二個電子之後變成硫酸鉛。在充電狀態時，一旦二氧化鉛和鉛之間有電子通路的連接，電子就由鉛往二氧化鉛方向移動，進行放電作用，釋放出電的能量。放電反應使鉛和二氧化鉛都變成硫酸鉛，變成硫酸鉛之後就不能放電了，要使回歸原來的狀態，就必須由外部補充能源，補充能源的操作稱為充電。充電時，從二氧化鉛極取出電子，送入鉛極，其反應方程式如式(34-5)、(34-6)、(34-7)、(34-8)、(34-9)所示。

　　鉛和二氧化鉛是酸蓄電池產生電子的作用物質，係用非常微細粉末的原料製成泥膏狀，塗抹、固定在格子柵狀極板而浸漬於硫酸。極板的功能，除了固定作用物質之外，亦擔負導電且不被硫酸溶解的任務，通常使用含 5%銻的鉛合金。

$$陰極 \qquad Pb \quad \underset{充電}{\overset{放電}{\rightleftharpoons}} \quad Pb^{2+} \;+\; 2e^- \qquad (34\text{-}5)$$

$$Pb^{2+} + SO_4^{2-} \quad \underset{充電}{\overset{放電}{\rightleftharpoons}} \quad PbSO_4 \qquad (34\text{-}6)$$

$$陽極 \qquad PbO_2 + 4H^+ + 2e^- \quad \underset{充電}{\overset{放電}{\rightleftharpoons}} \quad Pb^{2+} + 2H_2O \qquad (34\text{-}7)$$

$$Pb^{2+} + SO_4^{2-} \quad \underset{充電}{\overset{放電}{\rightleftharpoons}} \quad PbSO_4 \qquad (34\text{-}8)$$

$$全反應 \quad Pb + PbO_2 + 2H_2SO_4 \quad \underset{充電}{\overset{放電}{\rightleftharpoons}} \quad 2PbSO_4 + 2H_2O \qquad (34\text{-}9)$$

　　作為電解液的硫酸，並非百分之百的硫酸，而是用水稀釋後的稀硫酸。為便於測定及省時間，常用比重表示，市售電池電解液的比重為 1.2～1.3 (30%~40%)。硫酸和正極的二氧化鉛、陰負極的鉛反應作用後失去水分，充電後又變成硫酸。

　　電池的外殼由硬質橡膠或高分子材料所構成。為防止正極和負極接觸短路，用耐酸性的薄隔離板，隔離負極和正極；隔離板有多孔性橡膠隔離板、用合成樹脂處理成多孔化的紙漿隔離板、細聚氯乙烯粉經燒結的塑膠隔離板等，為使離子在兩極之間移動，但不可讓電子通過，在隔離板上有無數的微細小孔。

　　鉛蓄電池依反應方程式，用法拉弟定律計算的結果，產生 1Ah 電力的理想電池，需要 4.463 公克二氧化鉛、3.866 公克鉛、3.657 公克硫酸，共計 11.986 公克；換算成 1 公斤重量的鉛蓄電池，則有 8.351Ah 的電力；以電壓 2.012 伏特計算，則有 168 wh；168 wh/kg 是鉛蓄電池的絕對能量密度。實際的鉛蓄電池，扣掉無作用的成份後，真正有效的成份只有全體重量的 20%而已，故其能量密度只有 34 wh/kg，僅五分之一的有效重量。電動(機)車實用化的障礙，在於續航力和充電時間。通常鉛蓄電池充飽一次，大約可跑 30~40 公里，快速充電約需 4~6 小時，慢速充電則需 8 小時。基於這種原因，鉛蓄電池要作爲電動汽車的能源，非常不容易，因爲要使一台汽車行駛，需要荷載數百公斤的鉛蓄電池，否則充一次電無法跑多遠。雖然許多科學家努力於材料的減輕，但都尚未成功。

34-4-2、鎳鎘蓄電池(nickel-cadmium secondary battery)

鎳鎘蓄電池於 1900 年發明，比鉛蓄電池慢了四十年。鉛蓄電池用硫酸性溶液作爲電解液，而鎳鎘蓄電池則用鹼性電解液，所以連同鎳鐵蓄電池(又稱愛迪生電池)、氧化銀鉛蓄電池等統稱爲鹼性蓄電池。

鎳鎘蓄電池，由鎳氫氧化物(氧化劑)作爲正極、鎘(還原劑)作爲負極、鹼(苛性鉀等)的電解液等所構成。其電池的反應方程如式(34-10)所示。

$$2Ni(OH)_2 + Cd(OH)_2 \underset{\text{放電}}{\overset{\text{充電}}{\rightleftharpoons}} 2NiOOH + Cd + 2H_2O \qquad (34\text{-}10)$$

由上式可知鎳鎘蓄電池放電時，在正極高價的鎳氫氧化物變成低價的氫氧化物，而在負極的鎘金屬則變成氫氧化鎘。充電時，正極的鎳低價的氫氧化物變成高價氫氧化物，而負極的氫氧化鎘則變成金屬鎘。此放電、充電的反應，在化學方面及在物理方面都很安定，可以重複進行。

和鉛蓄電池最大的不同點，就是鉛蓄電池的硫酸電解液，會和電極的活性物質進行反應，但是鎳鎘蓄電池的鹼不會反應，所以電解液沒有變化，正極、負極的活性物質僅些微溶解於電解液，這種的組合非常安定。

34-4-2-1、鎳鎘蓄電池的構造

鎳鎘蓄電池的缺點是，用在正負極的活性物質，其凝集力不強；充、放電時體貴的變化大，以致容易增加內部的電阻。爲了提高電極板的機械強度，採用將電極活性物質裝填在圓管型或口袋型的鋼材中，作爲電極板；該電極板，由具有多數小孔的薄帶狀鋼板所製成的。這種電極板，有其內部電阻的限度，不適於大電流的用

述。

　　第二次世界大戰時，德國開發了燒結式電極板，提高了大電流的放電特性和溫度特性。方法是，將鎳粉燒結成像輕石一樣，具有許多細孔的多孔性基板，再含浸活性物質、析出等操作，最後生成具有多孔度、大比表面積、高導電性、機械強度大等的特色。鎳粉係由羰基鎳經熱分解而成，表觀密度為 0.5~1.0 g/cc、粉末直徑為 3~5 μ。

　　正極的製造方法，是將多孔性基板含浸於鎳鹽溶液後，在鹼溶液中以氫氧化鎳析出，成為電極活性物質；負極的製造方法，係將多孔性基板含浸於鎘鹽溶液，再使氫氧化鎘析出成為活性物質；電解液，通常用 20~30%(比重 1.20~1.30)的苛性鉀溶液，固定於電極隔離板。隔離板的材質，使用多孔性氯化乙烯或尼龍等製品的不織布。電池外殼使用鋼材，蓋的中央有孔作為注液口兼排氣用，充電或放電產生的氣體達到一定壓力時，自動會開閥。

34-4-2-2、鎳鎘蓄電池的特微和用途

　　為何鎳鎘蓄電池沒有用於汽車呢？其原因是鎳鎘蓄電池的壽命長，遠超過汽車的耐用年數，加以鎳鎘蓄電池比鉛蓄電池貴，所以不必要使用它。不過由於鎳鎘蓄電池的信賴性高，因此廣用於飛機等引擎發動用、太空船、人造衛星、通信機操作、變電所遮斷器等的機器操作、大型計算機、家庭電器用品等。

　　電池的電壓，以電池能量使用五小時的電流放電(五小時放電率)時，一個電池的額定電壓為 1.2 伏特。鎳鎘蓄電池有下列的特微。

　　(1)、使用週期約 3,000~5,000 次、使用年數約 15~20 年。

　　(2)、過度放電或長時間放置後，也能再充電、回復原來狀態、可重覆使用。
　　　　鉛蓄電池，如果過度放電或長時間放置後，都不能再充電，這是根本的
　　　　不同。

　　(3)、溫度特性尤其是低溫的特性優異。

　　(4)、不會發生酸性的腐蝕性氣體。

(5)、維護簡單。

34-4-2-3、人造衛星靠高性能、長壽命的鎳鎘蓄池

人造衛星的通信電源，係由太陽能電池和鎳鎘蓄電池的組合所供給。人造衛星繞地球一週，照到太陽時，由太陽電池供電使鎳鎘電池充電；照不到太陽時，則由鎳鎘電池放電。電池的充、放電和人造衛星的週期一致。例如，繞地球一週需 100分鐘，日照時間約 60 分鐘，此時太陽電池供給 500 mA，供給充電用；其餘的 40分鐘由鎳鎘蓄電池放電，提供 500 mA 給人造衛星的通信使用。這樣的充、放電條件，已經確認可以維持 7000 週期的壽命。

34-4-2-4、使用的溫度範圍大

電池係利用化學反應產生電力，所以受溫度的影響大，特別在低溫時其化學反應會鈍化，普通的電池在-20°C 就不能使用。鎳鎘蓄電池的使用範圍很廣，一般的充電時從 0°C到~40°C、放電時從-20°C~到 50°C、保存時從-40°C到~35°C的範圍都可以，這是其他電池所不能比的。

34-4-3、鋅-空氣電池(zinc-air battery)

用活性的陽極和空氣電極所構成的電池，可以提供一種在陰極無消耗性的反應物。這種電池可以提供高能量密度和高能量體積的電能，電池電能容量的極限，取決於陽極的安培-小時容量、反應生成物的貯存和操作技術等條件，因此多年來研究的結果顯示其潛力無窮。本節以鋅-空氣電池為例說明。

34-4-3-1、鋅-空氣電池的種類

鋅-空氣電池，原屬金屬-空氣電池(metal-air battery)的一種，可分為一次電池和二次電池，由於組合及充電方式之不同，分類如表(34-2)所示。

Table 34-2 Zinc-air batteries

primary cell	secondary cell		energy density (Wh/kg)
	mechanically recharge	electrically charge	
button cell			200~400
prismatic cell			270~375
Hybrid MnO$_2$ Cell			350~400
Industrial cell			200~300
	anode replacement		
	zinc powder (packed powder)		100~225
	cell replacement		
		bifunctional air electrode	130~180
		metal foam negative	100

(D. Lind)

由表(34-2)可看出，二次鋅-空氣電池如果用機械式更換鋅粉電極式，其能量密度可達 230 Wh/kg，是目前鉛-酸電池的八倍。鋅-空氣電池的充電方式，不同於鉛蓄電池，可以採用機械式，當放電殆盡時，只要抽換鋅電極就完成充電手續，所以只要幾分鐘的時間而已，作為電動汽、機車用電池，十分適合。

34-4-3-2、鋅-空氣電池的理論

鋅-空氣電池是以空氣中的氧氣作為陰極活性物質，陽極活性物質則是鋅。如果鋅-空氣電池用純氧作為陰極活性物質，則稱為鋅-氧電池。陰極，係由多孔性碳電極所構成，從空氣中溶解於電解液再擴散到陰極的氧，在電池的碳極和電解液界面上，進行反應而產生電流。這種電池，原理上相同於燃料電池，其反應方程式如式(34-11)、(34-12)、(34-13)、(34-14)所示。

全反應　　　$Zn + 1/2O_2 + 2(OH^-) + H_2O \xrightarrow{\text{放電}} Zn(OH)_4^{2-}$　$^{\circ}E = 16.2V$　(34-11)

放電初期　$Zn + 4OH^- = Zn(OH)_4^{2-} + 2e^-$　(34-12)

放電期末　$Zn(OH)_4^{2-} \longrightarrow ZnO + 2H_2O + 2(OH^-)$　(34-13)

全反應　　　$Zn + 1/2O_2 = ZnO$　(34-14)

34-4-3-3、鋅-空氣電池的構造

　　鋅-空氣電池的鋅電極開始放電，在電解質中反應成為鋅酸鹽陰離子，起初溶解於電解質，當達到平衡溶解度後就以氧化鋅沈澱。充電之反應則是相反的過程，可由圖 34-3 表示。

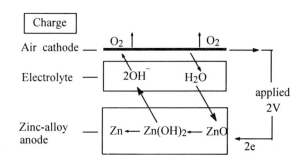

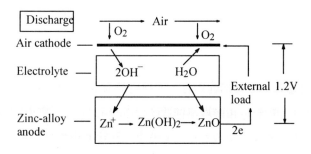

圖 34 - 3 充電-式空氣電池　　(D. Lind)

圖 34-3 是一種具雙機能氧電極(bifunctional oxygen electrode)的充電式鋅-空氣電池之基本反應模式,設計成可攜帶型的鋅-空氣電池,已使用於筆記型電腦。充電,採用定電流二階段方式,先以中度電流充電達 85%,然後用低電流充電至完成。

至於電動汽車用電池,為節省充電時間,乃採用機械式,即時抽換之燃料補充系統(mechanically refueled system)方式。也就是機械式地更換陽極(anode replacement) 或更換鋅粉(Zinc powder replacement)。前者,是陽極的多孔性鋅,荷載於吸收隔離板,而苛性鉀則以乾態保存於鋅陽極內,只要加水就可活化電池,因此充電時僅更換老的陽極,清洗電槽就可以了;後者的陽極,係電解質經泵操作,流通過包裝的鋅粉袋,所以充電時泵出電解質和更換鋅粉袋就完成。

34-4-4、鋰電池

鋰金屬是一種非常有吸引力的電極材料,鋰作為電池的電極有重量輕、高電壓、高電化學當量、高導電性等的特色。由於鋰有如此的特色,所以近二十多年來,鋰已發展成為高效率一次電池和二次電池的主流。

一次鋰電池和普通的電池比較,有下列的不同點:高電壓(4V)、高能量密度(200Wh/kg、400Wh/L)、廣闊的使用溫度範圍(70~-40°C)、電流密度大、平穩的放電曲線、優秀的庫存壽命(可達 5~10 年)等。二次鋰電池也和一次鋰電池的優點差不多。

本節以室溫鋰蓄電池(ambient-temperature lithium rechargeable battery)為中心予以說明。

34-4-4-1、二次鋰電池的構造

二次鋰電池的負電極(放電時為陽極)材料,如果使用鋰金屬時,其正電極(放電時為陰電極)材料,有高分子陰極、插入型陰極、可溶性陰極、固體陰極等;其電解質,有液態的有機化合物、高分子電解質、固態電解質、液態無機等。鋰電池的負電極(放電時為陽極)材料,如果使用鋰合金或碳化鋰時,其正電極(放電時為陰電極)材料,有碳、高分子陰極、插入型陰極等;其電解質,有液態有機或固體高分子等

材料可組配。如表 34-3 所示。

Table 34-3 Lithium rechargeable batteries(T.R.cronopton)

(A)、With metallic lithium as negative electrode

positive electrode (cathode)	electrolyte	example
Polymer	Liquid organic	Li/PAN
Intercalation	Liquid organic	Li/MoS2；Li/TiS2；
		Li/MnO2；Li/NbSe3；
		Li/V2O5
	Polymer	Li/PEO；Li(CF3SO2)2/V6O13
	Solid	LI/5LiI.Li8P4O0.25S13.75/TiS2
Soluble	Liquid inorganic	Li/SO2；LiAlCl4/C
Solid	Liquid inorganic	Li/SO2；LiAlCl4/CuCl2

(B)、With lithium alloys or carbon negative electrode

Positive electrode (cathode)	electrolyte	example
Carbon	Liquid organic or solid polymer	Li-woods metal/carbon
Intercalation	"	LiAl.MnO2；LiAl/V2O3
Polymer	"	LiAl/LiClO4；
		PC/poly acetylene

(C)、With carbon negative electrode

Positive electrode (cathode)	electrolyte	example
Intercalation	Liquid organic or solid polymer	LixC6/LiCoO2；LixC6/LiNiO； LixC6/LiMn2O

　　由表 34-3 可看出二次鋰電池的構造，可分成五類：

(1)、固態陰極電池由插入型化合物作正極、液態有機電解質和金屬鋰負極所
　　構成。

(2)、固態陰極電池由插入型化合物作正極、高分子電解質和金屬鋰負極所構成。

(3)、電池由插入型化合物作正極、插入型化合物作負極和一種液態或高分子電解質所構成(鋰離子電池)。

(4)、無機電解質電池由電解質溶媒或氧化還原偶作正極,和鋰金屬作爲負活性材料所構成(鋰-離子形電池亦用無機電解質)。

(5)、電池由鋰合金陽極、液態有機或高分子電解質和各種陰極材料 (含高分子)所構成。

34-4-4-2、二次鋰電池的化學反應

(1)、負電極(negative electrode)

鋰金屬爲最代表性的陰極材料,爲最高且最電正性的金屬,同時有最大的比密度(3.86 Ah/g)。碳材料可重複吸收、釋放鋰離子(Li：C=1：6)而不會改變材料的結構和電性,所以在鋰-離子電池領域裡,陽極用碳材料替代鋰金屬。以碳層距在 >3.45 埃的材料,都適合用於鋰-離子系統,以 LiC_{12} 來說,其電能容量可達 185 mAh/g。

(2)、正電極(positive electrode)

插入型化合物(intercalation compounds)鋰離子插入程序,主要有三步驟：媒合的鋰離子擴散或移入;脫媒合再將鋰離子射入晶格空位;及鋰離子擴散進入結構體中。在 Li/Li_x(寄主)電池的電極反應如下式(34-15)、(34-16)、(34-17)：

在鋰金屬陽極 $\qquad yLi \rightleftharpoons yLi^+ + ye^-$ (34-15)

在陰極 $\quad yLi^+ + ye^- + Li_x(Host) \rightleftharpoons Li_{x+y}(Host)$ (34-16)

全反應 $\quad yLi + Li_x(Host) \rightleftharpoons Li_{x+y}(Host)$ (34-17)

當選擇插入型化合物時,有許多因素須要考慮,諸如插入反應的可逆性、電池的電壓、放電時的電壓狀態、化合物的價格和容易取得與否

等等。表 34-4 是插入型材料 (Li_xMO_2)作爲二次鋰電池正電極時的必備條件。

表 34-4 插入型材料(Li_xMO_2)作爲二次鋰電池正電極時的必備條件

和鋰反應時有高的自由能
廣大的 x (插入值)
反應時結構的變化小
高的可逆反應性
鋰擴散進入固體時速度快
好的導電性
對電解質不會溶解
容易取得或易於從低價的物質合成

(T.R.cronopton)

34-5、燃料電池

目前全世界的能源大都依賴化石能源,但石油和煤的儲量已經知道不到幾十年就要用完,人類不但有能源的危機感,同時也體認到燃燒化石能源,結果造成的空氣污染,也已經嚴重危害到人類的生存,因此必須積極研究能源最有效的使用方法,以及開發無公害的能源。目前各種的發電方式和能的變化過程,有下列各種型態,如表 34-5 所示。

由表 34-2 可知以往的化石燃燒,實在是非常不經濟且浪費,而燃料電池的效率最高。

34-5-1、燃料電池的原理

所謂燃料電池,係用電化學的方法將燃料的能,直接以電能型態取出。雖然這個基本原理和化學電池相同,但在反應物質的使用法卻有所不同。普通的化學電池,用一定容器裝盛反應物質,取出電的同時消耗反應物質,最後捨棄電池或必須自外部以逆電流充電。

表 34-5　發電方式和能的變化過程

發電方式	能變換過程	效率(%)
火力發電	熱>機械>電	25~35
柴油發電	熱>機械>電	8~15
熱電子發電	熱>電	6~10
太陽能電池	光>電	5~15
MHD 發電	熱>電	約 60
燃料電池	化學>電	75~80

(齊藤)

　　燃料電池則不斷自外部供給燃料和氧或空氣(稱為氧化劑)，使反應進行，順利時電池本身不受任何變化，但能無限地取出電流。換言之，燃料電池是一種裝置，自外部連續供給燃料(還原劑)和氧氣或空氣(氧化劑)，進行電化學反應而取出電能。

34-5-2、燃料電池的特徵

　　燃料電池的特徵有下列四點：

　　　(1)、高的能轉換效率。

　　　(2)、無噪音。

　　　(3)、能量密度高。

　　　(4)、不會產生有害氣體。

34-5-3、燃料電池的種類

　　燃料電池如以燃料的型態分類，可分為：

　　　(1)、氣體燃料電池(氫、一氧化碳、氣態碳氫化物等)。

　　　(2)、液體燃料電池(酒精、石油系碳氫化物、聯胺、水合物等)。

　　　(3)、固體燃料電池(鋅、煤)。

　　從燃料反應性的最佳溫度條件，作為分類基礎可分為：

　　　(1)、低溫燃料電池(從室溫到 100°C)。

(2)、中溫燃料電池(約 300°C)。

(3)、高溫燃料電池(500°C以上)。

34-5-4、 低溫燃料電池

目前，低溫燃料電池以氫-氧燃料電池、酒精-氧燃料電池、聯胺燃料電池等三項較有希望，其氧化劑使用氧或空氣，電解液也有用酸性電解液，如以反應性和經濟性考量，用鹼性的水溶液較多。

34-5-4-1、 氫-氧燃料電池

氫-氧燃料電池的研究最早，且實際用在太空船和汽車的燃料電池。其基本構造是氫電極和氧電極並排夾著電解液，氫電極通以氫氣，而氧電極通以氧氣，如圖 34-4 所示。

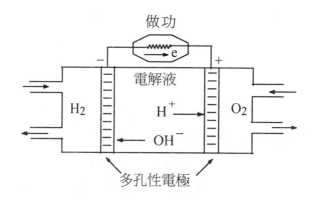

圖 34 - 4 氫氧燃料電池 (齊藤)

燃料電池最為重要的是電極的構造問題，因為電極本身為固體要和氣體、液體接觸反應，是一種三相反應，必須兼備耐電解液性、導電性和多孔性的特性，所以填加觸媒如白金、鉑等以促進反應。現在以氫電極(燃料電極)，在鹼性電解液中的反應情形說明。

電極內有無數的數微米小孔，氫氣通過細孔到達反應區，被電極內的觸媒作用變成容易反應狀態(活性化)，再和氫氧離子作用成為水分子。此處為氣體的氫氣、固體的觸媒(電極)和液體的氫氧離子三種不同相的反應區，在電極製作上，要如何使液體和氣體取得平衡，是非常困難的問題，它關連到電池壽命的長短。此電極常稱為氣體擴散電極，必須像雨衣一樣，要有防水的處理；電極有許多通氣性細孔，電極的細孔能讓氣體自氣體槽往電解液方面擴散，但是電解液不會向氣體槽方向洩漏。其反應方程式如式(34-18)、(34-19)、(34-20)所示。

此反應的理論起電力為 1.23 伏特，由多數電池串聯可以得希望的電壓。

如前所述，電極是左右電池最重要的部份，所有的研究都集中在使用各種觸媒、電極的結構等領域。以構成材料大略可分為碳電極和金屬電極二種。

$$\text{在氫極} \quad H_2 + 2OH^- \longrightarrow 2H_2O + 2e^- \quad (34\text{-}18)$$

$$\text{在氧極} \quad 1/2\,O_2 + H_2O + 2e^- \longrightarrow 2OH^- \quad (34\text{-}19)$$

$$\text{全反應} \quad H_2 + 1/2\,O_2 \longrightarrow H_2O \quad (34\text{-}20)$$

34-5-4-2、太空船用電源

環繞地球旋轉的小型氣象人造衛星所使用的電源，因為其出力小，所以用太陽電池和鎳-鎘電池組合就可以應付，如果是乘人的太空船，則須要大功力的電源，此時只有單位重量具有能量密度高的燃料電池可以使用。

由反應方程式可以看出，燃料電池可以產生和發電量成比列的水，因此太空船可以不必攜帶飲用水，只要搭載氫氣和氧氣二種燃料，靠燃料電池的發電，就可以有充足的水可以使用，實為一舉兩得。

34-5-4-3、有機液體燃料電池

甲醇燃料電池是有機液體燃料電池的代表。甲醇燃料電池的電化學反應，因為所使用酸性電解液或鹼性電解液的不同，而有所不同，可是全反應的最後結果，都

是產生水和二氧化碳，如式(34-21)所示。

$$CH_3OH + 3/2O_2 \rightarrow CO_2 + 2H_2O \qquad (34-21)$$

作為燃料的甲醇，其價格低於汽油，將來必定更為便宜，那麼燃料費也可期待下降了，不過要取得大電流則須要大量的觸媒。

34-6、太陽能電池(solar cell)和同位素電池(isotope cell)

太陽電能池，其實並不具如前所述的各種電池，其電能係來自物質的化學變化，而取出的化學能，所以嚴密地說，太陽能電池應該稱為『太陽能轉換器』較為恰當。

同位素電池，也是利用核分裂所產生的放射線，經半導體功能轉換成電能，和太陽能電池一樣，都須依賴半導體的能轉換作用，其說明必須自半導體的原理開始，因此詳細內容移於下一章討論。

習題

1、說明電池的原理。

2、電池為什麼必須由二個半電池才能形成？

3、電池的電子何由而來？為什麼電子會跑出來？

4、一次電池和二次電池有何區別？

5、以方程式說明鉛酸電池的原理？

6、鉛酸電池的歷史已久，大家都努力在研究，為何不能作為電動汽車的動力電源？

7、鋅-空氣電池的原理為何？其特徵為何？

8、鋰電池的構造有幾種？

9、燃料電池的基本原理為何？它的效率為何是各種發電方法中最好的？

10、氫-氧燃料電池作為電動汽(機)車能源最大的障礙在何處？有何種方法可以解決？

11、電池為何不能隨便丟棄？

第三十五章 半導體化學

35-1、緒言

近年半導體相關技術的革新和半導體工業的發展趨勢,一日千里,似乎有無止境的感覺。半導體元件的特徵,是往大容量化、高速化、高信賴性化、微細化、低價化等方向發展;目前積體電路的製程已達 0.13 微米,而動態隨機存取記憶體(DRAM)容量已開始 256Mbit 的產品化。

在設計、生產技術、光阻劑的進步、新元件例如像鎵-砷的實用化等的關係,不但使電腦相關產業精進,同時也帶動了光電和通訊工業的蓬勃發展。

這些工業從表面上看,好像都是電子系畢業生的發揮領域,其實從原料的製造到各種處理、加工、封裝等製程,都是由應用化學家完成的。用少量的原材料,製造出高附加價值產品,是半導體製品的特色,我們絕不可忽略這領域的智識。在物理化學課程所學到的,固體化學、固體的能帶理論(band theory of solids)、光化學和週期表等知識,都是本章內容所應用的原理。

本章將就半導體的基本原理、原材料、製程、應用、光阻等予以討論。

35-2、半導體

半導體不同於導體或絕緣體,半導體的導電率受溫度、光的照射、雜質的添加量、原子結合的缺陷等因素的影響,有很大的變化。基於這樣的敏感性,使半導體具有多樣的特性、用途和製品。

1940 年代,美國貝爾研究所的 W. Brattain、J. Bardeen、W. Shockley 三人研究 Ge 和 Si 半導體,發見了 p-n 接合 (pn junction)和 p-n-p 接合(pnp junction)的整流和增幅作用。利用此性質發明了電晶體(transistor = transfer of energy through varistor)替代真空管,由此,半導體的研究和應用都有飛躍的進步。到 1958 年,日本新力公

司的江崎，發表了江崎二極體(Esaki diode、channel diode)後，引起二極體的發展。

1950 年 Verwey 和 Hauffe 二人各自提出，將具有異種原子價的離子，導入氧化物半導體，可以自由地改變氧化物導電率的原理，也就是原子價控制原理(principle of controlled valency)。1952 年以後，Welker 發見 InSb、GaAs AlP 等 III -V 型化合物，和 IV 族的 Ge、Si 相比較，有明顯的半導體特性，進而也應用該想法，提出 II-VI 和 I-VII 化合物的相同結果。有關有機半導體的研究，開始於 1947 Vartanyan 的工作。

比電阻的倒數稱為導電率(σ)，絕緣體的 σ 值為＜10^{-8} Ω^{-1} cm^{-1}，σ 的最小值是 10^{-18} Ω^{-1} cm^{-1}；金屬導體的 σ 值為≧10^3 Ω^{-1} cm^{-1}；半導體的 σ 值是 10^{-8} Ω^{-1} cm^{-1}＜σ ＜10^3 Ω^{-1} cm^{-1}。

35-2-1、能帶理論(band theory)

電導體、絕緣體、半導體三者的導容電現像，可以用電子充滿帶(filled band)、禁制帶(forbidden band)、和容許帶(allowed band) 或傳導帶(conduction band)的能帶理論模型來說明。絕緣體的充滿帶和傳導帶之間，有大的禁制帶稱為能量間隙(energy gap)或稱為能帶隙(band gap)，須要外加大的電場，使充滿帶的電子吸收能量，足夠跨過禁制帶到達傳導帶，才有導電現像，如圖 35-1(1)所示。導體的充滿帶和傳導帶有部分重疊，形成部分的充滿帶，沒有禁制帶，所以只要用很少的能量，就能使在充滿帶最高能階(費米能階，fermi level)的電子，進入傳導帶最低的能階，如圖 35-1(2)所示。

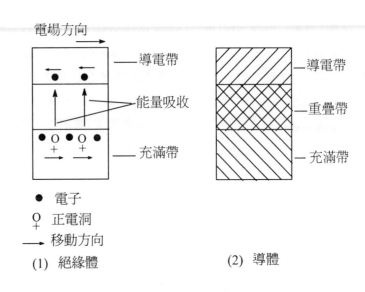

圖 35 - 1　絕緣體和導體的帶結構　　(河口)

　　有大禁制帶的絕緣體，如果摻入雜質，利用雜質的能階，可以使電子比較容易移動。雜質能階(予體能階，　donor energy level)在導電帶的底部附近時，此能階的電子會有一部分到達導電帶，往靜電場相反的方向移動而導電。此半導體，係由電子即負載子(negative carrier)而導電，稱為n型半導體，如圖35-2(1)所示。如果添加的雜質是受體(acceptor)，因受體能階(acceptor energy level)在充滿帶上方，此能階是空的，一旦充滿帶的電子進入受體的能階，在充滿帶就形一個空孔，稱為正電洞(positive hole)，正電洞往靜電場方向移動，導致電的傳導。半導體因由正電洞，稱為正載子(positive carrier)，而導電，所以稱為p型半導體，如圖35-2(2)所示。

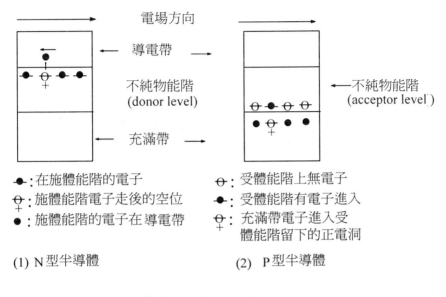

電場方向

導電帶

不純物能階
(donor level)

充滿帶

不純物能階
(acceptor level)

━● ：在施體能階的電子
╋┼ ：施體能階電子走後的空位
● ：施體能階的電子在導電帶

⊖ ：受體能階上無電子
━● ：受體能階有電子進入
⊖┼ ：充滿帶電子進入受
體能階留下的正電洞

(1) N 型半導體

(2) P 型半導體

圖 35 - 2　半導體帶構造的模型　　（河口）

35-2-2、n 型半導體和 p 型半導體

　　將雜質摻入共價結晶，如何才可以得到 n 型半導體或 p 型半導體呢 ？ 現在用典型的 Si 為例來說明。四價的 Si 以共價結合生成晶體，在四價 Si 原子的位置上，有一個五價的 As 原子進入時，As 的五個電子其中四個用於生成共價結合，剩下一個電子；該價電子在低溫時被 As 原子吸引住，可是一旦吸收能量就會游離，結果使 As 帶正電，游離電子賦與晶體導電性，如圖 35-3 所示。再者，As 原子在 Si 結晶體內生成予體能階，能生成予體能階的雜質，除了 As 之外還有 P、Sb 等。

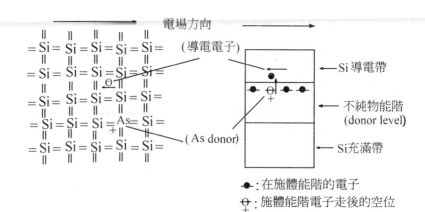

● : 在施體能階的電子
♀ : 施體能階電子走後的空位
● : 施體能階的電子在 導電帶

圖 35-3　N 型 Si 半導體 (Shockley) (河口)

　　四價的 Si 以共價結合生成晶體，在四價 Si 原子的位置上，有一個三價的 B 原子進入時，B 的三個電子要和四價 Si 原子生成共價結合，不足一個電子，必須自近鄰的共價鍵取得一個電子；被取去一個電子的共價鍵就生成一個空孔，也就是生成正電洞，同時 B 原子上帶一個負電荷。該正電洞在低溫時被 B 原子吸引住，可是一旦吸收能量就會游離，結果賦與晶體導電性，如圖 35-4 所示。再者，B 原子在 Si 結晶體內生成受體能階，能生成受體能階的雜質除了 B 之外還有 Al、Ga、In 等元素。

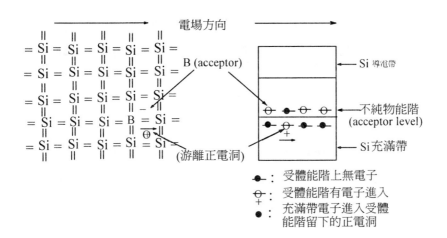

受體能階上無電子
受體能階有電子進入
充滿帶電子進入受體
能階留下的正電洞

圖 35-4　p 型 Si 半導體 (Shockley) (河口)

35-3、單晶和多晶矽的製造方法

　　矽元素在地球的成份中，佔 28% 僅次於氧元素，為儲存量極為豐富的資源，它是太陽電池和微電子工業不可或缺的基本原材料。有人稱人類從鐵器時代，已經進入了矽器時代。矽的自然形態是二氧化矽，通常稱為石英岩，必須先還原成矽、精製、加工變成高純度單晶體、半導體才能發揮功能。

　　作為高效率太陽電池用的矽單晶(即矽晶圓)，其製造方法有柴歐拉斯基法 (Czochralski method)和浮帶法(Float-Zone method)。矽單晶的製造，須經過複雜的化學精煉手續，製造成本非常高，如果省略高成本的化學蒸餾和單晶生長步驟等工程，可以節省許多費用，那就是製造較低成本的多晶矽。

35-3-1、柴歐拉斯基法(Czochralski method)和浮帶法(Float-Zone method)
製造矽單晶。

　　矽單晶的製造方法，是將石英或矽砂先以碳還原成矽元素，此時的成品含有大量雜質，通常依原始原料純度的不同，製品可分為冶金級矽(metallurgical-grade, MG)

或高純度矽(high purity, HP 1)，為便於精煉，須將矽轉成矽烷或鹵化合物如 SiH_4、$SiCl_4$ 等，這些矽烷和鹵化合物屬於氣體，可以利用像石油的製煉一樣蒸餾精製。精製過的矽烷或鹵化物，在高純度條件下，利用熱解還原成複晶矽棒，這就是生產單晶的出發原料如圖 35-5 所示。

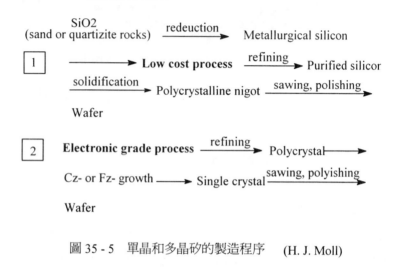

圖 35 - 5　單晶和多晶矽的製造程序　　(H. J. Moll)

接著用柴歐拉斯基法(Czochralski method)或浮帶法(Float-Zone method) 製造單晶。Cz 法是將矽用坩堝熔融，摻雜元素(doping element)也在此時摻入後，將一小片矽單晶和熔融矽接觸，緩慢旋轉往上拉，使矽的單晶生長。目前約 80%的矽單晶生長，皆由這種方法生產，此法稱爲種晶 Cz-生長法(seeded Cz-growth)如圖 35-6 所示。

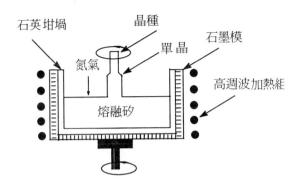

圖 35-6 Czochralski 單晶生長裝置　(H.J. Moll)

種晶 Cz-生長法，係在石英坩堝中操作，難免會受坩堝的污染，產品的單晶體電阻，最大也不會超過 50 Ω cm，氧的含量高達 1017~1018 cm⁻³，這是本方法的缺點。

浮帶法(Float-Zone method) 可以改善 Cz-法的坩堝污染問題，不過浮帶法只能生產小徑晶片(wafer)單晶體，不適合生產高濃度摻雜如磊晶，為其缺點。浮帶法是將晶體懸空，緩慢由晶體的一端用高周波加熱，移動加熱區，晶體內的雜質將隨著熔融區移動而除離，可達成精煉目的。如果用一小片矽單晶和熔融矽接觸，也可以生長矽的單晶，如圖 35-7 所示。

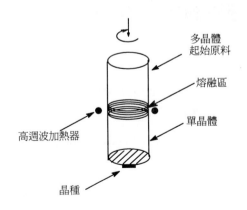

圖 35-7 Float-zone 法單晶生長裝置　　(H.J. Moll)

柴歐拉斯基法(Czochralski method)和浮帶法(Float-Zone method)二種長晶法，所製造的產品材質比較，如表 35-1 所示。

表 35-1 用柴歐拉斯基法和浮帶法所得單晶材質之比較 (H.J.Moll)

property	Czochralski	Float-Zone	units
Pull out	200	400	cm²/min
Diameter	<20	<10	cm
Resistivity			
(phosphorus-doped)	1~50	1~300	Ω cm
(boron-doped)	0.005~50	1~300	Ω cm
Oxygen	$0.1~2.0 \times 10^{18}$	$0.1~3.0 \times 10^{16}$	cm-3
Carbon	$0.5~2.5 \times 10^{17}$	$0.5~5.0 \times 10^{16}$	cm-3
Transition metals	$10^{10}~10^{14}$	$10^{9}~10^{13}$	cm-3
Dislocation density	<500	<500	cm-3
Minority lifetime	30~300	50~500	μs
Diffusion length	275~900	350~1100	μm
Efficiency			
(laboratory)	17~18	20~23	%
(production)	13~14	17~18	%

矽單晶體作為太陽能電池的材料，最重要的關鍵因素是殘留格子的缺陷濃度，因為格子的缺陷濃度，會影響太陽能電池的壽命和效率，所以高純度、無潛變的 Fz-矽晶體，較適合製作高效率的太陽電池。Cz-矽晶體的徑較 Fz-矽晶體大一倍，晶片的面積大小，前者就四倍大於後者，這是 Fz-矽晶體短處。整體的太陽能轉換效率，Fz-矽晶體為 23%，比 Cz-矽晶體大 5%，整體約增加 30%。

目前太陽電池的轉換效率最高為 23%，距離 100%尚有四倍的空間，今後可以改善。

35-3-2、複晶矽的製造方法

矽晶片(wafer)的製造本分析，包括起始材料(starting material) 30%、晶體生長(crystal growth)35%、精煉(refining)5%、切片(sawing) 30%等，這裡面生產原料矽和單晶或複晶製程，兩項就佔了 65%的成本。如果從原始的二氧化矽原料開始，不用矽烷或鹵化矽等的精製過程，直接還原二氧化矽，也不用 Fz-矽晶和 Cz-矽晶製程，就可以大大地降低生產成本。

二氧化矽還原成矽，比較便宜的方法是，用鋁熱還原法(aluminothermal reduction method)替代傳統的碳熱還原法(carbotheraml reduction method)，其反應如式(35-1)所示。

$$3SiO_2 + 4\,Al = 3Si + 2\,Al2O_3 \qquad (35\text{-}1)$$

式(35-1)所製造矽原料的特徵，是受鋁的高度污染，此情況的鋁也稱為一種 p 型摻雜元素(p-doping element)。使用石英原料的純度和製程的不同，都會影響到矽的品質。有時也可以用冶金級或高純度矽(metallurgical-grade or high-quality silicon)作為原料，隨後進行精製步驟。製造方法包括錠矽技術(ingot silicon)、帶狀矽生長技術(ribbon growth technology)、薄膜矽(thin film silicon) 等製法，其製品的物性比較如表 35-2 所示。

由表 35-2 可以看出，除了薄膜矽係在基材上，利用化學氣相沈積(chemical vapor deposition，CVD)法製作，厚度較小以外，其他材料厚度都在 $250\,\mu m$ 以上。雜質量都比 Fz-矽晶或 Cz-矽晶多，當然作為太陽電池使用，其發電效率也就低。

表35-2 錠、帶狀、薄膜多晶矽性質的比較

Property	Ingot	EFG*	RAFT**	Thin films	Units
Output	1,600	160	20,000	100	cm^2/min
Wafer size	10×10	10×10	10×10	10×10	cm^2
Thickness	250~350	250~350	250~350	30~50	μm
Grain diameter	>10	>10	≒1	0.05~0.5	mm
Resistivity (p)	1	1	1	1	Ωm
Oxygen	$10^{16} \sim 10^{17}$	$<1 \times 10^{18}$	$<1 \times 10^{18}$		cm^{-3}
Carbon	$10^{16} \sim 10^{17}$	$<1 \times 10^{17}$	$<1 \times 10^{17}$		cm^{-3}
Transition metals	$10^{11} \sim 10^{15}$	$<10^{15}$	$<10^{15}$		cm^{-3}
Dislocation density	$10^5 \sim 10^7$	$10^5 \sim 10^7$	$10^6 \sim 10^8$		cm^{-2}
Minority lifetime τ n	0.04~8	1~4	<0.16		μs
Diffusion length Ln	10~140	50~100	<20		μm
Efficiencies (lab.)	13~17	10~17	<10	<10	%

EFG*: edge-defined film fed growth

RAFT**: ramp-assisted foil transport

(H.J. Moll)

35-4、矽晶薄膜的的應用

這裡的矽晶薄膜，是指用矽晶片作基材，在上面生成矽晶薄膜，包括磊晶(即單晶)、複晶、及非晶矽等，應用於製作元件和在積體電路(integrated circuit，IC)等。

35-4-1、磊晶矽(epitaxial Si)

成長磊晶矽的方法，是在乾淨、無缺陷的矽基材上，在 500 ℃高溫，以矽烷(SiH_4)作為反應氣體，用化學氣相沈積法成長出一層，缺陷少、能控制厚度和摻入雜質的矽單晶薄膜。其主要作用，是在已含有高濃度雜質(heavily doped substrate)的 n^+ 層基材上面，成長一層摻入低濃度雜質的矽磊晶層，例如在 n-型或 p-型磊晶，其摻雜的雜質(dopant)濃度，要看元件的用途而異。這種方法常用在雙極的元件(bipolar device)以及互補式金氧半元件 (complementary metal-oxide-silicon,CMOS) 元件的製作。通常的數位(digital)元件，尤其是數位雙極的元件，嚴格要求正確的厚度和均

匀度。

35-4-2、**複晶矽**(Poly-Si)

　　複晶矽膜，係由許多小矽晶粒以不同晶向所組成，個個晶粒都是一個單晶，而在晶粒間有許多差排(dislocation)。其製造方法是，將非晶矽在高溫爐中加熱，可以成長成複晶矽，或用雷射退火，將非晶矽進行再結晶處理；製造方法和磊晶成長類似，只是溫度比較低而已。

　　複晶矽的用途有在積體元件之金氧半元件的閘極(gate electrode)、接線(interconnection)、先進二極元件的射極(emitter)、填補接點孔洞(contact hole)、動態隨機存取記憶體(dynamic random access memory, DRAM)、靜態隨機存取記憶體(SRAM)的負載電阻(load resistor)和介電絕緣層的溝槽回填等。

35-4-3、**非晶矽**(Amorphous Si)

　　非晶矽材料的製造方法是，用矽烷(SiH_4)作為反應氣體，在550°C以化學氣相沉積(沉積速度較慢，約 1 nm/min)法進行製造，也可以用 Si_2H_6 反應氣體增進沉積速度。此外，電漿輔助化學氣相沉積法，是利用非熱能式能量，來促進反應，可以明顯地提高沉積速度，也可以降低反應溫度。此方法對於在玻璃基材上，製作薄膜電晶體的液晶顯示器非常重要。

　　非晶矽材料含有矽原子、大量的孔隙和缺陷、原子排列只有局部有次序等特性，因為缺陷多、電阻大、在製作過程中遇高溫會再結晶、性質不穩定等缺點，所以在半導體元件的應用較少，但是製造成本低是其優點。其主要用途，是再加溫，促進再結晶作用，以製作大晶粒的複晶、太陽電池、液晶顯示器的薄膜電晶體等。其原因，係太陽能電池所用的矽晶膜數量，雖然很大，但是以不能太昂貴為前提，降低價格而犧牲一點效率是比較有利的；而液晶顯示器的基板係透明玻璃，無法承受高溫，所以不能在板面上生長磊晶或複晶，只能利用非晶矽，作為薄膜電晶體的材料。

35-5、PN 接合(pn junction)的製造方法

　　PN 接合的製造方法有合金法(alloy method)、擴散法(diffusion method)、離子佈植法或離子植入法(ion implantation method)、磊晶法(epitaxial method)等四種。

35-5-1、合金法(alloy method)

　　以製造鍺的電晶體來說，只要在 N 型鍺晶體上，將熔融的銦小球附著上，就可以生成一個電晶體。此時鍺和銦互溶，凝固時銦原子進入鍺的晶格中，生成 P 型鍺晶體半導體；在界面之間就生成 PN 接合，如圖 35-8 所示。

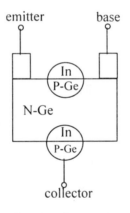

圖 35 - 8 鍺電晶體(PN- 接合)　　(中野)

35-5-2、擴散法(diffusion method)

　　將矽晶片在含有硼的氣氛中加熱(約 1000°C)，使硼原子擴散進入矽晶片的晶格中，製作成(p)型(正電洞)傳導的領域。

35-5-3、離子佈植法(ion implantation method)

　　離子佈植法，是利用質量分析儀，將要佈植的雜質分離，被分離的雜質在電場用加速器加速，植入半導體結晶如圖 35-9 所示。利用本方法，對特定目標的地方，可以精密控制雜質的濃度和深度。

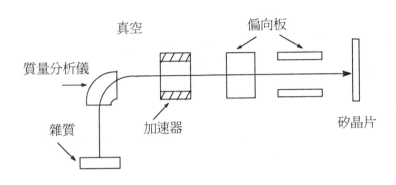

圖 35 - 9　離子植入裝置　　(中野)

35-5-4、**磊晶法**(epitaxial method)

　　磊晶法又稱氣相生長法(vapor-phase growth method)。將 N 型單晶基板加熱到約 1250°C，此時流通以適量的四氯化矽(SiCl₄)和還原性氣體的混合氣，此氣中摻雜有摻雜物乙硼烷(diborane, B₂H₆)，這樣在 N 型單晶基板上，就長成 P 型單晶。如果要在 P 型基板上製作 N 型單晶，則使用的流通氣體中，要含有砷化氫(arsine，AsH₃)、磷化氫(phosphine，PH₃)等摻雜物。

35-6、PN **接面**(pn-junction)和障(壁)層效果(barrier effect)

　　當 N 型單晶和 P 型單晶，兩種不同型晶體相接合時，正電洞從 P 型單晶體往 N 型單晶體區域擴散而流動；而電子則從 N 型單晶體往 P 型單晶體流動。在兩結晶體達到平衡時，會移動一定的載體(carrier)濃度。

　　從 P 型單晶體流出正電洞，正像流出正電苛一樣，使 P 型單晶體帶負電；同樣道理，電子則從 N 型單晶體往 P 型單晶體流動，則 N 型單晶體帶正電。因此在 P

型單晶體和 N 型單晶體的接面區，生成電子和正電洞乏區(depletion region)，乏區領域幅度的大小，由 PN 接面和 N 型單晶體的濃度決定。

當從外面施加電壓於 PN 接面時，如果在 P 型單晶體施加負電壓、在 N 型單晶體施加正電壓時，乏層(depletion layer)的幅度會增大，乏層就變成高電阻區域，電流則被遮斷幾乎不能流通，此時稱為『逆方向』的狀態。

如果在 N 型單晶體施加負電壓、在 P 型單晶體施加正電壓時，則乏層(depletion layer)消失，載體大量地通過 PN 接面，使電流能流通，這種狀態稱為『順向』。

35-7、PN 接面的應用

利用 PN 接面本身原本具有的特性，再加上巧妙的組合和配置的結果，使 PN 接面的應用，從最簡單的整流器，到光電、通訊、能源、積體電路等元件，都是利用 PN 接面的效果。例如二極體(diode)、微波二極體(microwave diode)、光二極體(photo diode, PD)、太陽電池(solar cell)、發光二極體(light diode, LD)、半導體雷射(semiconductor laser)、光斷續器(photo interrupter)、光耦合器(optical photo coupler)、二極電晶體(bipolar transistor)、動力電晶體(power transistor)、場效電晶體(field effect transistor, FET)、金-氧-半場效電晶體(metal oxide semiconductor FET, MOSFET)、邏流體(thyristor)、單石微波積體電路(monolithic microwave or microwave monolithic integrate circuit)、荷耦合元件(charge coupled device, CCD)、超大型積體電路(ultra large scale integration，ULSI)等。本節僅說明一、二項，其餘請參考專書。

35-7-1、二極體(diode)

二極體(diode)，係由一個 PN 接面所生成的元件。二極體的電阻在逆方向時高，而在順方向時低，當施加交流電時，此性質僅能讓順方向的電流能通，將雙向的交流電變成單方向的直流電，所以可作為整流裝置用。逆方向的電流只有順方向電流的 10^7 之一程度，電流並非為零。

35-7-2、光二極體(photo diode)

光二極體，是將光信號轉換成電(電流或電壓)信號的元件。當光射入 PN 接面時，和結晶結合的電子就被解放成爲自由電子，產生自由電子或正電洞，這些電子或正電洞就向乏區移動，成爲逆電流(也稱爲光電流)，此電流的強弱和光照射的強弱成正比。

光二極體的用途，有光度測定(例如照相)、光的遮斷、工作機械的定位、紅外線照射之遙控操作、將紅外線轉換成聲音、檢測一般的高周波光信號等。

35-7-3、太陽能電池

當光照射到太陽能電池時，太陽能電池在 PN 接面附近時會產生自由的電荷，這一點和光二極體相似，不過太陽能電池並沒有像光二極體那樣，在 PN 接面施加電壓。太陽能電池在 PN 接面乏區產生的電子或正電洞，各別因乏區的內部電場關係，由外部電路往外流出如圖 35-10 所示。這種作用是將光能變成電能。

太陽能電池的用途，有太陽能的生產和光的測定。利用複晶的太陽能電池，其生產電能的效率爲 11%，比起單晶矽太陽能電池的 23% 效率，還不到一半。

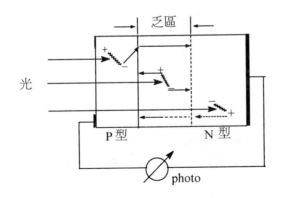

圖 35 - 10 太陽電池發電示意圖　　(中野)

35-7-4 · 積體電路(integrated circuit)

所謂積電路是指，在一個矽晶基板上或基板內，將二個以上的電路元件(二極體、電晶體、電阻、電容器等)予以積體，使具有電路的機能。積體電路的分類如表35-3 所示。

表 35-3　積體電路的分類

Monolithlic	Bipolar	Analog
	MOS	Analog, digital
	Bi.MOS	Analog.digital, digital
Hybride	Thick film	Analog, digital
	Thin film	Analog, digital

(中野)

積體電路的好處有: 在一張晶片上，可以製作許多積體電路，製造成本低；信賴性高、對溫度的安定性高、小型且消費電力少、可得經濟的高度複雜系統、能有高速的開關電路、可以用電池的電源進行高度複雜的電路操作等。其缺點是: 出力(電流，電壓)受限制、無法製作電感、使用者無法改變積體電路、研究積電路需很大的費用等。積體電路由積體度分類如表 35-4 所示，單位晶片上所聚集的記憶體元件數在千萬以上，這樣的高密度是成品價格下降的原因。

表 35-4　積體電路由積體度分類

標示	稱 呼	元件數/chip
SSI	小型積體電路	100
MSI	中型積體電路	100~1,000 未滿
LSI	大型積體電路	1,000~100,000 未滿
VLSI	超大型積體電路	100,000~10,000,000 未滿
ULSI	超超大型積體電路	10,000,000 以上

(中野)

35-8、光阻劑(photo resistant)

在半導體 IC 和印刷電路板線路之製程上,將極細的線條圖案製作在晶片上,須利用微影成像技術(lithographic technology)進行圖案的複製,此時須要一種具感光功能的製程材料-光阻劑。用光阻劑將影像部分保護,經曝光後,沒被保護部分(非影像部分)的光阻,則可溶解清除,露出基材而進行浸蝕處理。最後將殘留的光阻除離,就露出影像。因此光阻係 IC 晶圓製程之重要材料,由高分子樹脂、感光化合物、溶劑等所組成。

35-8-1、微影成像技術(lithographic technology)

半導體 IC 所製造的晶組(IC chips)數量,每三年增加四倍,目前已達 1G bit (1 G=10^9),包含了 20 多億個元件。元件密度提高,則相對地元件的電路線寬必須縮小,電路線寬一旦縮小,則微影成像時感光所須的光源,將直接影響到成像的解析度。換言之,感光源的波長會限定影像的細微程度,光阻材料就必須選擇符合光源的條件。表 35-5 是 DRAM 所生產製品的積體密度、電路線廣、和光源的關係。目前要生產市場較先進的 256M DRAM,波長 436 nm 的 g-line 已不適用,而波長 365 nm 的 i-line 也達使用極限。

表 35-5　DRAM 積體密度和光源的關係

Item	Density(bits/chip)						
DRAM	1M	4M	64M	256M	1G	4G	16G
Line wideness(μm)	1	0.65	0.35	0.25	0.18	0.12	0.10
Light source (wave length)	g-line (436 nm) $1 \sim 0.6\mu$m i-line (365 nm) $0.7 \sim 0.25\mu$m KrF (248 nm) $0.3 \sim 0.14\mu$m ArF (193 nm) $0.2 \sim 0.11\mu$m E-beam $0.25 \sim$ μm x-ray $0.13 \sim$ μm						

(Tsuji)

光阻劑對光作用可分為正光阻劑和負光阻劑。

35-8-2、正光阻化學(positive-resist chemistry)

所謂正光阻劑，是指當光阻劑經光照射後，會使光阻劑的溶解性提高而易於除離。既然光阻劑是高分子為主體，由不溶性的高分子變成可溶性高分子，其手段不外破壞高分子的結構，或者變化高分子的極性；破壞的條件是，使用波長在 300 nm 以下的光，可以直接破壞高分子的主鏈鍵結。由於正光阻劑直接經光照射後，改變高分子的極性而變成容易溶解，可以得到良好的解析度，同時也具優秀的耐浸蝕性，所以廣用於大型積體電路的製作如圖 35-11 所示。

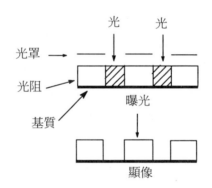

圖 35 - 11 正光阻化學　(Thompson)

圖上所示，光罩是繪有影像之透明物質，無影像的部分光線可通過。半導體之基材上面塗以正光阻材料(Positive-acting material)，例如用光感性的重氮基萘 (diazonaphoquinon) 化合物和 novolac resin(酚醛清漆樹脂)所組成的光阻劑，塗佈在欲蝕刻的基材上面，其上面覆以光罩，曝光時光線被影像遮蔽，沒有影像的部分光線通過光罩而照射到光阻劑，使不溶於鹼性水溶液的光阻劑，變成可溶於鹼水溶液，因此曝光後，可以用鹼性水溶液洗除曝光的部分，達到顯像目的。表 35-6 係被用為深(UV)正光阻的性質。

35-8-3、**負光阻化學**(negative-resist chemistry)

負光阻劑是受光照射的部分,引發產生催化聚合作用的成份,最後促使基質進行交聯作用,降低溶解性,而得到負像如圖 35-12 所示。負光阻劑由交聯硬化作用的形態,可分為二成分型交聯光阻劑和單成分型交聯光阻劑二種。前者在選擇適當的交聯劑,可以使用於中 UV 的領域。常用的基質有 Cresol novolac 和 poly (hydroxy styrene);photo acid generators 有 onium salts (DDT) 和 s-triazine derivatives;cross linking agents 則有 melamine derivatives 和 benzyl alcohol derivatives 等。

單成分型交聯負光阻劑,如含有環氧、乙烯、鹵等官能基的高分子,用約 1μC/cm^2(10kV)的電子線照射,可以使光阻產生交聯作用。

一些電子線負光阻的性質列於表 35-7。

35-8-4、**乾式顯像光阻化學**(dry-developed resist chemistry)

曝光後顯影時所產生的廢液問題,一直是環保所詬病的對象,所以乾式顯像光阻(dry-developed resist)隨應運而生。

以 X-線光阻之 Poly(2,3-dicloropropyl acrylate)為主體之高分子為例,它摻以 diphenyl divinyl silane 有機金屬單體,經 X-線照射,使高分子主體和含金屬(矽)有機單體產生交聯作用。未照射到的有機高分子單體,用加熱除離,最後用氧電漿將曝光的部分燒成二氧化矽。這樣的處理方式,沒有蝕刻、清洗等操作,所以不產生廢水。

Table 35-6 Properties of selected deep UV positive photoresists

Resist	Effective spectral Sensitivity range	Relative sensitivity
Poly(methyl methacrylate) (PMMA)	200~240 (max 220)	1
Poly (methyl isopropenyl ketone) (PMIPK)	230~320 (max 290)	5
Poly (methyl methacrylate-CO-3-oximino-2-butanone methacrylate) P (MMA-OM) (84:16)	240~270 (max 220)	30
Poly (methyl methacrylate – CO – 3 – oximino – 2 – butanone methacrylate – CO – methacrylonitrile) P (MMA-OM-MAN) (69-16-15)	240~270 (max 220)	85
Poly (methyl methacrylate-CO-indenone) P (MMA-1)	230~300 (mzx 250 and 290)	35
Poly (p-methoxy phenyl isopropenyl ketone-CO-methyl methacrylate) (115:85)	220~360 (max 290 and 340)	166
Poly (butene-1 sulfone) (PBS)	180~200	5
Poly (styrene sulfone) (styrene(2):SO$_2$(1) (PSS)	240~280 (max 265)	1000(at265 nm)
Poly (styrene –co-acenaphthalene sulfone) (vinyl arene(2):SO$_2$(1) 25% acenaphthalene)	250~330 (max 290)	500
Poly (5-hexene-2-one sulfone)	230~320 (max 280)	-

(L.F.Thompson)

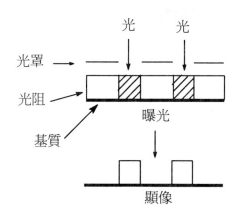

光罩 →

光阻 →

基質 →

曝光

顯像

圖 35 - 12 負光阻化學 （Thompson）

Table 35-7　Lithographic properties of selected negative electron resists

Resist	MW	Sensitivity at 20Kv (Mc /cm^2)
Poly (glycidyl methacrylate) (PGMA)	1.25×10^5	0.5
Poly (glycidyl methacrylate-co-ethyl acrylate) P(GMA-EA)	1.8×10^5	0.6
Poly (glycidyl methacrylate-co-chloro-styrene) P(GMA-ClS)	2×10^5	4
Chloromethylated polystyrene(40 % chloromethylated)	6.8×10^3~5.6×10^5	39~04
Poly(2-hydroxy-3[methyl fumarate] propyl methacrylate-co-3 chloro-2-hydroxy propyl methacrylate)	-	0.8
Poly iodostyrene (IPS) (~70% iodinated)	3.8×10^5	2
Poly (allyl methacrylate) (3:1)	3.5~7×10^4	0.4
Poly(diallyl ortho phahalate)	1.1~11.1×10^4	56~0.9
Poly(vinyl methyl siloxane) (PVMS)	2.9×10^5	1.5

(L.F.Thompson)

35-8-5、開發光阻時須注意的事項

　　光阻因使用的光源、儀器設備、曝光設計等的不同而有所不同，其對光的敏感度、對比、解析度、純度、耐浸蝕性、製造成本等都須考慮，這些都可以利用高分子結構的設計，予以滿足達成。

　　用於光阻的高分子必須具備下列的條件：為了可以均勻、無缺陷地塗裝形成薄膜，必須能溶於溶劑；在操作時必須能耐得住溫度的變化(>150°C)；在影像轉換到基質時，高分子能產生流動現像；須要具有反應基，以便曝光後能顯示影像；照光時透過光阻的厚度，能夠產生影像的光特性；要有高的玻璃轉移點(Tg>90°C)等，其他添加物也必須符合同樣的條件，當然不能有揮發性。

習　題

1、半導體工業的發展趨勢有何特色？

2、導體和半導體如何區分？

3、從週期表上如何組合半導體？

4、以簡圖說明：n型半導體、p型半導體、予體能階(donor energy level)、受體能階(acceptor energy level)、負載子(negative carrier)、受體(acceptor)、正電洞(positive hole)、予體(donor)等各項。

5、如何製造單晶？

6、如何製造多晶或複晶？

7、太陽能電池用的矽單晶(即矽晶圓)和用非晶矽，有何不同？

8、說明磊晶法(epitaxial method)。

9、說明PN接面(pn-junction)和障(壁)層效應(barrier effect)。

10、PN接面有何應用？

11、太陽能電池的原理為何？使用上應注意事項是什麼？

12、積體電路如何製作？

13、光阻劑(photoresistant)的功能是什麼？

14、說明微影成像技術(lithographic technology)。

15、正光阻化學(positive-resist chemistry)和負光阻化學(negative-resist chemistry)的功能有何不同？

第三十六章 顯示器用材料

36-1、緒言

顯示器(display)是指將日常的文字、圖樣、數字等形像，在工程儀器、遊樂器、通訊、電視、電腦等裝置上顯示之器材。通常使用的顯示器，有燈光照射、發光二極體(light emitting diode, LED)、電發光(electro luminescence, EL)、螢光顯示器(vacuum fluorescent display, VFD)、電漿顯示板(plasma display panel, PDP)、電視和電腦等用的影像管或陰極射線管(cathode ray tube, CRT)、和最近漸漸取代 CRT 的液晶(liquid crystal display, LCD)等。本章只就影像管、電漿顯示板和液晶材料等項予以說明，前兩者是有關固體(螢光體)受電子衝擊、分子內的電子吸收能後，釋放出該能量，以螢光形態呈示；後者，則係利用液態晶體受電場的影響，分子因排列狀態的變化，所顯示的物質特性。

36-2、陰極射線管(或影像管)顯示器(cathod ray tube display, CRT display)用發光材料

電視機的影像管和電腦的監測器(monitor)，皆用一支陰極射線管，它的結構係用厚玻璃封閉的喇叭型為外體，陰極槍設於細端，銀幕在廣端，銀幕的背面佈列數百萬個螢光體(fluorescent)，在真空和高電壓條件下，由熱陰極射出的電子(稱為電子槍)，經磁場控制，快速對銀幕作左右上下掃描，而在銀幕正面呈顯影像，這是通常單槍式黑白影像管的概略。黑白電視機在美國於 1941 年開始播放，而彩色電視機則在十年後的 1951 年播放。影像管的體積隨銀幕大小而變化，一個 29 吋銀幕的影像管重量達四十公斤，非常笨重，費電量大且發熱為其缺點。一般影像管用的螢光體為 Zn_2SiO_4:Mn；電視機用的螢光體為 ZnCdS:Ag， 或 $Zn_3(PO_4)_2$:Mn。至於彩色電視機則須使用紅色電子槍、綠色電子槍、藍電子槍等三隻陰極射線槍，同時對準螢光體掃描，電視機的紅色影像之所以鮮艷，係拜希土類螢光材料的開發才得以實

現。一些典型的 CRT 用螢光體列於表 36-1。

表 36-1 典型的 CRT 用螢光體材料

用途	螢光體的組成	色	色度點		10% 殘光時間	輝度比*
			x	y		
彩色電視	ZnS:Ag (加顏料)	藍	0.146	0.046	30~100μs	50
	Y$_2$O$_2$S:Eu (加顏料)	紅	0.640	0.352	7ms	65
	ZnS:Au,Cu, Al	綠	0.306	0.602	0.7ms	185
黑白電視	ZnS:Ag+(Zn, Cd)	白	0.267	0.291	22μs, 60μs	70
顯示器	ZnS:Ag, Al, Ga	藍	0.147	0.052	30ms	30
	Zn$_2$SiO$_4$:Mn, As	綠	0.205	0.714	150ms	94
	Zn$_3$(PO$_4$)$_2$: Mn	紅	0.655	0.343	27ms	23
投影管	Y$_2$O$_3$: Eu	紅	0.642	0.351		
	Y$_2$Al$_5$O$_{12}$: Tb	綠	0.342	0.572	7ms	
	ZnS: Ag, Cl	藍	0.146	0.061		
飛點	Y$_3$Al$_5$O$_{12}$: Ce	綠			0.16μs	

PI 螢光體(標準螢光體)的輝度比為 100 　　　　　　　　　　　(伊吹)

CRT 影像管有如前述之高耗電、體積大、笨重等的缺點之外，其輻射線會傷害身體尤其是眼睛，導致漸漸被液晶和電漿顯示器所取代。

36-3、電漿顯示板(plasma display panel, PDP)

電漿顯示板，是利用氣體放電時會發光的原理，在我們日常生活中，就有這種氣體放電的現像，例如市街的霓虹燈、室內的日光燈以及雷射等等。電漿顯示板所用氣體放電的特色，是發光氣體封閉在微小的間隙內，進行冷陰極放電時，放電的電輝度高。

原理是我們所熟知的，封閉空間內的氣體當通電時，自陰極射出的電子受電場的加速作用，往陽極進行途中，會和氣體分子衝撞，使該分子勵起或電離；產生的陽離子也往陰極移動而衝擊陰極，引起二次的放出電子，兩極間的絕緣被破壞而放電，因爲電極間隔很短，所以強調負電輝，所利用的就是該部分的光。

電漿顯示板有二種型態，即 DC 型和 AC 型電漿顯示板。從基本的型態改良開始，目前已經發展成很多種樣式，各有千秋無法一一例舉，在此就 AC 型之面放電型彩色 PDP 予以說明。

AC 型構造，有比較容易製作大型化、當氣體和構造改變時無記憶殘留性、驅動電路的價格低、輝度佳、只在背面基板接上電極就可以成爲面放電型板等的特徵。再者，當以彩色顯示時，放電時螢光體不必和電源連接，因此使用壽命較長。

單單只用氣體放電，並無法得到良好的三原色發光，必須在放電格子(discharge cell)內產生紫外線，利用此紫外線將塗在放電格子前的螢光體勵起，如圖 36-1 所示。

紫外光的產生，係利用發光效率非常好的氙(Xe)氣體，它的波長爲 147nm，不過氙的放電起始電壓高，通常須摻入若干的氦氣。爲使眞空紫外線有良好的發光效率，而且延長螢光體的使用壽命，大都使用的螢光體有：紅色用$(Y,Gd)BO_3:Eu^{3+}$、綠色用 $BaAl_{12}O_{19}:Mn$、藍色用 $BaMgAl_{14}O_{23}:Eu_2$ 等。以板面對角 1.5 公尺的 PDP，其螢光體的塗點(dot)數爲 2048×2048。

PDP 的好處是: (1)、高輝度、高對比(contrast)；(2)、可製作大型顯示器；(3)、操作範圍大。其應用是取代目前使用 CRT 的大型電視機，因爲平面式所以佔用的空間小。

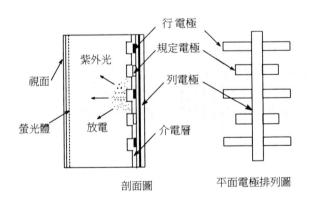

圖 36 - 1 面放電型 PDP 的構造　（伊吹）

36-4、 液晶顯示器(LCD)

　　液晶為具有排列性質的分子，大小約 10Å~100 Å 之間，利用受電場等外來刺激，液晶會改變型態，應用此特性作為顯示器者稱為液晶顯示器。『液晶』一詞顧名思意，係一種結晶性液體，外觀上是液體但微觀則呈方向性排列，介於液體相和結晶相之間的物質，所以又稱為中間相(mesophase)。液晶的中間相變化不是連續的，而是二階段的相轉移，也就是液體和液晶之互變；液晶和結晶的互變。液晶顯示器具有輕薄短小、省電、無輻射線傷害等特徵，為顯示器標榜的主要訴求，尤其電腦和電視機的領域將是液晶的天下，因此在這方面的研究開發非常迅速而且成果豐碩。

36-4-1、 液晶的種類和結構

　　由結構上看，液晶可分為向列型液晶(nematic liquid crystal)、層列型液晶(smectic liquid crystal)、膽固醇型液晶(cholesteric liquid crystal)等三種類，如圖 36-2 所示。向列型液晶分子的長軸互相平行，但其前後左右則完全無規則排列如圖(a)所示；層列型液晶分子成層狀排列，在層內分子的長軸則和面垂直而排列，如圖(b)所示；膽固醇型液晶分子，形成等間隔(節距)的薄狀層，在層內長軸和面平行呈一方向的排列，而且每層分子軸的方向稍為不同，整體上形成螺旋狀構造如圖(c)。

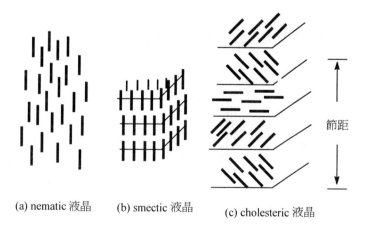

(a) nematic 液晶　　(b) smectic 液晶　　(c) cholesteric 液晶

圖 36 - 2 液晶的晶系　　(Keller, Has)

469

(1)、分子具有傾向可作爲液晶的必備條件如下。

    (a)、分子結構爲細、長、棒或平板狀，最小長度爲 1.3~1.4 nm，成不對稱的幾何形態。

    (b)、在分子中只有一個大的電偶極。

    (c)、分子末端附近具有較活性的基，如–CCl、-COC-、-OCOO-、-CH=N- 等。

    (d)、融點不可太高。

(2)、在已發現龐大數量液晶的分子，都具有如式(36-1)的結構，其分子的特徵如下。。

$$X \!-\!\bigcirc\!-\! A \!-\! B \!-\!\bigcirc\!-\! Y \qquad (36\text{-}1)$$

    (a)、有二個或二個以上芳香環(在很少的情形是雜芳香、和/或脂肪族)，大都是苯環，同時:

    (b)、有一個或二個以上的交聯基(A-B) 連接二個環;

    (c)、在長鏈分子的兩端有 X 和 Y 基。

    如果將交聯的基省略掉，式(36-1)就可以簡略，用式(36-2)來表示。而液晶末端基的情況列如表(36-2)所示。

$$X \!-\!\left[\bigcirc\right]_n\!-\! Y \qquad (36\text{-}2)$$

表 36-2 液晶的末端基

標準的基	普通基	少有的基
-OR -R -COOR -OOCR -OOCOR -CN	-Cl -NO$_2$ -COR -CH=CH-COOR	-H ,-F ,-Br ,-I, -N=C, -OH, -N=C-O -N=C=S, -N$_3$, -R', -OR', -OCOR', -COR', -COOR', -CX=CY-COOR, -NH3, -NHR, -NR$_2$, -NHCHO, -SR, -COSR, -OCOSR, -HgCl, -HgOCOCH$_3$, -OCF$_3$, -R$_{si}$, -O(CH$_2$)$_n$OR, -CH$_2$CH$_2$OH

R = n-alkyl (A. A. Collyer)
R' = branched or unsaturated alkyl

　　從上面的特徵可知，具液晶特性的物質數目相當多，已達數千種，如果再由其中二種以上調配，則種類的數目將更多。

　　其例，如 p-甲氧基桂皮酸，它有 cis 和 trans 二種，以二聚體存在，只有 trans 是液晶，因為 cis 不是棒狀而 trans 呈棒狀，在 170℃~185℃之間呈示液晶現像。

36-4-2、液晶顯示器的原理

　　液晶顯示器所利用的基本原理，是液晶受電流或電場作用，所引起的電流效應和電場效應。前者，是電流所引起的動態散射(dynamic scattering, DS);後者之電場效應，包括電壓控制複折射率(electrically controlled birefringence, ECB or TB)、超扭曲複折射率(super-twisted birefringence, STN)、主.客(guest host, GH) 扭曲向列(twisted nematic, TN)等，列如表(36-3)所示。

表(36-3) 液晶顯示器的利用原理

顯示法名稱	略稱	效果	動作原理	用偏光鏡數
電壓控制複折射率	ECB STN	電場	複折射率	2
扭曲向列	TN	電場	旋光能	2
Guest-host	GH	電場	二色性染料	1 或 0
動態散射	DS	電流	光散射	0

(陳)

471

36-4-2-1、動態散射型(dynamic scattering mode,DSM)顯示法

　　本法是 1968 年由 D. Heilmeier 等人所發現的。方法是一個槽(cell)，由二片電極(其中一片爲透明，而另一片附金屬反射膜)之間夾有約 10~30μm 厚的向列型(nematic)液晶所構成，當施加數十伏特電壓時，會呈現白濁現像。其原理，通常在未加電場時，液晶的長軸分極不會向電場分極排列，可是當施加電壓時，分子會依分極向電場排列；電壓提高時，在陰極附近產生負離子，該負離子會被陽極吸引而移動，附近的液晶和離子往同一方向流動而排列，因此產生無數的分子配向不同的小領域，此時在各領域界面，有折射率變化的光散射，生成白霧狀乳白色現象；利用引起動態散射的部分和不引起的部分，二者之間的對比(contrast)差顯示影像。爲了要消除液晶分子的排列不均勻，以及改善顯示字型的鮮明度，都預先將液晶分子在 cell 內配列成一定的方向。

　　原先，這個方式的缺點是：消除電場後，雖然分子會回復原狀，但須費數十ms 的時間；用的電壓高；操作過程使用雜質，所以壽命短等。不過在開發過程中，有二項重要發現，一項是記憶效應，另一項是彩色化。所謂記憶效應，是在 nematic 液晶中加入膽醇型液晶，施以 100 hz 以下的交流電場，即使電源切斷後，乳白色仍會維持數小時到數日的時間，此現象可以用高周波消除。

　　影像基本的表示方法有透視法、反射法、投影法等。

36-4-2-2、主‧客(guest‧host, GH)顯示法

　　guest host 顯示法是，1964 年 Heilmerier 發現在液晶之 p-n-butoxy benzoate 作爲 host 液晶，加入 1~2%的二色性染料(多數的液晶稱爲 host，少量的染料稱爲 guest)，將此混合液夾於二電極之間，入射光經偏光板進行測試。結果得知，如果染料呈現不規則配列，其分子會吸收特定的光而著色；但是如果施加電壓時，則液晶分子排列，染料也隨著平行排列，染料不吸光而變成無色如圖 36-3 所示。這種 guest host 的顯示法，有對比高、視性佳、改變料色可以展示種種色彩、關掉電場後恢復原狀須約 0.1 秒的時間等之特徵。

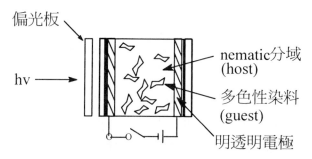

(a) guest – host 系 (無電場)

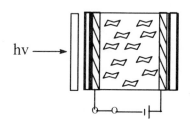

(b) guest – host 系 (施加電場)

圖 36-3 Guest – host 系顯示法

36-4-2-3、扭曲向列(TN)型顯示法

　　液晶槽的前後各置一偏光板，二面偏光板呈直角關係，在沒有施加電壓時，液晶分子會隨著兩基板面的配向方向，扭曲 90 度配向，所以當光線射入液晶槽時，偏光面沿著液晶分子扭曲，通過第二面偏光板，可以看到光亮，如圖 36-4(a)所示；當施加電場時，液晶分子的扭曲現像被解除，無偏光面的扭轉效果，入射光受到第二面偏光板的遮蔽，變成暗的狀態如圖 36-4(b)所示。

　　TN 型顯示法的特色是：所需的電壓低、液晶本身屬絕緣體所以電力消費少、對比佳、液晶精製後壽命長等，在攜帶型機械文字或數字表示，如手錶、電腦等領域都廣為使用。STN 也是表示同樣的特性。

473

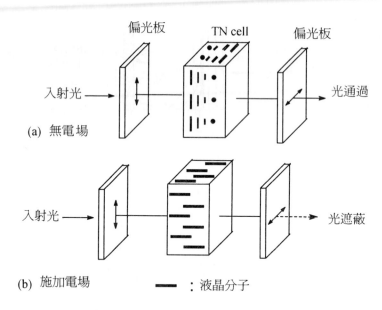

圖 36 - 4 TN 效果的原理 (伊吹)

36-4-2-4、全彩色液晶影像顯示

　　LCD 彩色化的關鍵技術，在於彩色濾光器之製造，將上記的相轉移現象可視化後，再加上色光譜就可以彩色化。全彩色的液晶影像顯示，其彩色所應用的特性有：利用外部光源；利用彩色濾光器、彩色反射板、彩色偏光板等外部的光學元件；利用常光和異常光的干擾、主.客效應等液晶的光學性質等。以方式來說，可分為 STN 方式、ECB 方式彩色 LCD、強介電性方式彩色 LCD、圖場順序方式 LCD、主動矩陣型彩色 LCD、投射型彩色 LCD 等。這些應用要素的設計、變化和驅動元件的組合，成為各公司產品的特色。

　　主動矩陣型彩色 LCD，為最近許多廠商投資生產的項目。主動矩陣方式，係讓各畫素有記憶動作，其驅動是由電晶體或二極體的主動元件所操作。主動元件是在透明基板上，生成薄膜電晶體(TFT，thin film transistor)或二極體。TFT 的材料，從開始的利用硒化鎘(CdSe)，再經矽單晶膜(Silicon on sapphire, SOS)、到目前的非晶矽膜(Amorphous Si)和複晶矽膜(Poly silicon)，同時期變阻體(Variator)和 MIM(Metal insulator metal)二極體也相繼開發成功。MIM 二極體的構造比 TFT 單純，性能也穩定。所謂 MIM，係由在兩個金屬電極間有一個絕緣膜所構成，為利用流過絕緣膜或絕緣膜和電極界面之間，電流的非線性特性，目前的 MIM，是利用鉭基質中氧化鉭(Ta_2O_5)膜的傳導作用。兩種主動元件的驅動方式，都已經能夠製造出，性能良好的彩色液晶電視和電腦監視器。下面以光干擾色型的 TFT 驅動 HAN(Hybrid-aligned nematic)型多色彩色 LCD 的面板結構說明。

光干擾色型 TFT 驅動 HAN 型多色彩色 LCD 的面板，在垂直配向處理後的 TFT 列陣電極基板，和平行配向處理後的透明電極基板中間，夾間隔 $0.29\mu m$ 的液晶槽，以 a-SiTFT 作為主動矩陣驅動，畫素的間距橫向為 $190\mu m$ 縱向為 $155\mu m$ 如圖 36-5 所示。和濾光器的 NT 型 TFT 彩色 LCD 相比較，有鮮明度提高五倍、可用利用各種電壓調變、用 RGB(紅綠藍) 解析度比提高三倍、不會有顏色褪色問題等的特性；其缺點是無足夠的階調性，僅能適用於圖型和文字之顯示。

全彩色液晶影像顯示技術發展的方向是大型化，這方面的技術可借用 IC 技術。IC 是往積體密度方面發展，而 LCD 是向大面積的目標推進，顯然後者輕而易舉地，可以利用前者的製造技術。

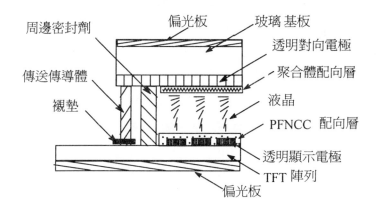

圖 36 - 5 驅動型多色彩色的面板　(陳)

36 4 3、LCD 的應用

　　LCD 所具有的特色是用低電壓可操作、電力消費少、用通常的 LSI 能驅動、薄形、輕、製造比較簡單、成本低等，雖然有反應慢、對比不佳、視角問題、使用溫度範圍狹、無外光時不能顯示等缺點，可是其用途仍一直擴展，從手錶、遊樂機到攜帶型電腦、電視機等等。其他的應用有：用塑膠 ITO 製造可撓性玩具、用因溫度變色的膽固醇型液晶製造裝飾品、用強介電性液晶作爲光閥、將多數的小型 LCD 積體成爲大型畫面顯示器等。

習　題

1、影像管和陰極射線管二者常混用，實際上有何不同？

2、顯示器(display)的涵意是什麼？

3、CRT 彩色電視機的基本功能何在？要用什麼材料？

4、電漿顯示板的原理爲何？

5、CRT 電視將被 PDP 和 LED 所取代，爲什麼？

6、液晶是什麼東西？有那幾種？

7、作爲液晶材料之物質其分子必須具備何種條件？

8、液晶顯示器所利用的基本原理爲何？

9、說明主.客(guest host, GH)顯示法。

10、如何使液晶影像顯示全彩色化？

11、列舉說明 LCD 的應用？

第三十七章 全錄影印(xcrography)

37-1、緒言

　　人類的文明係將累積的經驗、智慧經由書籍的記載得以傳承後世，供後人學習。印刷技術雖然可以製作多份的資料，但要從書籍複製，以前都是靠刻鋼板油印或用手抄寫，非常緩慢且辛苦。用照相的方法，雖然速度上比較快，不過照相法須要使用特殊的紙張，普通紙張不能適用，而且費用昂貴，無法推廣。全錄影印(xerography)，或稱為光電影印(electrophotography)技術的發達後，才使複製成為非常容易，讓學生容易取得複製資料，在教學和資訊傳播上有莫大的方便，促使人類文明更形發達，所以全錄影印之發明，對人類之貢獻非常廣且深，為二十世紀重要的發明之一。

37-2、發明的經過

　　全錄影印係結合光電學和化學的結晶，它的產生係由一位叫做 Chester F. Carlson 的人，靠著個人的堅毅努力和企業的協力才得以成功。全錄影印發展的過程中，諸多思考模式和方法，可以給我們帶來啟示和做研究的鼓勵。

37-2-1 需求是發明之母

　　Carlson 在學生時代喜愛印刷技術，曾為業餘化學者出版雜誌，當時深深地體會到，製作雜誌要植鉛字、排版等印刷作業，工作非常的枯燥乏味而辛苦，乃引起改良複印方法的心願。

　　Carlson 在 1930 年從加州大學的物理系畢業後，進入貝爾電話研究所當研究員，後來對發明和專利發生興趣，乃轉入貝爾研究所的專利部門學習法律。在取得法律學位後，就從事專利的法律事務。

由於經濟不景氣，Carlson 在財政上發生困難，在他的回憶錄裡述及，因經濟的影響而啟發他的發明活動。他說：『我當時貧窮，我想發明、賣發明是唯一可以在短時間內，快速改變經濟地位的方法，這個方法有些微成功的可能性。愛迪生和其他人成功的事蹟，對我影響很大。』

1934 年 Carlson 被 Maroly 公司聘為專利代理人，再度體會到製作文書複印的痛苦，因此下定決心開始進行調查。

37-2-2、細心的規劃確定方向

『我故意將發明方向定為，不要和類似溴化銀的照相法，或既知其他的化學方法一樣，因為我認為，這方面已經被柯達等大公司徹底地研究過，不值得再浪費精力。經過分析各種需求的結果得知，深信一種新的系統，如果要獲得普遍地使用，就必須採用光的效果。由於化學方法已被刪除，所以引導往光電現象的研究。起初採用過的幾種方法，經過研究失敗數次後，我覺悟到，為要了更進一層的理解問題，必須更徹底地將問題調查清楚，如果可能，從文獻裡去發掘，發明家們以前所沒有注意的現象。』

37-2-3、善用既有的資訊作綿密調查

他用三、四年的時間，利用空閒時間到紐約圖書館，精讀技術文獻。在開始，想利用電解作用，可是這個方法需要大電流，因此不適當，至於相關的理由，他說：『如果，能將低電壓、高電流的電解分解作用，改用高電壓、低電流的方式來代替，則可以用同量的光控制大量的能量。由於已將問題限定在非常小的範圍內，直觀地其解答幾乎已可呼之欲出。我想到，以前曾經有發明家，為了生成靜電的影印，採用了粉末，用這個想法，再配合使用靜電對光敏感的乾板，就完成了發明。剩下的工作，必須從文獻裡調查，看有沒有已知適當之光電導性物質。』

在 1937 年，他獲得基本的全錄影印法概念，雖然尚未付之實驗證實，立即提出專利申請。為了將概念實用化，在自家的地下室做實驗，用硫黃塗在乾板上進行研

究。因欠缺適當的實驗設備，爲不利的條件之一；另外，作爲實驗家，無熟練的經驗對他來說，確實是很大的障害，因此請了一位失業中的德國物理學者Kornei，來當實驗的研究助手。二人一起作研究，開發成功一片的小乾板，可以明顯地呈示影像，隨後進行展示方法的準備，以便將發明賣給他人，同時申請追加專利。

經過數年的改良，想引起製造業者參與投資的興趣，不過一直都沒有成功。由於世界大戰，使發明的企業化工作更加困難。

37-2-4、不屈折於困難，機緣有到來的一天

有一次，Carlson 到世界最大的非營利組織-巴特爾紀念協會(Battelle memorial association)洽商，順便提起他的發明，此時巴特爾紀念協會，剛好希望成立一個研究團隊，研究印刷相關的技術，正在物色好的構想；巴特爾紀念協會在數年前，成立了一個百分之百專屬的機構，稱爲巴特爾開發公司(Battelle development corporation)，專門從事用財力支援有潛力的發明，使開發成功，因此 Carlson 就和該公司契約，其內容是：將來工業化成功後，Carlson 享有相當利益的權利，而巴特爾開發公司則持有專利的獨佔權。

其後全錄影印的開發工作，是由一位，具有印刷術經驗的巴特爾開發公司的物理學者 Rolland，一人單獨研究一年，戰後再增派少數的助手協助他。在 1946 年後期，有二項重要的開發成功：第一項、乾板上塗佈硒的高眞空技術；第二項、電量放電(corona discharge)線的開發。其功能是，先在乾板表面製作靜電層，再將乾板上的粉末轉移到紙張上。進一步的重要貢獻是，發現了避免在多餘空間遊走的粉末，生成背景的方法。因此巴特爾開發公司，將全錄影印方法改良成爲工業界會感到興趣的程度。

37-2-5、有眼光的小公司終於變成世界性大企業

1946 年紐約有一家做照相材料、複影裝置的製造公司叫做 Halloid Corporation of Rochester，在進行調查相關的新製品，也知道在 1944 年發表過，有關全錄影印

的論文內容，經過研究這個系統俊，雖然開發這個系統所需要的費用，對於小公司的 Halloid 來說，負荷過於龐大，但是 Halloid 公司卻毅然地願意投資，承受了全部的獨佔專利權(sublicense)。在 1950 年，將這個系統應用於商業，發表了全錄影印機；同時美國聯邦通信部隊也被認可使用專利，開始研究，將此系統應用於連續聲音的照相；其他的企業也得到特許，開發將此系統作其他特殊的用途。1956 年 Halloid 公司和另一個公司，組織新的合併公司，從事北美國以外地區的市場開發。

這個例子，基本發明係由一個外行人完成，開發研究則由多數企業從不同的方向進行，也就是由非營利研究組織，完成最初的改良，繼由一家小公司，快速地推動商業化開發，最後由陸軍和諸多大小企業參與開發。

全錄影印雖然是利用光電原理，但硒元素在無機化學的課程裡，學生都已經學到它的特性，如果還記得有關硒光電效果的發現經過，必然應該由學化學的人，來完成這個發明。硒的塗佈製成滾筒之好壞，是關係到影印機的壽命。再者，粉末生成影像是容易的，問題是如何快速在紙張上固著等技術，這些就要借重應用化學的智慧，也就是碳粉和高分子化學的技術。

37-3、全錄影印的過程(xerographic process)

全錄影印的過程，包括放電(charge)、曝光(expose)、顯像(develop)、轉印(transfer)、定影(fix)、清除(clean)、擦拭(erase)等七個步驟。

37-3-1、放電(charge)

全錄影印的第一步操作，是在暗室用電量放電(corona charge)使光受納體(potoreceptor)，或稱為光導體(photoconductor)表面荷載一層均勻的電荷。通常有機光受納體被放電成數百伏特($\pm500\sim\pm1000$)的電壓，稱為暗室電壓(dark voltage)，全錄影印的光受納體，是一種介電體(dielectric)，都由導電性基材，或基材表面有一層導電體所構成，厚度約在 $10\sim30\mu m$ 之間。在暗室中放電於光受納體時，有二個必要條件，也就是因熱而產生的自由載體(free carrier)必須極端地少；同時也不可以從空白表面和基質極，向光受納體輻射出載體。電量的輻射也必須很低，或者用過濾方法，將輻射過濾以免被光受納體吸收，其防止的方法是在光受納體表面，塗上一層很薄的超紫外光吸收層。

電量放電裝置，由一系列直徑為 $100 \mu m$ 的不銹鋼絲，拉張於不銹鋼槽內兩個絕緣器之間。電量放電絲的電壓維持在 5~15KV 之間，電量放電絲附近的電場夠高，足以使周遭的任何電子加速，其速度足以產生氣體分子的離子化，在空氣中離子的移動速率，約在 1~3 cm^2/V-s 之間。正電量(positive coronas)的主要成分是水合的質子，其一般式是$(H_2O)_nH^+$，n=4~8；而負電量(negative corona)的主要成分是 CO_3^-。以荷電分佈的均勻度來說，正電量放電所生成的荷電分佈均勻度良好，而負電量放電所生成的荷電分佈均勻度則較差。電量放電裝置的概念如圖 37-1 所示。

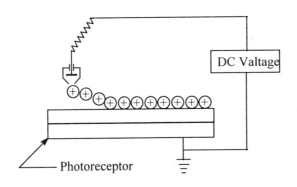

圖 37-1 全錄影印的放電裝置　(Williams)

37-3-2、曝光(expose)形成潛像(latent image formation)

當影印時，文書的影像受曝光後經由凸鏡，投射在前項帶正電的光受納體表面上，產生電子-電洞偶(electron-hole pairs)，這些電子-電洞偶受電量場的影響，轉變成空白和基質極，結果消耗曝光部分的電子，而未照到光的部份則生成一個靜電圖像，如圖 37-2 所示。如果是閃光式曝光，曝光的光源則用充氙氣燈管(Xe-filled lamp)；如果是掃瞄或連續式曝光，則用石英-鹵素燈(quartz-halogen lamp)或螢光燈(fluorescent lamp)。關於光受納體(photoreceptor)的感光性和曝光燈之間，有這樣的要求關係：普通光學影印機的光受納體，必須對可視光全領域的光譜敏感；數位影印機的曝光，係由雷射或一組的發光偶極體(light-emitting diodes)所引起的，所以光受納體只需對該雷射或發光偶極體的波長敏感就可以；雷射曝光的方式，通常使用一旋轉多角型鏡(spinning polygon mirror)，沿著光受納體掃瞄。大部份的影印機，要生成潛像的曝光能量約爲 10 erg/cm^2。

　　在早期，光受納體的材質有青銅玻璃，包括 α-Se 和 α-Se 添加 As、Te 的合金等廣被使用，近幾十年來，有機材料和 α-Si 的使用已大爲增加。

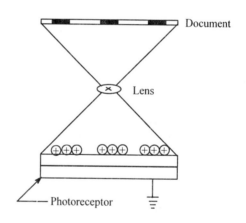

圖 37-1　全錄影印的曝光裝置概念圖　　(Williams)

37-3-3、顯像(image develop)

　　顯像的操作，是將帶電的碳粉移轉到光受納體表面上，方法有很多種，但基本上，都利用帶電粒子在介電場的移動現象。此現象，是帶電粒子所受的力，相等於荷電和電場的積，稱爲庫侖定律 (Coulomb's law)。顯像時的顯像劑，以使用含有第二種成份的載體式顯像劑最爲普遍。將碳粉移轉到光受納體表面上的手段，有散落顯像(cascade development)如圖 37-3 所示，和磁刷顯像(magnetic brush development)二種。

光學影印機，所使用碳粉的荷電極性和光受納體的荷電極性相反，碳粉會被荷電的領域或未被曝光的領域吸引，這種方法稱爲荷電面顯像(charged-area development)。另一方面，數位複印機或數位影印機，則使用同樣極性的碳粉，碳粉被荷電的部份排斥，而沉積在放電的領域，這種方法稱爲放電的面顯像法(discharged-area development)。從技術上考量，光受納體面上黑暗部份的顯像，顯然比曝光的背景的顯像要容易，因爲原來黑暗部分的面積，遠低於背景的面積，所以曝光的需求就會降低很多。

碳粉是由 10%的色料和樹脂所組成，另外視需求而加入各種添加物，例如，加入調節荷電量劑、表面添加劑以控制流動性和清潔性、用腊防止碳粉粘在滾筒上等。樹脂的功能，是將碳粉粘著在紙上以形成永久的影像。碳粉的玻璃轉移點，設計在 50~70°C之間，如果高於此範圍則需要多餘的能源；低於此範圍則會有熔結的情形發生，產品的保存上會有問題。碳粉的製造是利用研磨機或球磨機，製成的粒徑在 5~20 μm 之間，爲防止碳粉粘著在滾熔筒(fuser roller)上，通常都添加低分子量的石腊。

二成分的顯像劑，係將碳粉附著在載體或珠子上，珠子的材質包括金屬、玻璃、鐵酸鹽(ferrite)等，爲要控制碳粉的荷電性，碳粉的表面有一薄層的高分子。如果採用磁刷顯像(magnetic brush development)時，載體的珠子必須具有順磁性(ferromagnetic)，其功能是：(1)、使碳粉荷電；(2)、清除光受納體上背景的碳粉；(3)、移轉碳粉到潛像等。

最初期複印機的顯像，將碳粉和載體轉移到光受納體的表面時，都採使用散落顯像法(cascade development)，這種方法的缺點是：無法作大實體面積的現像、裝置大小受限制、無法作快速的操作等，因此在 1970 年代，已被磁刷顯像(magnetic brush development)方式所取代。

　　磁刷顯像方式，可適用於單成份顯像劑和二成份顯像劑，不過影像機大都採用二成份顯劑。磁刷顯像方式所用的載體材質，大多為 Fe、Co、Sr 的鐵酸鹽。磁刷顯像方式，又可分為絕緣性和導電性二種，此種區別是在於顯像劑的導電性，而其導電性又大大地受著組成、載體珠子的幾何形狀、載體珠子表面高分子被覆層的厚度等因素所影響。導電性刷顯像可得到較好的實體面積顯像，而絕緣性刷顯像則有利於線的影印，前者之導電性刷顯像，應用於高容量的複印，而後者通常用於低容量的複印。

　　顯像的最後一個步驟，是將碳粉從載體珠子移轉到光受納體的表面，此時碳粉和載體珠子之間的吸附力，是靠著靜電和凡得瓦耳分散力(van der Waal's dispersion force)，因此顯像時，潛像場所具有的顯像力(development forces)，必須大於碳粉和載體之間的吸附力。

　　雖然二成分顯像劑(two compound developers) 仍佔大部分的市場，但單成分顯像劑(single-compound developers)已漸漸興起，其原因是，單成分顯像劑具有：勿須控制碳粉-載體比(toner-to-carrier ratio)，因而顯像的機械可簡單化；光受納體的磨損較小；整體的顯像裝置可以大為縮小等的利點。使用單成分顯像劑，在另一方面也有缺點，例如，順磁性材料大都為褐色或黑色，因此單成分磁刷顯像(single compound magnetic brush development)不適合彩色的應用；和二成分顯像劑相比較，操作的速度會降低；較低的荷電率；在光受納體表面易生膜狀物等。

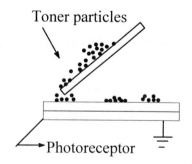

圖 37-3　全錄影印的顯像概念圖 (Williams)

37-3-4、轉印(transfer)

轉印的操作，是將光受納體上面的碳粉移轉到紙張的受體上，這是一種靜電移轉作用，方法是，將受體紙張和光受納體的碳粉像接觸如圖 37-4 所示，用電量放電使紙張產生和碳粉的極性相反的電荷。當紙張的電場對碳粉所產生的作力，超過碳粉和光受納體之間的吸附力時，就會產生碳粉的移轉，完成轉印的作用，然後紙張離開光受納體。為使有效率地轉印，必須將紙張和光受納體緊密接觸。碳粉移轉的最高效率約為 80~95%，所以經轉印影像的碳粉密度，會較原先的影像低。這種方式，其均勻性較靜電方法佳，且粉體的粒子愈小效率愈高，唯一的限制是厚的紙張不能適用。

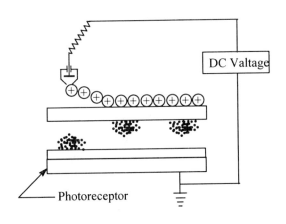

圖 37 - 4 全錄影印的 像轉印概念圖 (Williams)

37-3-5、定影(fix)

前項經轉印在紙張上的碳粉，必須設法將它固定，使成永久性的影像，固定方法有加壓、加熱、輻射、溶劑等。其中溶劑固定法(solvent fixing)，無法應用於大部分的紙張，須要複雜的溶劑收容裝置，也必須防止溶劑的公害問題；冷壓固定法

(cold-pressure fixing)，限用於低量的影印，其影像的品質較熱壓固定法(hot-pressure fixing)差，再者冷壓固定法須用特別的碳粉。冷壓固定法的好處是，只須低的壓力，不像熱滾壓法(hot-roll pressure)須要備用電力(standby power)等，它適用於電子計算機的影印。用石英燈或電熱器產生熱的輻射法(radiant fixing)，將碳粉熔融在受體上，熔融的溫度大都在 120~130°C之間，這種方法的缺點有：因為須要等待熔融的時間，所以無法快速的影印；高溫也會將碳粉分解；須要備用電力等。

　　基於前記理由，利用熱和壓力(多數的滾軸其中至少有一個加熱)就成為最為廣用的方法，一般的定像裝置概念如圖 37-5 所示，滾軸表面含有特別的油質，可以防止滾軸被碳粉粘著。大部分的滾軸固定裝置，都由矽烷橡膠的加熱軸(silicone rubber heated roll)和鐵夫龍的壓力軸[poly(tetrafluoroethylene) pressure roller]併用。

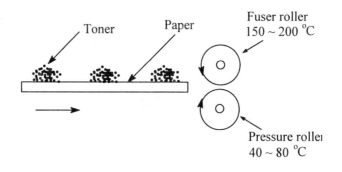

圖 37-5　全錄影印的 定像裝置概念圖　　(Williams)

37-3-6、清除(clean)

　　將碳粉從光受納體移轉到受體(receiver)完成轉印之後，光受納體表面上尚有部分的殘留碳粉，這些殘留的碳粉必須在下一次產生影像以前清除。碳粉對光受納體的吸附力，是由靜電和分散力所引起的，必須克服這種力，才能清除殘留碳粉，如圖 37-6 所示。清除殘留碳粉的方法有：旋轉刷、光受納體表面用可丟式的纖維布擦拭、用吹噴空氣、括片括、用和碳粉荷電相反的荷電粒子打磨等。

目前利用的方法有：括片、磁性刷、纖維刷等。影印量低的影印機常用金屬或高分子括片；中等影印量的影像機用磁性刷；而高影印量的影印機則用纖維刷。括片清除法的好處是機件簡單，操作緊湊，其材質爲彈性體，如果光受納體的表面是 α-Si、α-As$_2$Se$_3$ 的材質，則用可撓性的鋼括片。括片的清除效率完全受光受納體的光滑度所左右，對於有接縫的光受納體，括片必須要有保護，否則括片會很快失效。磁性刷清除法，係轉移的載體粒子經由旋轉的磁場所帶動，將光受納體表面打磨。至於纖維刷清除法，其效率受刷的轉速、銜接度、高度、密度等因素所影響。

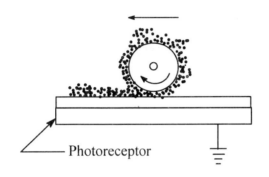

Photoreceptor

圖 37-6 全錄影印的碳粉清除裝置概念圖 (Williams)

37-3-7、擦拭(erase)

曝光擦拭的目的，是在下一次影印前，去除任何殘留在光受納體表面上的電荷，其裝置的概念圖如圖 37-7 所示。如果在下一次電暈放電前，光受納體表面有靜電影像殘留，進行影印時，則在電暈放電後所得的表面電壓和光感度會不均勻，所得到的結果，會和前次的影像和背景不一樣。曝光擦拭常用交流電暈，其強度比影像的曝光要強得多，而且採用連續曝光，目標是將光受納體的電場降爲零。閃光式曝光很少使用於擦拭爲目的曝光。

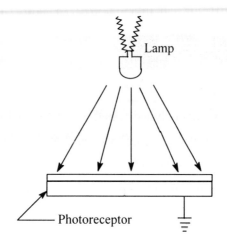

圖 37-7 全錄影印的殘留靜電擦拭裝置概念圖 (Williams)

習題

1、當遇到困難時不可氣餒，應該設法克服，爲什麼 ？

2、全錄影印發明的重點在那裡 ？

3、全錄影印時粉體爲什會生成影像 ？

4、粉體的結構爲何 ？

5、全錄影印和照相不同的地方在那裡 ？

6、硒如何塗裝在乾板上 ？

7、研究之前最重要的工作是什麼 ？

8、電暈放電裝置爲何 ？ 其條件爲何 ？

9、說明光受納體表面的影像如何生成 ？ 又如何移轉 ？

10、顯像劑有幾種 ？ 其組成爲何 ？ 市場有何限制 ？

11、像劑轉印的原理爲何 ？ 轉印的影像濃度會比原來的影像低，爲什麼 ？

12、影像的固定方法有那幾種 ？ 分別說明、比較其優劣點。

13、光受納體移上殘留的碳粉如何除離 ？ 要注意什麼細節 ？

14、曝光擦拭爲何必要 ？ 不做會有何後果 ？

參考文獻

1、David Lind, Handbook of batteries, 1995, McGraw-Hill, Inc.

2、T. R. Cronopton, Battery reference book 2nd., 1996, The Bath Press, Great Britain, Bath.

3、川口 武，半導体の化学，1962，丸善出版株式会社，東京。

4、R. Esaki, Phys. Rev., 1958, 109,603.

5、W. Shockley, "Electrons and holes in semiconductor with application to transistor electronics", 1950, D. Van Norstrand.

6、菊池 誠，半導体の話，1976，日本放送協会，東京。

7、中野 哲， "最新図解半導体ガイド，1984，成分堂，東京。

8、藤秀雄，新電池の話，1976，日本放送協会，東京。

9、Leonard V. Interrante and Mark J. Hampden-Smith, "Chemistry of advanced materials." 1998, Wiley-VCH Icn. Canada.

10、E. Reichmanis, L. F. Thompson, Chem. Rev., 1989, 89, 1273.

11、H. J. Moll, "Semiconductors for solar cells", 1993, Artevh Hous, London.

12、A. A. Collyer, "Liquid crystal polymers: from structures to applications", 1992, Elsevier science publixhers ltd., England.

13、H. Kelker and R. Hats, "Handbook of liquid crystal",1980, Verlag Chemie GmbH,Weinheim.

14、A. Tsuji, "JSR Core technologies & R&D strategy in photoresist ",半導體製程用光阻劑研討會論文集，1998，新竹。

15、加奈 哲、H柳田 彦. "レア-ア-ス の性質と応用， "1980，技報堂東京。

16、伊吹 順章，ディスプレイデバイス，1989，産業図書.，東京。

17、賴耿陽，液晶製法與應用，1997，復漢出版社。

18、陳連春,最新液晶應用技術,1997,建興出版社。

19、陳連春,彩色液晶顯示器,1999,建興出版社。

20、L. F. Thompson, C. G. Willson, J. M. J. Frechet, "Material for microlithography-radiation sensitive polymer", 1984, ACS symposium series 266, 187th meeting of the Ameerican Chemical Society, Missouri.

21、S. Glasstone and D. Lewis, Elements of physical chemistry, 1960, D. Van Nostrand Co. Inc.,

22、施敏, "矽器時代的來臨", 2000,鑛冶,44 卷第四期第九頁。

23、P. M. Borsenberger and D. S. Weiss, "Organic photoreceptors for imaging systems", 1993, Marcek Dekker, Inc., New York, USA.

24、L. B. Schein, "Electrophotography and development physics",1988, Springer Verkag, Heidelberg, Gernany.

25、E. M. Williams, "The physics and technology of xerographic processes",1984, John Wiley & Sons, New York.

26、好井久雄、金子安之、山口和夫, "食品微生物學",1971,技報堂出版株式會社,東京。

27、內山充、倉田浩, "解説食中毒",1986,株式會社生光館,東京。

28、小柳達男, "食品と解毒と化学",1961,共立出版社株式會社, 東京。

29、岩田久敬, "食品化学要説",1974,株式會社養賢堂, 東京。

30、續光清, "食品化學", 1992,財團法人徐氏基金會,台北。

31、續光清, "食品工業化學", 1990,財團法人徐氏基金會,台北。

32、G. Wranglen, "An introduction to corrosion and protection of metals",1985, Chapman and Hall Ltd., London。

33、L. L. Shrier, "Corroaion",1963, Butterworth & Co Ltd., London.

34、Bruce D. Craig, "Hand of corrsion data",1990, ASM International, OH.

35、USP 3,425,953.

36、USP 3,407,188.

37、USP 3,492,288.

38、USP 3,538,071.

39、USP 3,544,460.

40、M. Pourbaix, Atlas of Electrochemicsl Equilibria in Aqueous Solutions, (1966), Perggmon Press, London.

41、USP 3,523,0648.

42、山本 , 1970, plant emgineering, No.3, pp16-22。

43、日本，特公昭 54-30710

44、伊藤, 高分, 1961, 18, 1.

45、S. Nozakura and Y. Morishima, J. Polym. Sci., 1972, A-1, 10, 2781。

46、R. E. Wolfrom, 1953, Am. Dye Reptr.., 42, 753

47、Shinoda W， 食品衛生學雜誌，1962, 3(4)。

48、T. C. Cordon, J. Amer. Oil Chem. Soc., 1970, 47, 203。

49、近藤五郎，"胃腸の病気", 1960，創元医学新書。

50、井本 稔，"水溶液高分子水分散型樹脂の最近加工、改質技術の用途"，1983，経営開發センタ- 出版部。

51、吉積智司、伊藤凡、国分哲郎，"甘味の系譜とその科学"，1986 株式会社 光琳，東京。

52、歐靜枝，"化學防菌防黴實務"，1986，復漢出版社。

53、廖龍盛、孫定國，"實用農藥"， 1978，華成印刷。

54、過 薦，"新版洗浄と洗剤、工業用洗剤と洗剤技術"，1976，地人書館。

55、池田久幸、高尾智晴、富田芳生、山本重彦"， pH とイオン制御"，1973， マグロウヒル好學社。

56、川城巖， "食品衛生學"， 1980，光生館。

57、木野茂，"廢棄物の處理，再利用"， 1973，株式會社建設産業調査會，東京。

58、伊藤伍郎，"腐蝕と防蝕技術"，1984，コロナ社。

59、鹿山 光，油脂の消化と吸收，1969，食品工業，8下，pp80-85。

60、鹿山 光，油脂の營養， 1969，食品工業，9下，pp 89-93.

61、鹿山 光，食品としての油脂，1969，食品工業, 10下，pp99-103。

62、鹿山 光，油脂の酸化 (その2)， 1969，食品工業, 12下，pp90-95。

63、鹿山 光，油脂の酸化 (その3)， 食品工業， 2下，pp83-87。

64、藤川衛峰野幸弘，西山正孝，"食品中の有害物質の分析，1969，食品工業
， 9下，pp 95-102。

66、山口雄三，フレーバーによる防黴についで， 1972， 食品工業，7 下，
pp46-51。

67、門田元、 石田祐三郎，"低溫の環境による微生物の活動"，1970，食品
工業，1 下，pp73-82。

68、國部進，"脱臭新技術基礎"，1985 復漢出版社.

69、町田誠之，水溶性高分子の機能，1981，水溶液高分子水分散型樹脂の最
近加工、改質技術と用途開発総合技術資料集，経営開発センタ- 出版部。

70、坪田正道、"水溶液高分子の分子間相互作用"， 1981，水溶液高分子水
分散型樹脂の最近加工、改質技術と用途開発総合技術資料集，経営開発
センタ- 出版部。

71、加藤中哉，"水溶液高分子のキセラクタリシヨン"， 1981，水溶液高分子
水分散型樹脂の最近加工、改質技術と用途開発総合技術資料集，経営開
発センタ- 出版部。

72、貝沼圭三，"天然水溶液高分子と応用加工"， 1981，水溶液高分子水分散
型樹脂の最近加工、改質技術と用途開発総合技術資料集，経営開発セン
タ- 出版部。

73、三橋正和，"プルラン特性と応用"，1981，水溶液高分子水分散型樹脂の

最近加工、改質技術と用途開発総合技術資料集，経営開発センタ- 出版部。

74、浜野三郎，"水溶液セルロイス誘導体"，1981，水溶液高分子水分散型樹脂の最近加工、改質技術と用途開発総合技術資料集，経営開発センタ-出版部。

75、高須賀晴夫，"MC"，1981，水溶液高分子水分散型樹脂の最近加工、改質技術と用途開発総合技術資料集，経営開発センタ- 出版部。

76、川本信夫，"HEC の物性と応用加工技術"，1981，水溶液高分子水分散型樹脂の最近加工、改質技術と用途開発総合技術資料集，経営開発センタ- 出版部。

77、木沢英教，"HPC"，1981，水溶液高分子水分散型樹脂の最近加工、改質技術と用途開発総合技術資料集，経営開発センタ- 出版部。

78、笠原文雄，"アルギン酸、グアーガン、アラビアゴム、トラガントンガム種子の応用加工" 1981，水溶液高分子水分散型樹脂の最近加工、改質技術と用途開発総合技術資料集，経営開発センタ- 出版部。

79、田中隆，"ポリアクリル酸ソーダの物性と応用" 1981，水溶液高分子水分散型樹脂の最近加工、改質技術と用途開発総合技術資料集，経営開発センタ- 出版部。

80、田中隆，"ポリアクリルアミド"，1981，水溶液高分子水分散型樹脂の最近加工、改質技術と用途開発総合技術資料集，経営開発センタ- 出版部。

81、白石誠，"ポリビニルアルコール"，1981，水溶液高分子水分散型樹脂の最近加工、改質技術と用途開発総合技術資料集，経営開発センタ- 出版部。

82、大貫博，"ゼラチン"，1981，水溶液高分子水分散型樹脂の最近加工、改質技術と用途開発総合技術資料集，経営開発センタ- 出版部。

a 索 引

h

507

n

u

國家圖書館出版品預行編目資料

應用化學 / 蕭興仁編著. -- 初版 -- 新竹市
　: 交大出版社, 2002 [民 91]
　　面 : 公分
　　參考書目：面
　　含索引
　　ISBN　957-30151-7-X (平裝)
　1. 應用化學

460　　　　　　　　　　　　91014622

應 用 化 學

編　　著：蕭興仁
發 行 人：張俊彥
出 版 者：國立交通大學出版社
地　　址：新竹市 300 大學路 1001 號
電　　話：(03) 5736308
電子信箱：publish@cc.nctu.edu.tw
總 經 銷：高立圖書有限公司
　　　　　台北縣五股工業區五工三路 116 巷 3 號
　　　　　(02)22900318
印　　刷：星達企業社
出　　版：2002 年 12 月初版
定　　價：新台幣 600 元
■ 局版台省業字第捌捌零號
ISBN　957-30151-7-X　　　　　　　　　91.12.500